INHALT

178 NEW SPACE

EINLEITUNG

DAS NEUE ARBEITEN IST DA – UND BLEIBT!

Im Herbst 2018 haben wir ein grünes Playbook über das Neue Arbeiten und die dazu passenden Arbeitsumgebungen veröffentlicht. Unser erster zentraler Punkt damals: Das Neue Arbeiten ist mitten unter uns. Wir sehen es nur noch nicht so richtig, weil es in alten Arbeitsumgebungen festklemmt. Weil es in langen Fluren von verschlossenen Türen abgeschirmt wird und von Schreibtischen und Rollcontainern mit faden Buchenholzlaminaten umstellt ist. Da geht's der Neuen Arbeit wie der Zukunft der Mobilität, die wir in Großstädten auch nur bei genauem Hinsehen erkennen können: Sie versteckt sich zwischen den fossile Brennstoffe verpuffenden Autos und der städtebaulichen Totaloptimierung auf den motorisierten Individualverkehr.

Dann kam Corona. Und *über Nacht* veränderte sich unser Arbeiten fundamental. Als hätte man von einem Tag auf den anderen einfach Autos verboten. Plötzlich saßen wir alle zu Hause oder hingen in Kapstadt fest und sahen unsere Kollegen und Kolleginnen auf den Bildschirmen unserer Laptops miteinander reden. Plötzlich waren alle Dokumente in der Cloud. Plötzlich war der Stechkartenleser am Haupteingang offline. Plötzlich war *Remote Work* da!

Für viele war das ein Moment wie Weihnachten als fünfjähriges Kind: ein Traum, von dem man gar nicht wusste, dass es ihn gibt, wird plötzlich wahr! Endlich mal Homeoffice satt. Fünf Tage Work-Life-Blending pur. Mal den Spaziergang mit dem Hund, den Einkauf oder den Mittagsschlaf zwischen zwei Meetings schieben, und dafür auch noch die wegfallende Arbeitswegzeit geschenkt bekommen? Damit konnte man arbeiten!

In den Führungszirkeln der Unternehmen war man anfangs noch skeptisch. Manche befürchteten, die neuen Freiheiten würden nicht immer im Sinne der Organisation genutzt werden. Andere realisierten, dass ihre gut funktionierenden Managementprinzipien tatsächlich nur funktionierten, wenn auch alle im Büro weilten. Wieder andere glaubten, dass es genau diese Gespräche zwischen Meetings, das Geplauder zwischen Tür und Angel und das Treffen auf dem Flur mit einer unerwarteten Kollegin brauche, um als Organisation Neues und Innovatives zu schaffen. Und um auf Unvorhergesehenes reagieren zu können.

Über die vergangenen Jahre der pandemischen, epidemischen und endemischen Lagen haben sich diese Perspektiven etwas zusammengerauft, eingependelt und normalisiert. Der Fünf-Tage-Homeoffice-Kick hat nachgelassen, Jogginghosen und Lieferessen aus Pappboxen nerven (und zweiteres ist ja auch nicht gut für die Umwelt) und das Geplaudere im Flur fehlt doch irgendwie. Und um in Afterwork-Runden per Zoom Spaß zu haben, braucht es viel Wille, Konzentration und Mut. Leicht fällt das niemandem.

Viele Unternehmenslenker wiederum erkennen nun viel Gutes im verteilten *remoten* Arbeiten: Individuelle Produktivitätssteigerung der Mitarbeitenden und deren kulminierter Effekt auf die gesamte Produktivität. Oder ganz neue und weite Horizonte des überregionalen oder gar internationalen Recruitings. So war das remote Arbeiten ein kräftiger Regen auf die trockenen Böden aller kleineren, großstadtfernen Unternehmen auf der Suche nach IT- oder Sales-Talenten. Auch bezüglich der Büroflächen, teuer gewordenes Gas und Strom lassen sich sowieso sparen, braucht man selbst bei einer mittel-großzügigen Homeoffice-Regelung eigentlich nur noch die Hälfte der einstigen Fläche.

Und so treffen wir uns in der Mitte bei einer Lösung, die die Vorteile von Remote und Office so gut verbindet, dass sie heute von beiden Parteien bevorzugt wird und sich als Quasi-Standard etabliert hat: *Hybrid Work*. Hybrid Work heißt erstmal nichts anderes als: »Wir arbeiten ein paar Tage im Office und ein paar Tage von woanders«. Aber so einfach das klingt, so umfassend und umwerfend sind doch die Implikationen auf unser Arbeiten. Auf allen Ebenen. Sowohl auf vermeintlich profanen (wie Software und Hardware) als auch existenziellen (wie Leadership und Unternehmenskultur).

Unser tägliches Arbeiten ist neu. Auch deshalb heißt es *Neues* Arbeiten. Und die Prinzipien, die wir in diesem Playbook diskutieren wollen, sind wichtiger und allgegenwärtiger denn je. Doch nicht nur die Neue Arbeit verlangt nach Arbeit, auch das Büro wird zur Baustelle: Wir kommen guten Mutes aus unseren Homeoffices zurück und merken plötzlich, wie sehr

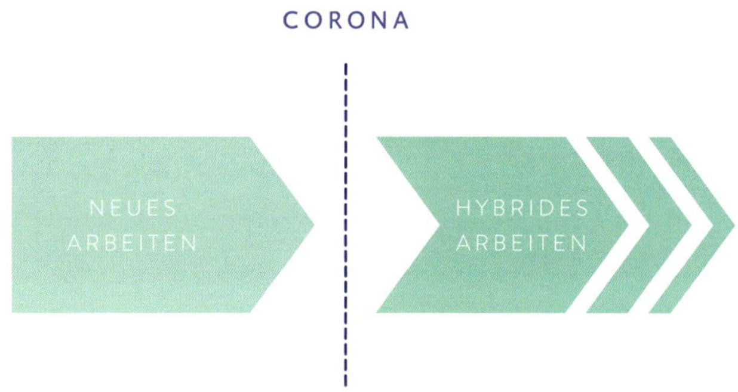

GRAFIK E1: *Corona hat unser Arbeiten verändert.*

das *gute alte Büro* mit unserer jetzigen Art der Arbeit clasht. Zu wenig los zum Socializen, zu viel los zum Videocallen.

Vielleicht ist es wie in diesem Bild mit den Autos in der Großstadt: Wenn heute über Nacht plötzlich alle Autos verschwinden würden, würden wir morgen auf eine Straße treten, die komplett überflüssig wäre. Und in eine Stadt schauen, die kompromisslos für etwas gemacht ist, was es nicht mehr gibt – Autos. Ab diesem Tag könnten und würden wir Städte anders bauen.

Nur: Das Etablieren von autofreien Städten wird noch Jahrzehnte dauern. Aber Arbeitsumgebungen sind **jetzt** dran. Denn Hybrid Work ist **jetzt** da.

Deshalb haben wir uns entschlossen, unser **NEW WORKSPACE PLAYBOOK** grundsätzlich generalzuüberholen. In der jetzigen, neu überarbeiteten Ausgabe haben wir uns alle brandaktuellen Veränderungstreiber der Arbeitswelt angesehen, ein neues New-Work-Prinzip hinzugefügt (»Virtuality«) und sämtliche Methodenkapitel und Templates geupdatet.

Aber wie immer gilt: Wie das (Hybride) Arbeiten tatsächlich aussieht, ist von Unternehmen zu Unternehmen – von Organisation zu Organisation – sehr unterschiedlich. Und so verschieden die Modelle, so unterschiedlich sind auch die Büros, die dieses Arbeiten unterstützen. Vom *Campus* mit Schreibtischen für alle bis zum *Vereinsheim* mit Schreibtischen für niemanden. Wie in dieser neuen Welt *unser* Arbeiten und unsere Arbeitsumgebung aussieht?

Das liegt jetzt an uns!

VON WEM UND FÜR WEN DAS BUCH GESCHRIEBEN IST

Wir haben dieses Buch geschrieben, weil wir zeigen wollen, wie sich eine Arbeitsumgebung entwickeln lässt, die dem eigenen Neuen Arbeiten wirklich gut entspricht. Und um den Weg dorthin so einfach und direkt wie möglich zu machen. Wir, das sind wir von Dark Horse Workspaces[1], die als Teil der Berliner Innovationsagentur Dark Horse[2] seit langem genau das tun: Arbeitsumgebungen konzipieren, entwerfen und bauen. Wir haben damals – vor einigen Jahren – ohne solch ein Buch angefangen, Unternehmen auf dem Weg zu neuen Arbeitsumgebungen zu begleiten. Was sollen wir sagen? Vieles lief gut, aber so manches mussten wir erst durch Erfahrungen »am eigenen Leibe« lernen. Eine wichtige Erkenntnis und Grundlage unserer heutigen Arbeit lautet: Ob ein Büro funktioniert und geliebt wird, beurteilt nur einer – der Nutzer des Büros. Punkt. Wenn Mitarbeiter sich in einem Büro wohlfühlen, ist es gut. Wenn nicht, dann ist es schlecht. Eine simple Erkenntnis, die eine simple Konsequenz hat: Der beste und einfachste Weg, ein gutes Büro zu konzipieren, ist, das den Nutzern zu überlassen. Eben jenen, die später auch entscheiden, ob es gut oder schlecht ist.

Nun lässt sich argumentieren, dass Nutzer oft nicht gut darin sind, ihre eigenen Bedürfnisse zu reflektieren. »Der Fisch weiß nicht, dass er nass ist«, wäre ein passendes Sprichwort. Und auch Lösungskompetenz in puncto Arbeitsumgebungen ist nicht jedem in die Wiege gelegt. Aber an beidem lässt sich arbeiten, und exakt dafür haben wir dieses Buch geschrieben.

Unser Buch richtet sich an drei Gruppen. Zunächst soll es allen Nutzern von Arbeitsumgebungen helfen, ihr Arbeiten zu reflektieren, Inspiration für Neues Arbeiten zu finden und die dazu passende Umgebung zu konzipieren oder an deren Entwicklung mitzuwirken. Hier richten wir uns an engagierte Mitarbeiter in kleinen und großen Unternehmen, aber auch an Gründer – einfach an alle, die erkannt haben, welchen enormen Einfluss die Arbeitsumgebung auf das Arbeiten hat, und die diese auf ein neues Level heben wollen.

Daneben richtet sich dieses Buch an die »Bereitsteller« und »Ermöglicher« der Arbeitsumgebungen, also diejenigen, die die Verantwortung für die jeweilige Bürofläche tragen. In größeren Unternehmen sind das oft eigene Abteilungen, zum Beispiel das Real-Estate-Management. In kleineren Unternehmen wird das Thema oft durch einzelne Personen gestemmt. Diesen »Ermöglichern« wollen wir mit unserem Buch einen Weg aufzeigen, aus Nutzersicht besser funktionierende und vor allem akzeptierte Arbeitsumgebungen bereitzustellen.

Auch für eine dritte Partei, welche die Unternehmenssicht vertritt und nicht zuletzt auf das Geld schauen muss, soll dieses Buch hilfreich sein. Geschäftsführer oder Bereichsleiter, also Manager, die kritisch hinterfragen, ob es im Unternehmen neue Arbeitsumgebungen geben muss oder dies bejahen, aber nach der richtigen Umsetzung suchen, werden hier fündig.

Schließlich soll unser Buch allen Parteien, den Nutzern, den Bereitstellern und den Managern, bei der Kommunikation miteinander und dem Verständnis füreinander helfen, wenn neue Räume für Neues Arbeiten entwickelt werden sollen. Aber auch in kleinen Projekten, in denen wir vielleicht Nutzer, Bereitsteller und Manager in Personalunion sind, hilft das Buch, alle Perspektiven miteinander zu verbinden.

Die Initiative und Initialzündung für Neues Arbeiten in einer neuen Umgebung kann von überall kommen. Dafür soll dieses Buch Mut machen. Es soll hierfür Inspiration, Argumentationshilfe und ein möglicher Fahrplan sein.

Dabei haben wir besonders auf die praktische Nutzbarkeit geachtet. Mit den hier vorgeschlagenen Workshop-Abläufen, Boards und Templates komprimieren wir das komplexe Thema Arbeitsumgebungen auf die wirklich relevanten Fragen, Aspekte und Entscheidungen. Also jene Dinge, die wirklich über ein gutes oder nur mittelgutes Ergebnis entscheiden.

1 2

DER AUFBAU DES BUCHES

Das dritte Kapitel des Buches, »New Space«, widmet sich genau diesem Fahrplan und der Umsetzung in die Praxis. Als gedankliche Vorbereitung haben wir ihm zwei Kapitel vorangestellt: Nachdem wir nun viel von dem Neuen Arbeiten gesprochen haben, wollen wir uns im ersten Kapitel, »New Times«, anschauen, woher es kommt und warum es entstanden ist. Wir wagen eine Analyse der Ausgangslage, in der sich Neues Arbeiten heute befindet. Und wir schauen auf die neueste Form der Neuen Arbeit: Hybrid Work.

Im zweiten Kapitel, »New Work«, diskutieren wir sieben relevante Prinzipien, die das Neue Arbeiten entscheidend prägen. Gleichzeitig zeigen wir inspirierende Beispiele, wie Unternehmen diese Prinzipien des Neuen Arbeitens mit ihren Arbeitsumgebungen unterstützt haben. Wir fassen die Erkenntnisse daraus in Form von Take-aways zusammen, die wir für die Gestaltung unserer eigenen Arbeitsumgebung nutzen können.

Im dritten Kapitel, »New Space«, geht es dann endlich ans Selbermachen. Und das meinen wir so! Hier beschreiben wir einen Weg, wie wir selbst als Nutzer die Gestaltung unserer neuen Arbeitsumgebung in die Hand nehmen können. Wie wir selbst die Herren über Wände, Böden, Tische und Türen sein können. Diesen Weg bestreiten wir in vier Etappen, zuzüglich einer vor- und einer nachbereitenden Phase.

Wir beginnen in der vorbereitenden Phase, »Setup«, mit der Teamfindung, dem Rollenverständnis und allem, was für einen Projektstart notwendig ist. In der nachfolgenden ersten Etappe, »Understand«, erarbeiten wir unsere konkreten Anforderungen an eine neue Arbeitsumgebung. Die zweite Etappe, »Inspire«, nutzen wir, um Inspirationen, Ideen und Wünsche für die neue Arbeitsumgebung zu sammeln. Auf Grundlage dieser Anforderungen und Inspirationen entwickeln wir dann in der dritten Etappe, »Concept«, unsere ersten Grundrisse. Diese iterieren, verbessern und stimmen wir in der vierten Etappe, »Communicate«, so lange ab, bis zum Beispiel Architekten mit der Umsetzung des Konzeptes beginnen können. Schließlich diskutieren wir in dem nachbereitenden Kapitel, »Work«, was nach dem Einzug in die neue Arbeitsumgebung anliegt. Denn: »Nach dem Spiel ist vor dem Spiel!« → GRAFIK E2

Zugegeben: Das klingt nach einer ganzen Menge Arbeit. Aber wir haben es einfach gemacht und folgen in jeder Etappe demselben Schema. Ziel jeder Etappe ist das Fertigstellen eines Boards, das alle Erkenntnisse aus der jeweiligen Phase in kondensierter Form festhält. Es dient einerseits als Startpunkt für die folgenden Etappen, andererseits als Kommunikationshilfe bei Gesprächen mit weiteren für das Projekt relevanten Personen, wie zum Beispiel aus dem Gebäudemanagement, der Geschäftsleitung oder dem Betriebsrat. Jedes Board wird dabei in einem Workshop erarbeitet, der am Ende jeder Etappe stattfindet. Diese Workshops wiederum werden durch »Hausaufgaben« inhaltlich vorbereitet.

So können wir uns in jeder Etappe mithilfe dieses Schemas auf jeweils ein Ergebnis fokussieren, ohne von anderen Fragen abgelenkt zu sein. In jeder Etappe gibt es genau eine klare Aufgabe und Perspektive, die wir einnehmen: Etappe 1 – unsere Anforderungen an die neue Arbeitsumgebung; Etappe 2 – unsere Wünsche und Ideen dafür; Etappe 3 – die Konzeptentwicklung; Etappe 4 – die Konzeptoptimierung zum Zwecke der Übergabe. Und so machen wir aus einem komplexen Wirrwarr an Aspekten, die es bei der Planung von Arbeitsumgebungen zu berücksichtigen gilt, ein einfaches, nämlich Schritt für Schritt zu handhabendes Vorgehen. Eben einen Fahrplan, den wir selbst befolgen können – um unsere eigene neue Arbeitsumgebung zu erreichen.

Abschließend noch ein Hinweis für die Nutzung des Buches: Die wichtigsten Vorlagen und Templates stehen zum Download bereit. Im Text sowie unter den jeweiligen Abbildungen finden sich URLs, die den Download ermöglichen.

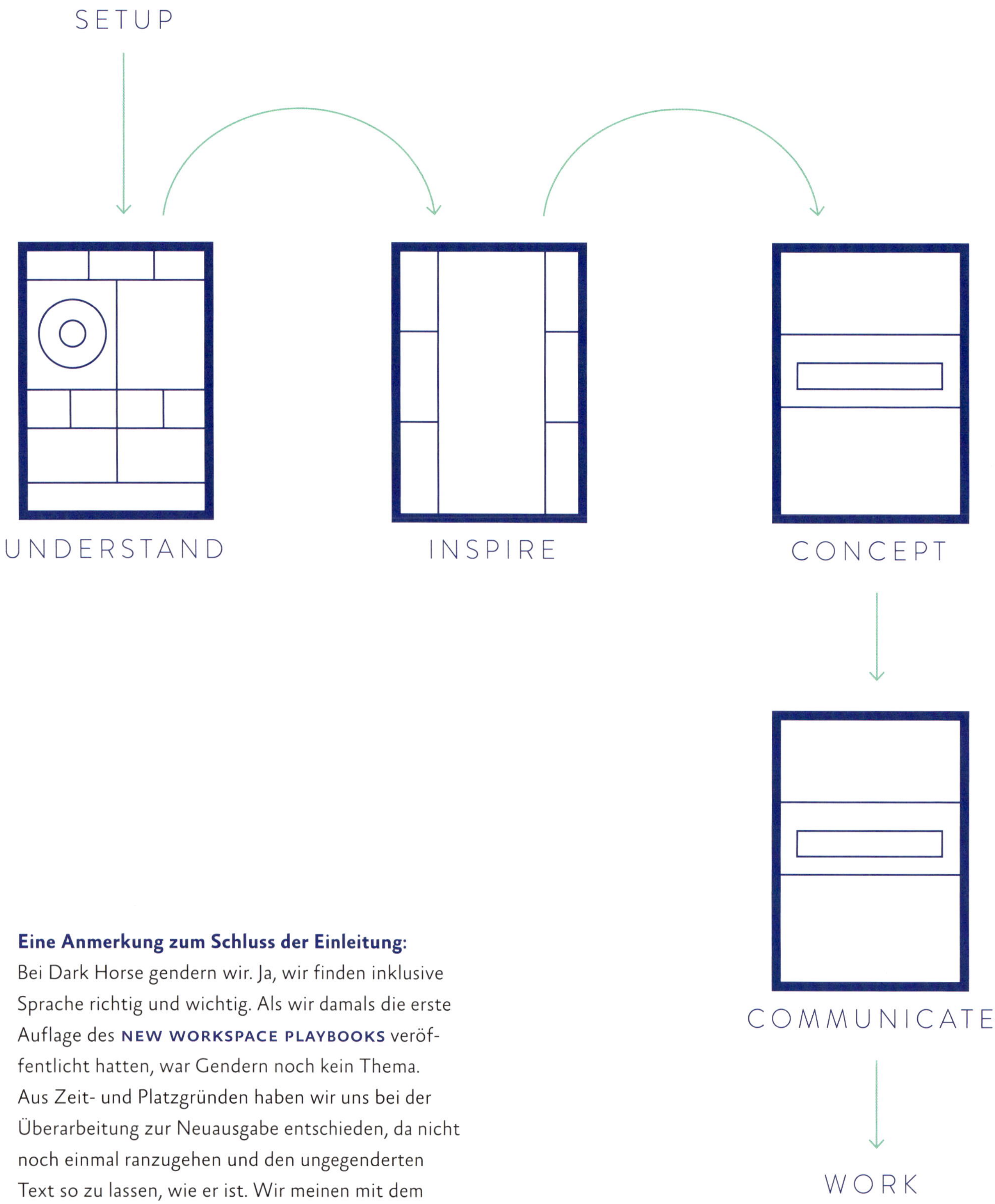

GRAFIK E2: *Diese Boards begleiten uns durch das dritte Kapitel, den Praxisteil.*

Eine Anmerkung zum Schluss der Einleitung:
Bei Dark Horse gendern wir. Ja, wir finden inklusive Sprache richtig und wichtig. Als wir damals die erste Auflage des **NEW WORKSPACE PLAYBOOKS** veröffentlicht hatten, war Gendern noch kein Thema. Aus Zeit- und Platzgründen haben wir uns bei der Überarbeitung zur Neuausgabe entschieden, da nicht noch einmal ranzugehen und den ungegenderten Text so zu lassen, wie er ist. Wir meinen mit dem generischen Maskulinum allerdings immer alle Menschen!

GRUNDANNAHMEN

Dieses Buch unterstützt uns dabei, mit unseren Kollegen und für unsere Kollegen eine Arbeitsumgebung zu entwickeln. Aber welche Grundannahmen treffen wir, und was gilt es dabei zu beachten? Und wobei hilft es uns nicht? Was sind die Einschränkungen?

1 Wir betrachten hier vor allem die eigentlichen Arbeitsflächen eines Gebäudes. Aspekte, wie Außenanlage, Kantinen oder Eingangsbereiche, lassen wir außen vor. Und auch wenn wir standortbezogene Themen, wie Kitas, Sportstätten oder Fahrrad-Sharing, wichtig finden, können wir hierauf nur am Rande eingehen.

2 Der hier beschriebene Ansatz lebt davon, dass Teams ihre eigene Umgebung gestalten dürfen. Das muss gegeben sein. Und der Ansatz funktioniert besonders dann gut, wenn jedes Team auf einer fest zugewiesenen Fläche sitzt, also eine eigene Heimat, eine »Homebase« hat. Zumindest eine kleine.

3 Um das Konzipieren für Nichtarchitekten so einfach wie möglich zu machen, haben wir einen Baukasten integriert, mit dem sich das Entwickeln von Grundrissen eher intuitiv, wie Puzzeln anfühlt. Das hilft uns, schneller bessere Entscheidungen zu treffen, hat aber zwei Nachteile. Zum einen funktioniert der Baukasten vor allem gut in typischen deutschen Bürogebäuden, die immer typische Längen- und Breitenverhältnisse aufweisen. In spezielleren oder umgenutzten Gebäuden müssen wir die Module des Baukastens gegebenenfalls anpassen.

4 Das Nutzen des Baukastens kann zudem dazu führen, dass wir unsere zur Verfügung stehende Fläche nicht ganz zu 100 Prozent platzeffizient planen. Für den Fall, dass wir genug Platz haben, ist das okay und gut. Falls es bei uns ohnehin eng wird, sollten wir darüber nachdenken, schon während der Konzipierung einen Architekten zu involvieren, der unsere 80 Prozent Platzeffizienz zu 100 Prozent machen kann.

5 Auch wenn wir eine Fläche planen, die einen besonders starken visuellen Eindruck erzeugen und einen gewissen Showroom-Charakter vermitteln soll, macht das frühe Involvieren eines Architekten Sinn. Denn zum Beispiel leere Flugzeugrümpfe im Büro nehmen immer mehr Platz ein, als man vorher denkt!

Sollte einer dieser Punkte auf unser Projekt zutreffen oder problematisch sein, brauchen wir natürlich nicht gleich die Flinte ins Korn zu werfen. Alle hier gezeigten Ansätze und Ideen funktionieren auch in abgewandelter oder angepasster Form. Ohnehin bringt jedes Projekt noch ganz unterschiedliche Besonderheiten mit, die wir hier nicht alle berücksichtigen können. Deswegen sollten wir die Empfehlungen hier immer kritisch hinterfragen und gegebenenfalls an unser Projekt und unsere Ausgangsfläche anpassen. Aber wir glauben fest daran, dass wir mit unserem Vorgehen unsere Blicke in die richtige Richtung lenken, interessante Inspirationen liefern, und vor allem … den Ball ins Rollen bringen!

NEW TIMES

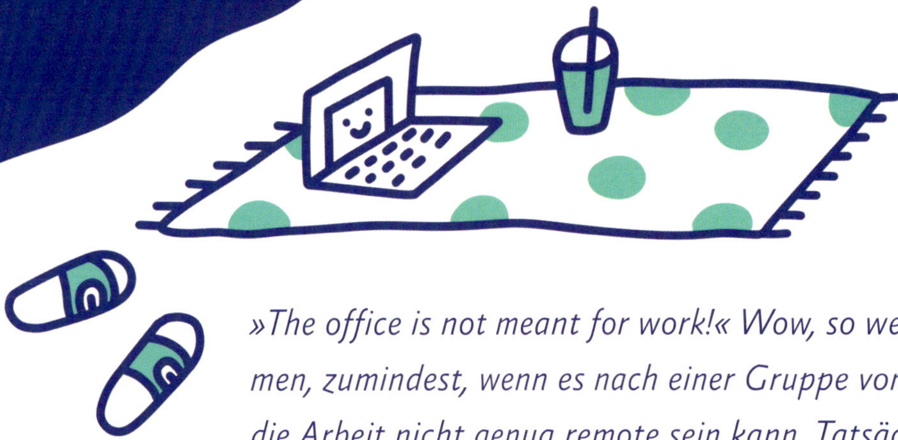

»The office is not meant for work!« Wow, so weit sind wir inzwischen gekommen, zumindest, wenn es nach einer Gruppe von Workplace-Experten geht, für die Arbeit nicht genug remote sein kann. Tatsächlich haben sich die Zeiten fürs Arbeiten und für Arbeitsumgebungen ziemlich geändert. Plötzlich, allumfassend und Fragen aufwerfend. Wie ein aus dem Nichts auftauchendes Raumschiff am Independence Day.[1] *Und einen Wimpernschlag später kommt da ein zweites! Und ein drittes?!?! Die Corona-Pandemie ab Anfang 2020 war der Kickstart fürs Hybride Arbeiten, das für viele von uns inzwischen nicht mehr wahnsinnig neu und aufregend klingt. So ist das halt, wenn Dinge zur Gewohnheit werden.*

Wir arbeiten mal im Büro, mal zu Hause, mal von der Finka aus. The new normal. Wie riesig, revolutionär und fundamental dieses neue Konstrukt der Arbeitsorganisation eigentlich ist, sehen wir schon gar nicht mehr. Ein Grund mehr, das Thema Hybrid Work in diesem Kapitel einmal richtig auseinanderzunehmen.

Anfang 2023 kam dann die künstliche Intelligenz über unsere Wahrnehmungsschwelle gesprungen und wurde mit ChatGPT und 100 Millionen Usern in den ersten 60 Tagen sofort mainstreamtauglich. Obwohl hier die Implikationen auf Arbeitsmarkt, Alltag und Menschheit in Gänze nicht mal von KI-Forschern und -Forscherinnen überblickt werden können, fühlt sich das Schreiben darüber schon in diesem Moment altbacken und zu spät an. Parallel zum KI-Hype dreht sich die Welt ja weiter. Der Arbeitskräftemangel bleibt. Die Implikationen, die sich daraus auf das Arbeiten ergeben, wollen wir in diesem Playbook auch diskutieren. Und 2025 kommt mit etwas Glück oder (je nach Sichtweise) Pech das Metaverse in die Wohn- und Arbeitszimmer. Bei diesem Thema sind wir also noch in time mit unseren Spekulationen, die wir am Ende dieses Kapitels ausbreiten werden. Aber lasst uns vorne beginnen. Mit Hybrid Work!

Für die meisten von uns ist Hybrid Work inzwischen nicht mehr wahnsinnig aufregend, oder? Es gehört jetzt einfach dazu, wie der Computer, das Internet, das Smartphone oder die Cloud. Was aber tatsächlich passiert ist: Wir haben die Arbeit aus einem zwei Jahrtausende alten Rahmen gelöst. Dem Rahmen aus Ort und Zeit. Denn seit Menschengedenken heißt *arbeiten* auch: Zu einer bestimmten Zeit an einem bestimmten Ort sein. Beides war fix, und wir hatten ein Problem, wenn wir bei einem von beiden falsch lagen. Wald, Feld, Werkstatt, Fabrik, Büro. Von 9 bis 17 Uhr. Die Arbeitsmittel, die Zusammenarbeit, die Aufsicht und Kontrolle, die Sicherheit, die faire Bezahlung, die Abgrenzung zu Freizeit und Freunden – all das wurde durch die Festlegung dieser beiden Parameter möglich. Neuerdings sind plötzlich Ort und Zeit irgendwie wählbar. *Open to discuss*. Und die tatsächlichen Implikationen dieser neu gewonnenen Freiheit realisieren wir erst langsam.

1 Wir meinen damit den 1996er-Action-Streifen von Roland Emmerich.

2 Wir erinnern uns an die Petition (»Pause Giant AI Experiments«) vom Future of Life Institute im März 2023. Über 27 000 Wissenschaftler, Forscher und Unternehmer wie Yuval Noah Harari, Steve Wozniak oder – welch Ironie – Elon Musk hatten den offenen Brief unterzeichnet. bit.ly/NWP-01

1 DIE NEUE FREIHEIT

Diese Freiheit hat viele Vorteile, wie unsere jetzt freie(re) Wahl des Arbeitsortes. E-Mails im Schatten vom Tafelberg in Kapstadt, Calls am Kamin in Bad Gastein oder vier Wochen *Workation* auf den Kanaren sind extreme Varianten. Für viele von uns ist aber auch das zweiwöchentliche Wollsockenprogramm in den eigenen vier Wänden ein echter Gewinn an Lebensqualität. Wenn wir wählen können, an welchem Ort wir eine bestimmte Tätigkeit ausüben wollen, fühlen wir uns dort wahrscheinlich besser. Das ist nicht nur gut für Airbnb, sondern auch gut für uns und für unsere Produktivität. Wenn wir Ruhe brauchen, suchen wir Ruhe, wenn wir Inspiration brauchen, suchen wir Inspiration. In beiden Fällen haben wir beides, wenn wir mal ehrlich sind, nur selten im Büro gefunden. Es war doch eher ein Ort des Kompromisses. Ein bisschen Ruhe im Zweierbüro bei geschlossener Türe zwischen zwei Meetings und ein bisschen (private) Inspiration an der Kaffeemaschine, wenn man sich spontan und serendipityfördernd begegnete. Jetzt gibt es für alles räumliche Alternativen, und selbst die Introvertiertesten unter uns finden nun Umgebungen, die perfekt für das eigene Arbeiten funktionieren. Frei(er) einteilbare Zeit ist ein anderer Gewinn, insbesondere für Menschen, die einen Biorhythmus abseits des Chronotypes »Bär«[1] haben, ihre intensiven Arbeitsblöcke eher auf abends oder frühmorgens legen und mittags zum Beispiel einfach mal schlafen, spazieren gehen oder mit den Kids spielen. Und wenn wir unsere Arbeitszeiten etwas mehr in Phasen legen können, in denen wir konzentrierter, besser gelaunt und energetischer sind, müssten wir auch in diesem Fall produktiver sein. Fühlt sich jedenfalls für viele von uns genau so an. Ohnehin haben wir jetzt viel mehr verplanbare Zeit, da ja die Pendelzeit wegfällt, die in großen Ballungsgebieten bis zu einigen Stunden am Tag verschlingt. Zeit, die jetzt in Lebensglück oder Excel-Tabellen investiert werden kann. Juhu!

WORK-LIFE-BLENDING 2.0

Die neuen Freiheiten in der Orts- und Zeitwahl verheißen zusammen ein nie dagewesenes Level des *Work-Life-Blending*. Dieser Begriff ist die aktuelle Version des etwas in die Jahre gekommenen GenX-Konzeptes der Work-Life-*Balance*. Damals war die Idee: Nicht nur arbeiten, sondern auch leben! Ja, es wurde viel gearbeitet, aber eben, um auch ein schönes Leben (Urlaub! Cabrio!) haben zu können. Gelebt wurde ab dem Feierabend.

Auch heute wollen alle ein schönes Leben haben. Aber: Inzwischen wird die Arbeit von vielen als integraler Bestandteil des Lebens betrachtet. Das Arbeiten an sich soll schön sein, auch schon *vor* dem Feierabend! Das führte dazu, dass viele Dinge, die wir generell in unserem Leben schätzen, plötzlich auch im Büro zu finden waren und hier wichtiger wurden: nette Menschen, liebe Hunde, Spaß, Sinn, guter Kaffee, gemütliche Atmosphäre, Sofas, Pflanzen, das »Du«. Der Arbeitsalltag glich sich dem »normalen« Leben, so gut es ging, an. Wir brachten unser *authentisches Selbst* mit in unsere Büros, die gleichzeitig unseren Wohnungen immer ähnlicher wurden. Arbeit und Leben verschmolzen. Das *Work-Life-Blending* war da.

Und genau dieses Blending erreicht gerade mit dem Revival des Homeoffices beim Hybriden Arbeiten ein ganz neues Level! Jetzt bringen wir nicht mehr nur das Leben in die Arbeit, sondern auch die Arbeit in das Leben. Beides läuft

1 Dieser Chronotyp folgt dem Rhythmus der Sonne, wenn es um wach und müde geht. bit.ly/NWP-02

parallel. Morgens im Office und nachmittags mal den Termin beim Bürgeramt dazwischenschieben. Danach noch ein bisschen was im Homeoffice wegarbeiten. Eine Pause zwischen zwei Calls wird zur Yogastunde. Nach der Mail schnell raus mit dem Kinderwagen.

Aber ist das Beantworten von Slack-Nachrichten oder das Lesen eines selbst für uns persönlich ziemlich interessanten Forschungsberichtes im Wartezimmer jetzt Arbeit oder Freizeit? Immer öfter wird das unklar. Wir wechseln schneller und fluider, sodass ein bewusster Wechsel zwischen Arbeit und Freizeit gar nicht mehr so einfach möglich ist. Ob das nun gut oder schlecht ist, diese Vermischung wirkt sich auf vielen Ebenen aus: Das fängt bei unserer Kleidung an und geht bis zu unserer Sprache und unserem Habitus. Die Schuhe werden zwischen Spielplatz und Boardmeeting vielleicht nicht mehr unbedingt gewechselt. Der oder die CEO zoomt im T-Shirt vor der Gartenlaube.

Wahrscheinlich liegt das auch daran, dass es schon sehr großer Anstrengungen bedarf, unser Leben in Videocalls vor der Arbeit zu verstecken. Durch spielende Kinder im Hintergrund, unerwartete Störungen aus dem Off oder den Anblick eines interessanten Bücherregals im Anschnitt haben wir eine noch höhere Akzeptanz, ja gar ein Interesse am *Privaten* unserer Kollegen und Kolleginnen entwickelt. Wir zeigen mehr von unserem eigentlichen Selbst und reduzieren unseren *Professionalitätsfilter*. Diese neue Authentizität nehmen wir mit zurück ins Büro, wenn wir denn mal da sind.

Das Vermischen von Arbeit und Freizeit ist in unterschiedlichen Branchen natürlich unterschiedlich weit. Es gibt Organisationen, in denen Professionalität in hohem Maße mit Leistungsfähigkeit verbunden ist. Die Polizei, der Rechtsapparat oder die Flugsicherung sind gute Beispiele dafür. Aber was in vielen Organisationen vor Jahren mit dem Weglassen der Krawatte und dem Aufstellen von Obsttellern in der Teeküche begann, geht heute weiter in Richtung »Kinder auf dem Schoß« und »Friseurtermin nach dem Weekly«. So gehört das Work-Life-Blending zum Hybriden Arbeiten wie das Video zum Videocall. Und wenn Hybrides Arbeiten bleibt, bleibt wohl auch das Work-Life-Blending. Gut so, denn das Arbeiten ist lebendiger geworden.

DIE NEUE ENTFERNUNG

Doch wenn eine Hälfte unseres Teams nachts arbeitet und die andere morgens, wenn die einen gerade mit Maria vom Arzt kommen, während die anderen auf Teneriffa dringend los an den Strand wollen, dann wird unsere Kommunikation asynchron. Wir sehen und hören uns bei weitem nicht mehr so oft wie früher, als wir uns acht Stunden am Tag Büroschreibtische und gerade noch akzeptablen Kaffee geteilt haben. Klar: Je mehr Individualität, desto weniger Gemeinschaft. Je mehr alle machen, was für sie gut ist, desto weniger machen alle Dinge gemeinsam. Und was für ein einzelnes Team gilt, gilt noch viel stärker für eine gesamte Organisation.

Was wir durch Hybrides Arbeiten also verlieren (oder es zumindest erschweren), ist zuallererst das wohlige Gefühl, Teil einer Gruppe und Teil eines größeren Ganzen zu sein. Die Momente, wenn wir unser fünfstöckiges Gebäude voller Vorfreude am Montagmorgen betreten[1] und auf dem Weg zu unserem ersten Meetingraum die ersten 20 Kollegen grüßen, werden seltener, wenn wir alle zuhause bleiben.

Was uns fehlt, ist das gemeinsame Erleben. Das Schaffen von gemeinsamen Erinnerungen, die

1 Wie das mit der Vorfreude wirklich funktioniert, haben ein paar von uns 2014 unter dem Titel *Thank God it's Monday* verschriftlicht. bit.ly/FOP-02

das Baumaterial einer jeden Beziehung sind. Am Bildschirm erleben wir nicht wirklich viel Lustiges, Gefährliches, Schockierendes oder Wundervolles. Dafür ist er einfach zu klein. Berge, Kathedralen, das Coachella Festival und eben auch Unternehmenszentralen sind größer und echter. Das schafft nicht nur mehr Raum für Erlebnisse und Beziehungen, sondern auch mehr Andockpunkte für unsere Suche nach Zugehörigkeit und Identifikation. Wenn wir unser Unternehmen zunehmend nur noch aus dem Screen kennen, wird es immer gleichgültiger, für welches Unternehmen wir arbeiten. Im Laptop sind alle Unternehmen gleich.

Wenn Kantine und Flure leerer werden, verlieren wir nahezu alle Möglichkeiten, Leuten zufällig zu begegnen, die nicht Teil unserer geplanten Videocalls sind. So verschwindet der Flurfunk und damit einer der schnellsten und beliebtesten Kommunikationskanäle in unseren Unternehmen. Mit den fehlenden Begegnungen wachsen auch unsere Netzwerke langsamer. Die Wahrscheinlichkeit, Christian zu treffen, der auch Rennrad fährt, aber vor allem in seinem Bereich das Gleiche schon gemacht hat, was wir in unserem noch vorhaben, wird kleiner. Das ist besonders problematisch für die Menschen, die neu in eine Organisation hineinkommen und noch gar kein Netzwerk haben.

AN-AUS-KOMMUNIKATION

Virtuelle Treffen können den Gap an Begegnung und Gemeinsamkeit nicht ausgleichen. Klar, Video hilft! Oder anders gesagt: Ohne Video wäre das alles nicht denkbar. Aber Videocalls »zerhacken« unsere Kommunikation. In Einsen und Nullen, in *an* und *aus*. Alles wird strukturierter, und zwar auf vielen Ebenen. Nehmen wir nur den Arbeitsalltag an sich: Wir wissen schon am Anfang des Tages oder gar der Woche, mit wem wir sprechen werden. Für die überraschendsten Dinge planen wir uns einen Call ein. Morgen. Weil heute alle in Meetings sind!

Auch unsere virtuellen Meetings sind entweder *an* oder *aus*. »An« heißt: Alle sind da, alle hören zu. Oder das Meeting ist »aus«: Niemand hört sich oder sieht sich mehr. Alle Zwischenzustände, das Reinkommen, Auspacken, lässig auf Stühlen lehnen, Getränke holen, Einpacken, Herausschlendern, vor der Türe zu zweit, zu dritt, zu viert rumstehen – all das gibt es nicht mehr. Damit fehlt die Gelegenheit, über Themen, die nicht auf der Agenda stehen, zu sprechen. Es fehlt der Raum für Überraschungen und wichtige Dinge, die sich noch niemand offiziell zu sagen traut.

Selbst unsere Konversation *innerhalb* der Videocalls ist viel strukturierter als bei einer Live-Begegnung. Wir *muten* und entmuten uns, wir lassen einander ausreden, melden uns, achten auf die Reihenfolge oder werden sogar durch den Call hindurchmoderiert. Jede Person hat eine Kachel für sich, wir haben einen ordentlichen Austausch, und alle kommen und gehen pünktlich. Irgendetwas vermissen wir aber, zumindest unsere Generation, die noch mittels echter Sozialkontakte sozialisiert wurde. Vielleicht haben wir uns nur noch nicht an die fehlende Körpersprache gewöhnt oder an die Millisekunden (und je nach Internetanbieter auch gerne mal Milliminuten) Verzögerung oder an die Reduktion einer mannigfaltigen 3D-Welt auf einen ruckeligen Stream im 13-Zoll-Screen.

Was es auch ist, im Videocall fehlt es uns an leichtfüßiger Interaktion, dynamischer Diskussion und geschmeidiger Spontaneität. Wir trauen uns nicht, uns gegenseitig immer wieder zu unterbrechen. Das kostet Innovationskraft und Spaß. Und beides hatten wir in unseren Unternehmen vor der Pandemie ja auch schon nicht im Überfluss.

2 HYBRID-WORK-MODELLE: PROTECT, EMPOWER & OPTIMIZE

»Was?! Hybrides Arbeiten könnte Innovationskraft kosten?« Das ruft natürlich alle Arbeitgeber auf den Plan. Und die haben ohnehin einen recht differenzierten Blick und diverse Ansichten zum Thema Hybrides Arbeiten. »›Neue Freiheit‹ klingt ja toll, aber was haben wir als Organisation, wir als Arbeitgeber davon?«, heißt es fragend. Schon relativ früh in der Pandemie haben sich als Antwort drei charakteristische Haltungen herauskristallisiert, die sich bis heute klarer herausgebildet haben. Diese unterschiedlichen Haltungen fußen auf den unterschiedlichen Motivationen, mit denen Organisationen ein Hybrides Arbeiten etablieren. Verschiedene Motivationen führen zu unterschiedlichen Hybrid-Modellen mit jeweils eigenen Baustellen und Vor- und Nachteilen.

Die bewusste Entscheidung für **ein** Modell ist Grundlage für eine kohärente Strategie, ein bewusstes Priorisieren der Baustellen und eine gute Kommunikation in Richtung der Mitarbeitenden. Deswegen wollen wir uns diese drei Modelle, die wir *Protect Organization, Optimize Performance* und *Empower People* nennen, einmal genauer anschauen.

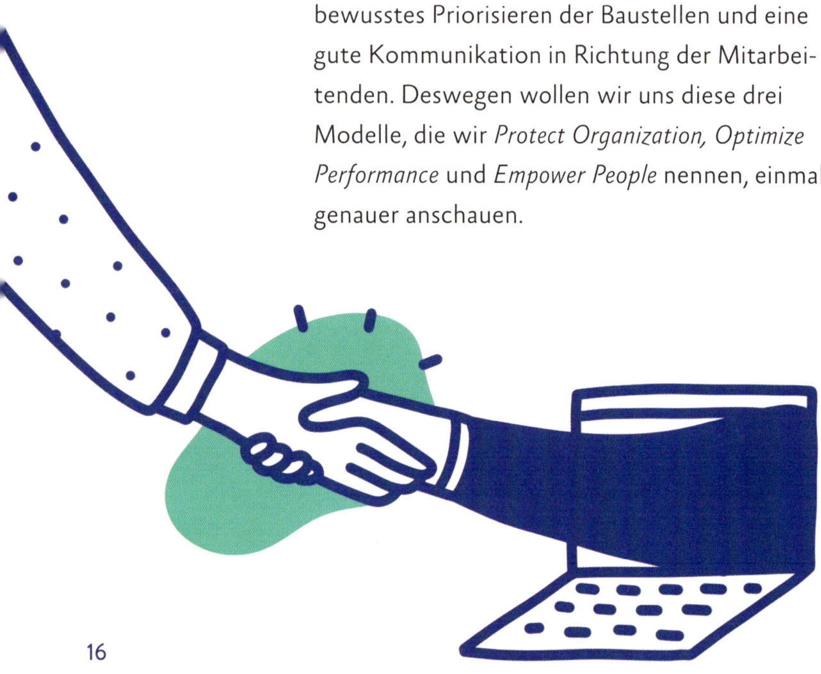

MODELL 1: PROTECT ORGANIZATION

Apple, Google, Tesla und Co. sind Kult. Wegen ihrer Produkte, aber auch wegen ihrer Arbeits- und Innovationskultur. Ein milliardenschweres Symbol und Werkzeug für diese Kultur sind die jeweiligen Büros. 200 000 Quadratmeter große Paläste, eingefasst in riesigen gebogenen Glaspaneelen aus eigens dafür entwickelten Produktionsprozessen, mit Indoor-Fahrradautobahnen und (natürlich!) geschossübergreifenden Rutschen und Pole-Stangen! Ja, die gerade genannten Unternehmen glauben an die Wichtigkeit des Offices als Ort der Identifikation und der Begegnung – und als Katalysator für Innovation! Außerdem kann man von diesen Unternehmen behaupten, dass *es läuft.* Prozesse sind feingeschliffen, das Managementsystem steht, und wenn es, wie bei Tesla, mal schlechte Zahlen zu verkünden gibt, schwenkt man eben kurz ins Postfaktische und behauptet, dass alles Spitze sei.

Dann kamen 2020 und die Pandemie mit einem großen Umsatzplus für manche dieser Unternehmen. Und mit einer Homeoffice-Pflicht für alle Mitarbeiter. Plötzlich waren alle weg! Die imposanten Headquarters waren verwaist, und das vorbildliche Managementkonzept, das in einer Zeit der Anwesenheitspflicht super funktioniert hatte, fiel plötzlich auseinander. »Innovation wird nicht in Videocalls gemacht«, lautete das Credo, mit dem nach dem Wegfall der Homeoffice-Pflicht alle Mitarbeiter wieder *back to office* oder *back to normal* geholt werden sollten. Der resultierende *Backlash* war natürlich riesig! Viele hatten das Remote-Arbeiten lieben gelernt und konnten sich ein Zurück ins Büro nicht mehr vorstellen. Notfalls wechselte man lieber den Arbeitgeber.[1] So ließen sich Führungszirkel auf einen Kompromiss ein: *Hybrid Work*. Nicht, weil man daran glaubte, dass es das Arbeiten besser machte, sondern weil man die besten Mitarbeiter nicht verlieren wollte.

Das übergeordnete Ziel dieser Gruppe, zu denen auch die meisten großen Unternehmen und Konzerne in Deutschland gehören, ist daher: Präsenzkultur bewahren, das Managementsystem erhalten und Hybrid Work zur **Attraktivitätssicherung** zulassen. Die grundlegende Strategie sieht vor, die Phasen der maximalen Präsenzkultur durch Phasen der maximalen Selbstbestimmung zu legitimieren. Und beides scharf zu trennen, etwa mit den sogenannten Core Days: An drei oder vier Tagen kommen *alle* ins Büro und arbeiten zusammen, als hätte es die Pandemie nie gegeben. Dafür gibt es ein bis zwei klare Remote-Work-Tage pro Woche. Und oft auch zusätzlich zwei bis vier *Work-from-everywhere*-Wochen. Das ist gut koordinierbar und gleichzeitig ein echter Benefit für die Workation-affinen Kollegen.

Hilfreich in diesem Modell ist auch eine klar formulierte und vor allem gut begründete Hybrid Work Guideline: »Wir glauben an das physische Zusammenarbeiten, weil ...« So wird die Guideline besser kommunizierbar und die Freiheiten für Mitarbeitende sichtbarer. Und am Ende des Tages ist es ein *echter Deal*.

MODELL 2: EMPOWER PEOPLE

Es gibt andere Unternehmen, die in der neuen Freiheit nicht nur einen Gewinn für die Mitarbeitenden, sondern vor allem einen Gewinn für die Organisation sehen. »Hybrides Arbeiten macht Arbeiten besser«, lautet die Überzeugung. Oft sind das übrigens Unternehmen, die ohnehin schon dezentral organisiert und über viele Standorte verteilt sind, weshalb vorher häufig schon remote gearbeitet wurde. Durch die Pandemie bekam das Thema einen Schub, die Technik wurde besser, und plötzlich ließen sich auch Partnerunternehmen und Kunden auf die virtuelle Zusammenarbeit ein. Die ganze Welt arbeitete plötzlich wie man selbst. Das erleichterte vieles.

Der andere große Teil der Unternehmen, die sich nach dem Empower-Modell richten, besteht interessanterweise aus eher älteren, tradierten Organisationen, die schon seit Jahren oder gar Jahrzehnten daran arbeiten, ihre Arbeitsweise zu modernisieren. Digitaler, agiler, kollaborativer – Schlagworte, hinter denen sich ganze Welten offenbaren. Oft waren hier die Beharrungskräfte groß und klammerten sich von vielen Seiten auf vielen Ebenen ans »Alte« fest. Auch der Kassenwart war skeptisch.

Und plötzlich klopfte auch bei diesen Unternehmen die Pandemie ans Hoftor. Plötzlich *musste* alles anders gehen, und zwar schnell. Eine Welle der Veränderung brach los. Die Unternehmen dieser Gruppe sahen unverhofft eine *Once-in-a-lifetime*-Chance, das eigene Arbeiten im großen Stil neu zu gestalten. So wurden im Fahrwasser von Quasi-Pflichtveränderungen[2] auch ganz neue Formen der Zusammenarbeit eingeführt, Führungskräfte zu ergebnisbasiertem Führen weitergebildet oder eben mal das »Du« etabliert.

1 Das Magazin *WirtschaftsWoche* titelte im September 2021: »Macht das Homeoffice die Arbeitnehmer untreu?« Ausgehend von den USA wurde auch in Deutschland ein erhöhter Wechselwille bei Arbeitnehmern beobachtet und sogar statistisch nachgewiesen. Die im Artikel aufgestelle These lautete, dass der Wechsel ins Homeoffice nicht nur die physische, sondern auch die emotionale Nähe zum Job vergrößert.

2 Wie Laptops, Microsoft Teams und Gleitzeitmodelle für alle!

Die Beharrungskräfte hatten keine Chance mehr, der Malstrom der Veränderung war einfach zu groß.
Der wirklich wichtige Effekt, den diese Unternehmen inzwischen in der neuen Freiheit sehen, ist aber ein ganz anderer: Ownership! Die zusätzlichen Freiheitsgrade des Hybriden Arbeitens schaffen einen Raum für Mitarbeitende, Eigenverantwortung für die eigene Leistung und den eigenen Beitrag zu übernehmen. Die These: Menschen kümmern sich um Dinge, für die sie Verantwortung übernommen haben. Und Eigenverantwortung ist exakt die Grundzutat für New Work. Eigenverantwortung steckt hinter all dem agilen und selbstorganisierten Arbeiten in der VUCA-Welt. Wertschätzung und Freiheit der Mitarbeitenden wird zur Leistungsfähigkeit des Unternehmens. Und Hybrid Work ist das Vehikel für diese neue Arbeitsweise. Wie sangen noch einst die »Fehlfarben«?[1]: »Keine Atempause / Geschichte wird gemacht / Es geht voran!«
Das dazu passende Hybrid-Work-Modell lässt gemäß dieser Sichtweise viel Freiraum für Mitarbeitende: Je nach Unternehmen gibt es an zwei bis drei frei gewählten Homeofficetagen bis zu 100 Prozent frei wählbare Arbeitsorte und -zeiten. Das kommt natürlich gut in Zeiten, in denen Remote Work ganz oben auf der Wunschliste der Arbeitnehmenden steht. Also wird das dementsprechend explizit kommuniziert, wenn Stellen ausgeschrieben werden.
Außerdem ermöglicht das Empower-Modell, mit Mitarbeitenden in der ganzen Welt zu arbeiten – ein weiterer Pluspunkt in Zeiten, in denen es in bestimmten Regionen an Arbeitskräften mit bestimmten Qualifikationen mangelt.

1 Eine vor allem in den 1980ern groß aufspielende Post-Punk-Band aus Düsseldorf und Wuppertal. Ja genau, Wuppertal, der unterschätzten Perle des Bergischen Lands.

MODELL 3: OPTIMIZE PERFORMANCE

Die Unternehmen – oder zumindest die Unternehmenslenker – der beiden Gruppen *Protect Organization* und *Empower People* sind sich ihrer Haltung zu Hybrid Work tendenziell klar: »Leider Hybrid« oder »Zum Glück Hybrid«: Das hängt ab von bestimmten Wertesystemen oder speziellen Ausgangssituationen. Es gibt aber noch eine dritte Gruppe, die wir mit dem Modell *Optimize Performance* beschreiben und die quasi zwischen den gerade genannten Extremen liegt. Diese Gruppe verfolgt einen pragmatischen Ansatz ohne feste Glaubenssätze. »Hybrid? Let's see!«, heißt hier der Wahlspruch. Es wird ausprobiert und gelernt, wo und wie die zusätzlichen Freiheitsgrade des Hybriden Arbeitens einen positiven Effekt auf die Leistung haben können. Oder wo sich Einsparpotenziale ergeben.
Das Gute an diesem Ansatz: Wir verkneifen uns (zunächst) lange Diskussionen zwischen Hybrid-Befürwortern und -Gegnern und beschaffen uns lieber Fakten. Wir verfolgen die Strategie des konsequenten Experimentierens. In der Umsetzung heißt das: Wir starten mit einer klaren, zentralen Entscheidung – für dezentrales Lernen. Auf Teambasis mit jeweils 10 bis 30 Kollegen experimentieren wir mit Homeoffice und Büroarbeit, die Versuchsleitung übernimmt der Team- oder Bereichs-Lead. Alle Versuchsleiter treffen sich monatlich miteinander, um Probleme zu diskutieren und Best Practices auszutauschen. Diese Arbeit im »Labor« ist eine neue. Und keine leichte! Hierfür müssen wir Zeit freiräumen und Weiterbildung und Support organisieren. Das mittlere Management für Hybrides Arbeiten fit zu machen, ist neben dem Experimentieren die vielleicht wichtigste Aufgabe für Unternehmen dieser Gruppe.

Konsequentes Experimentieren heißt übrigens auch: Konsequenzen ziehen und aus Erkenntnissen allgemeingültige Regeln ableiten. Denn auf Dauer belastet die Parallelität vieler Modelle die Organisation. Schnell entsteht Neid zwischen Teams mit wenigen und Teams mit vielen Freiheiten. Oder Abläufe fallen wegen zu unterschiedlicher Modelle auseinander. In Feldern, in denen es aus Gründen der Fairness oder Kompatibilität einheitliche Abläufe geben muss (wie zum Beispiel in der Leistungsmessung), müssen Experimente in organisationsweite Standards münden.

BENEFITS UND BAUSTELLEN

Hybrides Arbeiten ist Neuland.[1] Ein unbekanntes Gebiet, welches jede Organisation erkunden muss. Aber für eine Himmelsrichtung müssen wir uns entscheiden, sonst fahren wir im Kreis, werden frustriert und lernen nichts. Grundsätzlich lässt sich in die drei gerade skizzierten Richtungen fahren. Die *eine richtige* Richtung gibt es nicht – nur die zum Unternehmen passende Strategie.

Je nach Modell erwarten uns unterschiedliche Benefits und unterschiedliche Baustellen, an die wir ran müssen. Unternehmen der Gruppe *Protect Organization* sind vor allem bestrebt, auch in einer hybriden Welt ihre Innovationsfähigkeit und den Austausch sowie das Zugehörigkeitsgefühl der Mitarbeitenden zu erhalten. Das Mittel der Wahl ist eine verpflichtende physische Präsenz und das Beibehalten eines etablierten Managementsystems. Baustellen und »Problemzonen« sind dann natürlich die beiden Themen Arbeitgeberattraktivität (wenig Freiheiten für Mitarbeitende) und Eigenverantwortung.

Für Unternehmen aus der Gruppe *Empower People* ist das Gefüge aus Benefits und Baustellen genau andersherum gelagert. Arbeitgeberattraktivität und Eigenverantwortung werden durch das freiheitsorientierte Hybrid-Work-Modell bereits verstärkt. Wichtig ist hier, sich aktiv um die Baustellen Innovationsfähigkeit, den Austausch und das Zugehörigkeitsgefühl zu kümmern. Etwa durch Events, wöchentliches Mittagessen, Offsites und einen virtuellen Austausch, der ganz bewusst Raum für Privates und Persönliches lässt. Ein Auge sollten diese Unternehmen auch auf die Themen Überstunden und Überarbeitung haben, da beides manchmal mit einer höheren Eigenverantwortung einhergeht.

Unternehmen, die sich für *Optimize Performance* entscheiden, nehmen je nach Ausgestaltung des Hybrid-Modells durch die Teams unterschiedliche Vorteile und Aufgaben mit. Wichtig ist hier: Wir müssen **alle** Themen im Auge behalten. Ein zusätzlicher Benefit dieses Weges ist übrigens auch, dass Unternehmen lernen, in der Breite zu experimentieren und flexibel zu reagieren.[2] Diese Fähigkeit kann in der nächsten Krise oder bei der nächsten Riesenchance zum echten Wettbewerbsvorteil werden. *#Resilienz.*

1 Dieses Mal ohne ironischen Hashtag. Den hat Angela Merkel mit in den Ruhestand genommen.

2 Das ist unserer Dark-Horse-Meinung nach übrigens eine gute Übung, um zusätzlich zu einer individuellen Hybrid-Work-Strategie später auch eine eigene adaptive Strategie fürs komplette Unternehmen entwickeln zu können. Für diesen Themenkomplex haben wir ein eigenes, rotes Buch geschrieben, das *Future Organization Playbook*. Das gibt's auch überall dort, wo ihr dieses Playbook gekauft habt!

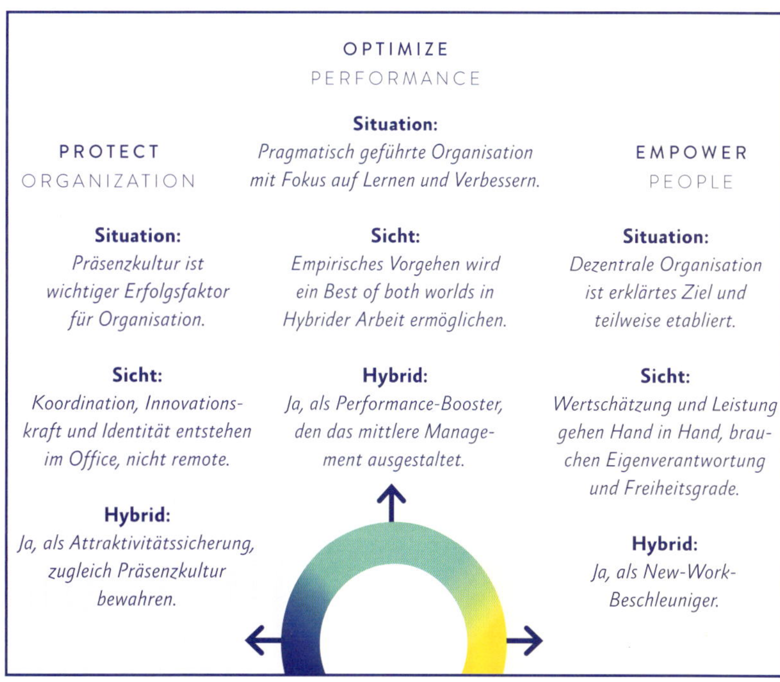

GRAFIK NT1: *Eine Übersicht über die drei verschiedenen Hybrid-Work-Modelle.*

3 WAR FOR TALENTS, KI UND EFFIZIENZ

Die Identifikation mit der eigenen Organisation wird im Virtuellen schwieriger. Gleichzeitig erleben wir gerade eine Zeit, in der es in Europa und den USA ohnehin viel mehr Arbeit als Arbeitende gibt. Die Arbeitslosenquote ist auf einem historischen Tiefstand. Auf Häuserwänden, in U-Bahn-Schächten und auf LKW-Planen ist gefühlt ein Drittel der Werbefläche für Produkte der Suche nach Personal gewichen. Seit Jahrzehnten steigen, global gesehen, unsere Produktion und unser Konsum kräftig, die Zahl der Erwerbstätigen allerdings viel langsamer. Sechs Millionen unbesetzte Stellen und 80 bis 90 Prozent der Unternehmen, die in Europa einen Fachkräftemangel beklagen, sind schon eindrucksvolle Daten und der Grund für den vielleicht am leidenschaftlichsten umgekämpften *War for Talents*, den es je gab.

Klar, es gab auch in jüngster Zeit Ereignisse, die dieser Aussage scheinbar widersprechen, doch selbst die 2022 im Silicon Valley losgetretene Entlassungswelle war da eher ein Tropfen auf den heißen Stein. Teilweise versteckten sich hinter den Wellen auch Korrekturbewegungen von Unternehmen, deren Mitarbeiterzahl während der Pandemie mit Zuwächsen um 20 bis 40 Prozent geradezu explodiert ist. Gegen solche kurz- und mittelfristigen wirtschaftlichen Entwicklungen, zu denen sicher auch eine temporäre Abkühlung unseres Wirtschaftswachstums gehört, stehen aber die ganz großen Trends: Japan, USA, China und unser Land werden als Gesellschaften immer älter und haben in unserem länger werdenden Rentnerleben noch einiges *wegzukonsumieren*. Die dafür notwendigen Produkte und Dienstleistungen produzieren aber jüngere Leute, die bekanntlich weniger werden.

Unternehmen stehen also im Personalwettbewerb und müssen Mitarbeitern etwas Besonderes bieten. Heute findet ein regelrechtes Wettrüsten um die höchste Arbeitgeberattraktivität und die größtmögliche Erfüllung der kühnsten Mitarbeiterträume statt. Zu den Wettbewerbsfaktoren zählen immer noch Klassiker, wie ein attraktiver Standort, gutes Gehalt, guter Jobtitel und eine starke Marke. Aber »neue Themen« werden wichtiger. Allen voran eine großzügige Home Work oder Remote Work Policy. Zwei bis drei Tage Homeoffice und drei bis vier Wochen im Jahr von überall aus arbeiten dürfen, sind inzwischen schon eher Standard und Hygienefaktor. Selbst auf allen Jobplattformen gibt es eine »Homeoffice-Filterfunktion«. Jobs, die dann rausgefiltert werden, haben heute schlechte Aussichten.

Auch die Vier-Tage-Woche und andere Teilzeitregelungen sind beliebter denn je, nicht nur bei uns Dark Horses und in unserer Bubble. In Zeiten, in denen wir anstatt den Zweitwagen v or der Garage zu waschen, unsere Zeit doch lieber auf dem Fußballplatz, dem Spielplatz oder im Wohnzimmer verbringen, ist ein zusätzlicher Tag Wochenende Balsam für die eigene mentale Gesundheit. Ebenso werden heute interessante und wichtige Aufgaben im Job sowie flache und durchlässige Hierarchien wichtiger denn je – und nicht zuletzt der Wunsch nach einer Arbeitsumgebung und einem Arbeitsalltag zum Wohlfühlen.

ARBEITEN MIT KÜNSTLICHER INTELLIGENZ

Die nächste gewaltige Revolution steht auch schon vor der Tür: künstliche Intelligenz und ihr schnellstes Pferd im Stall, das Deep Learning. Computer lernen, wie Menschen zu denken. Sie erkennen Bilder und bauen sie nach, schreiben Texte oder komponieren Musik, bestehen Abschlussprüfungen oder korrigieren sie. Die aktuell wohl bekannteste künstliche Intelligenz hört auf den Namen *ChatGPT*. Mit diesem Programm können wir wie mit einem ungewöhnlich geduldigen Freund chatten, da es einen Großteil allen verfügbaren Wissens bis 2021 intus hat. ChatGPT ist 2022 eingeschlagen, wie es keine Bombe hätte besser machen können. Es ist der Vorbote einer Revolution, die vielleicht mit der Erfindung des Internets oder des Smartphones vergleichbar ist, womöglich sogar mit der Dampfmaschine, der Elektrizität oder dem Verbrennungsmotor. Denn was Dampfmaschine und Elektrizität im Rahmen der Industrialisierung geschafft haben, war die hundertfache Produktivitätssteigerung eines einzelnen Menschen. Auf einmal nähte eine Person dutzende Hemden am Tag oder grub eine Baugrube mit zwei, drei Kollegen in wenigen Tagen. Dinge, die körperliche Kraft kosteten, wurden von Maschinen übernommen. Die Arbeiter konnten sich auf das Lenken und das Bedienen dieser Kraft konzentrieren.

Künstliche Intelligenzen können uns Dinge abnehmen, die uns *gedankliche Kraft* kosten. Bis vor kurzem war das noch auf Dinge beschränkt, denen klare Regeln zugrunde liegen und die immer einem Schema folgen: Schach spielen, Reisekosten abrechnen und Wärmepumpen betreiben zum Beispiel. Diese Dinge sind aufwendig programmierte Wenn-dann-Ketten, oder besser *Algorithmen*.

Für das Ableiten von Handlungen in komplexen Situationen ist das Programmieren aber extrem aufwendig bis nicht machbar. Und zu solchen Situationen gehört unter Umständen schon das Erkennen von Katzen in einem Foto. Hier kommt Deep Learning ins Spiel.

Wenn wir einer KI eintausend Bilder einer Katze zeigen, »lernt« sie Katzen zu erkennen. Woran genau, wissen wir nicht, aber es funktioniert. Ähnlich funktioniert es auch mit Text, Sprache, Geräuschen oder Verkehrssituationen. Der Weg in die andere Richtung, der der *generativen künstlichen Intelligenz*, klappt inzwischen auch gut. KIs, wie ChatGPT oder DeepAI, können Texte schreiben, Tabellen bauen, Programmcodes schreiben, Bilder und Videos generieren, Fräspfade zeichnen oder Turnschuhe designen. KI-generierte Tragflächen und Medikamente sind schon länger im Einsatz, Programmcode wird schätzungsweise schon zu über 50 Prozent von Maschinen geschrieben, und ab 2023 schreibt GPT-4 nicht mehr nur Bücher und Webseitentexte, sondern entwickelt ganze Werbekampagnen inklusive der Designs und Visuals.

Die Konsequenz? Dieselbe wie bei allen vorangegangenen technischen Revolutionen: Unsere Produktivität als arbeitende Menschen vervielfacht sich. So wie beim Upgrade von der Schaufel zum Bagger werden wir bei vielen Dingen viel schneller und »fähiger« sein, etwa beim Schreiben von Texten, Berichten und Anträgen oder beim Programmieren von Apps. Oder beim Produzieren von Erklärvideos und Kinofilmen. Und ganz gewiss auch beim Designen von Schuhen, Illustrationen und Grundrissen.

Das bedeutet auch, dass wir dann einzelne Funktionen unserer Organisation, wie Kundenservice, PR, Controlling, Legal etc., mit viel weniger Leuten stemmen könnten. Teams könnten viel kleiner werden, die Organisation sich schlanker aufstellen – Start-up-Style.

Zwei bis drei Personen könnten den gesamten Text-Output eines Unternehmens generieren: die »Text-Overlords«. Das hätte auch den Nebeneffekt, dass die Kommunikation, die in vielen Organisationen aufgrund der schnelllebigen Zeit immer zwischen den Extremen Qualität und Aktualität pendelt, dramatisch einfacher werden könnte.

Und was machen die 20 Leute, die es dann nicht mehr in der Marketingabteilung braucht? Das ist beim KI-Thema die vielleicht wichtigste Frage der laufenden Dekade. Die Erfahrung aus den letzten technischen Revolutionen zeigt: Sie bilden wahrscheinlich drei weitere Marketingabteilungen in drei neuen Unternehmen, die während einer solchen Revolution entstehen.

Ein anderes mögliches (unserer Meinung nach wünschenswerteres) Szenario: Wir erreichen mithilfe von KI diesmal tatsächlich ein so hohes gesamtgesellschaftliches Produktivitätsniveau, dass viele von uns, anstatt immer mehr und mehr zu konsumieren, eher dem Müßiggang verfallen oder nichtkommerzielle Arbeit leisten. Passend dazu (FDP- und CDU-Wähler bitte kurz wegschauen) ein *passives Grundeinkommen* und noch mehr Teilzeitarbeit. Vielleicht sogar bei unterschiedlichen Organisationen?

Natürlich brauchen solche Umwälzungen von Arbeit und Gesellschaft Jahrzehnte. Aber die Zukunft beginnt im Jahre 2023, wenn wir anfangen, unsere ersten E-Mails mit der *Bing-KI* zu schreiben – beziehungsweise schreiben zu lassen.

ARBEITEN IM METAVERSE

In 2023 noch nicht ganz abflugbereit ist wahrscheinlich das Metaverse, also die Idee, sich vom zweidimensionalen Screen zu lösen und Dinge immersiver in einer dreidimensionalen Welt zu erleben und zu erledigen. Idealerweise mit einer XR-Brille, mit der wir nach Belieben virtuelle und echte Realität einblenden und überblenden können. Mark Zuckerberg setzt hier auf die größte *Innovationswette* der Menschheitsgeschichte, gegen die selbst die Mondlandung verblasst. Aber ganz aus der Luft gegriffen ist der Gedanke nicht, dass das Metaverse unsere zukünftige Wahlheimat wird. Denn schließlich verbringen wir[1] immer mehr private und berufliche Zeit in der unbegrenzten Virtualität. Auf Netflix, TikTok, Instagram, LinkedIn, Zoom, Teams, Miro und Slack, und wie sie alle heißen. Je nach Job und privaten Sehgewohnheiten schauen wir durchschnittlich sieben bis elf Stunden täglich in unsere Screens, die meistens maximal 27 Zoll groß und in der Regel kleiner, nämlich nur so groß wie ein Smartphone sind. Das ergibt eigentlich keinen Sinn. Unser Sichtfeld gibt viel mehr her! Und wenn wir unseren Kopf bewegen, ergibt sich ein Sichtfeld, das tausendfach größer als der Ausschnitt ist, über den wir quasi unser Leben abwickeln. Das Sprengen dieser Grenzen und der Schritt in eine virtuelle dreidimensionale Welt liegen also ziemlich nahe.

Noch fehlt es aber an Infrastruktur. Die notwendigen Brillen sind teuer und unhandlich, weshalb die Nutzung noch nicht so verbreitet ist und die virtuellen Begegnungsräume noch relativ leer und uneinladend sind. Ein Henne-Ei-Problem, das Apple mal wieder lösen könnte. Vielleicht noch in diesem Jahr. So wie sie das Smartphone massentauglich gemacht haben, könnte Apple nun auch die XR-Brille kommerzialisieren.

1 Noch beschleunigt durch die Pandemie.

Billig wird das sicher nicht, aber wahrscheinlich schön, sehr einfach benutzbar und wahnsinnig beeindruckend.
Ob das Metaverse in nächster Zeit wirklich zündet und mehr wird als eine Spielwiese für Tech-Enthusiasten wie diejenigen, die damals mit einer peinlichen »Google Glass«-Brille auf der Nase herumgelaufen sind, wissen wir erst, wenn es so weit ist. Es wäre schon ein Erfolg, wenn das Metaverse nicht so ein schnell verglühender Hype wie »Second Life« in den frühen 2010er-Jahren werden würde.
Wenn das Metaverse aber kommt, wird der physische Raum weniger wichtig. Das ist klar. Und wenn wir die eigenen vier Wände mit einer Geste in die Copa Cabana verwandeln können, dann gäbe es noch weniger Grund, in das tatsächliche Office zu kommen.

THE YEAR OF EFFICIENCY

Weniger los im Office war ab Ende 2022 auch bei Twitter. Elon Musk hatte im Zuge seiner gut publizierten und diskussionswürdigen Übernahme die Hälfte der Organisation entlassen. Musks Argument: Man brauche gar nicht so viele Leute. *Wenn sich alle etwas zusammenreißen würden, funktioniere Twitter mit der Hälfte an Personal. Oder weniger.* Er ist damit Vorreiter einer neuen Effizienzbewegung, die jüngst durch Entlassungen in großen und kleinen Unternehmen im Silicon Valley sichtbar wurde und einen vielleicht ersten Höhepunkt im Ausruf des »Year of Efficiency« bei Meta erreicht hat.[1]
»Flatter is faster, leaner is better« – das ist das Motto, unter dem recht radikal Managementebenen eliminiert und Projekte abseits des Kerngeschäftes gestrichen werden. Die Leute sollen mehr arbeiten, statt nur zu managen, heißt es. Und die künstliche Intelligenz soll die Produktivität trotz geschrumpfter Belegschaft erhöhen.

Solchen Beschränkungen verschreibt sich natürlich niemand freiwillig. Schon gar nicht ein Aktienmilliardär, der den Mars besiedeln oder das Internet dreidimensional machen will. Diese Schlankheitskur wird von Anteilseignern beziehungsweise dem eigenen Kontostand verordnet. Denn Geld zu leihen ist momentan aufgrund dramatisch gestiegener Zinsen so teuer wie seit 15 Jahren nicht mehr. Immobilien- und Kyptoblasen platzen, Unternehmenswerte sinken in den Keller. Erste Stimmen besingen das Ende der »Pures Wachstum ohne Kostenbewusstsein«-Party, und damit auch der luxuriösen Überausstattung mit Arbeitskräften.
Sicher ist das gerade Geschilderte vor allem ein Problem kalifornischer Tech-Unternehmen. Eine luxuriöse Überausstattung mit Arbeitskräften passiert dem schwäbischen Schraubenhersteller nicht so schnell. Aber es gibt andere Entwicklungen, die auch hierzulande für einen steigenden Fokus auf Effizienz sorgen: der besprochene Arbeitskräftemangel und die neuen Möglichkeiten der KI-unterstützten Automatisierung.[2]

1 bit.ly/NWP-03

2 Interessant dazu ist auch der Vortrag von Pip Klöckner auf der 2023er OMR-Konferenz: bit.ly/NWP-04 Randvoll mit Daten und Fakten und in atemlosen Tempo vorgetragen, gibt Klöckner der effizienzgetriebenen Kündigungswelle mehr Raum und erklärt auch, welche Rolle KI künftig spielen wird.

4 DIE ROLLE DER ARBEITSKULTUR

Frei nach der unvergessenen Tina Turner: »What's Culture got to do with it?« Nun, alles. Der gestaltete Raum (Architektur) ist auf vielfältige Weise mit dem, was in ihm stattfindet und stattfinden kann (Kultur), verbunden. Architektur formt Kultur. Und Kultur formt Architektur. Architektur und Kultur sind zwei Seiten derselben Medaille.

ARCHITEKTUR ALS METAPHER

Gestaltete Räume sind mit Bedeutung aufgeladen. Sie sind nicht einfach nur da, sondern transportieren meistens auch noch eine Botschaft. So steht etwa die vom britischen Architekten Norman Foster entworfene Glaskuppel auf dem Berliner Reichstag für die Transparenz, die das Parlament seinen Bürgern gegenüber üben will. Auch wenn wir als Besuchende der Kuppel die Debatten unten im Bundestag sehen können, haben wir noch keinen Zugang zu den Inhalten der Diskussion und den einzelnen Beiträgen, aber die Architektur signalisiert, dass Transparenz ein hoher Wert dieses Parlaments ist. Neben der Architektur kann dies auch durch andere Kanäle, wie Livestreams oder öffentlich zugängliche Protokolle, passieren, aber dieses Playbook befasst sich ja mit *Raum*.

Auch in der Arbeitswelt kommunizieren die Architektur und die Gestaltung von Eingängen und Emp fangsräumen, Kantinen und Büros, wie ein Unternehmen wahrgenommen werden möchte. So signalisiert zum Beispiel das Vorstandsbüro mit der Eichenvertäfelung und der guten Aussicht, dass hier jemand arbeitet, der wertvoller ist und mehr Weitblick hat als der Rest der Belegschaft. Die großzügig und mit unzähligen bequemen Sitzmöglichkeiten ausgestatteten Büros bei Google signalisieren, wie der Konzern wahrgenommen werden möchte: als locker, kreativ und auf offenen informellen Austausch setzend.

GESTALTETER RAUM WIRKT ORDNEND AUF SOZIALE SYSTEME

Am eindrücklichsten hat der französische Philosoph Michel Foucault dies am Beispiel der Gefängnisarchitektur des Panoptikums gezeigt.

Hier wird Architektur Teil einer disziplinierenden Totalüberwachung der Gefangenen, denen jede Privatheit in ihren Zellen genommen wird. Architektur unterstützt in diesem Fall ein bestimmtes strafendes Kontrollregime. Die Anordnung von Arbeitsplätzen in manchen Textilfabriken oder klassischen Großraumbüros erfüllt eine ähnliche Funktion. Wenn Vorarbeiter im Glaskasten über der Belegschaft am Fließband »schweben« oder Führungskräfte das komplette Großraumbüro vom gläsernen Eckbüro aus im Blick haben, signalisiert das Überwachung und Kontrolle. Mal sehen, ob die Mitarbeitenden tatsächlich arbeiten.

Natürlich wirken diese Beschreibungen in modernen Unternehmensgebäuden zurecht antiquiert, dennoch lebt die Überwachungsfunktion irgendwie auch heute noch weiter. Sie ist nur von Raumgestaltung auf digitale Tools gewechselt. Gerade während der zurückliegenden Pandemie haben wir so einige Geschichten von Kunden und Kundinnen gehört, die etwa ihre Webcam und Microsoft Teams den ganzen Tag »auf Sendung« lassen mussten, damit Vorgesetzte jederzeit die Möglichkeit hatten, nach dem Rechten zu schauen.

Ja, mit der Raumgestaltung können wir die Arbeitskraft mannigfaltig steuern. Ein anderes Beispiel, das wohl niemand cool findet: In Amazon-Lagern sind die Toiletten so weit vom eigentlichen Arbeitsplatz entfernt, dass sich Mitarbeitende entscheiden, vor und während der Arbeit nichts zu trinken, um die streng getimten Pausenzeiten nicht zu überschreiten.

Eine ähnlich gelagerte Intervention in den Raum, aber mit anderer Absicht, finden wir bei Apple: Im neuen Hauptquartier in Cupertino, Kalifornien, sind alle Toiletten an einem zentralen Ort platziert, damit sich dort möglichst viele zufällige Begegnungen ergeben. Diese sind hier explizit gewünscht, um Austausch und Kreativität der Mitarbeitenden zu erhöhen. Forcierte Serendipity könnte man diese Intervention auch nennen.

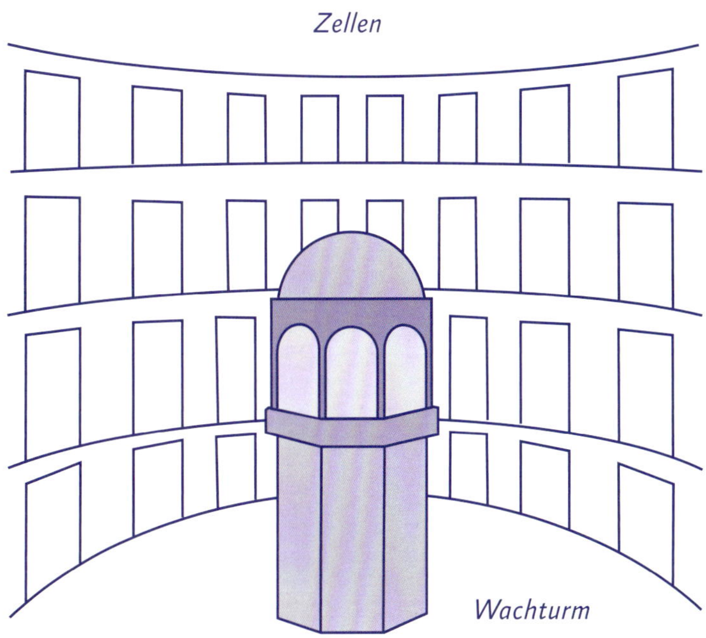

GRAFIK NT2: *Panoptikum — von einem zentralen Ort aus können alle Gefängnissinsassen beobachtet werden.*

GESTALTETER RAUM ALS ERMÖGLICHER FÜR VERHALTEN

Unterschiedliche Räume ermöglichen unterschiedliche Aktivitäten, das ist eine der Kernannahmen dieses Buches.[1] Eine Etage voller verschließbarer Zweierbüros lädt nicht unbedingt zu kreativen Ideen- und Brainstormingsessions mit dem Team ein. Dagegen eignet sich ein offen gestalteter Raum mit Sitznischen und Shared-Desk-Plätzen nicht so gut für fokussiertes Arbeiten am Jahresabschluss. In einem Unternehmen haben wir einmal beobachtet, dass ein Controller in einem solchen Setting alle verfügbaren Pflanzen um seinen Arbeitsplatz drapiert hatte, um dahinter ungestört arbeiten zu können. Nun ja.

Damit Arbeitsräume für die in ihnen arbeitenden Menschen funktionieren, muss zwischen beiden eine Passung hergestellt werden: Die Arbeitsräume müssen zu den sich verändernden Anforderungen der Mitarbeiterschaft passen. Zum Teil können Arbeitsräume aber auch Einladungen an Mitarbeitende sein, sich auf andere Formen der Zusammenarbeit einzulassen. Dies braucht gelegentlich Unterstützung. Und weil das Ganze nicht unter Zwang (»Wir *müssen* uns verändern, sonst sind wir Geschichte.«), sondern am besten in einer positiven Atmosphäre stattfinden sollte, sprechen wir in diesem Zusammenhang anstatt von Gebrauchsanweisungen lieber von *Gebrauchseinladungen* – denn Menschen können für Räume vielfältige Nutzungsmöglichkeiten entwickeln, die wir noch gar nicht vorhergesehen hatten.

1 Diese Aktivitäten nennen wir hier »Arbeitsmodi«. Im folgenden Abschnitt des Buches – NEW WORK – behandeln wir die verschiedenen Arbeitsmodi und die dahinter liegenden Prinzipien der Neuen Arbeit ausführlich.

5 STRATEGISCHE EINBETTUNG VON ARBEITSRÄUMEN

Wenn wir, wie gerade beschrieben, davon ausgehen, dass Räume ausdrücken, a) wofür ein Unternehmen steht (Bedeutung) b) wie Arbeit und Mitarbeitende darin organisiert sind und c) welche Formen der Arbeit dadurch möglich werden, dann ist es wichtig, dass diese Aspekte kohärent sind und im Einklang mit der Gesamtstrategie der Organisation stehen. Die Schaffung neuer Arbeitsräume gehört daher nicht allein in die Hände des Facility Managements, sondern sollte immer in Kooperation mit der Personal- und der Organisationsentwicklung erfolgen.
Unser Strategie-Hexagon aus dem **FUTURE ORGANIZATION PLAYBOOK** kann bei diesem Kohärenz-Check helfen. Das Hexagon selbst ist ein vereinfachtes Modell, um eine Organisation in ihrer Gesamtheit zu begreifen und mit ihr arbeiten zu können. Es basiert auf zwei Grundannahmen: Erstens, eine Organisation definiert sich vor allem durch die Interaktion ihrer Teile. Und zweitens, diese Interaktion macht ihren Wert aus.
Das Hexagon besteht aus sechs Feldern oder Teilbereichen:

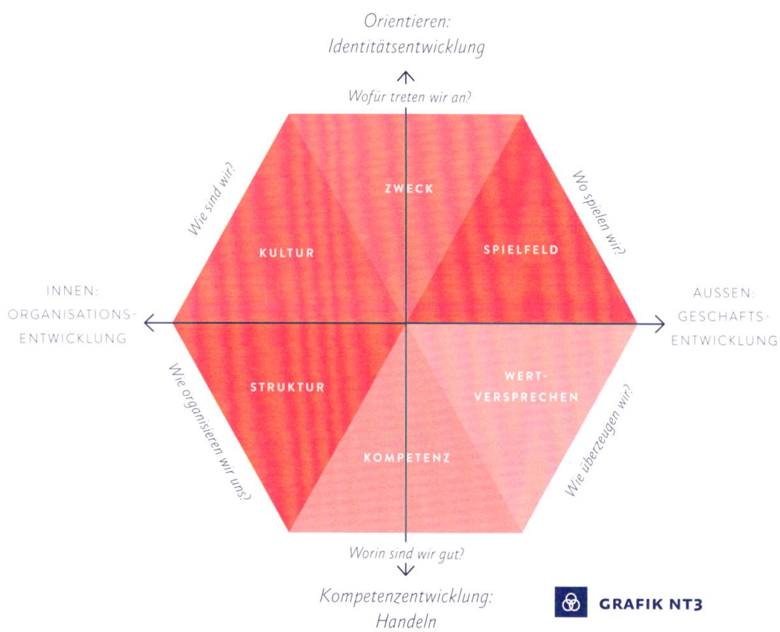

GRAFIK NT3

- **Zweck:** Jede Organisation hat einen Zweck, der manchmal gar nicht so einfach zu definieren ist, weil es hier Mehrdeutigkeiten gibt. Oft gibt es auch mehrere Zwecke. Wir schreiben in diesem Zusammenhang übrigens absichtlich vom pragmatischen Begriff *Zweck*, denn einen Sinn – oder Purpose – haben streng genommen nur die Menschen, die in einer Organisation arbeiten.

- **Spielfeld:** Damit sind Branchen, Märkte, Zielgruppensegmente oder Ähnliches gemeint, also inhaltlich abgrenzbare Felder, die von der Organisation als Wirkungsbereich selbst gewählt und definiert werden.

- **Wertversprechen:** Jede Organisation besitzt mindestens einen Aspekt oder eine bestimmte Art und Weise, mit der die Kundschaft vom eigenen Angebot überzeugt wird. Das kann ein Produkt oder ein Service sein. Oder beides.

- **Kompetenz:** In jeder Organisation arbeiten Menschen mit bestimmten Kompetenzen. Diese sind global und gleichzeitig spezifisch, und sie werden gebraucht, um etwa Wertversprechen zu erfüllen oder Strukturen, die Kultur oder den Zweck mit Leben zu erfüllen.

- **Strukturen:** Darunter verstehen wir alles, was dazu beiträgt, dass »der Laden läuft«, wie es so schön heißt. Jede Organisation hat da einen eigenen Mix an Strukturen.

- **Kultur:** Alle Organisationen besitzen eine spezifische Kultur mit einem bestimmten Werteset, das definiert, wie sich Einzelne verhalten und wie sie ihre Arbeit erledigen.

Wenn alle Hexagon-Felder harmonisch aufeinander abgestimmt sind, kann die Organisation funktionieren. Heißt aber auch, wenn sich in einem Feld etwas ändert, könnte sich auch alles andere ändern. In unserem Fall also: Neue Arbeitsräume stoßen vielfältige Veränderungen in einer Organisation an. Ob sie wollen oder nicht.[1]

Die Gestaltung unserer Arbeitsräume können wir vor allem auf der linken Seite des Hexagons verorten und hier vor allem im Feld *Struktur*. Im besten Fall unterstützen die Arbeitsräume die Struktur, die nötig ist, damit die Organisation ihr *Wertversprechen* in ihrem *Spielfeld* so gut wie möglich liefern kann. Darüber hinaus sollte sich in den Arbeitsräumen aber auch *Kultur* und *Zweck* der Organisation widerspiegeln. Dies erleichtert die Identifikation mit der Organisation und schafft Orientierung – nicht nur für neue Mitarbeitende. Im Feld der *Kompetenzen* schließlich geht es darum zu prüfen, ob die Mitarbeitenden bereits alle Fähigkeiten haben, die für die Erfüllung des Zwecks der Organisation erforderlich sind. Auch hier können Räume dabei unterstützen, neue Formen des Arbeitens (und Zusammenarbeitens) zu erlernen.

Wow, das klingt in der Theorie alles schlüssig, doch in vielen Gesprächen mit Kunden und Kundinnen stoßen wir immer wieder auf die Frage nach dem besten Startpunkt. Wenn alle Felder des Hexagons miteinander harmonieren müssen, sie es aber in diesem Moment noch nicht tun, wo sollten wir anfangen? Die Antwort ist simpel: Am besten suchen wir uns einen eng umrissenen Rahmen und starten in allen gerade angesprochenen Feldern zeitgleich. Quasi ein testweises Vorantasten zu neuen Ufern.

Ganz konkret: Wir gestalten einen Raum, der die wünschenswerte Kultur und den wünschenswerten Zweck der Organisation widerspiegelt. Dieser Raum ist eine Testfläche. Beim Arbeiten in diesem neuen Raum werden wir feststellen, ob wir die Kompetenzen besitzen, den Raum hinsichtlich des wünschenswerten Zwecks zu »bespielen«. Wir finden auch heraus, ob unsere Arbeit auf das Wertversprechen der Organisation einzahlt. Und ob die Struktur eine Zusammenarbeit mit eng verknüpften Bereichen fördert oder eher behindert.

Am besten prüfen wir diese Dinge im einmonatigen oder zweimonatigen Takt, sammeln Eindrücke und priorisieren, in welchen Bereichen (gemäß dem Hexagon) noch der Schuh drückt. Dann entscheiden wir, bessern nach und prüfen ein oder zwei Monate später erneut, wie sich die Arbeit im neuen Raum verändert hat.

Natürlich kann das nur funktionieren, wenn der Support aus der Führungsetage (auf welcher Ebene auch immer) vorhanden ist. Eigentlich sollte es dazu keine Diskussion geben, denn die »Testfläche« ist ja klein und dreht noch nicht die Organisation auf links. Und gleichzeitig werden in diesem Rahmen sinnvolle Erkenntnisse gesammelt, die der gesamten Organisation zu Gute kommen.

1 Natürlich wollen sie!

NEW WORK

1 NETWORK

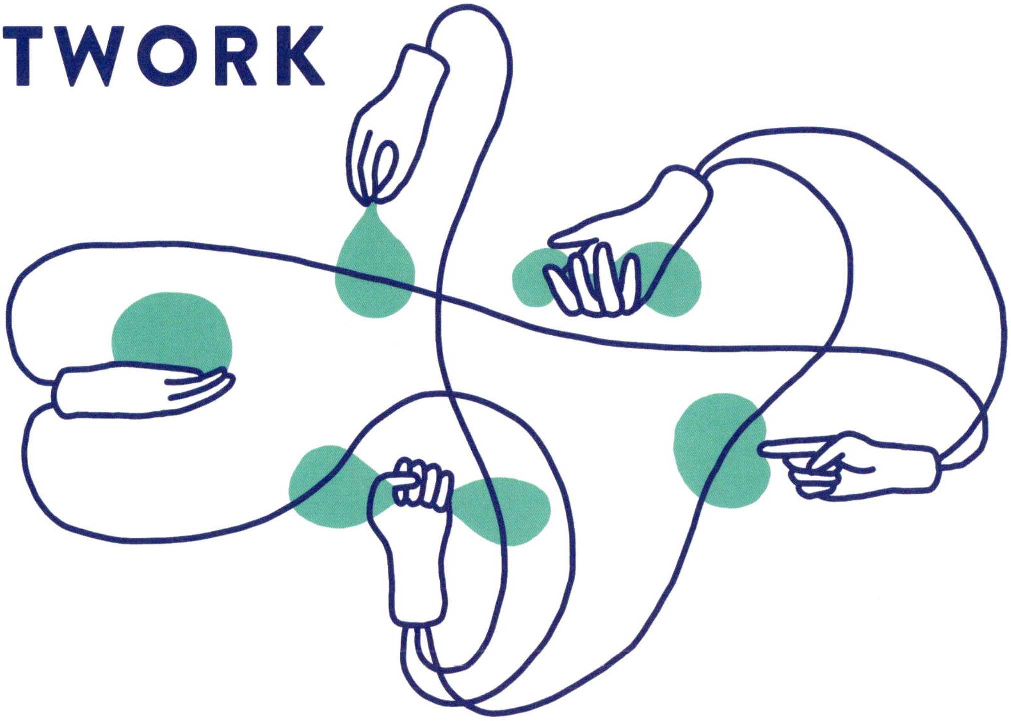

1.1 DAS PRINZIP NETWORK

INFORMATIONSFLUSS & SERENDIPITY

Es war nicht ganz leicht, eine Überschrift für dieses Kapitel zu finden. Wir mussten das Whiteboard mehrfach putzen. Wie können wir das Arbeitsprinzip, das wir nun vorstellen wollen, nennen? Unity, Collaboration, Community ... Von all dem steckt etwas in diesem Kapitel, aber nichts davon trifft allein den Kern. Was ist der Kern? Es geht um Austausch. Den Austausch zwischen Mitarbeitern in großem Stile, innerhalb einer ganzen Abteilung oder eines ganzen Unternehmens. Den Austausch, der Grundvoraussetzung für Informationsfluss, aber auch Gemeinschaft und inneren Zusammenhalt ist. Dieses Arbeitsprinzip meint nicht den bloßen Austausch im Team oder die bloße Zusammenarbeit Einzelner. Nein, es geht um alle! Alle Mitarbeiter, die sich zu einem Netzwerk verbinden. Um diesen zentralen Aspekt des Neuen Arbeitens zu beschreiben, schien uns der Begriff »Network« passend. Der Austausch hat zwei Funktionen. Die erste ist, möglichst schnell relevante Informationen und Wissen zielgerichtet zu den »richtigen« Empfängern zu transferieren. Hier geht es um Informationsfluss. Die zweite Funktion beruht auf zufälligen Kollisionen von Informationen und Personen. Sie sind die Grundlage, um Neues zu schaffen, sowie Quelle für Kreativität und Innovation. Diese zufälligen Kollisionen und Entdeckungen sind im Kontext von Innovation, Unternehmensorganisation und Hybridem Arbeiten inzwischen ein großes Thema mit einem eigenen Stichwort: »Serendipity«. Die Themen Informationsfluss und Serendipity wollen wir uns nun etwas genauer anschauen.

INFORMATIONSMENGE & SPEZIALISIERUNG

Derzeit verdoppelt sich die Menge des Wissens der Menschheit ungefähr alle zehn Jahre. Wissenschaftliche Erkenntnisse mehren sich auf allen Gebieten, teilweise wächst das Wissen sogar exponentiell. Die Medizin, in der sich inzwischen die Zahl der heilbaren Krankheiten alle drei Jahre verdoppelt, ist nur ein Beispiel für das rapide Wachstum des Wissens. Der Wissenszuwachs geht einher mit einer zunehmenden Spezialisierung. Heute sind Themen von Fachkonferenzen zunehmend so speziell, dass man, sofern man kein absoluter Experte ist, alleine vom Titel her oft nicht erkennen kann, ob es um eine neue Krankheit, einen alten KI-Ansatz oder fesche Hosenschnitte geht. Auch die weiterhin kleinteiliger werdende Arbeitsteilung und immer spezieller werdende »Wissenssilos« in Unternehmen sind eine sichtbare Reaktion auf den Wissenszuwachs. Diese Entwicklung lässt sich an einem einfachen Beispiel zeigen: Früher (ganz früher) gab es den Tischler. Dieser redete zunächst mit dem Auftraggeber. Anschließend baute er den Tisch und ließ diesen dann vom Auftraggeber abholen und bezahlen. Alles notwendige Wissen in dieser Wertschöpfungskette lag bei einer Person. Wie simpel.
Heute, zum Beispiel bei einem internationalen Möbelhändler, läuft das etwas anders. Der alte Arbeitsablauf des Tischlers ist in – so schätzen wir – 63 Jobpositionen aufgeteilt, von der Marktforschung über die Designer, das Controlling, die Produktionsplanung – und bis hierhin wurde noch nicht einmal der Baum gefällt oder das Holz gesägt. Die für jede Jobposition notwendigen Informationsmengen sind über die Jahre explodiert. Alleine der Lack, geschweige denn die Lackierung ist eine Wissenschaft für sich. Sprichwörtlich. Es bauen sich gewaltige Wissenssilos auf, die hinter den einzelnen Bereichen und Arbeitsschritten stecken. Und je mehr sich der Lackierer mit den speziellen Lacken beschäftigt, desto weniger Zeit hat er, um sich damit auseinanderzusetzen, was er überhaupt lackiert. Das konnte dem Tischler nicht passieren. In den Unternehmen ist diese Entwicklung nicht aufzuhalten. Das Wissen und damit die Spezialisierung nehmen zwangsläufig zu.

STRUKTURIERTER AUSTAUSCH

Zunehmende Arbeitsteilung und Informationsverteilung erfordert mehr Austausch und eine stärkere Vernetzung der Wissensträger untereinander. Seit Jahrhunderten erhöhen wir die Geschwindigkeit unseres Austauschs und die Menge der ausgetauschten Information durch die steigende Formalisierung und Strukturierung sowohl unseres Wissens als auch des Austauschs selbst. Jobprofile, Dienstwege, Reporting-Lines, Dailys, Weeklys, Quarterlys, Jour fixes und Head-ups. Wir haben uns ein dichtes Netz für den Wissensaustausch gebaut, der Durchsatz ist riesig.
Aber neben der Menge wächst auch die Geschwindigkeit, mit der wir heute mit diesem Wissen arbeiten müssen oder wollen. Auf der einen Seite stehen die immer kürzeren Innovationszyklen. Nehmen wir das Beispiel der Medien- und Unterhaltungsindustrie. Klassische TV-Serien wie »Lindenstraße« wurden einmal die Woche ausgestrahlt. Der Produktionsaufwand war zumindest früher überschaubar. Heute sehen wir zehn Folgen »House of the Dragon« an einem Samstag, und die Produktion jeder einzelnen Folge ist ähnlich aufwändig wie die komplette Produktion eines älteren Kinofilms.[1]

1 Eine einzige Folge des Game-of-Thrones-Nachfolgers »House of the Dragon« kostet viermal so viel, wie ein »Fack ju Göhte«. Hmm.

Das neue iPhone ist wieder nicht schlecht, und beim E-Auto warten wir eigentlich nur noch, bis die nächste Generation der Akku-Technologie angeboten wird. Wir erzeugen permanent Nachfrage. Und diese müssen wir auch beantworten. Und zwar immer schneller. In China, Berlin, auf der Schwäbischen Alb und im Silicon Valley. Oder bevor uns China, Berlin, die Schwäbische Alb oder das Silicon Valley zuvorkommen. Die Konkurrenz schläft ja nicht.
Hierfür benötigen wir Agilität. Wir müssen in und mit unserer Arbeit schnell sein, reaktionsfreudig, anpassungsfähig, wir müssen mehr Menge und mehr Varianz produzieren – in kürzer werdenden Abständen. Das heißt auch: Wir müssen immer schneller mit immer mehr Wissen arbeiten und dies untereinander austauschen.
In Unternehmen haben sich hierfür verschiedenste Formate von Meetings etabliert. Kurze Meetings, lange Meetings, in kleinen oder großen Gruppen, physisch vor Ort, hybrid oder ganz remote, mit unterschiedlichsten englischen Bezeichnungen. Doch langsam merken wir, dass dieser formalisierte Wissensaustausch an seine Grenzen gerät. Die Formate genügen den wachsenden Ansprüchen an die Geschwindigkeit des Austauschs und der Menge der ausgetauschten Information nicht mehr. Heute schon bewerten Arbeitnehmer im Durchschnitt den Inhalt von zwei Dritteln ihrer gesamten formalen und strukturierten Austauschzeit in Meetings als nicht relevant. Der Anteil von Meetings im Arbeitsalltag liegt insbesondere in Unternehmensbereichen mit hohem Anteil an Nicht-Routinearbeit bei über 50 Prozent. Das bedeutet, dass im ungünstigen Fall ein Drittel unserer Arbeitszeit ungenutzt bleibt.
Warum ist das so? Ganz einfach: Der beschriebene Austausch mittels der verschiedenen Meetingformate findet blockweise statt. Wir verabreden einen Termin, dem wir eine gewisse Länge, also meist mit dem Kalender kompatible 30, 60 oder 90 Minuten, geben. Auch wenn das zu besprechende Anliegen in 10 Minuten zu klären wäre, füllen wir meist den gesamten Zeitblock. Die Relevanz sinkt. Und dadurch, dass wir heute mal fix in einem Videocall alle aus dem Team zusammentrommeln können, egal wo die einzelnen Menschen gerade sind, steigt sowohl die Frequenz der Termine als auch die Anzahl der Anwesenden. Insbesondere Personen, für die die restliche Meetingzeit nicht mehr relevant ist, verschwenden nun ihre Zeit. Man verlässt nicht einfach Meetings. Ist ja unhöflich. Mit dem Zeitblock stellen wir sozusagen auch einen »Personenblock« auf, der starr über die gesamte Meetingdauer blockiert ist. So wird es für Kollegen inzwischen schwierig, Zeit für spontane Meetings zu finden. Deswegen vereinbaren wir oft, ohne uns über die Notwendigkeit im Klaren zu sein, schon Follow-up-Termine oder gleich regelmäßige Weeklys oder Monthlys, um gar nicht erst in die Termin-Bredouille zu kommen. Und so füllen sich unsere Kalender mit Monate im voraus geplanten Meetingblocks. Nicht die Relevanz, sondern der Termin gibt den Takt vor. Und die Zeit für den spontanen Austausch und das Reagieren auf tagesaktuelle Themen nimmt ab. Das Einberufen eines

erstmaligen Treffens zweier Teams aufgrund einer aktuellen Begebenheit kann mitunter Monate brauchen. Die gemeinsame Lücke im Kalender liegt eben in weiter Ferne. Tage voller geplanter blockweiser Meetings führen also in vielen Fällen zu einem zunehmend langsameren und weniger relevanten Austausch zwischen Mitarbeitern.

UNSTRUKTURIERTER AUSTAUSCH

Wie aber kann ein effizienterer Wissensaustausch funktionieren? Sinnvoll ist es, den strukturierten um einen unstrukturierten Wissensaustausch zu ergänzen. Unstrukturierter Austausch heißt zunächst und ganz einfach: Alle reden mehr miteinander. Ohne geplante Termine, ohne gesetzte Themen. Das klingt zunächst nach Chaos. Ist es auch. Aber zumindest mit einem solchen Gesprächs-Chaos haben wir Menschen in Tausenden Jahren des sozialen Austausches gelernt umzugehen.

Eine hoch entwickelte Form dieses sozialen Austausches ist zum Beispiel die Cocktailparty. Das Grundprinzip ist hier: Jeder redet mit jedem über ein für mindestens eine Partei relevantes Thema. Aber nur mit einem Ohr. Das andere Ohr empfängt währenddessen die anderen im Raum schwebenden Themen, und der Blick scannt weitere interessante Gesprächspartner, sodass auch der nächste Dialog zu vielen interessanten Informationen und mehreren interessanten neuen Kontakten führt.

Unsere Fähigkeit, uns schnell und autark durch eine Unmenge an Informationen zu navigieren, wird auch durch das Internet geschult. Wir haben hier ständig einen Ozean an Wissen und Informationen vor uns. Jede Suchmaschinen-Anfrage fördert Tausende Links zutage. Streaming-Plattformen stellen uns 80 Prozent aller jemals produzierten Inhalte zur Verfügung. Und doch sind wir schnell und gut darin geworden, die für uns relevantesten Inhalte aus einer unendlichen Fülle herauszupicken.

Durch unsere Autarkie und Selbstbestimmtheit beim Surfen schaffen wir es, in minimaler Zeit maximale Relevanz für uns zu erzeugen. Das war zu Zeiten des linearen Fernsehens, insbesondere zu Zeiten der drei öffentlich-rechtlichen Sender, noch anders. Hier war unsere Fähigkeit, den Inhalt selbstbestimmt zu durchsuchen, noch fremdbestimmt und begrenzt. Wir konnten für uns nicht relevante Themen oder Sendungen nicht einfach vorspulen oder weiterklicken, sondern mussten mit der mittelmäßigen Relevanz leben. So wie in vielen geplanten Meetings.

Selbstbestimmter, unstrukturierter Austausch hilft uns also, viel relevante Information in wenig Zeit zu teilen. Im privaten wie im beruflichen Kontext. Im Gegensatz zum strukturierten Austausch sprechen wir hier primär Themen an, die uns relevant erscheinen. Und zwar in diesem Augenblick. Wir hören zu in Unterhaltungen, die für uns relevant sind, und steigen aus für uns nicht relevanten Unterhaltungen schnell wieder aus. Oder wir wechseln das Thema. So »empfangen« oder sichten wir – teilweise auch nur mit einem Ohr – viele Themen in kürzester Zeit. Und so bekommen wir mehr mit und haben gleichzeitig Zeit gewonnen, um in relevantere Themen intensiver einzusteigen. Diese Art von Austausch funktioniert nur vor Ort. Im Digitalen fällt diese *Super Power* des Gehirns leider weg.

Ein Rechenbeispiel für die Skeptischen unter uns: Bei einer kurzen Begegnung mit einem anderen Menschen im Flur erhalten wir in zwei Minuten die drei wichtigsten Informationen voneinander.

Wir erfahren, womit wir im Moment beschäftigt sind und was sich seit dem letzten Austausch ereignet hat. Vielleicht ist erst bei der fünften Begegnung eine für uns relevante Information dabei. Dann hätten wir insgesamt zehn Minuten dafür aufgewendet, diese Information zu bekommen. Zum Vergleich: Fünf 30-minütige Meetings mit Kollegen hätten inklusive der Zeit für die Planung und Organisation 180 Minuten verschlungen. Bei gleicher Chance, eine relevante Information zu erhalten, ergibt das einen Zeitfaktor von 18×.

Über die Zahlen lässt sich diskutieren, und natürlich hat strukturierter Austausch nach wie vor seine Berechtigung. Aber eine größere Portion unstrukturierter Wissensaustausch ermöglicht uns, schneller relevante Informationen zu finden und so mehr Zeit in relevanten Austausch investieren zu können.

VOM GLÜCKLICHEN FINDEN

Der unstrukturierte Austausch und das damit verbundene zufällige Aufeinandertreffen von Personen unterstützt aber neben dem effizienteren Informationsfluss auch ein zweites, ebenso wertvolles Phänomen: Die Serendipity.

»Das Wort ›Serendipity‹ […] bezeichnet eine zufällige Beobachtung von etwas ursprünglich nicht Gesuchtem, das sich als neue und überraschende Entdeckung erweist. Verwandt, aber nicht identisch ist die weiter gefasste Redewendung vom glücklichen Zufall.« (Quelle: Wikipedia). Andere Quellen beschreiben Serendipity als eine Art Grundvoraussetzung für Innovation. Immerhin gehen die Entdeckung Amerikas, des Klebstoffs und des LSD auf diesen Effekt zurück, lauter Dinge, ohne die es zum Beispiel das Unternehmen Apple nicht gäbe. Post-its sind ebenfalls ein solches Zufallsprodukt.

Innovationen und Entdeckungen leben vom Zufall. Neue Innovationsmethoden wie das Design Thinking berücksichtigen dies und fördern das Generieren Hunderter spontaner Ideen statt das aufwendige Ausgestalten einer einzigen. Die Wahrscheinlichkeit, dass bei den hundert Ideen zufällig eine richtig gute dabei ist, ist eben größer. Weil der Lösungsraum größer wird und die Ideen mit der Nummer 50 bis 100 ganz anders und viel mehr um die Ecke gedacht sind, als es die ersten zehn waren. Und so ist es auch mit dem zufälligen Austausch mit Kollegen. Wer weiß denn vorher, wer einem wann zufällig den entscheidenden Denkanstoß gibt?

Festhalten wollen wir, dass neben dem unstrukturierten Informationsfluss eben auch das zufällige »Kollidieren« von Personen und Informationen – das wir durch den zufälligen Austausch begünstigen – sehr wertvoll sein kann.

Kehren wir noch einmal zurück zum Bild der Funksignale und dem »Hineintunen«, zum Beispiel wenn es um Musik im Radio geht: Dabei suchen wir nicht nur gezielt nach unseren Lieblingssendungen, sondern bleiben auch an für uns gänzlich neuen Songs hängen. Oder ein Beispiel aus dem Internet, das jeder kennt: Man surft zu den Sportnachrichten und stolpert über den Link zu den besten Grill-Tipps. Hier bleibt man dann hängen, denn die Grill-Tipps sind viel interessanter als die Torschützenrangliste der dritten Liga. Oder es passiert das, was uns bei der Suche nach einer Überschrift für dieses Kapitel passiert ist. Wir stehen am Obsttisch, und jemand erzählt von einem neuen Möbelsystem namens »Network«. – »Wartet mal, wäre das nicht auch der perfekte Titel für dieses Kapitel?«

DIGITALES NETWORKING

Apropos Internet und Grill-Tipps. Wäre das Internet nicht die naheliegendste Plattform für den Wissensaustausch und die zufällige (wenn auch virtuelle) Begegnung? Unbedingt! Diese ganzen Tools – oder Social Networks – wie Teams, Slack und LinkedIn haben wir spätestens in der Zeit der Pandemie intensiv kennengelernt. Auch hier bekommen wir einen vielfältigen Stream an Informationen präsentiert und stolpern regelmäßig über Interessantes. Mittlerweile sind die meisten von uns so weit, um ihren Austausch komplett über Corporate Social Networks laufen zu lassen. Aber so richtig optimal ist es nicht, denn wo wir uns einerseits alle stundenlang durch Streams mit Katzenvideos und Posts zu Motorradreifen wühlen können, sind andererseits die Themen in unserem beruflichen Alltag für solch eine Auseinandersetzung oft für uns persönlich nicht spannend genug. Nach bestimmten Informationen zu suchen ist kein Problem, aber über einen längeren Zeitraum wahllos durch zufälligen Content browsen funktioniert nicht – zumindest nicht im Beruflichen. Hier braucht es meist die Intensität des Face-to-Face-Gesprächs, die eine persönliche Begegnung einer virtuellen noch voraus hat.

Durch Corona hat sich der Austausch stark ins Digitale verschoben und wir haben all seine Vorteile in den letzten Jahren erleben können. Aber wie bei jeder etwas überrumpelten Veränderung entstehen auch hier Gegenrichtungen – der Wunsch nach menschlicher Begegnung steigt. Immer mehr Mitarbeitende nehmen den (weiten) Weg zurück ins Büro auf sich, um genau diesen persönlichen Austausches zu suchen. Dieses neue, alte »Network« können und sollten wir noch mit uns selbst, das heißt echten Menschen, stricken.

Und um diesen Austausch zu fördern, können wir ganz einfache Dinge tun: Zuallererst können wir an uns selbst »arbeiten«, indem wir uns die Notwendigkeit des Austauschs ständig vor Augen führen und entsprechend handeln. Es heißt zwar »Man kann nicht nicht kommunizieren«, aber eine ausbleibende Kommunikation transportiert meist nur eine geringe Menge an Information. Jeder von uns sollte deshalb auf Sendung gehen und an seinem Empfang arbeiten. Der Austausch lebt von der Beteiligung!

Zum anderen – und das entspricht dem Thema dieses Buches – können wir diesen Austausch, insbesondere den zufälligen Austausch innerhalb großer Gruppen, Abteilungen und Unternehmen, räumlich unterstützen. Hierfür wollen wir uns nun interessante Konzepte sowie kleine und große Ideen anschauen, wie Arbeitsumgebungen den Austausch von Informationen und Wissen positiv beeinflussen können. Vorhang auf!

1.2 BEISPIELE

FOTO N1: Zalando Tech Headquarters. *Open-Space-Konzept mit Wohlfühl-Faktor. Hier stimmt vieles, auch im Detail.*

BEGEGNUNGEN FÖRDERN

Grundvoraussetzung für den beschriebenen Austausch zwischen Mitarbeitenden ist es, dass diese sich über den Weg laufen, sehen und begegnen. Ein solcher Austausch funktioniert nur im direkten persönlichen Kontakt. Da fällt es nicht schwer zu glauben, dass die Gestaltung der Arbeitsumgebung einen enormen Einfluss auf den Austausch hat. Sie kann und soll Begegnungen fördern.

Offenheit ist ein Anfang

Ein guter und der wohl einfachste Weg, Austausch zu fördern, ist es, Elemente der räumlichen Gestaltung einfach wegzulassen. Konkreter: Wände herauszunehmen, Flächen zu öffnen, mehr Sichtbarkeit unter mehr Kollegen zuzulassen. Der Verzicht auf Wände ist das wesentliche Merkmal von Open-Space- oder Open-Plan-Konzepten. Eine 450 Quadratmeter große Fläche, 48 Schreibtische darauf, Rollcontainer darunter, etwas ungemütliches Licht von der Decke – und fertig ist die offene Arbeitsfläche. Kein Wunder, dass diese Konzepte unbeliebt sind: Sie erinnern uns an Legehennen-Batterien. Dort würde auch niemand als Henne arbeiten wollen und vermutlich auch sonst nicht.

Aber der Vorteil einer offenen Arbeitsumgebung, nämlich die Förderung von Begegnungen, lässt sich auch realisieren, ohne gegen ein angenehmes Raumgefühl eingetauscht zu werden. Das ist zum Beispiel bei **Zalando** in Berlin zu beobachten.

Auch hier sieht fast jeder jeden, beinahe alle Kollegen erreicht man ohne Hindernis über die Luftlinie. Aber es gibt nicht viele Großraumbüros in Deutschland, in die man hineinkommt und in denen sich sofort ein »Das will ich auch!«-Gefühl einstellt. Im Zalando-Büro hingegen herrscht eine tolle Atmosphäre. Wir fragen uns natürlich sofort: Warum ist das so? Und warum ist das bei anderen Unternehmen nicht so?

Was ins Auge sticht, ist die an Chaos grenzende Unregelmäßigkeit auf vielen Ebenen. So erschließt sich auf der Ebene des Grundrisses zunächst kein einheitliches Prinzip, keine simple Grundidee. Es gibt Schreibtischblocks in unterschiedlichsten Längen und unterschiedlichen Winkeln. Wir sehen große, wesentlich loungiger ausgestattete Zonen, die diese Schreibtischzonen in unregelmäßige Größen zerschneiden und die wiederum unterbrochen sind durch ein unklares Muster an Raumteilern, die immer wieder anders konfigurierbar sind. So entstehen überall überraschende Ecken und Nischen. → FOTO N1

Wenn wir nun die Ebene des Grundrisses verlassen und in die Fläche hineinschauen, fällt uns auf: All diese Raumteiler erheben sich selten höher als auf Hüft-, maximal Brusthöhe. Wir haben dadurch zumindest im Stehen immer eine Übersicht. Allerdings: Chaotische Unregelmäßigkeit und die Möglichkeit der Übersicht in Stehhöhe, das haben die amerikanischen Cubicles aus den 60er-Jahren auch hinbekommen, ohne sich großer Beliebtheit erfreut zu haben.

Deshalb müssen wir noch genauer hinschauen. Cubicles bestehen aus grauen und immer gleichförmigen, weil modular nutzbaren Platten. Jede Ecke ist Platte, jede ist grau. Und wenn wir um die Ecke schauen, wissen wir schon vorher, wie es dort aussieht.

Das aber weiß man bei Zalando nie. Denn auch auf der Detailebene geht es dort chaotisch zu, und zwar im besten Sinne, nämlich individuell. Hier gibt es keine Clean-Desk-Policy. Eher das Gegenteil. Es steht viel Kram herum.[1] Dinge des täglichen Bedarfs, aber auch sinnloses Zeug, das wohl der Dekoration, der Personalisierung dient. → FOTO N2

1 Und alle scheinen ein gewisses Händchen dafür entwickelt zu haben, dass es schön arrangiert aussieht – aber das ist bestimmt nur Einbildung.

Zu diesem lebendigen Look tragen natürlich auch geplante gestalterische Elemente bei. Grünpflanzen erleben hier gerade eine große Renaissance. Schicke Regalsysteme, die der Individualisierung einen gewissen Rahmen geben, schaden auch nicht. Genauso wenig wie die glückliche Beleuchtung durch natürliches Licht.

Eine offene Arbeitsfläche ist eine sinnvolle Maßnahme, um Begegnung zu fördern, und kann, mit ein paar einfachen Tricks wie den von uns beschriebenen, durchaus als attraktive Arbeitsumgebung gestaltet werden. → FOTO N3

FOTO N2: Zalando Tech Headquarters. *Manchmal geht es auch ohne Clean-Desk-Policy.*

FOTO N3: Zalando Tech Headquarters. *Hoch wachsende Grünpflanzen sind auch eine gute Idee für die Raumtrennung.*

Wir wollen das Thema Offenheit noch von einer anderen Perspektive beleuchten: Wir haben gerade über die Offenheit innerhalb des Büros geschrieben, als Katalysator von Austausch innerhalb des eigenen Unternehmens. Hierbei werden die Sichtachsen zwischen Kollegen und Kolleginnen durch das Abbauen von physischen Gegenständen wie Wände erhöht. Als Unternehmen können wir aber noch einen Schritt weiter gehen und über die eigenen Officewände hinausschauen, nämlich in die Öffentlichkeit. So erweitern wir den Austausch zu Menschen, die ganz andere Ideen als unsere eigenen Kollegen haben.

Auf immer mehr Unternehmenswebseiten steht sowas wie: »Komm auf ein Bier vorbei und besuch uns!« Eine aktive Einladung, das eigene Umfeld zu vergrößern. Aber was macht eine derartige Aussage mit den Büroflächen? Ähnlich wie in Städten entstehen drei unterschiedliche Kategorien von Bereichen: der private Bereich, der halböffentliche und der öffentliche. In letzterem können monatliche Meetups, Lesungen aus den neuesten Büchern, ein Frühstück mit Externen stattfinden, oder – was jetzt immer häufiger vorkommt – die Büroflächen werden als Co-Working-Zonen für die umliegende Bevölkerung freigegeben. So wird die vielfältige Außenwelt ins Office eingeladen.

Offenheit ist aber nicht das Ende

Das wiederholende Echo aus dem Lautsprecher der Kollegin gegenüber, die sich in die gleiche Videokonferenz eingewählt hat wie man selbst, ist ein reizendes Phänomen, das uns wahrscheinlich allen schon einmal begegnet ist. Die *neue Offenheit* im Büro fördert zwar den Austausch im großen Stil, sie muss nun aber ergänzt werden, denn sonst wird aus der neuen Offenheit die *neue Nervigkeit*! Wir brauchen in Zeiten von Teams, Zoom und Google-Meet viele sehr kleine und private Bereiche. So entstehen neue Bürokonzepte mit starken räumlichen Gegenpolen: Zum einen gibt es großzügige offene Zonen für ungeplante Begegnung, zum anderen viele kleine Räume für die Einzelarbeit, in denen man die Kollegen aus dem Homeoffice störfrei zuschalten kann.

So gut das Büro in der Vergangenheit für den Austausch mit den Menschen vor Ort funktioniert hat, so dringend sind jetzt die Änderungen, um einen optimalen Austausch mit den Kollegen von zu Hause aus oder am anderen Ende der Welt zu ermöglichen. Das Büro muss ein Ort sein, in dem die digitalen Räume auf unkomplizierte und angenehme Art einbezogen werden. Wir sprechen von *phygitalen* Räumen, also Büroflächen, in denen sowohl die physischen als auch die digitalen Komponenten gut verortet sind.[1]

1 Auf dieses Thema gehen wir außerdem im Kapitel »Virtuality« weiter ein.

Kaffee geht immer

Wir können aber das Thema »Begegnungen fördern« noch gezielter angehen, indem wir einen besonderen Ort schaffen, an dem sich Leute begegnen, einen Ort, den Mitarbeiter häufig aufsuchen.

Steve Jobs ist bei der Planung des neuen Pixar-Hauptgebäudes hierzu einen sehr direkten Weg gegangen und hat ein sehr starkes und universell vorhandenes Bedürfnis genutzt. Jobs hat kurzerhand die Fläche um die Toiletten zum Ort des Austauschs erklärt, weil die Toiletten ein Ort sind, den jeder und jede mehrmals täglich aufsucht. Und so wurde der Campus zunächst um eine (eine!) zentrale Toilettenanlage herum geplant, mit der Idee, dass sich hier wirklich jeder, auch die letzten »Stubenhocker«, früher oder später über den Weg laufen würde.

So radikal muss ein Ort der Begegnung nicht unbedingt sein. Statt mit dem »Müssen« zu planen, kann man auch über das »Wollen« nachdenken. Also: Wie können Orte aussehen, die alle aufsuchen wollen? Hier kann man von vielen Räumlichkeiten unseres täglichen Lebens lernen: Jede Mall, jedes Geschäft, jedes Restaurant oder jede Bar ist mit dem Ziel gestaltet, Menschen anzuziehen.

FOTO N4: Lufthansa Technik. *Der »Marktplatz« ist der Ort für teamübergreifenden Austausch im Herz der Etage.*

Ganz einfach ist es, ein Angebot von Nahrungsmitteln und Getränken bereitzustellen. Dies wirkt extrem anziehend. In allen Kulturen und seit Tausenden von Jahren finden menschliche Begegnungen immer wieder anlässlich eines gemeinsamen Essens und Trinkens statt, das quasi als »Austauschplattform« dient: *»Lass uns mal auf einen Kaffee treffen!« »Das klären wir mal beim gemeinsamen Bier.« »Ihr seid herzlich zum Abendessen eingeladen.« »Oma hat einen Kuchen gemacht!«* Essen und Trinken bringen uns zusammen. Dieses einfache Prinzip des Austauschs machen wir uns zum Beispiel mit Teeküchen, Kaffeeecken und Wasserspendern zunutze, wenn auch häufig unbewusst. Hier treffen Menschen aufeinander und reden miteinander, weil das Zubereiten von Kaffee oder Tee und sogar das Füllen eines Bechers mit Wasser ja seine Zeit dauert.

Das Problem dieser Orte ist, dass sie viel zu klein sind, insbesondere jetzt, da viele von uns nur für den Austausch an der Kaffeemaschine ins Büro kommen. Eine typisch deutsche Teeküche ist mit zwei Personen ausgelastet und mit dreien eigentlich schon nicht mehr nutzbar. Weil aber 30 Kollegen ihren Kaffee wollen, ist die Aufenthaltsdauer jedes einzelnen entsprechend kurz. Zu kurz, um als Begegnung zu gelten.

Ein weiteres Problem dieser Orte ist, dass es in großen Bürogebäuden zu viele von ihnen gibt – bezogen auf die Mitarbeiterzahl. Um nicht jeden Tag nur Christiane, Robert und Anna zu begegnen, sondern auch die Kollegen der anderen Teams kennen- und schätzen zu lernen, ist nicht nur eine gewisse Größe, sondern auch ein gewisses »Monopol« eines solchen Begegnungsorts wichtig. Wenn jedes Team seine eigene kleine, sagen wir 12 Quadratmeter große, Teeküche mit Senseo-Maschine unterhält, wird der Austausch mit anderen Kollegen nicht zustande kommen. Deswegen werden solche Flächen in der Gestaltung von Arbeitsumgebungen aktuell immer größer und »exklusiver« geplant und umgesetzt. Zum Beispiel auf 400 Quadratmeter bei der Lufthansa Technik in Hamburg, als sogenannter »Marktplatz« und quasi als riesige »Teeküche« gedacht. Der Marktplatz ist dabei schicker und anziehender, als es eine Teeküche je sein könnte. Aber das Prinzip bleibt gleich: Hier gibt es die Getränke für alle – aber eben auf einer einzigen großen Fläche. → FOTO N4

»Für alle« heißt aber nicht wirklich »für alle«. Zumindest nicht, wenn wir ein sehr großes Unternehmen sind. Denn Begegnungsorte können auch zu groß sein. Man kennt das von Kantinen oder Hochzeitsfeiern mit vielen, vielen Gästen. Kantinen sind gut und wichtig, aber eher als Orte des Essens und weniger als Orte der Begegnung. Denn aus zu vielen Menschen entsteht eine »Masse«. Der Anteil an bekannten Gesichtern und die Identifikation mit der Menge verringert sich, man fühlt sich wieder mehr als Einzelner und bleibt Teil »seiner« Kleingruppe, zufällige Begegnungen werden dadurch seltener. Der britische Psychologe Robin Dunbar beschreibt diese kritische Gruppengröße mit der sogenannten Dunbar-Zahl, hergeleitet von der Anzahl an Personen, mit der wir als Einzelpersonen »umgehen« können, zu denen wir eine Beziehung aufbauen können. Oder, anders gesagt: Die Dunbar-Zahl beschreibt die Anzahl an Personen, die wir zufällig in der Bar auf einen Drink treffen könnten, ohne dass es peinlich wäre. Diese Zahl liegt zwischen 100 bis 250 Personen, je nach Untersuchung. Als Mittelwert wird für die Dunbar-Zahl eine Menge von 150 Menschen

angegeben. Ein wenig mehr ist möglich: Der Marktplatz von Lufthansa Technik in Hamburg ist für 200 Mitarbeiter ausgelegt, und diese Größe hat sich auch in anderen Projekten bewährt, die wir beratend begleitet haben.
Das Thema Marktplatz macht uns auf einen weiteren Trend aufmerksam: die Idee des Büros (oder Teile des Büros) als Vereinsheim. Das bezieht sich gar nicht so sehr auf die Ästhetik, mit Banner und Pokalen vom eigenen Team,[1] sondern auf die zwischenmenschlichen Begegnungen, die ein Vereinsheim so mit sich bringt. Das Büro wird ein Ort der Begegnung, des Austauschs und der Identifizierung mit den Mitmenschen im Unternehmen.
Lassen wir uns ruhig den Gedanken vom Vereinsheim in einer ruhigen Minute mal durchdenken, vielleicht ist es ja ein spannendes Bild, das bei den bevorstehenden räumlichen Änderungen eine Vision vorgibt. Wir kommen im Kapitel »Identity« noch einmal aufs Vereinsheim zurück und schauen uns dessen Eigenschaften und Einzigartigkeit etwas genauer an.

An der Verkehrsader

Wie am Beispiel des Pixar-Hauptgebäudes gesehen, kann Zentralität auch ein wichtiger Faktor für Begegnungsorte sein. Ein Begegnungsort sollte möglichst zentral und an den natürlichen Knoten der Laufwege möglichst vieler Mitarbeiter liegen – so wie auch die meisten Städte an den Knoten von Handelswegen entstanden.
Lufthansa Technik entschied sich für ein Areal in der exakten Mitte der Gebäudegrundfläche, welche nicht nur an, sondern in den Laufwegen der Mitarbeiter liegt. Man muss also wirklich mitten durch den Marktplatz gehen, um von einem Gebäudeteil in den anderen zu kommen.
Die Wahrscheinlichkeit, hier auf einen Gesprächspartner zu treffen und sich kurz über einen Kaffee hinweg auszutauschen, ist groß. Man läuft, wie auf einem Catwalk, direkt an den langen und schön beleuchteten Stehtresen vorbei, an denen der Kaffee getrunken wird. Und dort trifft man sich. So soll es sein: Begegnung schaffen. → FOTO N5

1 Nun gut, warum eigentlich nicht?!

FOTO N5: Lufthansa Technik. *Das »Kaffee-Monopol«. Weniger Kaffeemaschinen bringen mehr Kollegen zusammen.*

Ein anderer und ebenfalls stark frequentierter Verkehrsknotenpunkt ist der Eingangsbereich eines Gebäudes, der zum Beispiel in Hotels als Begegnungsort in Form der Lobby genutzt wird. Auch in Bürogebäuden wird dieses Prinzip manchmal angewendet. Der Eingang als Begegnungsort funktioniert dabei vor allem in Gebäuden, bei denen viel hinein- und hinausgegangen wird. Wenn wir uns den gesamten Tag über vor allem im Gebäude aufhalten, ist ein zentralerer Bereich wie der Marktplatz der Lufthansa Technik ein sinnvollerer Ort für Austausch und Begegnung.

AUSTAUSCH FÖRDERN

Lesse faire – oder wie das heißt!

Zentrale Lage, Kaffeemonopol und Durchgangsverkehr sind hilfreich, aber das reine Sich-über-den-Weg-Laufen lässt noch keinen Austausch entstehen. Damit Worte gewechselt werden, muss Zeit für Austausch geschaffen werden. Also weg von der Getränkeautomaten-Idee »Kaffee holen und Platz machen« und hin zu einem Angebot, das zum Verweilen einlädt.
Auch hier lässt sich wieder viel aus dem Privaten lernen, und die Adaption einer Kaffeehaus-Atmosphäre für solche Orte liegt nahe.[1]
Wie schaffen wir eine Kaffeehaus-Atmosphäre in unserer Arbeitsumgebung? Die Antwort könnte simpler nicht sein: Es muss einfach nach Café aussehen. Wie ein tolles Café auszusehen hat, hängt natürlich sehr von der Zielgruppe ab. **Native Instruments**, eine große Berliner Schmiede für Hard- und Software für die Musikproduktion hat mit seinem Ort des Austausches – dem »Native Space« – den Geschmack seiner Mitarbeiter wohl getroffen. → FOTO N6, N7

1 Das Café als Arbeitsumgebung ist ohnehin auf dem aufsteigenden Ast: Ein Viertel aller deutschen Arbeitnehmer wählt inzwischen das Café als favorisierte Arbeitsumgebung.

Unabhängig vom Geschmack gilt aber: Eine gewisse Gemütlichkeit schadet nie. Jonas Sudendorf, Events Marketing Manager von Native Instruments, unterstreicht den Netzwerkgedanken beim »Native Space«: »Jeder unserer Mitarbeiter hat Zugang zum Native Space.« Kaffee, Obst, Joghurt und Getränke stehen für alle be-

FOTO N6: Native Instruments. *Der Küchenbereich mit einer größeren Getränkeauswahl als so mancher Spätkauf.*

reit. Besprechungen mit Kollegen, Treffen mit externen Gästen oder das Feierabendbier mit Kollegen werden hoch frequentiert genutzt. Hier treffen alle Mitarbeiter aufeinander, unabhängig von Geschäftsbereichen oder Hierachien.
Der Schlüssel zu dieser gemütlichen Athmosphäre ist hier die Auswahl der Tische und Sitzmöbel und die punktuelle Beleuchtung der Umgebung. Auch die warme, holzlastige Materialauswahl sowie die aufwendige und kleinteilige Gestaltung tragen zu der gemütlichen Atmosphäre bei. Hier will man bleiben.
Und das ist der Trick. Wir laufen uns über den Weg, und dann ist da zufällig eine gemütliche Umgebung in der direkten Nähe, in die wir uns begeben und wo wir reden können. Viele von uns ziehen für Gespräche, insbesondere auch geschäftlicher Art, eine leicht ausgeprägte Privatsphäre vor. Nicht abgetrennt oder schalldicht, aber mit einer kleinen gefühlten Separierung, wie sie zum Beispiel eine Couchecke bietet. Als Vorbild dienen die stärker strukturierten traditionellen Wiener Kaffeehäuser, die separiert sind in Tischgruppen für zwei bis drei und vier bis sechs Personen und die den Stehtresen für die Eiligen anbieten. Trotzdem sorgen sie auf einer großen Fläche dafür, dass immer jeder jeden sehen kann. Das schafft selbst bei weniger Andrang eine geschäftige und lebendige Atmosphäre, in der man, wie in einer privaten Umgebung auch, gerne Zeit verbringt. Der große Kaffeebereich dient so nicht nur zum Austausch beim Frühstück oder bei der Kaffeepause, eine kleine Bühne mit Monitoren schafft die Möglichkeit, Projekte oder Produkte im »Native Space« zu präsentieren. Die Glasscheibe hinter der Couchecke gibt Einblick in einen voll ausgestatteten Proberaum, der alle Mitarbeiter zum spontanen Musizieren einlädt. Auch das schafft in ungezwungener Atmosphäre neue Begegnungen. → FOTO N8, N9

FOTO N7: Native Instruments. *Austausch in einer Café-Atmosphäre. Genau nach dem Geschmack der Mitarbeiter.*

Soziale Akzeptanz & Arbeiten

Ein 400 Quadratmeter großes Café mitten im Office? Natürlich würden das alle Mitarbeiter toll finden. Nur kommen würde keiner. Denn niemand will während seiner Arbeitszeit beim Kaffeekränzchen erwischt werden und sich seinen Ruf als fleißiger Arbeiter ruinieren. Das hören wir als Feedback aus Projekten, bei denen sich über diesen Aspekt keine Gedanken gemacht wurden. Dem Begriff Café werden wir deswegen so auch nie begegnen, zumindest nicht im Konzernkontext. Bei der **Factory**, **Dark Horse** oder jüngeren Unternehmen schon eher, aber hier ist vielen Kollegen klar, dass man nicht am Schreibtisch sitzen muss, um produktiv zu arbeiten.

FOTO N9: Native Instruments. *Von den Sitznischen in Küchennähe blickt man direkt in den Proberaum für Mitarbeiter.*

FOTO N8: Native Instruments. *Spotlights und Holz sind immer funktionierende Zutaten für eine gemütliche Atmosphäre.*

Deswegen werden uns im Konzern Begriffe wie »Work Café«, »Work Lounge« oder »Work Kitchen« begegnen. Als Faulenzer abgestempelt zu werden, das kann uns in einem Work Café nicht mehr passieren. Hier ist man höchstwahrscheinlich am Arbeiten. Und die Deklaration als Arbeitsfläche hilft auch beim Verkaufen des Konzepts an verschiedene Gremien wie das Real-Estate-Management, das Controlling und so weiter. Eine 400 Quadratmeter große Teeküche ist immer schwer zu vermitteln, die 400 Quadratmeter große Multipurpose-Worklounge dagegen deutlich einfacher.

Das heißt aber auch, dass man in Worklounges arbeiten können muss. Für die Lufthansa Technik bedeutet das: Alle Tische sind höhenverstellbar und somit sowohl als gemütliche Couchtische als auch zum Arbeiten mit Laptops geeignet. Es gibt ruhigere Bereiche mit Stehtresen und hellerer Beleuchtung und vom Betrieb abgewandte Hochlehner-Sofas, wo man ungestört Mails schreiben kann. Überall finden sich Steckdosen, und der WLAN-Empfang ist gut. Und es funktioniert: Die Fläche wird für die Arbeit genutzt. Drinnen im Raum sitzen Mitarbeiter mit ihren Laptops. Es scheint dabei keine Präferenz für den helleren, ergonomischeren Arbeitsbereich zu geben. Alle, auch offensichtliche Besucher und deren Trolleykoffer, verteilen sich gleichmäßig. Sowohl Steharbeitstische als auch Couches sind benutzt, und auch aus den Ruhenischen schauen überkreuzte Beine und Laptops heraus. → FOTO N10

Diese Integration vielfältiger Arbeitsmöglichkeiten schafft also Akzeptanz für ein Kaffeehaus inmitten einer Bürofläche. Sie verstärkt die Benutzung und erhöht die Lebendigkeit der Fläche. Und je mehr Lebendigkeit, desto mehr Austausch.
Je mehr wir aber über Austausch, Atmosphäre und Kaffee reden, desto mehr stellt sich die Frage, ob der Marktplatz vielleicht die Produktivität ruiniert. *»Nein«*, resümiert Kerstin Schneider von der Lufthansa Technik, *»im Gegenteil. Oft lassen sich Themen viel schneller klären – einfach weil man sich sieht und das dann einen späteren Termin erübrigt. Wir bewegen uns alle mehr, reden mehr miteinander, alles fühlt sich flüssiger an.«* *»Ja, man hat mehr das Gefühl, alle sitzen in einem Boot und bringen es gemeinsam voran. Man ist Teil eines größeren Ganzen«*, ergänzt ihre Kollegin Bettina Steineke. Und das ist aus Sicht der Mitarbeiter vielleicht der interessanteste Benefit eines Begegnungsortes.

FOTO N10: Lufthansa Technik. *Möglichkeiten zum Arbeiten helfen gegen das Pausenraum-Image.*

1.3 TAKE-AWAYS

Wie gehen wir nun vor, und worauf achten wir, wenn wir die zufällige Begegnung und den Austausch in unserem eigenen Unternehmen räumlich unterstützen wollen? Im Folgenden liefern wir eine Zusammenfassung der wichtigsten Gestaltungsprinzipien eines Begegnungsortes – eingeteilt in grundlegende Ideen, konkrete Flächen- und Raumkonzepte sowie Tools und Tricks.

GRUNDLEGENDE IDEEN

Offenheit, ganz grundsätzlich

Der einfachste Weg, einen Austausch zu fördern, ist, mehr Sichtbarkeit unter mehr Kollegen zu erzeugen. Mit Menschen, die wir sehen, tauschen wir uns mit größerer Wahrscheinlichkeit aus. Nicht nur im Team, sondern auch teamübergreifend. Der erste Schritt in diese Richtung ist das Öffnen von Flächen und das Auflösen von Fluren. Dieser erste Schritt nennt sich Open Space oder Open-Plan-Konzept und sollte in der Regel noch zwei, drei Schritte weiter gedacht werden. Darüber sprechen wir in den nächsten Abschnitten.

- ☐ *Flächen öffnen und Flure auflösen*
- ☐ *Für mehr Sichtbarkeit zwischen den Mitarbeitern sorgen*
- ☐ *Aspekte wie Teamidentität, Privatsphäre und und Arbeitsaufgaben berücksichtigen*
- ☐ *Möglichkeiten für Telefonate und Videokonferenzen mithilfe kleiner Räume schaffen*

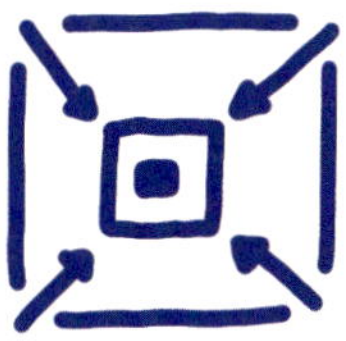

Begegnung im Zentrum

Eine einfache Sache: Begegnungen geschehen zwischen Menschen, und je mehr Menschen zusammenkommen, desto interessanter wird es. Dafür braucht es eine große Fläche, in der man sich nicht zu sehr auf der Pelle hockt und auch reden kann, ohne dass es jeder versteht. Außerdem ist wichtig, dass es bis zu einer gewissen Gruppengröße lediglich einen solchen Ort gibt, denn das verhindert Grüppchenbildung. Allerdings benötigt dieser Bereich natürlich eine gewisse Größe. Und: Damit sich maximal viele Mitarbeiter begegnen können, sollte dieser Ort an einem Punkt im Gebäude liegen, an dem sich viele natürliche Laufwege kreuzen.

- ☐ *Einen exklusiven, gemeinsamen Begegnungsort schaffen*
- ☐ *Für größere Abteilungen (mehr als 200 Mitarbeiter) je einen Ort pro Etage vorsehen*
- ☐ *Eher groß denken (150 – 400 Quadratmeter), denn es wird voll!*
- ☐ *Den Begegnungsort zentral in natürliche Laufwege legen*

Anlässe & Bespielung

Insbesondere wenn viele Kollegen an ihren Arbeitsplatz gebunden sind (zum Beispiel in der Werkstatt oder am Telefon) oder häufig von zu Hause arbeiten müssen, können wir den Austausch durch regelmäßige Anlässe zum Zusammenkommen unterstützen. Hier bieten sich zum Beispiel einmal wöchentlich stattfindende gemeinsame Mittagessen an. Wenn hierfür die Infrastruktur fehlt, funktioniert auch das gemeinsame Frühstück mit Brötchen und Marmelade auf dem Tisch, was von Mitarbeitern immer wieder überraschend positiv aufgenommen wird. Insbesondere das Frühstück kann auch mit einem 20-minütigen Talk kombiniert werden, in dem zum Beispiel eine Abteilung ein Projekt vorstellt. Und selbstverständlich sollten sonstige Anlässe wie Geburtstage, Projektabschlüsse und so weiter immer genutzt werden und »öffentlich« im Begegnungsort stattfinden.

- ☐ *Vielfältige, regelmäßige Anlässe zum Zusammenkommen schaffen*
- ☐ *Fläche oder Tische für gemeinsames Frühstücksbuffet, Kuchen und so weiter vorsehen*
- ☐ *Geschirr und Besteck für große Runden vom Caterer beziehen*
- ☐ *Optional: darauf achten, dass es zusammenstellbare Tische für ein großes gemeinsames Tafeln am Mittag gibt*
- ☐ *Dafür sorgen, dass eine von überall einsehbare Leinwand/Beamerfläche für Talks und Präsentationen vorhanden ist*

FLÄCHEN- & RAUMKONZEPTE

Marktplatz

Der Begriff Marktplatz steht synonym für den perfekten Ort für teamübergreifenden Austausch. Er ist quasi die Verkörperung des Prinzips »Network«. Der Schlüssel für sein Funktionieren ist neben einer großzügigen, zentralen Lage die attraktive Café-Atmosphäre und die Eignung sowie Deklaration als Arbeitsort. Die Café-Atmosphäre ist wichtig, weil wir wollen, dass Leute hier gern Zeit verbringen. Das tun sie naturgemäß an Orten, an denen sie sich wohlfühlen – und dafür wurden Cafés quasi erfunden.

Wir mögen die Geschäftigkeit, das Sehen und Beobachten anderer Menschen, den Klangteppich aus Stimmen und klapperndem Geschirr, die typischerweise pointierte und warme Beleuchtung und das vielfältige Sitz- und Stehangebot. Um diesen Ort der Interaktion auf nicht anwesende Mitarbeitende auszuweiten, können wir über ein »digitales Fenster« nachdenken. In unserem Fall wär das ein Monitor oder ein interaktiver Screen, über den wir Kollegen an Kaffeemaschinen an anderen Standorten sehen und zuwinken können.

Die Deklaration des Begegnungsortes als Arbeitsort im Gegensatz zu einem Pausenort ist wichtig für die Akzeptanz und damit die Nutzung. WLAN und Strom am Platz sowie idealerweise leicht höhenverstellbare Tische erleichtern das Arbeiten mit dem Laptop. Das Schaffen ruhigerer, vom aktiven Geschehen abgewandter Nischen mit kleinen Tischchen auf Sitzhöhe verleitet sogar Kollegen im Konzentrationsmodus, den Begegnungsort aufzusuchen. Auch eine Aufteilung des Ortes in eine laute Hälfte (mit Kaffeemaschine) und eine ruhigere Hälfte kann hierzu beitragen. Den Marktplatz sollten wir übrigens zu den Laufwegen hin maximal öffnen und hier »Anker« zum Hängenbleiben vorsehen (zum Beispiel Stehtresen).

Café-Atmosphäre

☐ *Getränke sind ein absolutes Muss. Hier gibt es den besten Kaffee*

☐ *Eine Landschaft aus niedrigen Polstermöbeln für verschiedene Gruppengrößen aufstellen*

☐ *Gerichtetes, warmes Licht (Spots oder Pendelleuchten) für Tische und Sitzgruppen verwenden*

☐ *Für akustische Dämpfung sorgen, aber nicht »totdämpfen« (zum Beispiel nur zonenweise Teppich verlegen)*

☐ *Punktuell warme Materialien wie Holz, Filz und Stoffe vorsehen*

☐ *»Corporate-kompatible« Accessoires wie Bilder, Kerzen, Pflanzen und Bücher platzieren*

Arbeitsmöglichkeiten

- ☐ *Auf Deklaration als Arbeitsort statt als Pausenort achten*
- ☐ *Überall WLAN und Strom verfügbar machen*
- ☐ *Höhenverstellbare Tische, aber auch Stehbänke für Teams einplanen*
- ☐ *Die Aufteilung in eine lebendigere und eine ruhigere Zone kann sinnvoll sein*
- ☐ *Tischkicker, sofern vorhanden, akustisch dämpfen, zum Beispiel mit Korkbällen, oder in einen separaten Raum stellen*
- ☐ *Ort für das »digitale Fenster« finden*

TOOLS & TRICKS

Monopol für Kaffee & Getränke

Auch wenn wir die Fläche für einen großen Marktplatz nicht haben: Wenn es irgendwo Kaffee und die passende Sitzgelegenheit gibt, wird dieser Ort frequentiert sein. Insbesondere wenn es der einzige und schönste Ort ist, alle anderen Teeküchen dafür schließen müssen und wir hier ein kleines »Kaffeemonopol« schaffen, ist der Traffic garantiert. Ein vom Caterer gefüllter Getränkekühlschrank und eine Grüne Kiste (Obstabo) sowie eine Snackbox halten die Laune auch zu späterer Stunde oben. Die Bezahlung auf Vertrauensbasis funktioniert in der Regel sehr gut. Abzuwägen ist die Möglichkeit zum Kochen oder Aufwärmen von Lebensmitteln. Der Geruch kann in größeren Gruppen, wo nicht jeder etwas vom Essen hat, ein Problem werden.

- ☐ *Bezugsmöglichkeiten für Getränke zentralisieren (»Monopol«)*
- ☐ *Eine gute Kaffeemaschine anzuschaffen ist obligatorisch*
- ☐ *Dienstleister für die Versorgung mit Getränken und Snacks nutzen*
- ☐ *Möglichkeit zum Aufwärmen und Kochen von Essen hinterfragen*
- ☐ *Zwei Spülmaschinen (eine immer sauber) verhindern Tassenchaos*

2 TEAMWORK

2.1 DAS PRINZIP TEAMWORK

NETWORK IM KLEINEN

Im vorangegangenen Kapitel »Network« haben wir uns mit dem Austausch im großen Maßstab, also auf Unternehmens- oder Abteilungsebene beschäftigt. Nun tauchen wir etwas tiefer in die Organisation ein und schauen uns den Austausch und die Zusammenarbeit *innerhalb* einzelner Teams an.

Die gute Nachricht zuerst: Den Aufkleber »Team = Toll, ein anderer macht's!«, den wir einer anfänglichen Skepsis gegenüber der in den 90er-Jahren aufgekommenen Bewegung hin zu mehr Zusammenarbeit verdanken, sehen wir nur noch selten. Teamarbeit ist überall präsent und ist in manchen Berufen eigentlich das Synonym für *arbeiten*. Das hat natürlich seine Gründe und viele davon hatten wir im Kapitel »New Times« angerissen. Ganz grundsätzlich lässt sich sagen: Unsere Aufgaben werden kniffliger – weil die leichten Aufgaben schon gelöst sind oder zunehmend von Algorithmen und künstlichen Intelligenzen übernommen werden. Für uns bleiben vermehrt die hart zu knackenden Nüsse und Themen, für die wir Kreativität, Weitblick und Übersicht brauchen. Diese Dinge funktionieren tendenziell gut im Team.

VOM PROJEKT- ZUM PRODUKTTEAM

Aber nicht nur unsere Aufgaben, auch die Weiterentwicklung unserer Organisationen führt zu mehr Arbeit im Team. Das Modell »eine Person delegiert, die anderen machen« wird abgelöst. Im Showroom stehen jetzt *agile Teams, selbstorganisierte Teams* und *posthierarchisches Management.*[1]
Diese Konzepte bedeuten für Teams immer, mehr Entscheidungen selbst und gemeinsam zu treffen. Und das heißt, mehr Zeit miteinander zu verbringen, mehr zu diskutieren und sich stärker auszutauschen.
Selbstorganisierte Teams (oder agile Teams) sollen bessere Entscheidungen treffen, vor allem aber reaktionsschneller sein. Und dazu gehört nicht nur eine perspektivenreichere und besser informierte Entscheidungsfindung, sondern auch Handlungsfähigkeit. Wenn wir als Team erkannt haben, dass unser Produkt in Grün statt in Gelb doppelt so gut laufen könnte, dann brauchen wir das Mandat und die Fähigkeit, dies schnell ändern zu können. Das heißt, wir benötigen zum Beispiel jemanden aus dem Design, dem Marketing oder eine Person, die die Web-Anzeigen schaltet, direkt in unserem Team. Nur dann können wir morgen auch zu Blau wechseln und übermorgen Lila testen, ohne dass uns das Designteam und das Marketingteam die Freundschaft kündigen.
In ganz kleinen Unternehmen, wie etwa jungen Start-ups mit fünf bis zehn Leuten, ist diese Agilität derzeit noch am besten und häufigsten zu beobachten. Hier sitzen alle Unternehmensfunktionen, wie Marketing oder Finance, zusammen in einem Raum. Wenn das Marketing einen neuen Mitbewerber entdeckt, weiß es der ganze Raum – und somit das ganze Unternehmen – sofort. Dadurch könnte beispielsweise die Entscheidung, hierüber einen Blogartikel zu schreiben, sogleich über die Schreibtische hinweg getroffen werden. Geschwindigkeit ist der große Vorteil von größeren cross-funktionalen Teams. Die Entwicklung zu solchen Teams beobachten wir im Moment überall.
Der Wandel von Projektteams zu Produktteams bedeutet auch, dass wir uns nicht mehr »schnell alle zusammensetzen«, das Produkt in Grün statt in Gelb machen und fertig. Sondern dass wir als Team am Produkt dranbleiben, es immer weiterdenken, stetig am Markt prüfen und dass wir die Innovationszyklen verkürzen. Teamarbeit wird also wichtiger und bringt mehr Kommunikation mit sich. Generell wächst die Anzahl der Teams und die gerade beschriebene Art der »neuen« Teamarbeit wird dauerhafter und umfassender.

1 Diese Themen haben wir uns in unserem Future Organization Playbook zur Brust genommen.

DER STAMMTISCH IM VEREINSHEIM

Das Team ist somit ein tolles Konzept aus Perspektive der Organisation, aber oft noch viel toller, wenn wir es durch unsere persönliche Brille betrachten. Viele von uns arbeiten einfach gerne mit anderen Menschen zusammen. Gemeinsam Dinge erreichen, sich gegenseitig ergänzen, unterstützen und fördern, das alles macht das Zusammenarbeiten auch menschlich wertvoll. Oder überhaupt *menschlich.* Auch die Zugehörigkeit zu einer Gruppe an sich ist für viele für uns sehr wichtig. Das kann zum einen das Dazugehören zu einer großen Gruppe wie unserer Organisation oder unserer Abteilung sein, zum anderen ist für viele aber Teil einer kleineren, intimen *Teilgruppe* zu sein noch viel wichtiger.
Ja, es ist schön, sich mit einer hundertköpfigen Hochzeitsgesellschaft zu identifizieren, aber der Spaß entsteht in der Tischgruppe, mit unseren drei bis sieben Freunden, die auch da

sind. Oder – um im Bild des Vereinsheims (siehe Seite 41) zu bleiben – wir brauchen das Vereinsheim, in dem wir Zugehörigkeit spüren und neue Kontakte knüpfen können, aber *innerhalb* des Vereinsheims brauchen wir auch unseren Stammtisch, an dem unsere Vertrauten und Altbekannten schon warten und wir direkt mit dem fröhlichen Schimpfen über Bayern München beginnen können.
Gerade jetzt im Hybriden Arbeiten, ist dieser Kreis und diese enge Gemeinschaft so wichtig wie nie. Auch weil er – etwa als tägliches Zusammenschalt-Ritual – viel einfacher hergestellt werden kann, als zum Beispiel ein unternehmensweites Weekly.

EINZELARBEIT VS. TEAMARBEIT

Wir haben viel über Teamarbeit geredet. Was sie aber genau ist, das wissen wir noch nicht so richtig. Deshalb wollen wir uns nun zunächst den Unterschied zwischen Einzel- und Teamarbeit bewusst machen, denn er hat großen Einfluss auf die Frage, wie die jeweilige Arbeitsumgebung aussehen sollte. Eine naheliegende Unterscheidung wäre folgende: Die Einzelarbeit besteht aus Tätigkeiten, denen wir am besten alleine, einigermaßen konzentriert und ohne gleichzeitigen inhaltlichen Austausch mit anderen nachgehen. Lesen, Schreiben, Zeichnen, Rechnen, in Ruhe nachdenken und Recherchieren wären solche grundlegenden Tätigkeiten.
Teamarbeit hingegen machen wir gemeinsam mit anderen. Sie ist charakterisiert durch den ständigen intensiven inhaltlichen Austausch. Fast immer redet jemand. Typische Beispiele wären das Diskutieren, Besprechen, Abstimmen oder Erklären. Alles, was nur gemeinsam funktioniert.

Nun gibt es Arbeiten, die häufig und sinnvollerweise in Einzelarbeit ausgeführt werden: Mails schreiben, Präsentationen basteln, das Erfassen, Eingeben und Verarbeiten von Daten, die Ablage oder das Sortieren von Dingen.
Viele Arbeiten lassen sich aber entweder in Einzel- oder in Teamarbeit erledigen: Dinge analysieren, Szenarien aufstellen, Ideen generieren, Konzepte oder Strategien entwerfen, Entscheidungen treffen und so weiter. All das können wir alleine am Schreibtisch oder eben gemeinsam tun. Welcher Modus in unserem konkreten Fall der sinnvollere ist, hängt von unserer Aufgabe und unserer Teamstruktur ab, die wir uns gleich näher anschauen wollen.

Wichtig vorab: Egal wie groß unser Anteil an Teamarbeit ist – Einzelarbeit gibt es immer. Auch wenn wir als Team gemeinsam einen Programmcode schreiben, einen Plan oder ein Logo entwerfen, es wird immer die ein bis zwei Stunden am Tag geben, die jedes Teammitglied alleine für sich arbeitet und zum Beispiel eine kniffelige Textpassage (wie diese) durchdringt. Oder zumindest Mails schreibt. Selbst wenn wir gemeinsam und gleichzeitig in der Cloud an einer Präsentation arbeiten, arbeitet währenddessen doch jeder für sich, man spricht wenig. Das heißt nicht, dass wir in absolute Stille verfallen (dazu behandeln wir später den Arbeitsmodus *Fokus*). Aber wir widmen uns dem Abarbeiten und dem Nachdenken. Nicht alles kann ausdiskutiert werden.
Wenn wir also viel im Team arbeiten, wird die Frage besonders interessant, wie schnell, also mit welcher Frequenz, sich Teamarbeit und Einzelarbeit abwechseln. Aber auch dazu kommen wir gleich.

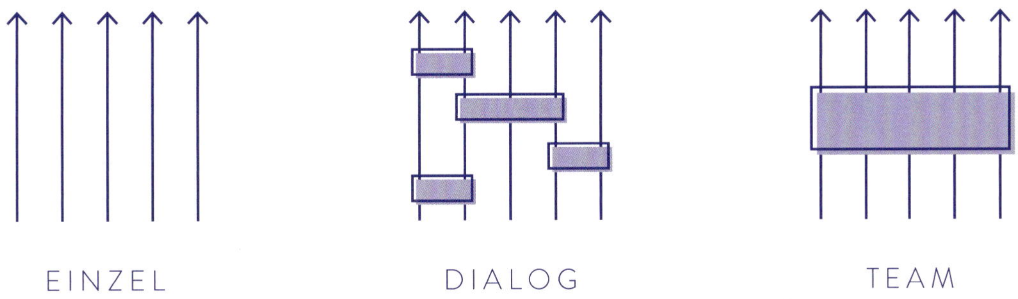

GRAFIK T1: *Die drei Arten der Arbeit im Team*

DREI ARTEN DER ARBEIT IM TEAM

Ob wir in unserem Team unseren Tätigkeiten eher in Einzelarbeit oder in Teamarbeit nachgehen, hängt stark von unserer Aufgabe und der Art und Weise ab, wie unser Team zusammengesetzt ist. Letzteres beeinflusst nämlich, wie abhängig die Arbeit der Teammitglieder voneinander ist. Wir unterscheiden daher zwischen *autarken* und *dependenten* Teams.

In einem *autarken* Team arbeiten alle Teammitglieder parallel an der gleichen Aufgabe, etwa Kundenanfragen mit Angeboten zu beantworten. Die einzelnen Personen machen das aber jeweils autark, das heißt unabhängig voneinander. Jedes Teammitglied nimmt Anrufe an, schreibt ein Angebot und stimmt dieses Angebot schließlich mit dem Kunden ab. Es werden also viele kleine, voneinander unabhängige Ergebnisse erzielt. Die Kommunikation mit den Kollegen dreht sich dann vor allem um den Prozess: »Wie hast du dieses und jenes Problem gelöst?« Die Teammitglieder arbeiten in diesem Fall vor allem in Einzelarbeit. Teaminterner, inhaltlicher Austausch ist seltener.

Das Team könnte aber auch *dependent* aufgestellt sein: Ein Kollege nimmt das Telefonat an, eine zweite Kollegin erstellt ein Angebot, eine dritte stimmt dieses Angebot mit dem Kunden ab. Jeder und jede kann sich auf eine Teilaufgabe spezialisieren. Hierbei haben wir einen höheren Kommunikationsaufwand, denn jedes Teilergebnis muss übergeben werden: »Was hast du angeboten? Warum genau das?« Am Ende entsteht ein Ergebnis, das sich aus drei Teilergebnissen aufbaut. Die Teammitglieder sind also voneinander abhängig (dependent), um das Endergebnis zu erzielen.

Ein anderes Beispiel: Auch ein Team von Ingenieuren, das gemeinsam einen Staubsauger entwickelt, ist sehr dependent. Wenn ein Bauteil plötzlich breiter wird als geplant, hat das Einfluss auf viele andere Bauteile. Das macht eine ständige Kommunikation über das aktuelle Ergebnis, den Status quo notwendig. In diesem Fall wird mehr im Modus der Teamarbeit operiert.

Je nachdem, wie wir als Team strukturiert sind, können wir also eher autark und einzeln arbeiten oder *wirklich zusammen* als Team. Es lohnt sich aber, die Teamarbeit – genauer: die ausgeprägte Kommunikation bei dependenten Teams – noch ein wenig differenzierter zu betrachten und in zwei Arten zu unterteilen: In die schnelle, kurze und spontane, sowie in die längere und intensivere Teamarbeit. Dies führt dazu, dass wir in der Praxis drei typische Muster der Arbeit im Team beobachten können. Wir nennen sie knapp »Einzelarbeit«, »Dialog« und »Teamarbeit«. Diese drei Arbeitsmodi werden uns im Buch noch häufiger begegnen.

Arbeitsmodus 1: Einzel

Im Arbeitsalltag ist es nicht außergewöhnlich, dass wir und unsere Kollegen ein starkes und eingefleischtes Team sind und trotzdem jedes Teammitglied größtenteils der Einzelarbeit nachgeht. Wir alle sind Teil eines Teams, identifizieren uns mit ihm und freuen uns vielleicht sogar, Teil davon zu sein. Wir haben unsere Kollegen, wir kennen uns, wir unterstützen uns, und wir wollen zusammensitzen. Trotzdem arbeiten wir autark und stimmen uns eher selten ab. Das heißt nicht, dass wir nicht miteinander reden, aber dann geht es eher um private Themen wie Hobbys oder Silvester, oder um organisatorische Themen. Wir *erarbeiten* hier nichts gemeinsam. Ein inhaltlicher Austausch ist seltener. Vielleicht ist der auch schon mit einem morgendlichen Standup-Meeting abgefrühstückt.
Jobs, für die das Arbeiten vorrangig in Einzelarbeit typisch ist, sind beispielsweise Buchhalter, Justiziare, Verkäufer, Agenten oder Kundenbetreuer.

Arbeitsmodus 2: Dialog

Für ein interdependentes Team ist die inhaltliche Zusammenarbeit das A und O. Unsere Kommunikation ist schnell, spontan und hochfrequent. Wir reden ständig miteinander (nicht nur über Essenspläne für die Mittagspause). Kurze Rückfragen, schnelle Erläuterungen, kleine Ideen prägen die Atmosphäre. Immer wieder unterbrechen wir unsere Einzelarbeit durch kurze Dialoge oder spontane Teamarbeitsrunden. Oder wir sitzen einfach kurz zu zweit vor einem Monitor oder zu dritt vor einem Ausdruck und diskutieren. Danach beschäftigt sich jede Person wieder mit ihrer konkreten Aufgabe.
Diese Art der Teamarbeit nennen wir »Dialog«. Entwicklerteams, konzeptverantwortliche Ingenieure, Designteams oder alle cross-funktional und agil arbeitenden Teams sind hierfür typische Beispiele. Immer wenn es darum geht, gemeinsam etwas zu erarbeiten, das ständig in Bewegung und nie ganz definiert ist, findet diese Art der Arbeit statt.

Arbeitsmodus 3: Team

Unsere Zusammenarbeit kann aber auch ganz anders ablaufen: Wir kommunizieren dann in abgesprochenen, seltenen, dafür jedoch längeren und intensiven Sessions. Diese andere Art der Teamarbeit ist die klassische Variante, in der zum Beispiel ein Brainstorming stattfindet. Diese Teamarbeit geht über ein spontanes Zusammentreffen hinaus. Hier begegnen wir uns zu festen Terminen, um mit mehreren Kollegen im großen Stil inhaltlich zusammenzuarbeiten. Wir entwickeln dann etwa eine Idee für eine Werbekampagne, diskutieren eine Excel-Tabelle oder stimmen eine Präsentation ab. Das kann auch mehrere Stunden dauern.
Eine wichtige Rolle spielt der Arbeitsmodus »Team« zum Beispiel in Beratungs- oder Marketingteams sowie in Strategie- oder Kommunikationsabteilungen. Diese Teams springen immer zwischen verschiedenen Projekten und komplexeren Kampagnen hin und her und müssen hierfür regelmäßig konzentrierte Zeit einräumen, um gemeinsam Fortschritte zu erzielen. Nach solchen Terminen geht es wieder zurück an den Schreibtisch, um in Ruhe die resultierenden Mails zu schreiben.

ARBEITEN WIR ONLINE ODER OFFLINE?

Es ist gut möglich, dass wir uns inzwischen als Team eher online treffen, anstatt noch physisch zusammenzusitzen. Zoom-Meetings, gemeinsames Arbeiten an Dokumenten in der Cloud oder ein ständig geöffnetes Teams-Chatfenster ersetzen den Bürostuhlschwenk zum Tischnachbarn. Denn wenn wir unseren Stuhl tatsächlich schwenken, landen wir in unserem Bücherregal oder in der Paella-Pfanne, die unsere Workation-Kollegen gerade zusammenrühren. Homeoffice und Remotework haben als feste Bestandteile von Hybrid Work vieles für sich, wie wir später im Kapitel über »Virtuality« noch genauer auseinandernehmen wollen.

Aber gerade die Teamarbeit (Arbeitsmodus 3!) profitiert enorm von einem physischen Zusammensitzen. Latenzfreiheit, Körpersprache und gemeinsamer Kontext helfen uns eben ungemein – wenn auch häufig unbewusst – bei der Kommunikation.

Je uneingespielter ein Team, desto wichtiger wird die physische Begegnung!

Ein großes Problem der virtuellen Zusammenarbeit ist das »Verblocken« unserer Zusammenarbeit. Das spontane, schnelle kurze Absprechen, das wir Dialog nennen, weicht dem blockweise Aufsetzen von Videocalls. Aus *kurz rüberrufen* wird ein 15-minütiger Zoom-Termin: »Aber erst am Nachmittag!« Das macht unseren Austausch weniger spontan und damit langsamer. Manche Energie geht dabei auch flöten. Das Umschalten zwischen *Einzelarbeit* und *Dialog* wird hakeliger.

Als Lösung hierfür etabliert sich so langsam das Nutzen von Teamchats wie Slack oder Teams. Hier können wir, ähnlich wie in WhatsApp, Themen und Fragen an Kollegen oder ins Team posten, und andere können, ganz ohne Formatbruch, spontan antworten. Ein Vorteil dieser *asynchronen* Kommunikation gegenüber dem »Hey, haste mal 'ne Minute?« ist, dass sie uns etwas mehr Zeit zum Nachdenken und zum präzisen Formulieren verschafft. Und sie gibt uns die Freiheit, den richtigen Zeitpunkt für eine Replik selbst zu bestimmen.

Es gibt also schon tolle Möglichkeiten für die virtuelle Zusammenarbeit. Und diese werden in den nächsten Jahren, befeuert durch die immer weiter steigende Nutzung und Verbreitung, noch viel besser werden. *Metaverse, ick hör dir trapsen!*

Vor allem werden sich unsere Fähigkeit und Bereitschaft steigern, diese Tools meisterlich zu nutzen. Und schon bald werden wir auf jedem weiß strahlenden Miro- oder Mural-Board viel natürlicher arbeiten können, als auf jedem normalen Offline-Whiteboard.

Aber trotzdem: Wir wollen Menschen um uns haben, und da zählen oft auch unsere Kollegen dazu. Zumindest ein, zwei Tage die Woche. An einem Strang ziehen und ein Problem lösen – das fühlt sich besser an, wenn wir es gemeinsam erleben, also uns gegenseitig bei der Arbeit beobachten, uns schwitzen, lachen und schnauben hören können. Und deswegen wird das Zusammensitzen im Team notwendig bleiben, bei aller virtueller Kollaboration, die kommen mag.

In diesem Kontext ist auch folgende Beobachtung interessant: Menschen, die keine festen Teams haben (wie Freelancer) oder deren Teams auf der Welt verstreut sitzen, zieht es zunehmend in Coworking-Spaces. Also raus aus der eigenen Küche, rein in das Getümmel aus WLAN-Passwörtern, Kaffee-Bonuskarten – und Menschen.

Das kann mit unserer eigenen Performance nur insoweit zu tun haben, als dass wir uns Effekte wie der *sozialen Kontrolle* aus unserer Unibibliothekszeit zu Nutze machen wollen. Weniger einsam zu sein ist sicherlich der wichtigere Grund. Und so reden wir heute vom Coworking-Trend. Coworking-Spaces, in denen wir neben fremden Menschen arbeiten können, entstehen seit dem Ende der 2000er-Jahre überall. Studien zeigen, dass es jedes Jahr 16 Prozent mehr Flächen hierfür gibt, und sich in 2022 weltweit fünf Millionen Menschen mittels Coworking-Spaces ein klein wenig Teamgefühl einkauften.[1] Und das war noch die Ist-Corona-jetzt-vorbei-oder-doch-noch-nicht-Zeit …

1 bit.ly/NWP-05

Auch in einer hybriden Welt brauchen wir weiterhin eine Form der physischen Teamarbeit. Aus funktionellen, organisatorischen und vor allem auch emotionalen Gründen. Auf den folgenden Seiten schauen wir uns gute Beispiele für physische Teamarbeit-Umgebungen an, bevor wir im Kapitel »Virtuality« die *virtuelle* Teamarbeit genauer beleuchten.

2.2 BEISPIELE

FOTO T1: Lufthansa Industry Solutions. *Ein gemeinsames Frühstück oder Mittagessen stärkt das Teamgefühl und den Austausch.*

HOMEBASES: EIN ZUHAUSE FÜR DAS TEAM

Der Gedanke ist naheliegend: Wenn wir Teamarbeit räumlich fördern wollen, müssen wir den Austausch unter Teammitgliedern vereinfachen und ihnen ein Zuhause geben. → FOTO T1 In kleinen Unternehmen oder frisch gestarteten Start-ups ist das von Natur aus gegeben. Sechs Kollegen auf 30 Quadratmetern. Und alles passiert in einem Raum. Jeder bekommt alles mit, man ist ein Team. In großen Unternehmen ist das nicht unbedingt so. In Gebäuden, in denen sich 2000 Mitarbeitende 1000 Schreibtische auf fünf Etagen teilen, ist es schon schwieriger, überhaupt nur sein Team zu *finden*. Natürlich kann man sich als Team verabreden und sich in einem Meetingraum treffen. Aber ein Teamgefühl und ein spontaner, schneller Austausch entstehen hier nicht. Deswegen: Wenn Teams zusammenarbeiten sollen, müssen sie zusammen sitzen. Jedes Team braucht sein Zuhause.

Dieses Prinzip nennen wir das »Homebase-Prinzip«. Auch in einer Zeit, in der wir manchmal nur noch einen Bruchteil unserer Arbeitszeit an Schreibtischen verbringen, und auch gar nicht mehr alle Teammitglieder im Büro sind, ist eine Homebase immer unser Anker. Quasi unser Stammtisch im Vereinsheim. Im Zweifel sind wir hier. Mit unseren 5 bis 20 Kollegen und unseren verbleibenden physischen Artefakten, die wir zwar in einer Welt von Google Drive und Microsoft Teams vielleicht nicht mehr brauchen, die aber unsere *Heimat* heimeliger machen: Das können unsere Task- oder Scrum-Boards mit Skizzen für das nächste große Projekt sein. Oder Kalender, Pokale, Fotos, Muster und Prototypen. Zusätzlich sorgt der Homebase-Ansatz dafür, dass uns Kollegen aus anderen Teams einfacher finden. Selbst wenn sie uns gar nicht kennen. Wenn wir das Team »Projekt XY« sind und jemand eine Idee hierzu mitteilen will, kann er uns in unserer Homebase besuchen.

Das funktioniert in einem »Alle arbeiten überall«-Konzept weniger gut.

Natürlich: Das Homebase-Prinzip ergibt nur Sinn, wenn wir als Team auch ab und zu mal im Büro sind. Die Größe der Homebase hängt dabei (neben der Teamgröße) von zwei Dingen ab: Erstens von unserer *durchschnittlichen* Anwesenheit. Und zweitens von der Häufigkeit unserer *Teamdays*. Das sind jene Tage, an denen wir alle gemeinsam im Büro sein wollen.

Eine Daumenregel hier: Bei mindestens vier von fünf Tagen Anwesenheit oder Teamdays kann eine *Vollausstattung* mit Schreibtischen noch sinnvoll sein. Spätestens aber, wenn es weniger Tage sind, ist es sinnvoll, sich weniger Schreibtische zu teilen – und für den Fall der Fälle noch temporäre Puffer-Plätze vorzusehen. Wie das aussehen kann, beschreiben wir gleich.

CO-WORKING: ARBEITEN MIT ALLEN

Wenn wir allerdings nur noch ein bis zwei Tage pro Woche im Büro sind, kann eine eigene Homebase schnell verschwenderisch wirken und zu einer Wüste aus leeren Schreibtischen führen. Das wiederum ist schade für die Wenigen, die wirklich im Büro sind. Denn die sitzen dann allein auf weiter Flur. Und die Kollegen anderer Teams sind weit entfernt – in ihren eigenen Homebases. In diesem Fall kann ein »Alle arbeiten überall«-Konzept sinnvoller sein. Hier gibt es dann größere Flächen mit Schreibtischen und angrenzenden Meetingräumen, sowie »Telefonzellen«, die sich alle teilen. Solche Büros fühlen sich ähnlich wie Coworking-Spaces an: Alles ist schick, alles ist lebendig und wahrscheinlich gibt es guten Kaffee. Niemand sitzt alleine, man sieht viele Gesichter. Und wenn man bestimmte Leute treffen möchte, verabredet man sich.

Ein richtiges Teamgefühl in so einer Umgebung räumlich zu unterstützen, ist schwierig. Dafür treffen wir aber vermehrt Menschen aus anderen Teams, was dem im Kapitel »Network« beschriebenen Zusammenhalt und teamübergreifenden Austausch gut tut. Allerdings ist dieser Effekt begrenzt, wenn die Gruppe an Menschen, die sich gemeinsam eine Fläche teilen, zu groß wird. Sie sollte nicht über die diskutierte Dunbar-Zahl von 100 bis 250 Personen hinausgehen.[1]

DESKSPACE, TEAMRAUM ODER DIALOGSPACE?

Homebases können sehr unterschiedlich konzipiert werden, je nachdem, wie sich die Arbeit in unserem Team gestaltet und was unser wichtigster Arbeitsmodus ist. Hier geht es um die Arbeitsmodi, die wir bereits vorgestellt haben: Einzelarbeit, Dialog oder Teamarbeit. Schauen wir uns nun für jeden der drei Modi ein typisches, gut funktionierendes Umfeld an.

Deskspace für Einzelarbeit

Ein Deskspace ist eine Zone mit vielen verteilten 2er-, 4er- oder 6er-Schreibtischblocks. Die zur Verfügung stehende Fläche wird so genutzt, dass alle Blocks möglichst gut voneinander separiert werden können. → FOTO T2 Er ist die am besten geeignete Umgebung für den Arbeitsmodus »Einzelarbeit«. Da es hier weniger auf echte

FOTO T2: Lufthansa Industry Solutions. *Der Deskspace dient der Einzelarbeit der Mitarbeiter.*

1 Das Konzept der Dunbar-Zahl wurde vom britischen Psychologen Robin Dunbar entwickelt. Diese Zahl beschreibt die theoretische »kognitive Grenze« der Anzahl an Menschen, mit denen wir als Einzelpersonen soziale Beziehungen führen können. Dazu gehört übrigens auch, die Namen und die wesentlichen Beziehungen untereinander zu kennen. Und diese Zahl liegt zwischen 100 und 250 Personen. Ob sie auch für virtuelle soziale Netzwerke gilt, wird in der Wissenschaft stark diskutiert.

FOTO T3: Factory Berlin. *Die Tischgruppen sind visuell voneinander getrennt, hier können sich Teams individuell zusammenfinden.*

Teamarbeit ankommt, müssen wir dafür auch keinen Platz »verschwenden« und jeder Person einen eigenen Schreibtisch zuteilen. Damit wird das ungeliebte Clean-Desk-Konzept[1] unnötig. Alle können ihren Schreibtisch einrichten und gegebenenfalls gestalten.

Wenn wir etwas mehr Platz in unserer Homebase haben, können wir diesen nutzen, um zwischen den Schreibtischblocks Raumteiler, verschiebbare Wände oder Vorhänge zu platzieren. Sogenannte »Tischtrenner« sind weniger geeignet, denn sie dienen eher einer gefühlten als einer wirklichen akustischen Trennung. Außerdem schaffen sie so schnell eine hektische Callcenter-Atmosphäre. Wer das wirklich gut findet: Go for it! Aber wir mögens nicht.

Apropos Callcenter: Gerade für längere Videocalls sollten wir trotzdem eher auf spezielle »Telefonkabinen«, Booths oder Einzelbüros ausweichen, um unser Team nicht zu stören.[2] Auch für ein permanentes *Hinzuschalten* von remoten Teammitgliedern eignet sich der Deskspace weniger. Denn für das Zusammensetzen als Team ist die Separierung zu stark und für das remotemäßige voneinander Abschotten zu schwach. Auch hier funktionieren spezielle Booths oder Einzelbüros besser.

In einer Homebase nach dem Deskspace-Konzept sehen wir typischerweise also vor allem zugeteilte Schreibtische, die etwas vereinzelter gestellt und gegebenenfalls mit Raumtrennern separiert sind. → FOTO T3

1 Also das Leerräumen des Tisches am Ende jedes Arbeitsblockes.

2 Mehr dazu im Kapitel »Virtuality«.

Dialogspace für den Dialog-Modus

Für viele dependent arbeitende Teams wäre das beschriebene Teamraum-Konzept aber »zu langsam«. So zum Beispiel für die Entwicklerteams des **SAP Innovation Center Potsdam**. Hier geht es weniger um lange Konzept- oder Analyse-Sessions, sondern um den ständigen, kurzen und spontanen Austausch, den wir als den Arbeitsmodus »Dialog« beschrieben haben. Dieser passiert sprichwörtlich zwischen den (Code-) Zeilen. »Soll ich das Modul schon in die Schleife kopieren?«, wird hier zum Beispiel über den Monitor gerufen. Um die Antwort zu erhalten, würde niemand in einen Teamraum umziehen.

Die Frequenz des Austauschs ist höher, dafür ist der Austausch aber auch weniger intensiv. Und genau dafür ist die Umgebung eines Dialogspaces gemacht: Die Schreibtische stehen dicht an dicht, alle sehen und hören alle. → FOTO T5

Um eine Frage zu beantworten, muss niemand aufstehen oder sich den Kopf verrenken. Für einen kurzen Gedankenaustausch am Whiteboard müssen wir uns nur auf dem Stuhl umdrehen. Und wenn wir uns wieder dem Laptop widmen, sind alle Ideen noch in Sichtweite. Die Übergänge zwischen Einzelarbeit und Teamarbeit werden so fluide, dass wir dazwischen keinen Unterschied mehr machen. »Wir arbeiten einfach im Team«, bringt es Raja Gumienny vom SAP Innovation Center auf den Punkt.

Das Kernprinzip des Dialogspaces lautet daher: Die Möglichkeiten zur Zusammenarbeit werden direkt in die nicht separierten Schreibtischflächen integriert. Alle Teammitglieder sind in Hör- und Sichtweite. Diese Nähe fördert das Teamgefühl natürlich ungemein, und das macht den Dialogspace zu einem guten Gegenpol zur Isolation im Homeoffice. Nur, je lauter unser Dialogspace wird, desto wichtiger wird auch hier eine Abgrenzung zu benachbarten Flächen.

Übrigens: Der Dialogspace lässt sich auf der gleichen Fläche pro Mitarbeiter realisieren wie die beiden vorherigen Konzepte. Die Größe des zur Verfügung stehenden Raumes entscheidet also nicht, welches der drei Konzepte umgesetzt wird. Das macht nur der vorherrschende Arbeitsmodus. Im Idealfall.

FOTO T4: Factory Berlin. *Der Teamraum ist perfekt für inhaltliche Kollaboration in kleinen Teams.*

Shared-Desk plus Teamraum für Teamarbeit

Einzelarbeit bleibt ein Element vieler Arbeitsalltage, aber inhaltliche Teamarbeit wird zukünftig wichtiger. Gemeinsam konzipieren, analysieren, diskutieren oder brainstormen sind die Tätigkeiten, die wir für das Lösen von Problemen und das Finden neuer Möglichkeiten [1] nutzen. Diese Art der Teamarbeit funktioniert in einem gerade beschriebenen Deskspace nicht. Zum einen haben wir hier nicht die passende Umge-

1 Wir erinnern uns ans geflügelte Wort: Schema F machen die »Maschinen«.

FOTO T5: Lufthansa Industry Solutions. *Ein Dialogspace unterstützt Teams mit hohem Bedarf an Kommunikation.*

bung, denn Schreibtische fördern nun wirklich keine Zusammenarbeit. Zum anderen würde jede lange, laute Brainstorming-Session den Hass aller nicht beteiligten Kollegen auf uns ziehen. Alles schon erlebt.

Das heißt: Eine Homebase für ein Team, das viel im Modus »Teamarbeit« unterwegs ist, benötigt einen Teamraum. So banal, so wirkungsvoll.

Ein Teamraum ist ein 14 bis 20 Quadratmeter großer Raum mit Tür, der für die Teamarbeit optimiert ist (dazu kommen wir gleich) und dem Team **exklusiv** zur Verfügung steht → FOTO T4. Größer muss er nicht sein, niemand will zu dritt einen 30 Quadratmeter großen Raum blockieren. Den Teamraum können wir spontan nutzen und darin auch längere Runden drehen, ohne den Rest unseres Teams zu stören.

In diesem Raum können wir unser Material und unsere bemalten und beschriebenen Whiteboards stehen lassen. So können wir mit der nächsten Session dort anfangen, wo wir bei der letzten aufgehört haben. Auch für Videocalls mit mehreren anwesenden Teammitgliedern funktionieren diese Räume sehr gut. Sie bieten die Möglichkeit der teamspezifischen Gestaltung und schaffen so individuelle Umgebungen. Auch für virtuelle Treffen. Für Auge und Gemüt ist das angenehmer, als sich auf Dauer in immer wechselnden und immer klinisch reinen Videocall-Räumen zu unterhalten.

Neben dem Teamraum muss es aber immer auch Schreibtischflächen geben. Denn kein Team arbeitet ausschließlich im Modus »Teamarbeit« und jede Brainstormingsession findet mal ihr Ende. Allerdings fallen diese Schreibtischflächen etwas enger aus, wenn wir für unsere Homebase pro Mitarbeitende denselben Platz wie etwa in einem reinen Deskspace zur Verfügung haben. Hier bietet sich das Teilen von Schreibtischen, also das Shared-Desk-Prinzip, an. Zudem wird hier oft auf eine stärkere Trennung zwischen Schreibtischblöcken verzichtet, da dependent arbeitende Teams, für die dieses Konzept interessant ist, eher mehr voneinander mitbekommen wollen.

Übrigens ist der Teamraum-plus-Deskspace-Ansatz auch interessant für den Fall, dass wir viel mit externen Kollegen zusammenarbeiten. Wir können uns dann in der Homebase treffen, ohne die nicht beteiligten Kollegen zu stören.

Dieses Konzept macht für einen Coworking-Space wie der **Factory** Sinn, wird aber auch von vielen Teams der **Lufthansa Industry Solutions** als Homebase-Layout gewählt. Jedes Team mit acht Mitgliedern hat hier seinen Teamraum, direkt neben der Schreibtischfläche. Vorbildlich abgetrennt und vorbildlich eingerichtet. Wissen wir, weil wir zwischen 2017 und 2019 genau das als Kundenprojekt betreut haben.

VARIANTEN EINES TEAMRAUMS

Nachdem wir nun Wege zur Gestaltung unserer Homebase diskutiert haben, schauen wir uns mögliche Varianten des eigentlichen Teamraums genauer an. Wie dieser aussehen sollte, hängt vor allem vom Energielevel ab, mit dem wir dort arbeiten wollen. Denn darauf hat die Ausstattung unserer Umgebung einen erheblichen Einfluss.

→ FOTO T6

Variante 1: Agiles Setting

Der nervige Klassiker in Teammeetings: ein von Anfang an zu niedriges oder aber schnell verpuffendes Energielevel. Wir hängen in drögen, ausufernden Diskussionen fest, in denen zwei Kollegen schwadronieren und der Rest von uns E-Mails checkt. Oder wir quälen uns durch eine lahme Brainstomingsession, die irgendwann sogar dazu führt, dass alle E-Mails checken.
Die räumliche Umgebung ist zwar kein Allheilmittel gegen solche Erlebnisse, sie kann aber helfen. Eine Umgebung, die hier einen echten Unterschied macht, ist das sogenannte Agile Setting. Meistens heißt das: Wir stehen einfach alle. Oder wenn das physisch nicht möglich ist, sitzen wir auf einzelnen Stehhockern. Oder im Rollstuhl. Im Zentrum zwischen uns befindet sich ein Stehtisch, der Wassergläser, Kaffeetassen und Notizbücher trägt. Das zweite Zentrum bildet ein großes Whiteboard. Ein Klischee? Sicher, aber ein funktionierendes!
Stehen heißt paradoxerweise, sich bewegen. Wir mischen uns öfter, tauschen Plätze, wechseln die Perspektiven und das Energielevel bleibt oben. Stehen führt außerdem zu einer vielfach höheren Wahrscheinlichkeit, dass wir das Whiteboard nutzen. Und das visuelle Festhalten von Gesprächselementen führt nachweislich zu fokussierteren Gesprächen mit besseren Ergebnissen in kürzerer Zeit.

FOTO T6: SAP Innovation Center. *Die flexiblen Wände hinter den Schreibtischen lassen sich verschieben und dienen als Whiteboards.*

Aber warum investiert die Lufthansa Industry Solutions Tausende Euro pro Raum in wandgroße Whiteboards, statt günstige Flipcharts aufzustellen? Aus demselben Grund: Förderung der Nutzungswahrscheinlichkeit! Wir schreiben »halbgare« Gedanken naturgemäß ungern auf nicht reversible Medien. Vielen kommt das Skizzieren auf Flipchartpapier unbewusst wie Materialverschwendung vor. Auf dem Whiteboard ist unser (halbgarer) Gedanke mit einem Wisch weg. Wir haben deshalb weniger Angst, einfach alles aufzuschreiben. Außerdem ist die große, zugängliche Fläche eines Whiteboards auch wesentlich einladender als das klassische Dreibein-Flipchart.[1] → FOTO T7

1 Nein, wir sind wahrlich keine Flipchart-Fans. Wenn sie irgendwo in den Räumen unserer Kunden herumstehen, versuchen wir sie immer heimlich zu sabotieren ... Scherz!

FOTO T7: Lufthansa Industry Solutions. *Der Teamraum mit Whiteboard, Monitor und Stehtisch ist perfekt für Scrum oder Kanban geeignet.*

Variante 2: Couch-Setting

In manchen Situationen wollen wir das Energielevel senken oder zumindest verhindern, dass es sich erhöht. Hierzu können wir Mitarbeitergespräche zählen sowie generell reflektierende, zurückgelehnte Gespräche, aber auch Unterhaltungen über Probleme. Außerdem alle Teamtreffen, die nicht vor Produktivität strotzen müssen. Hier ist die beruhigende, relaxte Atmosphäre eines gut gestalteten Couch-Settings angemessen. Es lässt sich in jedem Teamraum und auf jeder Teamfläche einrichten.

Phasen, in denen wir mal einen Gang zurückschalten müssen, gibt es genug. Und auch für Pausen ist dieses Setting natürlich sehr gut geeignet. Das Wichtigste beim Couch-Setting: Es muss gemütlich und ein Kontrast zur restlichen Umgebung sein. Warme Materialien und pointiertes Licht sind die Schlüssel dafür.

→ FOTO T8

An dieser Stelle noch eine ganz wichtige Anmerkung: Wenn wir unsere Homebase mit solchen »Traumsettings« vollstellen, werden wir dort kaum mehr wegkommen. Der teamübergreifende Austausch steht damit auf dem Spiel. Wir müssen also eine Balance schaffen. Auch der teamübergreifende, gemeinsam genutzte Bereich sollte seinen Reiz haben, etwa dadurch, dass es dort den einzigen Kaffee auf der ganzen Etage gibt.

FOTO T8: SAP Innovation Center. *Die Couchecke ist bestens geeignet für Reflexion oder Mediation im Team.*

Variante 3: Formelles Setting

Wir können unseren Teamraum auch größer machen, einen großen weißen Meetingtisch hinein- und zehn Konferenzstühle drumherum stellen und darüber eine Pendelleuchte eines bekannten italienischen Lampenherstellers hängen. Dann haben wir unseren eigenen formellen und repräsentativen Meetingraum geschaffen.

Wofür benötigt man einen solchen Raum? Zum Beispiel für Investorengespräche oder Ergebnispräsentationen vor Kunden im Anzug – allerdings nur, falls man hierfür keinen Raum auf der Meeting-Etage mieten kann.

Der Bedarf insbesondere an großen (ab zehn Plätzen) und formellen Meetingräumen schrumpft jedoch. Kunden schauen gern *hinter die Kulissen*, und wir haben immer weniger zu verbergen. Teamräume mit agilem Setting werden auch von Kunden meist als Erfrischung wahrgenommen. Und das Whiteboard kann in der Präsentation vor Kunden eine willkommene Alternative oder Ergänzung zu PowerPoint-Slides sein.

Natürlich kann das formelle Meeting eine Rolle in unserem Arbeitsalltag spielen. Weiter hinten im Buch wird es uns deshalb als Arbeitsmodus »Meeting« auch wieder begegnen. Falls wir ein eigenes formelles Setting einrichten wollen, sind die wichtigsten Merkmale hierfür: Wände mit Türen, eine schicke, repräsentative Lampe und funktionierende Meetingtechnik. Letztere ist eine absolute Seltenheit.

ÜBER TECHNIK

Die Pandemie hat viele von uns mit der Videocall-Technik zwangsverheiratet. Aber wir fangen an, Vorurteile abzubauen und Vorzüge zu schätzen, und die Interaktion und das Miteinander fallen

FOTO T9: Lufthansa Industry Solutions. *Welche Teams haben sich in welche Spaces eingebucht? Antwort gibt ein Bildschirm.*

uns immer leichter. Übung macht den Meister. Und die Meisterin. Außerdem wird die Technik insgesamt ja jedes Jahr einfach besser.

So können wir vielerorts beobachten, dass das Videocallen inklusive Bildschirmteilen das schnöde Telefonieren abgelöst hat. Festnetz-Telefone verschwinden von den Schreibtischen und Mobiltelefone werden nicht mehr standardmäßig ausgegeben. Dafür hat jetzt jeder einen Laptop mit Kamera. Das Spannende: Inzwischen funktionieren Videokonferenzen über einzelne Laptops besser als mit teuren Videokonferenzsystemen, gerade wenn diese schon zwei, drei Jahre auf dem Buckel haben. Zudem sind solche Anlagen immer noch schwierig zu bedienen, was dazu führt, dass diese (ähnlich wie es auch den sogenannten »Smartboards« ergeht) einfach ausgeschaltet bleiben. Stattdessen benutzen wir einfach Zoom, Teams und ein virtuelles Whiteboard.[1]

1 Noch einmal möchten wir auf das Kapitel »Virtuality« verweisen. Da werden wir konkreter.

Für die technische Ausstattung der Teamräume brauchen wir also nicht viel mehr als ein stabiles WLAN und ein paar Steckdosen. → FOTO T9 Das gesparte Geld für die Videokonferenz-Anlage stecken wir lieber in einen Kühlschrank mit Drinks und Snacks. Da hat das Team mehr davon. Das alles gilt jedoch vielleicht nur, bis die nächste Generation von intelligenten Videokonferenz-Systemen an den Start geht. Der Absatz an solchen Geräten wächst kontinuierlich, in die Entwicklung wird viel investiert, und so ist es nicht unwahrscheinlich, dass wir bald Lösungen haben, die jede Laptop-Runde in den Schatten stellen. Und dann vielleicht sogar noch bedienbar sind!

RUHE, BITTE!

Teamarbeit heißt Austausch. Flächen, die das unterstützen, sind von Natur aus trubeliger. Jeder bekommt mehr von der Arbeit der anderen mit. Das ist die Idee. Aber es gibt Situationen, in denen wir Ruhe brauchen. In denen uns jeder Austausch oder selbst eine Diskussion zu unserem Lieblingsthema nicht interessiert. Weil wir uns konzentrieren wollen oder in einem Videocall sind. Deswegen kann es unseren Teamarbeitsflächen gut tun, wenn wir Ausgleichsflächen für das ruhige Arbeiten vorfinden. Wir wollen diesen Arbeitsmodus »Fokus« nennen.

Wir meinen Orte der absoluten Ruhe, und zwar akustisch, visuell und auch gefühlt. Orte, an denen wir mit einer Deadline im Nacken unsere Präsentation »fertig schrubben«, diesen verzwickten Excel-Formelbezug endlich gedanklich durchdringen oder einen vierstündigen Remote-Workshop einigermaßen energetisiert verfolgen können. Wir haben drei Möglichkeiten entdeckt, solche Orte für den Arbeitsmodus »Fokus« zu schaffen.

Möglichkeit 1: »Fokusbox«

Wir schotten uns von allem ab. Dafür haben wir eine »Fokusbox« oder »Dialogbox«. Das sind meistens Raum-in-Raum-Konstruktionen aus Glas, mit Decke und Tür. Wenn wir diese schließen, herrscht (relative) Ruhe. Der Begriff Fokusbox hält dabei, was er verspricht, im guten wie im schlechten Sinne. In der Fokusbox sind wir tatsächlich alleine. Kein Geräusch, kein Ausblick, kein Bild und kein Gesicht kann uns ablenken. Das funktioniert für manche von uns gut – und für manche schlecht. Unsere naturgegebene klaustrophobische Veranlagung dürfte hieran schuld sein. Auch die meist nur mittelgut funktionierende Belüftung trägt wohl vor allem in »günstigeren« Fokusboxen dazu bei. Denn Fokusboxen lassen sich überwiegend nicht an Fenster anschließen. Zudem führt bei ungünstiger Platzierung der Box im Raum die meist vorhandene Glasfront zu einem gewissen Zoo-Effekt: Wir fühlen uns von hinten oder seitlich beobachtet.

Dennoch eignen sich Fokusboxen perfekt für Videocalls. Und hierbei stört dann auch die schlechte Aussicht weniger. Wenn wir also viel callen, schaden zwei oder drei dieser Zellen in unserer Homebase höchstens dem Portemonnaie.

Eine seltene und wirklich tolle Umsetzung für Fokusboxen können wir auf den Flächen des SAP Innovation Center bestaunen. Die hier zu findenden De-luxe-Fokusboxen sind als feste Einbauten in die Gebäudeecken gelegt. So gibt es genügend Licht und Luft, und hineinschauen können wir auch nur noch von einer Seite. Fast wie in einem Einzelbüro, das heute als die größere Schwester der Fokusbox angesehen werden kann. → **FOTO T10**

FOTO T10: SAP Innovation Center. *Eine Fokusbox »de luxe« mit genug Platz zum konzentrierten Arbeiten in schöner Atmosphäre.*

Möglichkeit 2: »Einzelbüro«

Gutes Stichwort! Die luxuriöse Alternative zur Fokusbox ist das gute alte Einzelbüro. Das ist im Bau zwar preislich günstiger, aber es verbraucht gerne dreimal mehr Platz. Denn es muss typischerweise immer die gesamte Länge von der Fensterfassade bis zum Flur überbrücken. Dafür gibt es aber alles, was die Fokusbox hat – plus Tageslicht, Frischluft, Privatsphäre und Platz ohne Ende. Mehr zum Comeback des Einzelbüros gibts im Kapitel »Virtuality«.

FOTO T11: Factory Berlin. *Verschiedene Sitze und kokonhafte Sitzmöbel bieten für Einzelpersonen und kleine Teams Orte zum Zurückziehen.*

Möglichkeit 3: »Nische«

Die »Nische« ist die günstige und platzsparende Variante der Fokusbox. Nischen können spezielle halboffene Möbel oder tatsächlich geschützte Ecken, etwa in Fluren, sein. Das Wegdrehen von Bewegung und Lärm schützt uns vor visueller Ablenkung. Und eine kokonhafte Verkleidung inklusive passendem Licht können aus einer simplen Ecke eine angenehme Umgebung zaubern. Diese kann für kürzere Videocalls funktionieren und uns vor Streit mit unseren Teamkollegen bewahren. Und sie funktioniert auch für kurze Konzentrationssprints. Insbesondere für Musikliebhaber, die ohnehin ständig mit Kopfhörern unterwegs sind.

Solche Nischen können zudem wesentlich näher an der Schreibtischfläche positioniert werden als ein Raum, sodass sie sich auch für kurze Auszeiten besser nutzen lassen.

→ FOTO T11

Bei der Planung müssen wir eines beachten: In der Praxis werden Nischen oft mehr für Videocalls und weniger für Stillarbeit genutzt. Das liegt daran, dass die Homebases nicht so laut sind wie gedacht, und dass gemütliche Flächen wie der Marktplatz der **Lufthansa Technik** sich besser als erwartet für konzentriertes Arbeiten eignen. Solche Flächen sind typischerweise voll mit den genannten Nischen verschiedenster Couleur.

2.3 TAKE-AWAYS

GRUNDLEGENDE IDEEN

The home is where the Homebase is

Teamarbeit wird besser, wenn Teams zusammensitzen und eine eigene Umgebung, ein eigenes Zuhause haben. Noch besser wird Teamarbeit, wenn diese Umgebung auch noch zu dem jeweiligen Arbeitsstil, quasi dem dominanten Arbeitsmodus, passt. Homebases sollten also individuell gestaltbar sein. Und das darf man auch sehen! Selbst wenn die Schreibtische miteinander geteilt werden, sollte zumindest die Umgebung voll mit den Dingen sein, die das Team ausmachen. Arbeitsmaterial und -ergebnisse, Boards, Fotos, Persönliches. Clean Desk ist okay, Clean Homebase nicht. Generell sollten Homebases voneinander leicht getrennt sein. Eine akustische, aber vor allem gefühlte Trennung zum Beispiel durch einen Raumteiler sollte hier in Erwägung gezogen werden.

- ☐ *Teammitglieder, die zusammenarbeiten, zusammensetzen*
- ☐ *Jedem Team eine eigene, selbst gestaltbare Zone zuordnen*
- ☐ *Arbeitsmaterial, -ergebnisse und Persönliches sichtbar machen*
- ☐ *Clean Desk ist okay, aber die Homebase darf »belebt« werden*
- ☐ *Leichte Trennung zwischen Homebases vorsehen*

FLÄCHEN- & RAUMKONZEPTE

Deskspace für Einzelarbeit

Nach diesem Konzept lässt sich eine Homebase strukturieren, die vor allem für Einzelarbeit geeignet ist. Das Key-Feature ist hier, dass alle Personen einen eigenen Schreibtisch haben und ein eigenes Einrichten möglich ist. Platz, den wir für Teamräume und Ähnliches sparen, können wir in eine etwas größere Trennung zwischen den Schreibtischblöcken investieren. So schaffen wir eine Umgebung, in der wir gemeinsam als Team sitzen können, aber alle genug Ruhe und Raum bekommen, um sich aufs Thema zu konzentrieren.

- ☐ *Idealerweise für alle einen eigenen Schreibtisch vorsehen*
- ☐ *»Clean Desk« nicht notwendig, jeder gestaltet seinen Schreibtisch*
- ☐ *Die Schreibtischfläche nicht zu offen gestalten*
- ☐ *Leichte, idealerweise flexible Trennung zwischen Schreibtischblöcken vorsehen*

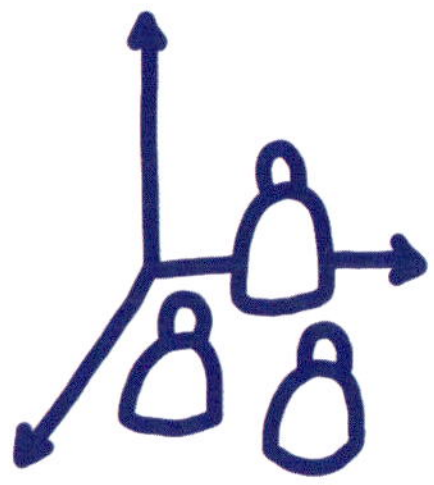

Dialogspace für den Dialogmodus

Der Dialogspace ist die ideale Umgebung für Teams, die fast ausschließlich interdependent zusammenarbeiten und/oder eine sehr hohe Frequenz zwischen spontanen Dialogen und Einzelarbeit haben. In solchen Spaces finden wir eine minimale Trennung zwischen den Schreibtischen, alle befinden sich immer in Sicht- und Rufweite. Tools für eine schnelle Diskussion und spontanen Gedankenaustausch wie Whiteboards oder alternative Sitzmöglichkeiten sind direkt in die Schreibtischfläche integriert. In einem solchen Konzept ist das Bereitstellen von Stillarbeitsmöglichkeiten oft sinnvoll.

- ☐ *Keine Trennung zwischen Schreibtischen vorsehen*
- ☐ *Alle Mitarbeiter sind in gegenseitiger Sicht- und Rufweite*
- ☐ *Tools für Teamarbeit direkt in die Fläche integrieren*
- ☐ *Stillarbeits-Möglichkeiten als Ausgleich schaffen*

Shared-Desk plus Teamraum für Teamarbeit

Homebases für die »klassische« Teamarbeit, in der sich intensive Teamsessions und Einzelarbeit abwechseln, können nach diesem Konzept strukturiert sein. Wichtig ist hierbei, dass sich der Teamraum auf der Homebase und in direkter Nähe zum Deskspace befindet. Er sollte dem Team exklusiv zur Verfügung stehen, damit hier auch Arbeitsmaterial hängen bleiben darf. Eine Größe von 14 bis 20 Quadratmetern reicht. Gegebenenfalls müssen wir die Schreibtische im Deskspace enger stellen – und eventuell teilen. Das ist ein Plus für die Teamkommunikation.

- ☐ *Mindestens einen Teamraum direkt neben dem Deskspace schaffen*
- ☐ *Hierfür 14 bis 20 Quadratmeter abgeschlossenen Raum vorsehen*
- ☐ *Für den Deskspace sind unter Umständen geteilte Schreibtische notwendig*
- ☐ *Teamraum exklusiv für das Team planen*
- ☐ *Teamraum kann als agiles Setting, Couch-Setting oder formelles Setting ausgestattet werden*

Fokusbox

Eine kompakte, freie platzierbare Möglichkeit für Stillarbeit ist die »Fokusbox« oder »Dialogbox«, auch Aquarium oder Glaskasten genannt. Sie ist vor allem für Videocalls geeignet. Für die Stillarbeit sind nur kleine Fokusboxen sinnvoll, da wir hier alleine sitzen. Sie sind eine funktionale, wenn auch teure Ergänzung für jede Homebase. Kleine Kniffe wie halbtransparente Vorhänge, Tischleuchten und eine Platzierung außerhalb des Sichtfeldes der Kollegen machen die Nutzung angenehmer.

- ☐ *In Modelle mit guter Isolation und Belüftung investieren, hier nicht sparen!*
- ☐ *Wenn Flexibilität nicht wichtig, gegebenenfalls als feste Einbauten an Fenstern vorsehen*
- ☐ *Außerhalb des Sichtfeldes von Kollegen platzieren, ansonsten Vorhänge vorsehen*

TOOLS & TRICKS

Teamsettings, auch ohne Raum

Egal, ob wir gesonderte Räume oder Orte für unsere Teamarbeit zur Verfügung haben oder nicht: Ein kleines Teamsetting können wir überall einrichten, etwa indem wir einen Stehtisch mit Whiteboard für agiles Arbeiten bereitstellen oder eine Couch mit Couchtisch, Sitzwürfeln und Pendel- oder Stehleuchte für Gespräche in entspannter Atmosphäre. Das kann mit günstigen Möbeln passieren und kostet dann auch kaum Geld. Als absolute Minimallösung funktioniert auch eine Whiteboard-Pappdiskette auf dem Boden mit drei Sitzwürfeln davor. Mit einem Budget von 200 Euro kommt man hier schon weit.

- ☐ *Teamsettings in einer freien Ecke oder Nische platzieren*
- ☐ *Nutzung prüfen: eher agil oder eher entspannt?*
- ☐ *Einrichtung mit günstigen Gegenständen zunächst einfach ausprobieren*
- ☐ *Günstige Einrichtungsgegenstände können hier auch eine Dauerlösung sein*

3 CREATIVITY

3.1 DAS PRINZIP CREATIVITY

DIE BASIS FÜR NEUES

Kreativität ist eine Wunderwaffe, allerdings nicht nur von Künstlern, Musikerinnen und allen, die irgendetwas mit Design zu tun haben, sondern von uns Menschen im Allgemeinen. Sie ist die Kompetenz, Aufgaben oder Probleme zu lösen, bei denen das Resultat oder der Lösungsweg nicht bekannt ist. Man braucht sie also, wenn es darum geht, neue Werkzeuge zu entwickeln, bestehende Werkzeuge anders zu nutzen, neue Wege auszuprobieren, bestehende Probleme neu zu interpretieren oder neue Ansätze auszuprobieren und zu validieren.

Diese Fähigkeiten benötigen wir jeden Tag, beruflich und privat. Zum Beispiel, wenn wir uns überlegen, wie wir unseren runden Geburtstag feiern wollen, was wir aus den Resten im Kühlschrank kochen können oder wo und wie wir unseren großen Sommerurlaub verbringen wollen. Aber auch, wenn wir uns fragen, wie wir unser bestehendes Produkt verbessern und Wünsche der Nutzer einbinden können, wie wir neue Geschäftsmodelle entwickeln oder wie wir die mittelfristige Strategie umsetzen wollen. Ohne Kreativität könnten wir immer nur bestehende Lösungen reproduzieren. Wir würden also immer auf dieselbe Art unseren Geburtstag feiern, den gleichen Urlaub machen und seit 30 Jahren dasselbe Produkt verkaufen.[1] Das heißt, dass wir schon heute kreativ sind, jeden Tag, und es meist nicht einmal bemerken.

Aber wenn wir schon kreativ sind, warum sollten wir uns dann trotzdem um unsere Kreativität und die passenden Räume hierfür kümmern? Zum einen, weil wir uns unserer eigenen kreativen Leistung gar nicht bewusst sind und wir sie deshalb auch nicht gezielt einsetzen. Zum anderen, weil wir gerade in der zunehmend komplexeren und sich schnell verändernden Welt, in der technische Erneuerungen, gesellschaftliche Herausforderungen und neue Bedürfnisse stetig den Wandel vorantreiben, ein Konzept brauchen, um diese Veränderung mitgestalten zu können.[2] Dafür müssen wir entscheidungsfreudig und entscheidungsfähig sein. Nur wenn wir lernen, wie wir stetig weiter lernen, validieren und handeln können, sind wir in der Lage, stets mit der erforderlichen Geschwindigkeit zu agieren. Und wir müssen unsere Kreativität gezielt einsetzen und ihre Entstehung fördern.

Kreativität ist nicht eindimensional zu verstehen und mit einer einzigen Maßnahme umzusetzen. Es geht bei kreativem Handeln um ein Zusammenspiel von Rationalität und Emotionalität. Hierfür ist es notwendig, eine Art Nährboden zu schaffen, auf dem Kreativität wachsen und gedeihen kann.

Auch wenn es um kreatives Handeln geht, durchlaufen wir verschiedene Phasen. Diese können an einem Tag komplett absolviert werden oder auch im Laufe mehrerer Wochen, zum Beispiel in einem längeren Projekt. Die Bedingung der Möglichkeit von Kreativität ist nicht auf die Umgebung, den Raum zu beschränken, er ist allerdings in jedem Fall ein starker Mitspieler und Möglichmacher. Bevor wir uns ganz konkret mit den räumlichen Potenzialen beschäftigen, schauen wir uns zuerst einmal die Bausteine an, die Kreativität ausmachen.

BAUSTEINE VON KREATIVITÄT

Inspiration

Inspiration ist ein Anknüpfungspunkt für Neues. Dabei können unterschiedlichste Dinge auf uns Menschen inspirierend wirken. Das können Ausstellungen, Räume, Interaktionen mit Menschen, Bücher, Bilder, Natur, Essen, Sport oder andere Themen sein, die uns einen neuen Blick auf Probleme oder Aufgaben geben. Inspiration braucht Öffnung nach außen. Das ist einer der Gründe, warum viele Arbeitsräume in der Kreativbranche nicht nach einem klassischen Büro aussehen. Die Räume haben auch die Aufgabe, die Mitarbeitenden zu inspirieren und zu stimulieren.

Reflexion

Jeder kreative Prozess durchläuft eine Phase der Reflexion, in der wir uns fragen, was wir bereits wissen und gelernt haben, und wie wir mit diesen Informationen das Bestehende anders denken und gestalten können. Die Reflexion kann sowohl von einem Team als auch individuell von Teammitgliedern vorgenommen werden. Im kreativen Arbeiten geht es darum, das Gelernte neu zu kontextualisieren, alles zu dekonstruieren oder neue Variablen hinzuzufügen. Dafür ist es notwendig, Informationen auf verschiedene Weise darzustellen. Neben beschreibbaren und magnetischen Oberflächen, farbigen Stiften, Haftnotizen, Farbdruckern und Smartboards zählen auch Softwarelösungen und WLAN dazu.

1 Natürlich gibt es da draußen auch Menschen, die genau DAS richtig gut finden. Also ein Leben ohne Überraschungen. Um diesen lebensphilosophischen Aspekt soll es in diesem Playbook aber nicht gehen.

2 Über diesen Punkt haben wir ein ganzes, rotes Playbook verfasst: das 2023 erschienene *Future Organization Playbook*.

Dabei können sowohl Teamräume mit spezieller Ausstattung bereitstehen als auch erweiterte Hilfsmittel am Schreibtischarbeitsplatz. Und remote leistet uns in dem Fall das digitale Whiteboard den perfekten Dienst.[1]

1 Näheres gibt es im Kapitel »Virtuality«.

Kollaboration

Zusammenarbeit spielt eine zentrale Rolle in Organisationen und ist ein wichtiger Aspekt der Kreativität. Ihr liegt der Anspruch zugrunde, durch gemeinsames Denken, Handeln und Zusammenwirken bestmögliche Ergebnisse zu erzielen. Dabei geht es bei der kreativen Kollaboration um Synergien, intensiven Austausch, gemeinsame Entscheidungsprozesse und die intrinsische Motivation, gemeinsam an einem Ziel zu arbeiten. Ein Unternehmen kann gezielt Kollaboration unterstützen, unter anderem durch Ziele für Teams statt für einzelne Personen, die Bereitstellung eigener Budgets für Teams, Räume und Technik, die auf Teams und deren Arbeiten zugeschnitten sind. Das können Deskspaces, aber auch Dialogspaces oder Meetingräume sein, die sich von denen anderer Teams unterscheiden.
Kollaboration braucht immer Raum zum Austausch und hierarchiefreie Kommunikation zumindest im Team, bestenfalls im gesamten Unternehmen. Gemeinsame Ziele sollten für das Team sichtbar sein, dazu kann auch der Raum einen großen Teil beitragen. Im Kapitel »Teamwork« gibt es viele Beispiele dafür, wie Teamarbeit durch die Arbeitsumgebung unterstützt werden kann.

Kreation

Natürlich dreht es sich bei kreativer Arbeit, wie der Name schon sagt, um Kreation, also um das Schaffen von Neuem. Wichtig ist zu verstehen, dass sich *neu* nicht immer auf unser Produkt beziehen muss. Es kann auch darum gehen, neue Lösungen oder neue Lösungswege zu bestehenden Produkten zu gestalten. Oft kann man das beim Prozessdesign beobachten, wenn es zum Beispiel darum geht, wie ein Produkt besser produziert oder über einen anderen Weg zum Nutzer transportiert werden kann. Natürlich gibt es auch Fälle, in denen zugleich beide Aspekte, also eine neue Lösung und ein neuer Lösungsweg, entstehen. Anders als bei rein analytischen Arbeitsweisen gibt es bei der Kreativität keine Linearität. Zwar können wir Erfahrungen und etablierte Arbeitsweisen nutzen, aber die Kriterien *richtig* und *falsch* sind hier nicht gültig. Vielmehr geht es darum, sich neue Ansätze zu erarbeiten, diese offen zu explorieren und spielerisch mit ihnen umzugehen.

Iteration

Kreatives Arbeiten ist gestalterisch und entwerferisch, es geht also darum, eine Idee so herauszuarbeiten, dass sie begreifbar wird. Dabei kann man sich aller darstellerischen Formen bedienen wie beispielsweise Skizzen, Beschreibungen, kleiner physischer Prototypen, digitaler Prototypen oder auch Frameworks. Wichtig ist hierbei, dass alle Inhalte einen Entwurfsstatus haben, sich also in ständiger Weiterentwicklung befinden.
Entwerfen beinhaltet auch ein Verwerfen von Inhalten. Jeder kreative Prozess ist darauf angelegt, dass Dinge zu einem bestimmten Zeitpunkt verworfen werden. In allen gestalterischen Disziplinen kann man dies beobachten. Skizzen, Modelle, digitale Zeichnungen, Prototypen und so weiter sind nötig, um zu einem

überzeugenden Ergebnis zu kommen. Ein iteratives Vorgehen ist also unabdingbar. Damit einher geht die Notwendigkeit einer Fehlerkultur im Team. Fehler sind ein fester Bestandteil in kreativen Prozessen. Dabei geht es darum, diese Fehler möglichst früh zu machen, zu erkennen und auszusortieren. Um diese Fehler erkennen zu können, ist es zudem wichtig, die Ergebnisse ständig zu überprüfen. Dabei helfen Tests mit potenziellen Nutzern und das Einsammeln und Einbeziehen von Feedback. So wird im kreativen Prozess eine Testen-und-Lernen-Schleife erzeugt und eine systematische Weiterentwicklung gewährleistet.

Hands-on

Warum betonen wir eigentlich immer die Bedeutung von Prototypen? Beim kreativen Arbeiten gehört es dazu, sowohl mit dem Kopf als auch mit den Händen zu *denken*. Ein Prototyp zwingt uns, konkret zu werden, und bringt uns auf dieser Ebene voran, statt dass wir auf der beliebten Metaebene stehen bleiben. Er verlangt Entscheidungen und eine Vertiefung in unterschiedlichen Bereichen. Dadurch können wir als Team auch unser gemeinsames Verständnis weiter klären. Nehmen wir als Beispiel einen smarten Lautsprecher mit der Möglichkeit, IoT-Geräte zu steuern. Wenn wir in unserem Team ein solches Konzept in einem frühen Stadium erarbeiten, dann gibt es viele Fragen dazu. Wo wird es am häufigsten genutzt, wie groß ist ein solcher Lautsprecher idealerweise, welche Anwendungen können sinnvoll sein und so weiter. Vieles bleibt Spekulation, bis wir anfangen, erste Prototypen zu bauen. Wir könnten einfach mit Verpackungsmaterial erste Produktgrößen nachempfinden, Regler und Knöpfe aufzeichnen. Wir könnten mit einem Babyfon den Service simulieren und Bestellungen dann hinter den Kulissen bei Online-Anbietern aufgeben. Bei der Entwicklung solcher Prototypen denkt man über kritische Faktoren des Produkts nach und lernt schnell, welche Dinge wichtig sind und welche nicht.

GRUNDVORAUSSETZUNGEN FÜR KREATIVITÄT

Innovationskultur

Kreatives Arbeiten erfordert im Unternehmenskontext gewisse Voraussetzungen. Die wichtigste ist wohl eine innovationsfreundliche Kultur. Der Begriff Innovationskultur ist an dieser Stelle gefährlich. Einerseits kann man Kreativität nicht mit Innovation gleichsetzen, andererseits ist der Begriff schon unzählige Male benutzt worden, und wir haben das Gefühl, dass das, worum es eigentlich geht, dahinter nicht immer leicht erkennbar ist. Wir könnten hier nun auch »Kreativitätskultur« schreiben und würden so nur einen Begriff prägen, der für mehr Unklarheit als Klarheit sorgt.

Warum haben wir uns trotzdem für den Begriff der Innovationskultur entschieden? Erfolgreiches kreatives Handeln und innovativ zu wirken haben auf kultureller Ebene eine große Überschneidung. Es geht um den ergebnisoffenen Austausch von Mitarbeitern, mit dem Ziel, durch Kreativität sowohl das Problem richtig zu beschreiben als auch gemeinsam eine Lösung, ein Ergebnis zu entwickeln. In beiden Fällen brauchen wir Handlungsspielraum und in diesem auch Entscheidungshoheit. Wir benötigen eine Fehlerkultur, in der wir als Team Fehler machen dürfen. Kreatives Arbeiten braucht die gleiche Anerkennung wie andere Bereiche in unserem Unternehmen.

Auch die intrinsische Motivation der Mitarbeiter ist ein wichtiger Erfolgsfaktor, denn gerade bei kreativen Prozessen ist die eigene Motivation entscheidend. Auf kultureller Ebene sind diese Themen dann erfolgreich, wenn das Unternehmen oder der Geschäftsbereich damit authentisch umgeht und sie bewusst fördert.

Methoden

Mit unserem **DIGITAL INNOVATION PLAYBOOK** haben wir einen tiefen Einblick in das methodische kreative Arbeiten gegeben. Da es im **NEW WORKSPACE PLAYBOOK** in erster Linie um Fragen des Raumes und der Arbeitsumgebung geht, möchten wir das methodische kreative Arbeiten hier nur kurz erwähnen. Rund um das Thema Innovation und agile Projektentwicklung sind viele sinnvolle Methoden entstanden, die unser heutiges Arbeiten begleiten. Diese Methoden entwickeln sich stetig weiter und geben uns einen gemeinsamen Rahmen der Zusammenarbeit.

Gerade bei Kreativmethoden gibt es seit Jahrzehnten eine wachsende Sammlung an Vorgehensmodellen. Durch Design Thinking, Customer Journey Mapping, Design Futuring und andere Formate und Methoden haben wir hier ein neues Spielfeld, das eine andere Arbeitsumgebung erfordert. Grundsätzlich können wir auch in einem leeren Raum ohne Möbel und ohne jegliche Ausstattung kreativ sein. Was uns Räume aber ermöglichen können, ist ein schnelles Umschalten in ein neues Setting. Ein Raum hilft uns, unsere Aufgaben effizient zu lösen und uns in spezifische Arbeitsweisen hinein zu fuchsen. Wenn es Methoden gibt, die in unserem Unternehmen häufig und im besten Fall auch erfolgreich genutzt werden, können wir für uns und unser methodisches Vorgehen auch die geeigneten Räume schaffen.

Raum und Fläche

Ein Kreativraum kann uns Möglichkeiten bieten, unsere kreative Arbeit besser auszuführen. Dafür gibt es natürlich Grundvoraussetzungen, zum Beispiel eine angemessene Größe. Weil wir hier etwas mehr Bewegungsfreiheit brauchen als bei einem klassischen Meeting, sollten wir drei bis fünf Quadratmeter je Person vorsehen. Ein Kreativraum für ein Team mit sechs Personen sollte entsprechend eine Größe von 18 bis 30 Quadratmeter haben. Die genaue Größe hängt natürlich von der Ausstattung und der Nutzung ab. Für eine interaktive Nutzung kann man diese Größenangabe als Richtwert nehmen.

Eine weitere Voraussetzung ist, dass Belüftung und Beleuchtung gut und ausreichend sind. Räume ohne Tageslicht eignen sich nicht für längere Kreativsessions im Team. Es kann durchaus sein, dass die Anzahl der Menschen, die zeitgleich kreativ arbeiten sollen, die Größe des Teams übersteigt. Sofern das absehbar häufiger der Fall sein wird, kann auch ein größerer Raum oder eine offene Fläche sinnvoll sein. Zweiteres hat noch einige zusätzliche Anforderungen, die ein einzelner Kreativraum nicht aufweist. Eine offene Fläche eignet sich je nach Ausstattung für circa 20 bis 40 Personen. Auch noch größere Flächen sind denkbar, in der Regel wird aber die Koordination von mehr Menschen sehr aufwendig, und auch die Versorgung nimmt einen Eventcharakter an. In diesem Fall sollte man gut überlegen, ob man diese Fläche selbst bereitstellt oder sie extern für diese Events anmietet. Das hängt stark von der Frequenz und Wichtigkeit dieser Formate ab.

Die Nutzung und damit auch die Größe der Räume und Flächen fallen also ganz unterschiedlich aus. Um dafür ein besseres Gespür zu bekommen, schauen wir uns nun verschiedene Beispiele von kreativitätsfördernden Räumen und Flächen an.

3.2 BEISPIELE

FOTO C1: PwC Experience Center. *Die Sandbox im Experience Center kann in wenigen Minuten zu unterschiedlichen Raum-Settings umgebaut werden.*

RÄUME ALS MOTOR FÜR KREATIVITÄT

Flächen und Räume, die für kreatives Schaffen ausgelegt sind, bilden einen Gegenpol zu Bereichen, in denen wir sehr stark operativ agieren, wie zum Beispiel Schreibtischarbeitsplätze, Meetingräume oder Laborbereiche. Auch bei Unternehmen aus der Kreativwirtschaft ist nicht jede Aufgabe eine kreative. Kreative Konzepte müssen umgesetzt, Kostenplanungen erarbeitet und die Projekte gemanagt werden. Natürlich gibt es in all diesen operativen Bereichen wiederum Herausforderungen, die wir mit kreativen Lösungsansätzen bewältigen müssen. Was die Räume betrifft, so brauchen wir Bereiche, die uns bei operativen Tätigkeiten helfen, und solche, die uns bei kreativen Denkprozessen bestmöglich unterstützen. Der Bedarf kann je nach Unternehmen oder auch internem Bereich ganz unterschiedlich sein, aber nur sehr wenige Unternehmen oder Bereiche werden kaum eines kreativen Raums oder einer kreativen Fläche bedürfen.

FLÄCHE ALS LEINWAND – PLATZ FÜR FORMATE

Der Großteil unserer Büros ist für Effizienz geplant. Jeder Quadratmeter soll jederzeit bestmöglich genutzt werden. Für kreative Bereiche ist es aber sinnvoll, auch in Fläche zu investieren, die seltener genutzt wird. **Manchmal muss eine Fläche ineffizient sein, damit ihre Nutzung effizient ist.** In unseren Räumen betrifft das die Workshop-Areas. Das sind Bereiche, auf denen wir mit bis zu 40 Personen gleichzeitig an Fragestellungen arbeiten, bei denen ein Höchstmaß an Kreativität gefordert wird. Durch das gemeinsame Arbeiten auf einer großen und offenen Fläche ist ein reibungsloser Austausch möglich. Auch die Zusammenstellungen der Teams können dort über den Tag hinweg unkompliziert wechseln, was den Austausch fördert. Die Fläche ist hier eine Art Leinwand, die sich durch die Zusammenarbeit der Menschen über einen gewissen Zeitraum füllt. Nach jeder Nutzung wird eine neue leere Leinwand vorbereitet. So haben bei einem neuen Termin zu einem anderen Thema die Teilnehmer die Möglichkeit, neue Inhalte zu erarbeiten und ein neues Bild zu malen. Diese Leinwand gibt uns auch die Möglichkeit, unterschiedlichste Formate zu veranstalten und die geeigneten Settings dafür aufzubauen.

Im **Experience Center bei PwC** in Frankfurt arbeitet ein Team, welches ganz unterschiedliche Disziplinen wie Facilitation, Technologie oder Business Design abdeckt, mit den verschiedenen Bereichen von PwC und deren Kunden zusammen, um neue Konzepte und Lösungen für die Kunden zu entwickeln.

Joachim Müller, Head of Experience Center bei PwC, erklärt uns: *»Das Experience Center ist räumlich in drei Bereiche aufgeteilt. Das Herzstück der Fläche ist die ›Sandbox‹, also Sandkasten. Dieser Bereich ist groß, offen und flexibel. Die Sandbox ist der Ort, an dem unterschiedlichste Formate wie Workshops, Kreativsessions und Events zusammen mit Kunden stattfinden.«*

→ FOTO C1

FOTO C2: PwC Experience Center. *Ein überdimensionaler Bildschirm ist von überall in der Sandbox sichtbar.*

Anhand dieser Sandbox erkennen wir schnell die drei wichtigsten Komponenten auf einen Blick. Wir unterscheiden zwei wichtige Bereiche, die eine Vielzahl von Formaten bestmöglich unterstützen können: Der erste Bereich ist das Plenum, er ist ein Präsentationsbereich → FOTO C2, in dem Teilnehmer Zwischenergebnisse präsentieren können, ein Moderator größere inhaltliche Themen und das Vorgehen vorstellen kann, und ein Ort, der in Pausen zum Sitzen und Netzwerken genutzt werden kann. Dieses Plenum sollte auf die Teamgröße anpassbar und flexibel eingerichtet sein. So kann man,

FOTO C3: Zalando »Innovation Lab«. *Eine Workshopfläche wird von unterschiedlichen Sprint-Teams genutzt.*

wie auch in der Sandbox, ganz unterschiedliche Bestuhlungsarten anbieten. Sofas auf Rollen können woanders hingeschoben werden, Sitzsäcke schnell zu einem Sitzkreis gruppiert oder einfach weggeräumt werden. Auf diese Weise kann man den Bereich in fünf bis zehn Minuten verändern und an die jeweiligen Gegebenheiten anpassen. Natürlich ist hier außerdem eine funktionierende Präsentationstechnik erforderlich, mit der sich auch externe Gäste schnell verbinden können.

Der zweite wichtige Bereich sind die Creative Spaces oder Arbeitsbereiche. Hier erarbeiten die Teams in kleinen Gruppen ihre Ergebnisse. Dafür benötigen sie pro Team in der Regel zwei Whiteboards und einen Stehtisch samt Bestuhlung. Dieser sollte so groß sein, dass vier bis sechs Personen bequem daran stehen und arbeiten können. Die Whiteboards dienen zugleich als Trennwände, um sich von anderen Teams visuell abzugrenzen. Auch hier sind Mobilität und Flexibilität der Einrichtungsgegenstände entscheidend, um möglichst viele Varianten der Nutzung zu ermöglichen. So können die Creative Spaces in ihrer Anordnung je nach Format ganz unterschiedlich aussehen. Die Trennwände lassen sich schnell zur Seite schieben, sodass auf der Fläche Formate mit einer klassischen Sitzbestuhlung möglich sind – beispielsweise ein World Café.

Auch **Zalando** hat in Berlin eine Workshop-Area in seinem sogenannten »Innovation Lab«. Anders als bei PwC in der Sandbox kommen hier nicht große Teams für einen oder zwei Tage zur intensiven Zusammenarbeit zusammen, sondern kleine Teams von vier bis sechs Personen nutzen die Fläche für mehrtägige Sprint-Formate. Das heißt, es arbeiten mehrere Teams zeitgleich nebeneinander an unterschiedlichen Fragestellungen. Die Teilnehmer bleiben jedoch in ihrem Team, und die Teams sind untereinander zeitlich nicht synchronisiert. Beim Innovation Lab sind die Creative Spaces wahlweise mit Schreib- oder Stehtischen und Whiteboards ausgestattet, und die Teams haben Zugang zu Technik und Material für Prototypen.

→ FOTO C3

Es gibt Creative Spaces mit rollbaren Stehtischen und feste Schreibtische mit Whiteboards, bei denen auch am Rechner gearbeitet werden kann. So können die Teams entscheiden, welcher Ort für sie am besten geeignet ist. Ein Team vor Ort hilft bei der Planung und dem Ablauf. Es ist immer ansprechbar und nimmt beständig Feedback auf, um das Angebot den Bedürfnissen der Nutzer anzupassen. Auch hier wird die Fläche nach der intensiven Nutzung durch die Teams wieder in eine leere Leinwand verwandelt. Als Nebeneffekt können diese Räume zusätzlich für kleinere Netzwerkveranstaltungen genutzt werden. Hauptsächlich dienen sie aber allen Mitarbeitern dazu, in intensiven Formaten für einen begrenzten Zeitraum bestmöglich zu kollaborieren und an kreativen Lösungen zu arbeiten.

FOTO C4: PwC Experience Center. *Von außen eine Blackbox, von innen ein Whiteroom, alle Wände sind rundherum beschreibbar.*

FOTO C5: PwC Experience Center. *Der Clou der Blackbox: Die vordere Seite des Raumes lässt sich komplett öffnen.*

BLACKBOX-ABSCHOTTUNG

Eine Workshop-Area oder ein Creative Space kann Mitarbeiter dabei unterstützen, in unterschiedlich großen Gruppen kreativ zu arbeiten. Dieser Ort ist im besten Fall zentral gelegen und bietet allen Mitarbeitern gleiche Voraussetzungen. Teams, die verstärkt kreativ arbeiten wollen, benötigen jedoch einen besonderen Ort, der nicht offen und jederzeit für alle zugänglich ist. Es sind oft feste Teams, die gemeinsam an einem Projekt arbeiten und sich an unterschiedlichen Punkten zur Lösungsfindung zurückziehen. Hierfür ist eine Workshop-Area oder ein Creative Space ebenso wenig geeignet wie der Schreibtischarbeitsplatz. Zu sehr stören dort die Monitore, die Ablenkung durch Telefon und E-Mails. Wir brauchen also einen Kreativraum, der es uns ermöglicht, uns für eine bestimmte Zeit als Team abzuschotten, um konzentriert an einer Fragestellung zu arbeiten.

Bei einem analogen Raum gibt es Parallelen zu Teamräumen, wie wir sie im Kapitel »Teamwork« beschrieben haben. Einige spezifische Anforderungen wiederum sind klar an einen analogen Raum gekoppelt. Der Raum sollte ausreichend Platz für fünf bis sechs Personen bieten. Je nach Schwerpunkt des Raumes und der Nutzung gibt es unterschiedliche Ausstattungen. Im Experience Center bei PwC finden wir zum Beispiel eine Blackbox – das ist ein Teamraum, dessen Außenwände komplett schwarz sind und der nicht einsehbar ist. Alle Wände *im* Raum sind dagegen weiß und beschreibbar. In der Mitte des Raumes steht ein Holztisch mit Sitzbänken, optional können noch Sitzsäcke und Kissen mit hineingenommen werden. Ein Team kann sich in der Blackbox für einen Tag oder mehrere Tage abschotten und konzentriert zusammenarbeiten. Alle Inhalte sammeln sich in diesem Raum rings um das Team. → FOTO C4 Hier taucht das Team intensiv in das Thema ein. Die Blackbox hat einen Clou, der nicht sofort ersichtlich ist: Die mittlere Außenwand lässt sich öffnen und wegschieben. Auf diese Weise kann ein Team nach einer Projektphase seine Projektpartner oder Kollegen an einer Zwischenpräsentation oder einer Feedback-Session teilhaben lassen. → FOTO C5 Wird die Wand geöffnet, haben alle Einblick in den Raum und den aktuellen Arbeitsstand. Außerdem vergrößert sich der Raum nach außen. Mit Stühlen und Sitzsäcken kann ein kleiner Bereich gestaltet werden, wo die eingeladenen Kollegen Platz finden. Es entsteht eine Bühnensituation mit dem Raum als Kulisse. Das Feedback kann direkt an der Wand neben den erarbeiteten Inhalten festgehalten werden.

BUILD YOUR IDEAS

Kreativ arbeiten heißt auch, Ideen und Konzepte prototypisch umzusetzen, um früh relevantes Feedback zur Weiterentwicklung zu bekommen. Das Entwickeln von Prototypen bringt je nach Art und Reifegrad unterschiedliche Anforderungen mit sich. Papierprototypen, digitale Click-Dummys oder schon funktionierende Anwendungen erfordern unterschiedliches Know-how in der Herstellung. Im Idealfall geben wir allen Mitarbeitern die Möglichkeit, anfassbare Konzepte, also Prototypen, zu gestalten. Wir können diese Aufgabe aber auch an Spezialisten übertragen. Im **SAP Innovation Center** in Potsdam gibt es dafür eine eigene Prototypen-Werkstatt. Hier arbeitet ein festes Team mit Expertise im Rapid Prototyping, wo es darum geht, Ideen und Konzepte möglichst schnell

FOTO C6: SAP Innovation Center: *In der Prototypen-Werkstatt gibt es Experten, die Lösungsansätze der Teams in Prototypen umwandeln.*

und mit begrenztem Aufwand umzusetzen. → FOTO C6 Die kreativen Teams entwickeln in ihren Projekten erste Konzepte, diese werden dann in der Werkstatt besprochen, und je nach Aufwand kann das Team schon wenige Tage später mit dem Prototyp weiterarbeiten. Und während in der Werkstatt die Prototypen umgesetzt werden, könnte das Team auch schon einen Test koordinieren – so können insbesondere frühe Projektphasen sehr schnell durchlaufen werden.

Im Zalando »Innovation Lab« gibt es ein anderes Konzept, um die Mitarbeiter zum Arbeiten mit Prototypen zu animieren. Dort steht in der Fläche ein sogenannter »Gerätezwinger«. Dieser beinhaltet technisches Equipment und alle Materialien, die man braucht, um Anwendungen zu testen oder neueste technische Geräte auszuprobieren. Die Menge an Endgeräten, mit denen Nutzer interagieren, nimmt schnell zu. So benötigen Smart-Watches, smarte Lautsprecher und IoT-Geräte andere Bedienoberflächen und Nutzungskonzepte. Der Zwinger ermöglicht eine frühe Auseinandersetzung mit diesen und künftigen Geräten. → FOTO C7

Beide Ansätze, der von SAP und der von Zalando, sind sinnvoll, weil sie den jeweiligen Erfordernissen und Kompetenzen der Teams entsprechen. SAP ist in erster Linie ein Softwareunternehmen, dort ist die Notwendigkeit, dass jeder Mitarbeiter physische Prototypen bauen kann, geringer als die Notwendigkeit, digitale Prototypen zu erstellen. Bei Zalando hingegen arbeiten Projektteams an verschiedenen Themen und nutzen hierfür das »Innovation Lab« als Arbeitsumgebung, um Projekte digital und, wenn nötig, auch physisch umzusetzen. Diese Prototypen werden meist in sehr frühen Projektstadien erstellt, und die Teams entwickeln sie eigenständig.

Unterm Strich ist es bei beiden Beispielen wichtig, den Mitarbeitern ein Angebot zu machen, ihre kreative Arbeit über das Konzept hinaus fortzuführen und durch Prototypen eine Anschlussmöglichkeit sowohl für Nutzer als auch Experten zu schaffen. Eine Prototypen-Werkstatt kann je nach Expertise der Mitarbeiter allen zur Verfügung stehen oder unter Begleitung von Experten oder ausschließlich von Experten genutzt werden. Auch bei PwC im Experience Center gibt es Creative Spaces mit der Möglichkeit, direkt Prototypen zu erarbeiten. Zusätzlich gibt es sowohl im Experience Center in Frankfurt sowie im »Innovation Lab« bei Zalando Prototypen im Maßstab 1:1, die auf der Fläche so positioniert sind, dass mögliche Nutzer direkt mit diesen interagieren können. → FOTO C8, C9

FOTO C7: Zalando »Innovation Lab«. *Ein Geräte-Zwinger beinhaltet alle Materialien für die Teams. Gefüllt mit smarten Geräten und Prototypen-Material.*

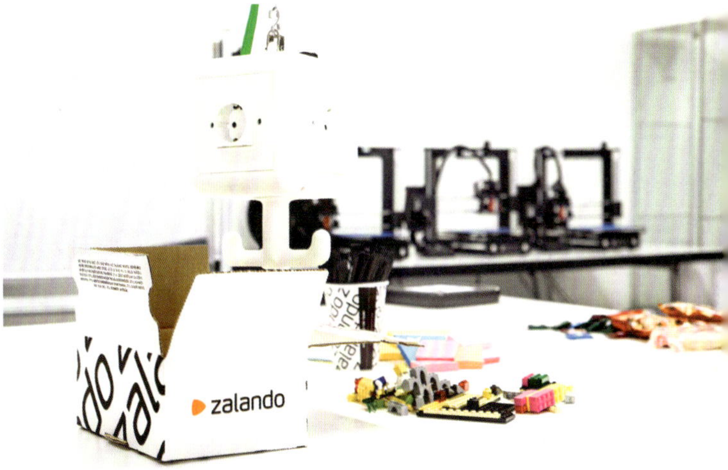

FOTO C8: Zalando »Innovation Lab«. *3-D-Drucker, Steckdosen von der Decke und Prototypen. Das Material stiftet die Mitarbeiter zum Prototyping an.*

FOTO C9: PwC Experience Center. *Point-of-Sale-Prototypen mit Tracking sind auf der Fläche aufgebaut, so kann mit jedem getestet werden.*

3.3 TAKE-AWAYS

GRUNDLEGENDE IDEEN

Formate für gemeinsame Kreativität (Workshops)

Was nützt eine Hardware ohne die passende Software? Ein Kreativraum kann nur dann sein Potenzial entfalten, wenn wir wissen, wie wir ihn als Team nutzen. Es gibt verschiedene methodische Konzepte, Arbeitsweisen und gemeinsame Spielregeln, und diese sollten sich im Raumkonzept widerspiegeln. Von den Formaten und Methoden, die im Unternehmen angewendet werden, kann man gut die Anforderungen an die Räume und deren Ausstattung ableiten. Wichtig ist hier, dass die kreative Arbeit im Vordergrund steht. Der Raum und seine Ausstattung richten sich nach den Erfordernissen unserer Arbeit und nicht umgekehrt.

Ein Kreativraum für ein Team, das mit Design Thinking arbeitet, sieht vielleicht anders aus als bei einem Hackathon. Bei einem Hackathon zum Beispiel treffen sich Programmierer, Designer, Tüftler und Nutzer, um in einer vorgegebenen Zeit einen ersten technisch funktionierenden Prototyp zu entwickeln. Hier ist es notwendig, gemeinsam Codes zu schreiben. Somit sind die Teams technisch mit Notebooks und weiterem technischen Equipment ausgestattet. Bei einem Design-Thinking-Workshop wiederum wird weitestgehend auf technisches Werkzeug verzichtet. Hier erarbeiten interdisziplinäre Teams, basierend auf vorher recherchierten Nutzerbedürfnissen, neue Lösungen und Konzepte. Bei dieser Teamarbeit steht analoges Arbeiten im Vordergrund.

- ☐ *Räume und Ausstattung an Kreativformate anpassen und nicht umgekehrt*
- ☐ *Mitarbeiter sollten in Kreativformaten und -methoden ausgebildet sein*

Make-it-yours-Mentalität

Auch ein Kreativraum ist ein Prototyp. Sollten wir im Verlauf eines Projekts feststellen, dass die Ausstattung nicht optimal ist oder wir sie temporär ändern wollen, dann muss das problemlos möglich sein. Hier ist eigenverantwortliches Handeln des Teams wichtig, und es sollte unterstützt werden. Die Gestaltung und Veränderung des Teamraums gehört ebenso zu dem Projekt wie die inhaltliche Arbeit. Bei einer Workshopfläche ist diese Gestaltungsfreiheit des Ortes begrenzt. Aber auch hier sollte ein Team für die Dauer der Veranstaltung maximale Freiheit haben, den Raum seinen Anforderungen anzupassen. Mit dem Ende einer Veranstaltung oder eines Projekts wird der Raum wieder in den ursprünglichen Zustand versetzt. Die Möglichkeit, den Raum zu gestalten und zu verändern, verhilft dem Team zu größerer Identifikation mit dem Projekt sowie untereinander als Team. Darüber hinaus steigert sie die intrinsische Motivation.

- ☐ *Ausstattungen der Räume können auch nach und nach verbessert werden*
- ☐ *Ein Team braucht Freiraum für eigenverantwortliches Handeln*
- ☐ *Gestaltungsmöglichkeiten der Mitarbeiter steigern das kreative Potenzial*

Feedback und Fehlerkultur

Kreativität heißt, neue Lösungswege oder neue Lösungen zu denken und zu realisieren. Ein kreativer Prozess läuft nicht linear ab. Wenn man systematisch wertvollen kreativen Output erzeugt, fallen immer Abfallprodukte an. Dies ist ein ganz normaler Vorgang. Etwas zu entwerfen heißt auch, Dinge auf dem Weg zu verwerfen. Fehler zu machen gehört in diesem Sinne zum Geschäft. Fehler helfen uns zu erkennen, welche nächsten Schritte die richtigen sind. Damit dies gelingt, brauchen wir einen konstruktiven Umgang mit Feedback und Fehlern. Am ehesten gelingt dies mit Offenheit. Das kann mit Nutzern, Experten oder Mitarbeitern passieren und auch in Flächenkonzepten berücksichtigt werden. Bei agiler Entwicklung mit Scrum ist es zum Beispiel üblich, nach jedem Sprint eine Sprint-Demo zu veranstalten, in der das Team den Stakeholdern und auch möglichen Nutzern die Ergebnisse aus der Projektphase vorstellt. So können auch andere Mitarbeiter einen Einblick in die Projekte erhalten. Hier können ebenso Prototypen präsentiert werden, die nicht funktioniert haben oder vom Kunden als nicht wertvoll eingestuft wurden, Fehler also. Haben Mitarbeiter das Gefühl, Fehler machen zu dürfen, so steigt deren kreatives Selbstvertrauen und Potenzial. Eine offene Fehler- und Feedbackkultur ist deshalb ein wichtiger Erfolgsfaktor für ein kreatives Unternehmen.

- ☐ *Eine Fehlerkultur ist Grundvoraussetzung für Kreativität*
- ☐ *Projekte und Zwischenstände im Unternehmen sichtbar machen*

Ambiente

Im Kapitel »Wellbeing« werden wir uns intensiver mit dem Zusammenhang von Raum und Mitarbeiterzufriedenheit beschäftigen. Hier möchten wir deshalb nur kurz auf das Zusammenspiel von Kreativität und Ambiente eingehen. Wir verbinden mit Räumen und Orten Tätigkeiten, Emotionen, Erfahrungen und so weiter. Kreativität braucht Offenheit, Neugier und Entdeckergeist – Eigenschaften, die uns alle mehr oder weniger auszeichnen, die wir aber nicht zu jeder Zeit und an jedem Ort gleichermaßen stark verspüren. Oft empfinden wir sie in zwanglosen Situationen, zum Beispiel im Urlaub oder an der Bar mit Freunden. Am Arbeitsplatz steht dagegen häufig zielgerichtetes und effizientes Arbeiten im Vordergrund, und entsprechend ist meist auch unsere Arbeitsumgebung gestaltet. Ein Grund dafür, dass Büros von Start-ups oft anders aussehen als Büros traditioneller Unternehmen ist, dass dort dezidiert Orte geschaffen werden, die uns helfen, aus bestehenden Mustern auszubrechen und die Perspektive zu wechseln. Bei kreativen Aufgaben kann dies eine große Hilfe für uns sein. Wir können dort zum Beispiel rein organisatorische Aufgaben für eine gewisse Zeit vergessen und in die kreative Arbeit mit unserem Team eintauchen. Es können ganz einfache Gestaltungsmittel sein, die uns dies erleichtern, beispielsweise andere Bodenbeläge, eine andere Wandgestaltung oder andere Möbel als am Schreibtischarbeitsplatz oder im Meetingraum. Um diese Gestaltungsmittel auszuwählen, können wir uns gemeinsam im Team über Orte austauschen, die diesen positiven Effekt bei uns erzeugen, und danach entscheiden, welche Elemente Einzug in unseren Kreativbereich halten sollen.

- ☐ *Kreative Atmosphäre schaffen*
- ☐ *Nutzern Gelegenheit geben, Räume zu dekorieren*

FLÄCHEN- & RAUMKONZEPTE

Der Workshop-Space

Ein Workshop-Space ist in der Regel ein offener Raum mit dem Hauptziel, dass Mitarbeiter in Gruppen oder Teams in einer vorgegebenen Zeit und mit einem bestimmten methodischen Vorgehen Inhalte zu einem bestimmten Thema entwickeln. Die Teilnehmerzahlen variieren dabei je nach Veranstaltung. Nach unserer Erfahrung sollte eine solche Gruppe zwischen 12 und 40 Teilnehmern haben.
Ein Workshop-Space ist in verschiedene Bereiche aufgeteilt: Es gibt einen Präsentationsbereich für die Teams und die Moderation, die Arbeitsbereiche der Teams (Creative Space) und einen Bereich für Snacks, Getränke oder Catering (je nach Format und Dauer der Nutzung).

Ein Bereich, an den nicht immer sofort gedacht wird, ist der Prototypen-Bereich. Dieser kann ganz unterschiedlich ausgestattet sein, je nach Bedürfnis des Unternehmens und der Mitarbeiter.
Ein Workshop-Space bietet für viele Formate ein geeignetes Angebot. Ob wöchentliche Stand-up-Meetings mit dem gesamten Team, Sprint-Demos, Learning Sessions, Workshops oder User Testings – der Workshop-Space bietet eine hohe Flexibilität und gibt uns die Möglichkeit, mit einer größeren Anzahl von Menschen produktiv zusammenzuarbeiten.

- ☐ *Offene Fläche mit mobilem Mobiliar für Teamarbeit*
- ☐ *Bereiche für Prototyping, Catering und Präsentationen mitdenken*
- ☐ *Raum an eigene Formate anpassen, wie zum Beispiel Design-Sprint*

Der analoge Creative Space

Warum braucht es in einem digitalen Zeitalter einen Raum zum analogen Arbeiten? Für uns ist das wichtigste Argument die barrierefreie Zusammenarbeit. In einem realen Raum können wir direkt und ohne Umwege kollaborieren. Wir benötigen keine lange Einweisung in die Technik, keine Anleitung, wie sie funktioniert, wo sie an- oder ausgeschaltet wird. Und wir können uns die Dreidimensionalität des Raumes zunutze machen und Tische und Wände gebrauchen. Mit Post-its können wir die gesammelten und erarbeiteten Informationen überall neu anordnen.
In einem analogen Raum können wir uns maximal auf die Inhalte konzentrieren. Er macht insbesondere dann Sinn, wenn Teilnehmer unterschiedliche Voraussetzungen und Kenntnisse bei technischen Hilfsmitteln haben, da diese hier kaum benötigt werden. Auch die Interaktion zwischen den Teammitgliedern erhöht sich durch die Minimierung von Technik. Zwar gibt es hervorragende digitale Kollaborationstools, die absolut ihre Berechtigung haben. Dennoch hat die rein digitale Zusammenarbeit Einschränkungen.
Kommunikation im Team wird erleichtert durch Gestik, Mimik, Körpersprache und die Möglichkeit, Dinge zu verbalisieren und zu visualisieren. Wir haben bis heute noch kein Tool gefunden, das dies besser möglich macht als ein analoger Raum mit beschreibbaren Wänden.
Der Raum sollte mindestens 20 Quadratmeter groß sein und mit einem Stehtisch und Tresenstühlen ausgestattet sein. Oder mit einem Meetingtisch und Stühlen auf Rollen.

- ☐ *Circa 20 Quadratmeter großer Raum mit beschreibbaren Wänden*
- ☐ *Materialien wie Post-its, Marker und Stifte im Raum verfügbar machen*
- ☐ *Mobiltelefone, Notebooks und andere Ablenkungen möglichst nicht mitnehmen*

Das digitale Lab

Dieser Raum ist kein virtueller Raum, sondern einer mit technischer Unterstützung durch Videokonferenz, Smartboard und andere Tools. Wie gerade beschrieben sind wir Fans der analogen Zusammenarbeit. Für bestimmte Projektteams oder Unternehmen ist es aber schlichtweg nicht möglich, analog an einem Ort zu arbeiten. Dann ist natürlich der Einsatz von Technik sinnvoll. Arbeitet ein Team in der Konzeptphase an einem ersten App-Prototyp und wechselt schnell zwischen Brainstorming und Prototyping, macht es Sinn, einen Monitor und auch Notebooks oder Tablets vor Ort zu haben.
Bei einem fünftägigen Design-Sprint wechselt das Team schnell zwischen verschiedenen Arbeitsweisen. Dafür sollte es nicht nötig sein, sich ständig einen neuen Raum zu suchen. Auch analoge Prototyping-Tools wie Templates und Vorlagen können in dem Raum untergebracht werden.
Wenn wir in einem digitalen Lab arbeiten, ist es wichtig, die Technik als Team gezielt einzusetzen. Videokonferenzen für Interviews, Projektbesprechungen mit Teammitgliedern, die an einem anderen Standort sind, oder Programmier- oder Design-Sessions beim Prototyping – in all diesen Fällen soll Technik ein Möglichmacher sein.

- ☐ *Intuitive und einfache Nutzung der Technik im Raum*
- ☐ *Diverse Anschlussmöglichkeiten und Adapter für verschiedene Geräte vorsehen*
- ☐ *Gleiche Voraussetzungen für Remote-Teams vorsehen*
- ☐ *Gleiche Systeme an allen Standorten realisieren*

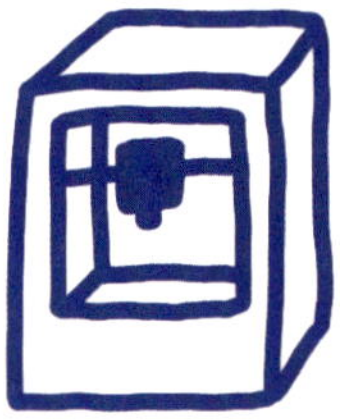

Die Garage – build, build, build

Dieser Raumtyp dient dem Prototyping. Die Garage ist eine Werkstatt zwischen den Fokuszonen. Sie kann unterschiedlich aufgebaut werden und funktionieren. Ihr Ziel ist es, die Mitarbeiter bei der Umsetzung von Konzepten zu unterstützen. Wir können in der Garage Dinge bauen und untersuchen.
Eine Garage macht für Unternehmen Sinn, wenn deren Projekte eine physische Komponente haben. Also die Dinge bei einem Service, den wir anfassen können. Mit 3-D-Druckern, vorproduzierten Elektronikmodulen wie Arduino oder Raspberry Pi, aber auch mithilfe von Drohnen oder 3-D-Kameras können wir in kurzer Zeit funktionierende Prototypen bauen, die den Kern einer Idee funktionieren lassen.
Auch eine Garage ähnlich der Modellbauwerkstatt von Architekten ist sehr hilfreich. Hier finden sich verschiedene Materialien, um schnell dreidimensionale Formen zu erstellen. Neben Werkzeugen wie einem erhitzbaren Draht, um

Styropor zu schneiden, gibt es dort kleine Holzbearbeitungsmaschinen, Schaumstoffplatten, Scheren, Cutter, Lochzangen und Heißklebepistolen.
Wir haben immer wieder feststellen können, wie positiv es sich auswirkt, wenn Menschen einen Prototyp in der Hand halten. Selbst ein fast unfertig wirkendes Objekt, das wir in den Händen halten, ist tausendmal konkreter als ein Flussdiagramm oder eine Pro-und-Contra-Präsentation. Während der Entwicklung eines Prototyps stellen sich schon in einem frühen Projektstadium viele relevante Fragen, die ein Team beantworten kann.

- ☐ *Alle Materialien sollten sichtbar und schnell griffbereit sein*
- ☐ *Werkstatt soll zum Machen und Ausprobieren anregen*
- ☐ *Von 3-D-Druckern über Heißklebepistolen bis zu Scheren und Cuttern sollte es eine große Auswahl an verschiedenen Gestaltungsmöglichkeiten geben*

TOOLS & TRICKS

Timeboxing – Time Timer/Team Timer

Kreatives Arbeiten läuft nicht so linear ab wie andere Tätigkeiten. Damit wir bei den einzelnen Prozessschritten nicht bis in alle Ewigkeiten an einem Punkt hängen, sondern weiterhin agil bleiben, nutzen wir Zeit als Begrenzung. Dabei helfen uns eine Agenda und ein Timer. Einer der wohl beliebtesten ist der *Time Timer*, da er groß und für alle Teammitglieder gut sichtbar ist. Ein digitaler Timer hilft auch Gruppen, deren Mitglieder sich nicht im selben Raum befinden, synchronisiert zu sein. Einen solchen Timer haben wir vor einiger Zeit entwickelt. Unser Team Timer steht zum Download im Apple App Store[1] bereit.
Die Anwendung eines Timers ist simpel und effektiv: Den Timer auf die gewünschte Zeit stellen, und los geht die Teamarbeit. Nach einer abgelaufenen Session geht es entweder weiter zum nächsten Agendapunkt, oder wir überlegen im Team, wie viel Zeit wir uns zum Fertigstellen noch nehmen wollen.

1 www.thedarkhorse.de/teamtimer

- ☐ *Analoger oder digitaler Timer griffbereit in jedem Raum*
- ☐ *Diszipliniertes Anwenden im Team über die gesamte Zeit*
- ☐ *Die zur Verfügung stehende Zeit sollte für alle sichtbar sein*
- ☐ *Agenda mit Microtiming in 15-Minuten-Schritten planen*

Prototyping Low Fidelity – Mid Fidelity

Wenn wir in diesem Kapitel übers Prototyping reden, dann meinen wir einen niedrigen Reifegrad. Eine technologische Entwicklung oder das Erarbeiten eines funktionierenden Produkts braucht eine fachliche Expertise und andere Zyklen. Als Team steht für uns im Vordergrund, wie wir unsere bisherige Annahme mit einem ersten »gebauten« Prototyp testen können.
Begrenzte Möglichkeiten setzen kreative Lösungen voraus, manchmal müssen wir zwei oder drei Prototypen bauen, bis wir damit unsere Annahme testen können. Oft braucht es in frühen Projektphasen zum Beispiel noch keine Programmierung oder Animation von Inhalten. Dann können wir zum Beispiel einen Click-Dummy bauen: Im Grunde bauen wir einzelne Seiten einer App, die ein Nutzer einfach anschauen und die er nacheinander anklicken kann.
Etwas aufwendiger ist die Nutzung eines 3-D-Druckers, denn dieser setzt etwas mehr Wissen voraus. Es gibt unzählige 3-D-Objekte in Datenbanken, die man ausdrucken und nachträglich bearbeiten kann. Aber auch mit Papier und Stift kann man erste Prototypen bauen. Ob nun Storyboards, die eine Nutzung einer Anwendung durch einen Nutzer darstellen oder gezeichnete Smartphone-Anwendungen und deren Inhalte.
Mit Click-Dummy-Tools wie Invision oder Figma können wir aus handgezeichneten oder am Computer gestalteten Screens schnell klickbare Prototypen erstellen. Diese lassen sich später auch auf einem Smartphone anzeigen und so mit Nutzern testen.

- ☐ *Regelmäßig Prototypen während des gesamten Projekts bauen, dabei den Reifegrad stetig erhöhen*
- ☐ *Prototyping-Geräte mit geringer Einstiegshöhe und Schulungen anbieten*
- ☐ *Offene Prototyping-Workshops für Mitarbeiter anbieten*

Smartphone-Kamera

Ein ganz simples Werkzeug für die Dokumentation von Ergebnissen unserer kreativen Projektarbeit ist die Smartphone-Kamera. Die Bildgrößen dieser Kameras sind längst so gut, dass wir bei einem Foto eines beschriebenen Whiteboards später alle Inhalte durchs Zoomen gut lesen können. Wenn Ort und Datum ebenfalls gespeichert werden, haben wir schon fast eine fertige Dokumentation der Ergebnisse.
Mit farbigen Post-its und grafischen Aufteilungen können wir die Aussagekraft unserer Dokumentation erhöhen. Die wichtigsten fotografisch erfassten Inhalte können wir in PowerPoint oder andere Programme einfügen und dort mit ergänzenden Informationen versehen.

- ☐ *Wichtige Zwischenstände abfotografieren und nach Datum und Stichwort ablegen*
- ☐ *Unwichtiges von Zeit zu Zeit löschen, relevante Daten behalten*
- ☐ *Farbcodes der Post-its nutzen, um die Übersichtlichkeit der Informationen zu erhöhen*

Corporate Social Media als Bühne

Digitale Plattformen im Unternehmen, auf denen wir Fotos und kurze Nachrichten veröffentlichen, Veranstaltungen kommunizieren und Wissen austauschen können, helfen uns, die Kreativkultur zu stärken. Sie sind mittlerweile – ein Vorteil der Pandemiejahre – so in die bestehende Software-Landschaft integriert, dass es uns leicht fällt, Beiträge zu posten und auf einem aktuellen Stand zu halten. Darum werden heute zum Zwecke der Abstimmung nur noch selten E-Mails geschrieben und stattdessen kürzere Nachrichten in Microsoft Teams oder Slack gepostet. Eine Corporate-Social-Media-Plattform kann so den Wissensaustausch im Unternehmen beschleunigen.

- ☐ *Corporate Social Media nutzen, um Projekte und Zwischenstände zu zeigen*
- ☐ *Einbinden von Mitarbeitern aus anderen Bereichen durch die Plattform*

4 WELLBEING

4.1 DAS PRINZIP WELLBEING

WOHLFÜHLQUALITÄTEN

Der Schlips ist tot und das Hemd lebt höchstens noch auf, wenn ein ganz besonderes Meeting stattfindet! Und falls die Kundin nicht rechtzeitig Bescheid gibt, trifft man sie eben im Hoodie. Das ist Work-Life-Blending, da gibt es nicht ein *vor* oder *nach* der Arbeit. Die Kollegen kennen die kreischenden Kinder, den Küchentisch und den Piepton der Waschmaschine, die das Ende ihrer Arbeit ankündigt. Dieselben Erwartungen haben wir neuerdings an die Büroumgebung: Sie soll die zwei Tagesphasen – Work und Life – unkompliziert und flexibel vereinen.

Wenn wir uns wohlfühlen, sind wir entspannt und offen für das, was kommt. Für die meisten Menschen gilt, dass sie sich besonders dann auf etwas Neues einlassen und diesem vorurteilsfrei begegnen können, wenn sie in einer Umgebung sind, die ihnen gefällt. New Work, die sich unter anderem dadurch auszeichnet, Routinen zu verlassen, profitiert von einer solchen Offenheit. Ein Raum, der es uns leicht macht, »Hier bin ich richtig!« zu sagen, hilft uns, soziale Verbindungen aufzubauen und empathisch zu sein. Das fördert unsere Zusammenarbeit im Team. Er entspannt unseren Körper und Geist und unterstützt uns stressige Situationen zu meistern. Aus der

Sicherheit heraus sind wir außerdem besser in der Lage, schnelle Entscheidungen zu treffen und gut begründete Risiken einzugehen.
So hilft uns eine Arbeitsumgebung, in der wir uns wohlfühlen, Großartiges zu leisten. Arbeitsräume sollten demnach Wohlfühlqualitäten haben, die denen eines Zuhauses entsprechen. Viele Eigenschaften, die wir im Home Office kennen und schätzen gelernt haben, werden jetzt ins Büro integriert. Dabei ist das Thema Gemütlichkeit und Anpassbarkeit von großer Bedeutung, denn zum Hoodie im Büro passen sowohl das Sofa mit stylischen Kissen als auch höhenverstellbare Tische. Wir wollen nun zeigen, was es hierfür bei der Einrichtung zu beachten gilt.

GRÜNES IN NEUEN ZEITEN

Wir sind froh, dass wieder richtig viel Grün an Arbeitsplätzen zu finden ist, denn nicht nur wir machen seit Jahren äußerst positive Erfahrungen mit Pflanzen. Es ist erwiesen, dass uns grüne Arbeitsplätze produktiver machen. Grünes lässt uns nicht nur durchatmen, sondern entspannt uns, besonders wenn wir es wachsen sehen und es nur so sprießt. Vertrocknete und tote Pflanzen lösen das Gegenteil in uns aus, sie machen uns schuldbewusst und depressiv. Die Prinzipien des sogenannten Biophilic Designs werden immer häufiger im Bürodesign angewandt, um das Wohlgefühl zu erhöhen. Dabei geht es darum, natürliche Formen, Farben oder Materialien zu benutzen oder Phänomene der Natur zu den Mitarbeitenden zu bringen. Das beispielsweise wedelnde Ziergräser auf der Lunch-Terrasse sein, an denen man sieht, dass es draußen gerade windet, regnet oder schneit. Diese Eigenschaften der Natur werden von den meisten Menschen als wohltuend und belebend wahrgenommen.
Vor ein paar Jahren erhielten wir die Möglichkeit, auf einer Konferenz einen räumlichen Streich durchzuführen. Wir wussten, dass die Toilette insbesondere während einer Tagung ein beliebter Rückzugsort ist. Also verwandelten wir mehrere Toiletten in einen Wald, indem wir die Kabinen mit Panoramatapeten im Walddesign verkleideten, Rindenmulch auf den Boden streuten, die Decke mit einem Tarnnetz verhängten und noch einen kleinen elektrischen Singvogel neben die Schüssel setzten. Mit unserer Aktion lieferten wir den augenzwinkernden Beweis, dass wenige Minuten im Grünen so erholsam sind wie ein erfrischendes Nickerchen. Doch ganz im Ernst: Pflanzen machen uns glücklich und gehören deshalb an den Arbeitsplatz. Sie sollten fester Bestandteil sein, wenn wir Räume konzipieren und gestalten, in denen sich Menschen wohlfühlen.

WORK-SPORT-LOVE-BALANCE

Obwohl sich unsere Arbeitsverträge nach wie vor an klassischen Arbeitszeitmodellen orientieren, wissen alle, dass nur selten während der gesamten vertraglich vereinbarten Zeit effektiv und konzentriert gearbeitet wird. Wir können uns drei bis sechs Stunden pro Tag wirklich konzentrieren und effektiv arbeiten. New Work ist sich der Bedeutung von *Pausen* auch jenseits der geregelten Arbeitsunterbrechungen stets bewusst und sieht diese nicht als nutzlos an, sondern als wichtige Phasen im Arbeitsprozess.
Beim Neuen Arbeiten wird nicht mehr so streng zwischen Konzentration und Müßiggang unterschieden. Die Berliner Designagentur Golfblocks etwa löst das Work-Sport-Blending elegant, indem es den Arbeitsplatz direkt in die Driving Range verlegt. Am Ende des Tages war man zwar auch 10 Stunden lang auf Arbeit, hat aber innerhalb dieser Zeit zwei Stunden Golf gespielt. Da diese Lösung hauptsächlich im Coworking-Kontext funktioniert, können wir jetzt überlegen, in

welcher Form wir den Sport ins Büro holen, aber so, dass er auch zu unserer Corporate Identity passt.
Arbeitsplätze müssen deshalb auch für gelegentliche Unterbrechungen der Arbeit attraktiv gestaltet sein, zum Beispiel indem sie unterschiedlichste Möglichkeiten für Aktivitäten bereitstellen. Gängig sind mittlerweile kleine Sportgeräte wie Tischkicker und/oder Tischtennisplatten, die vor allem nach dem Mittagessen gerne zum Einsatz kommen, um ein Energieloch zu stopfen. An ihnen wird gelacht und sich kurz ausgepowert, was uns auffrischt und die Abwechslung schafft, die wir benötigen, um uns danach wieder richtig konzentrieren zu können.

ERGONOMIE BIS IN DEN MAGEN

Um lange Fehlzeiten aufgrund von Krankheiten wie zum Beispiel Bandscheibenvorfällen oder auch Depressionen zu vermeiden, ist die Frage nach einer Arbeitsumgebung, die sowohl emotionalen als auch ergonomischen Bedürfnissen entspricht, dringlich. Möbel müssen in dieser Hinsicht einiges leisten. Natürlich sollen sie gut aussehen, aber sie dürfen die Gesundheit nicht beeinträchtigen. In einigen Studien zeigt sich, dass sich Mitarbeitende entscheiden, im Büro zu arbeiten, weil sie wissen, dass hier die Ausstattung optimal für die Gesundheit ist.[1]
Nur wer Arbeitsplätze vorfindet, die bequem, gesundheitsfördernd und der jeweiligen Aufgabe angemessen sind, wird auf Dauer zufrieden sein. Zum Wohlgefühl trägt aber nicht nur die Unterstützung einer guten Rücken- oder Körperhaltung am Arbeitsplatz bei. Auch die Orte, an denen wir unseren Durst und unseren Appetit stillen, sollten mit gesunden Möbeln ausgestattet und so gestaltet sein, dass wir uns dort gern aufhalten.

1 Studie: Fraunhofer IAO, 2022, Beyond Multispace. Quelle: bit.ly/NWP-06

FAKTOR MENSCH

Es gibt kaum einen Ort auf der Welt, an dem wir mehr Zeit verbringen als am Arbeitsplatz. Wo immer der ist. Mittlerweile hat sich ein großer Teil unserer Arbeitszeit ins Homeoffice verlagert, zumindest in den Jobs, in denen das möglich ist. Die Auswirkungen des isolierten Arbeitens von zu Hause aus kommen nur langsam zum Vorschein, wir stellen aber fest, dass wir uns mehr um die Kolleginnen und Kollegen im Homeoffice gekümmert haben, als das alles noch neu war. 2020, im ersten Pandemiejahr. Heute können wir oft selbst entscheiden, ob wir ins Office gehen oder zu Hause bleiben. Dies birgt die Gefahr, dass wir uns ins Homeoffice zurückziehen und die Verbindung zu den Kollegen verlieren. Um die Arbeitsumgebung so inklusiv wie möglich zu gestalten, sollten wir uns fragen, warum bestimmte Leute nur noch von zu Hause arbeiten und wie wir das räumliche Angebot so anpassen können, dass sie sich wieder ins Büro trauen und sich hier wohlfühlen. Was die meisten im Büro am wenigsten beeinflussen können, ist die Zusammenstellung der Menschen, mit denen wir arbeiten und in Berührung kommen. Diese organisationalen Bedingungen sind hier nicht Thema – Fakt ist aber, dass wir für die unterschiedlichsten Konstellationen und Situationen mit oder ohne Menschen einen Raum entwickeln können, in dem es uns allein und miteinander so gut geht, dass wir ungehindert produktiv sein können. Eine große Rolle spielt hierfür, wie vielfältig und individuell Arbeitsplätze gestaltet werden können. Unabhängig, ob Menschen viel oder eher wenig von sich preisgeben möchten, Persönlichkeit sollte am Arbeitsplatz in vielerlei Hinsicht spür- und sichtbar werden dürfen. Ob es nur um ein Foto am eigenen Arbeitsplatz geht oder um die aktive Beteiligung bei der Gestaltung ganzer Räume, ist zweitrangig.

4.2 BEISPIELE

NEBEN EINBLICK AUCH AUSBLICK

In engen Räumen und mit eingeschränkten Perspektiven fühlen sich Menschen unwohl. Aus eigener Erfahrung wissen wir, wie wichtig es ist, nicht nur auf unsere Computerbildschirme zu starren, sondern durch ein Aufblicken vom Monitor Perspektive und Weite zu gewinnen. Um neues Arbeiten zu fördern, müssen wir mit den engen und trennenden Arbeitsplätzen aufräumen, die lange Zeit für Wissensarbeitsplätze, aber auch im kreativen Umfeld normal waren. Wenn es die Möglichkeit gibt, die Grundrisse eines neuen Büros mitzugestalten, schaffen wir eine angenehme Atmosphäre, wenn die Arbeitsplätze nicht nur zur Nachbarin blicken oder an eine Wand. Stattdessen sollten alle die Möglichkeit haben, ihren Blick in den gesamten und nicht zu kleinen Raum oder auch nach draußen ins Freie schweifen zu lassen – und hier hoffentlich nicht direkt auf eine Mauer. Es tut uns gut, wenn unsere Augen kurz abschweifen können, und solche Pausen vom angestrengten Blick auf unsere Arbeit fördern unsere Konzentration. Besonders gut wurden die Fragen des Raumes und der Perspektiven im **SAP Innovation Center** in Potsdam gelöst, wie uns Dr. Raja Gumienny, User Experience Design Managerin, verrät. Sie und viele ihrer Kollegen und Kolleginnen nehmen einen längeren Arbeitsweg auf sich, um am neuen Standort zu arbeiten, der viel mehr als nur Natur zu bieten hat. Die großen Grundrisse haben alles, was wechselnde Programmierer-teams in unterschiedlichen Teamgrößen brauchen, um sich wohlzufühlen, das heißt, sich bei Bedarf auf die eigene Arbeit zu konzentrieren oder mit den Kollegen auszutauschen. Dafür wurde ein Schienensystem am Boden und an der Decke installiert, in dem sich lamellenhafte, beschreibbare und zum Teil mit Filz überzogene Paneele verschieben lassen. → **FOTO W1** Dadurch ist es möglich, sich mit wenig Aufwand abzugrenzen und eine effektive Geräuschisolierung zu schaffen. Ein besonderer Clou der verschiebbaren Wände ist, dass die Paneele in sich rotierend sind. Durch das Aufklappen entstehen schlanke bis weite Sichtschlitze. Sie schaffen spannende Sichtachsen und Schleusen.

FOTO W1: SAP Innovation Center. *Die Mitarbeiter nutzen die verschiebbaren Wände, um offene Zonen zu gestalten oder sich zurückzuziehen.*

NATUR, DRINNEN & DRAUSSEN

Wer kümmert sich um unsere Pflanzen am Arbeitsplatz? Schon wieder sind alle vertrocknet, als wir aus dem Sommerurlaub zurückkehren. Und uns bleibt nur, aufzuräumen und die traurigen Überreste zu entsorgen.
So sollte es natürlich nicht laufen. Wenn wir ihre Pflege richtig organisieren, dann helfen Pflanzen nicht nur bei der Umwälzung von verbrauchter Luft, sondern werden zum richtigen Naturerlebnis. Mit dem grünen Arbeitsplatz ist beim neuen Arbeiten nicht der eigene kleine Kaktus am Schreibtisch gemeint, sondern das bewusste Einsetzen von Grünpflanzen in durchdachten Arrangements auf einer größeren Fläche. Ein gutes Beispiel hierfür ist der Einsatz von Pflanzen im SAP Innovation Center, die großflächige und leistungsstarke Sauerstofffabriken an die Wände bringen und einen ganzen Raum in ein grünes Kleid hüllen. Bereits um das Gebäude herum wartet Natur in Hülle und Fülle auf die Mitarbeiter. Im Inneren setzt sich dies fort. Überall im Gebäude verteilt finden sich Pflanzen,

FOTO W2: SAP Innovation Center. *Der Außenbereich bietet Sitzgruppen, Sportflächen und Grünflächen zur Erholung und zur sportlichen Betätigung.*

aber nicht als wahllose Dekoration, sondern immer mit Sinn für das Ganze. Es geht darum, Räume zu strukturieren, Sichtachsen zu gestalten und Nischen und Verstecke zu schaffen. Eine schöne, grüne, korallenriffartige Bepflanzung schafft Oasen, reduziert Geräusche und schützt Gespräche unter vier Augen ganz ohne Tür. → FOTO W3

An verwöhnten Standorten wie den beiden SAP-Gebäuden am Jungfernsee trägt auch das die Gebäude umgebende Areal zur guten Arbeitsumgebung bei. → FOTO W2 Auf der ehemaligen Kasernenanlage stehen alte Eichen, und die Außenanlagen sind voller gelungener Rast- und Aktionsflächen, wie zum Beispiel einem kleinen Amphitheater mit Steinstufen, das im Sommer für Präsentationen genutzt wird. Es gibt einen direkten Zugang zu den weitläufigen und zum Joggen geeigneten Uferwegen und darüber hinaus viele Sportanlagen, wie zum Beispiel den beliebten Beachvolleyballplatz.

Nicht nur die Außenanlage bietet Plätze zum Aufhalten und Arbeiten. Jeweils eine Terrasse pro Etage umringt das Gebäude und bietet so allen Mitarbeitern einen schnellen Zugang zum Außenraum. Stühle und Schaukeln bieten Sitz- und Arbeitsmöglichkeiten. → FOTO W4

Pflanzen lassen sich hervorragend als Raumteiler einsetzen. Je nach Ausmaß entsteht damit ein aufregender Dschungel, wie ihn **Zalando** in seinem Großraumbüro geschaffen hat. In der Mitte des großflächigen Raums steht ein richtiges kleines Wäldchen mit meterhohen Pflanzen, darin verstecken sich Hollywoodschaukeln, einzelne Sessel und Tischchen zur Nutzung für die Mitarbeiter. → FOTO W5

FOTO W3: SAP Innovation Center. *Auch im Inneren werden gezielt grüne Inseln geschaffen, um die Aufenthaltsqualität zu erhöhen.*

FOTO W4: SAP Innovation Center. *Auch Außenflächen können Arbeitsflächen sein.*

FOTO W5: Zalando Tech Headquarter. *Hier fallen sofort die Pflanzen auf, die fast einen kleinen Dschungel entstehen lassen.*

Andere Büros verwenden große Pflanzengefäße, um große Freiflächen zu strukturieren und der einen oder anderen Besprechungsecke mehr Wohnzimmergefühl zu geben. → FOTO W6
In unserem Dark-Horse-Büro verstellt eine wilde Pflanzenbank den ersten Blick von der Eingangstür in den Raum und auf unseren großen Esstisch. Sie kreiert einen kleinen, sympathischen Empfangsraum, in dem wir unsere Gäste begrüßen.

KEINE REGELN, BITTE

Mittlerweile gibt es viele aufwendig eingerichtete Büros, die vor Style, teuren Möbeln und raffinierter Technik nur so strotzen. Wenn man aber genauer hinsieht, Interviews mit den Mitarbeitern führt oder sie beim Arbeiten beobachtet, stellt man fest, dass sich das Arbeiten darin nicht unbedingt besonders behaglich anfühlt. Ganz im Gegenteil. In den »Katalog-Büros« herrschen oft strikte Stilvorgaben und Verhaltensregeln dafür, wie zum Beispiel mit Sofas, Anrichten, Vasen, Sesseln umgegangen werden soll oder diese gestellt werden müssen.
Es ist erfrischend, wenn sich Räume fortwährend verändern, wenn die Möbel und Einrichtungsgegenstände wandern dürfen und der Raum somit einen Wandlungsprozess durchläuft. Dafür benötigt man geeignete Möbel, wie zum Beispiel im SAP Innovation Center. Dort herrscht im sogenannten Kickerraum nicht nur ein Kommen und Gehen, sondern es ändert sich auch stets die Anordnung der Möbel. Sie finden sich frei platziert im angestammten Raum, aber auch überall sonst, wo sie gebraucht werden. → FOTO W7

Wie man den Raum frei und eigenverantwortlich umnutzen kann, ist bei einem SAP-Team sichtbar geworden. Ein zehn Personen starkes Team hat sich die Freiheit genommen, die rechten Winkel aufzulösen und stattdessen ihre Tische in ein fast geschlossenes Oval zu bringen. Dadurch hat sich eine Art Arena von gut sieben Metern gebildet. In dem Oval sitzt man innen und somit Rücken an Rücken. Die Mitglieder des Teams hatten sich nämlich die Frage gestellt, wie sie gut zusammenarbeiten und sich gleichzeitig wohlfühlen können. Sie hatten bemerkt, dass sie sich am liebsten rollend auf ihren bequemen Sesseln fortbewegen und es hassen, allzu oft aufzustehen, um an den Bildschirm eines Kollegen zu gehen, wenn es etwas Kleines zu besprechen gibt. Kurzer Austausch und Meetings finden jetzt in der Mitte des Raumes statt, in dem sich jeder lässig von der Tischkante abstößt und nach hinten in die Mitte des Ovals rollt. Nicht selten ist dies auch der Treffpunkt für einen gemeinsamen Start in den Freitagabend. Aber nicht nur bei diesem Team gibt man sich einen Anstoß zu Bewegung, sondern auch bei den schönsten Sitzgelegenheiten des Hauses. → FOTO W8

Diese hängen in baumhaftem Gestänge unweit der Kaffeemaschine oder auch auf den weitläufigen Terrassen des Hauses. Mit dem Blick zum Gesprächspartner, zur Kaffeequelle oder ins Grün sitzt man dort alles andere als still und kann doch mit Spaß zusammen arbeiten.

GEMEINSAM RUHIG …

In den Stunden, in denen wir den zwischenmenschlichen Dialog doch einmal kurz links liegen lassen müssen, um unserer Aufgabe gerecht zu werden, kommt ein besonderes Raumkonzept für den Arbeitsmodus »Fokus« ins Spiel [1] – die Bibliothek. Sie eignet sich zwar überhaupt nicht für Videocalls, ist aber toll für alle, die zwar in Ruhe aber nicht alleine arbeiten wollen. Die Idee: Wir schließen uns mit anderen zusammen, die genauso konzentriert arbeiten wollen wie wir.

1 Über das Konzept unterschiedlicher Arbeitsmodi haben wir bereits im Kapitel »Teamwork« geschrieben.

FOTO W6: Zalando Tech Headquarter. *Pflanzen werden gezielt genutzt, um verschiedene Zonen zu gestalten und voneinander abzugrenzen.*

FOTO W8: SAP Innovation Center. *Die hängenden Sessel bringen Dynamik in Meetings. Das leichte Schaukeln mit den Beinen fördert die Aktivität.*

FOTO W7: SAP Innovation Center. *Die Kicker-Arena bietet Raum für spannende Matches.*

Wie früher zu Studienzeiten, als wir uns gemeinsam in der Bibliothek eingeschlossen haben. Wir saßen zu zehnt oder zwanzigst am Tisch, jeder hatte seine Lampe, seinen Laptop und seine Flasche Wasser. Es wurde gebüffelt bis der Nachtwächter kam, und dabei herrschte absolute Ruhe. Die Klausuren haben wir (oft) bestanden. Einen solchen Stillarbeitsort können wir uns auch in unserer Arbeitsumgebung schaffen.
Das Gute hieran ist, dass wir nicht alleine sind, andere sich gemeinsam mit uns konzentrieren, der Raum angenehm ist und trotzdem Stille herrscht. Bei der **Lufthansa Technik** funktioniert hierfür ein einfacher 30 Quadratmeter großer Raum mit Tür, zwei Workbenches und schicken Tischleuchten. Wichtig ist nur, dass jeder die Bibliotheksregeln kennt: nicht telefonieren, nicht reden und nicht lachen. Und wenn, dann nur kurz.

FOTO W9: SAP Innovation Center. *Die gelbe Boulderwand verleitet zu Klettersessions alleine oder mit Kollegen.*

... ODER AKTIV SEIN

Gerade einmal drei bis sechs Stunden pro Tag können wir durchschnittlich konzentriert arbeiten, oft sogar weniger, weil wir aus unterschiedlichen Gründen unsere Arbeit unterbrechen. Für New Work sind dies nicht Pausen, sondern Phasen des Arbeitsprozesses. Denn neue Arbeit kennt keine strikte Trennung zwischen Konzentration und Müßiggang. In Zeiten, in denen viele Menschen körperliches Wohlbefinden über körperliche Betätigung erreichen, sind daher mehr Aktivitätsmöglichkeiten am Arbeitsplatz erforderlich. Auch der körperlich aktive Weg zum Arbeitsplatz sollte Unterstützung erfahren. Vor allem in Ballungsräumen gehören gute und sichere Fahrradabstellmöglichkeiten dazu. Duschen und Möglichkeiten, sich umzuziehen, sollten ebenfalls vorhanden sein. Dürftige Ausrüstung wie zum Beispiel schlechte Kickertische sollte man sich sparen und stattdessen auf professionelles Equipment setzen. Nicht selten erwächst aus einem Kollegium ein ambitioniertes Tischkicker-Team, wie es zum Beispiel bei Dark Horse der Fall war. Zu einer Tischtennisplatte haben wir es bisher zwar nicht gebracht, aber auch dieser Sport macht Heidenspaß und stärkt den Teamgedanken beim unendlichen Rundlauf.
Wer nicht über den nötigen Twist im Handgelenk verfügt und stattdessen etwas gegen einen steifen Nacken tun möchte, findet an immer mehr Arbeitsplätzen Angebote wie Yoga oder Pilates. Im Idealfall gibt es hierfür am einen Ort, der mit einem wärmenden Holzfußboden und einer guten Musikanlage ausgestattet ist, sowie einer Tür, die weder Lärm von außen herein- noch Geräusche von drinnen herauskommen lässt. Bei SAP in Potsdam können die Mitarbeiter verschiedene Aktivitäten ausüben, von Volleyball über Kickern bis hin zur eigenen Boulderhalle.
→ FOTO W9

4.3 TAKE-AWAYS

Zur Förderung von Wellbeing am Arbeitsplatz gibt es einige räumliche Zutaten, die, wenn sie gekonnt eingesetzt werden, gute Laune verbreiten und ein Wohlgefühl auslösen. Wichtig dabei ist zu verstehen, dass es mit einem Lammfellkissen allein nicht getan ist. Erforderlich ist eine Atmosphäre, in der man mit seinen Blicken im Raum herum- oder aus dem Fenster schweifen kann, Pflanzen um sich herum hat und sich aktiv bewegen kann.

GRUNDLEGENDE IDEEN

Sport & Spiele

Sportlichen Aktivitäten sollten möglichst ganze Räume gewidmet werden – also nicht die im Dunkeln liegenden Ecken unter einer Dachschräge.

- ☐ *Sportraum mit gutem Holzparkett ausstatten*
- ☐ *Musikanlage bereitstellen*
- ☐ *Dusch- und Umziehmöglichkeiten einrichten, mit Spinden zum Verstauen persönlicher Gegenstände*
- ☐ *Massageraum, natürlich auch mit Behandlungsterminen, bereitstellen oder Massagen durch externe Anbieter ermöglichen*
- ☐ *Eine gepflegte Sportanlage vor der Tür einrichten*

Gemütliches on top

Gemütlichkeit liegt im Detail, und das ist oftmals hochindividuell. Hier ein paar Inspirationen.

- ☐ *Bibliothek mit guten Fachmagazinen und Büchern einrichten*
- ☐ *Bildergalerie mit gerahmten Originalen (gern Fotos) eröffnen*
- ☐ *Gute Textilien verwenden, etwa bei Kissen und Bezügen*
- ☐ *Eine gute Lichtsituation schaffen mit gemütlichen Spots und ergonomisch günstigem Arbeitslicht (Tageslichtlampen)*

Flexibles

Darunter verstehen wir alle Arten von Möbeln, die sich entweder individuell auf ihren Benutzer einstellen oder gut transportieren lassen.

- ☐ *Tische auf Rollen und/oder höhenverstellbare Tische verwenden*
- ☐ *Wandpaneele oder Regalsysteme nutzen, die leicht umgebaut werden können*
- ☐ *Gemütliche und ergonomisch gute Bürosessel verwenden*
- ☐ *Sitzmöglichkeiten zum Lümmeln bereitstellen, aber nicht als Alibi-Möbel, sondern in einem Raum, wo dies wirklich gewollt ist, zum Beispiel in einer Bibliothek*

Home Office

Ein Ausstattungsgegenstand, welcher sich fürs Homeoffice als wertvoll erwiesen hat, ist der Stehtisch. Wenn wir unsere Kunden bei einem Remote-Workshop so richtig motivieren wollen, fahren wir unseren Stehtisch zu Hause hoch. Auch wenn durch die Kamera nur der Oberkörper sichtbar wird, sind Haltung und Körpersprache eine ganz andere als im Sitzen. Viel agiler, energetischer und ausdrucksvoller.

- ☐ *Höhenverstellbaren Tisch und ergonomischen Stuhl besorgen*
- ☐ *Tischoberfläche aus warmen Materialien wie Holz oder Linoleum, denn diese bringen mehr Wohlfühlfaktor mit sich, als Glas oder Metall*
- ☐ *Licht aus nur einer Quelle benutzen: Wenn das Gesicht gleichzeitig von zwei Seiten beleuchtet wird, kommt die Videoübertragung an ihre Grenzen. Es entstehen hässliche Schatten oder Überbelichtung*
- ☐ *Den Tisch so ausrichten, dass man einen schönen Ausblick hat. Oder auf schöne Landschaftsbilder vom letzten Urlaub. Hauptsache eine gedankliche Auszeit ist möglich*
- ☐ *Stauraum, zum Beispiel in Form von Fächern oder Rollcontainern, in die überflüssige Gegenstände weggeräumt werden können*
- ☐ *Ein kleinerer Tisch kann auch von Vorteil sein, damit dieser nicht zur allgemeinen Ablagefläche wird*
- ☐ *Akustik mit einem Vorhang oder einem Teppich verbessern*
- ☐ *Und für die richtigen Homeoffice-Profis gibt es im Kapitel »Virtuality« beim Return of the Einzelbüro weitere Tipps für zu Hause*

FLÄCHEN- & RAUMKONZEPTE

Bibliothek

Als Ausgleichsfläche für die lebendigeren Homebase-Konzepte bietet sich eine »Bibliothek« an. Das ist ein abgeschlossener Raum, in dem an einer Workbench gemeinsam in Ruhe gearbeitet werden kann. Niemand telefoniert, niemand redet. Stattdessen haben wir hier beruhigendes Licht über Tischleuchten und eine angenehme, konzentrierte Atmosphäre. Die Bibliothek sollte für maximal zehn Personen eingerichtet sein, da sonst die Tür zu oft auf und zu geht.

- ☐ *Ausgleichsfläche in separatem, geschlossenem Raum legen*
- ☐ *Klar als Stillarbeitsort deklarieren*
- ☐ *Angenehme Atmosphäre schaffen, zum Beispiel über Workbench mit Tischleuchten*
- ☐ *Für maximal zehn Personen einrichten*

Playground

Die gelegentliche bewusste Ablenkung von unserem aktuellen Thema kann für unser Arbeitsergebnis Wunder bewirken. Hierfür können wir das Konzept »Playground« nutzen. Für die einen heißt das, sich an eine Playstation oder Xbox zu setzen, für die anderen Tischtennis und Tischfußball zu spielen. Und für manche alles.

- ☐ *Abgeschlossenen Raum vorsehen (Lautstärke)*
- ☐ *Schallschluckende Materialien oder Sofas verwenden*
- ☐ *Handsportgeräten wie Tischkicker oder Tischtennis genug Platz geben*
- ☐ *Xbox und Playstation brauchen eine separate Ecke*
- ☐ *Musikanlage und eventuell einen Kühlschrank für Getränke bereitstellen*

TOOLS & TRICKS

Flora & Fauna

Ausgefeilte Bewässerungstechnik oder eine verantwortliche Person trägt dazu bei, dass Pflanzen nicht vergessen werden. Ein einzelnes Pflänzlein bewirkt nicht besonders viel, sondern wir setzen auf Masse! So entsteht ein Naturgefühl und nebenbei wird unsere Atemluft in Sauerstoff verwandelt. Lecker Sauerstoff!

- ☐ *Große Zimmerpflanzen verwenden, die zu kleinen Wäldern arrangiert werden*
- ☐ *Hängepflanzen in ganzen Wänden nutzen oder dekorativ in der Blumenampel von der Decke baumeln lassen*
- ☐ *Große Pflanzbottiche als Raumteiler verwenden*
- ☐ *Kaktussammlung oder andere kleinere Pflanzen in Gefäßen dekorativ aufstellen*
- ☐ *Pflege organisieren: Gießkanne oder Bewässerungssystem*

Kaffee, Kuchen, Kichererbsencurry

Wohlbefinden entsteht auch, wenn gutes und gesundes Essen auf unkomplizierte Weise verfügbar ist. Nur wenig ist nerviger, als weite Wege zum nächsten Raum für Essen zurückzulegen und dann nur auf den faden Inhalt der Tupperdose zurückgreifen zu können.

- ☐ *Gut ausgestattete Teeküche einrichten*
- ☐ *Möglichkeit einer eigenen Wasserkaraffe am Arbeitsplatz prüfen*
- ☐ *Gute Kaffee- und Teemaschine anschaffen*
- ☐ *Dafür sorgen, dass Obstschale und/oder Keksdose gefüllt sind*
- ☐ *Mit entsprechenden Möbeln bequemes Essen ermöglichen*
- ☐ *Schönes Geschirr anschaffen*
- ☐ *Dafür sorgen, dass eine gute Kantine (oder andere gute Essensmöglichkeiten) vorhanden ist*

5 AGILITY

5.1 DAS PRINZIP AGILITY

AGILITÄT ALS BETRIEBSSYSTEM

Agilität und agiles Arbeiten – haben wir darüber nicht bereits gesprochen? Ja, wir sprachen unter anderem im Zusammenhang mit Teamarbeit und Kreativarbeit davon. Allerdings nicht in differenzierter Weise, was wir an dieser Stelle aber machen wollen. Die bereits erwähnten Aspekte von Teamarbeit und Kreativarbeit (Kollaboration, Iteration und eine Hands-on-Mentalität) sind sämtlich Dinge, die auch in der Agilität eine Rolle spielen. Ist agiles Arbeiten dann nicht dasselbe wie kreative Teamarbeit? Nicht exakt, denn es handelt sich hier um zwei unterschiedliche Abstraktionslevel. Wir sehen es so: Agilität ist der State-of-Mind, die Grundhaltung, die es einem Team ermöglicht, kreativ zu arbeiten. Technischer ausgedrückt: Agilität ist das Betriebssystem, auf dem das Team mit verschiedenen Apps für kreatives Arbeiten arbeitet.

Es gibt zwar auch einen sehr strukturierten agilen Software-Entwicklungsprozess namens »Agile Development« (aus dem sich viel für andere Anwendungsfälle lernen lässt). Aber auch dieser ist die konkrete Ausgestaltung eines darunterliegenden Wertesystems, eines »Betriebssystems«, welches für uns interessanter, weil universeller ist. Dieses universelle Wertesystem wurde 2001 im »Agilen Manifest« beschrieben. Darin finden wir vier Werte, eben die Grundhaltung, die agiles Arbeiten ausmacht.

Das »Agile Manifest«[1]

»Wir erschließen bessere Wege, Software zu entwickeln, indem wir es selbst tun und anderen dabei helfen. Durch diese Tätigkeit haben wir diese Werte zu schätzen gelernt:

- **Individuen und Interaktionen stehen über Prozessen und Werkzeugen**
- **Funktionierende Software steht über einer umfassenden Dokumentation**
- **Zusammenarbeit mit dem Kunden steht über der Vertragsverhandlung**
- **Reagieren auf Veränderung steht über dem Befolgen eines Plans**

Das heißt, obwohl wir die Werte auf der rechten Seite wichtig finden, schätzen wir die Werte auf der linken Seite höher ein.«

Das Agile Manifest bringt agiles Arbeiten auf den Punkt. Hierfür danken wir 17 Softwareingenieuren, die damit eine der größten Revolutionen in der Softwareentwicklung losgetreten und auch das »normale« Arbeiten nachhaltig verändert haben. Zwar gab es bereits zuvor, also ehe überhaupt Software entwickelt wurde, durchaus Teams, die agil gearbeitet haben – gerade in der Produktentwicklung und in Zeiten, in denen schnelle Produktion im Vordergrund stand. Flugzeuge wurden während des Zweiten Weltkriegs so schnell entwickelt wie nie zuvor, und kurz darauf waren wir höchstwahrscheinlich auf dem Mond (ob das stimmt oder nicht, soll hier absolut keine Rolle spielen). Doch der allgemeine Siegeszug des agilen Arbeitens begann mit der Softwareentwicklung und dem Agilen Manifest. Heute baut zum Beispiel Tesla nach agilen Prinzipien und mit dem agilen Betriebssystem Autos.

REAKTIONSFREUDIGE ARBEITSUMGEBUNG

Vordergründig betrachtet können wir das Agile Manifest einfach auf unser Arbeiten übertragen und dabei die Arbeitsumgebung vernachlässigen. Denn ob wir zum Beispiel immer zumindest im Kern funktionierende Arbeitsergebnisse (»Working Software«) erreichen, hat zunächst mehr mit unserem Arbeiten als mit der Umgebung hierfür zu tun. Trotzdem: Agiles Arbeiten können wir räumlich unterstützen – und deswegen gibt es ja dieses Buch. Die Prinzipien des Agilen Manifests können wir mit der passenden Arbeitsumgebung befördern.
Hierzu haben wir bereits eine ganze Reihe von Ideen vorgestellt: Wir haben uns mit Umgebungen beschäftigt, die Kollaboration und Austausch im Großen, im Unternehmen, und im Kleinen, also auf Teamebene, fördern. Das Kapitel »Wellbeing« ist voller Ideen, wie wir unsere Umgebung menschlicher und individueller – statt als Büro-Fließband – gestalten können. Jetzt wollen wir uns dem noch fehlenden Aspekt »Reagieren auf Veränderung steht über dem Befolgen eines Plans« widmen, also der Fähigkeit, auf Veränderung reagieren zu können. Ganz im Sinne der ursprünglichen Bedeutung des Wortes agil: »sich schnell und frei bewegen können«. Und wie wichtig diese Fähigkeit ist, haben wir alle spätestens während der Pandemie gelernt!

Wie kann eine agile Arbeitsumgebung aussehen? Um es ganz einfach und ein wenig polemisch zu sagen: Eine Arbeitsumgebung sollte einer schnellen und freien Bewegung einfach nicht im Wege stehen! Aber was heißt das genau? Hierzu wollen wir uns das Thema »Flexibilität als Reaktionsfähigkeit« wieder etwas differenzierter

1 www.agilemanifesto.org

anschauen. Zunächst: Reagieren kann oder muss man je nach Veränderung unterschiedlich schnell. Nehmen wir ein beliebtes Beispiel für Veränderung, das Wetter: Auf Regen können wir spontan und situativ reagieren. Zum Beispiel können wir, wenn wir sehen, dass es regnet und wir zu Fuß gehen müssen, sofort einen Schirm mitnehmen. Wir könnten aber auch mittelfristiger reagieren, indem wir uns ein Auto kaufen. Oder wir lösen unser Problem komplett und eher langfristig und ziehen nach Dubai oder Antofagasta. Das können wir natürlich alles gleichzeitig in Gang setzen, aber die Umsetzung dauert unterschiedlich lange.

Das Beispiel zeigt, dass es verschiedene »Zeithorizonte« des Reagierens gibt. Am besten können wir reagieren, wenn wir auf allen Ebenen flexibel sind. Das Gleiche gilt im Kontext unserer Arbeitsumgebung. Diese muss auch Reaktion und Bewegung auf unterschiedlichen Ebenen zulassen, in unterschiedlichen Zeithorizonten. Wir wollen nun drei für Arbeitsumgebungen relevante Zeithorizonte betrachten. → **GRAFIK A1**

STUNDENWEISE

Die Art unseres Arbeitens verändert sich ständig. Stündlich! Um 8.45 Uhr schreiben wir vielleicht noch eine Mail, um 9 Uhr stehen wir mit unseren Kollegen schon im Stand-up-Meeting. Je nach den Erfordernissen unserer Arbeit befinden wir uns über den Tag hinweg also in ganz unterschiedlichen Arbeitsmodi, und diese wechseln ständig. Wir wissen am Morgen noch nicht, wie und wo wir die nächsten Stunden bis zum Mittagessen verbringen werden.

Eine Arbeitsumgebung kann uns bei dieser stundenweisen Flexibilität, egal was wir tun und wie wir auf spontane Ereignisse wie zum Beispiel ungeplante Calls reagieren, unterstützen – indem sie zum Beispiel sofort nutzbare Telefonnischen bereithält.

Wichtigstes Merkmal einer stundenweise flexiblen Arbeitsumgebung ist also, dass sie für unser sich regelmäßig und stundenweise änderndes Arbeiten immer eine funktionierende Umgebung bietet.

STUNDENWEISE

Auswahl einer passenden Abteilungsumgebung oder Worktools, zum Beispiel Fokusarbeit

TAGEWEISE

Anpassung einer Umgebung an eine Arbeitssituation, zum Beispiel Workshop, Präsentation, Teamwork

QUARTALSWEISE

Umgestaltung einer Umgebung wegen sich ändernder Team- oder Abteilungsstrukturen

GRAFIK A1: *Flexibilität mit drei verschiedenen Zeithorizonten*

TAGEWEISE

Für das Annehmen eines ungeplanten Calls können wir keine Tische oder Raumtrenner durch die Gegend tragen. Wir haben hier keine Zeit, unsere Umgebung umzukonfigurieren, weswegen wir hierfür auf die beschriebene stundenweise Flexibilität unserer Arbeitsumgebung angewiesen sind, das heißt auf sofort und direkt nutzbare Angebote. Anders sieht das bei Aktivitäten aus, die nicht jede Stunde oder jeden Tag passieren, sondern außergewöhnlich sind, zum Beispiel Workshops oder eine größere Präsentation. Dies sind oft Aktivitäten, die länger andauern und geplant sind. Eine auf dieser Ebene flexible Arbeitsumgebung würde uns natürlich auch hierfür das perfekte Setting bieten. Dafür müssten wir aber sehr viele und sehr verschiedene Flächen vorsehen, was oft nicht realistisch ist. Aber es ist auch nicht schlimm, wenn diese Flächen nicht vorhanden sind. Denn hier haben wir ja Zeit für die Vorbereitung, in der wir zum Beispiel Tische aufstellen und Raumtrenner platzieren können. Weil solche Events oft mindestens auf halbe, manchmal auch mehrere Tage angesetzt sind, lohnt sich ein Umbau. Wichtigstes Merkmal einer tageweise flexiblen Arbeitsumgebung ist daher, dass uns bei einem temporären Anpassen unserer Umgebung an außergewöhnliche Aktivitäten nichts im Wege steht.

QUARTALSWEISE & LÄNGER

Aus Unternehmenssicht heißt Flexibilität aber noch etwas anderes. Hier geht es um eine längerfristige Veränderbarkeit von Arbeitsumgebungen, die über Tische auf Rollen oder wegziehbare Vorhänge hinausgeht. Gemeint sind größere Veränderungen wie das Zusammenlegen von Teams, das Auflösen von Abteilungen oder das räumliche Reagieren auf eine Einstellungswelle. Oder auch auf eine Pandemie. Diese Flexibilität meint eher die Flexibilität, für die Konzepte wie »Open Space« oder »Open Plan«, also offene Bürokonzepte stehen. Reagieren heißt hier zum Beispiel: Alle etwas zusammenrücken und mehr Arbeitsplätze pro Quadratmeter schaffen.

Oder: Wir haben viel zu viele Schreibtische, weil sich die Arbeit im Homeoffice etabliert hat. Dafür fehlen uns die nun so wichtigen Austauschflächen. Je weniger Wände wir bisher hatten, umso leichter fällt uns die Umstrukturierung von Schreibtischflächen hin zu kollaborativen Treffpunkten.

Wir werden in unseren Projekten gerade häufig mit dem Wunsch konfrontiert, neue Konzepte zunächst unverbindlich ausprobieren zu wollen. Verständlich. Keiner kauft gerne die Katze im Sack. Glücklicherweise haben das auch viele Möbelhersteller und -händler erkannt und bieten Office-Ausstattung daher zum Leasen oder Mieten an. Dieses Angebot können wir nicht nur für Testflächen ideal nutzen, sondern natürlich auch, wenn wir wissen, dass sich unsere Teams und somit die Anforderungen an die Fläche im regelmäßigen Turnus verändern.

Viele Start-ups, oder einzelne sehr agile Teams von Unternehmen, gehen sogar noch weiter und lösen eigene Büroflächen komplett auf, um sich in Coworking-Spaces anzumieten. Monatlich kündbar – mehr Flexibilität geht kaum. Wichtigstes Merkmal einer flexiblen Arbeitsumgebung auf dieser Ebene ist also, dass sie Umstrukturierungen in der Belegschaft und sich verändernden Bedarfen nicht im Wege steht. Wir wollen festhalten, dass agiles Arbeiten neben einer den Austausch fördernden, individuelleren und menschlicheren vor allem eine flexiblere Arbeitsumgebung braucht.

FLEXIBILITÄT ALS LIFESTYLE

Neben der Ermöglichung eines agilen Arbeitens wollen wir ein weiteres Argument für flexiblere Arbeitsumgebungen betrachten: die Millennials. Wir haben es jetzt am Arbeitsplatz vermehrt mit einer neuen Genereration zu tun. Jüngere Kollegen, die zwischen 1980 und 2000 geboren wurden, die Millennials also. Sie sind mit Breitband-Internet, Telefonflatrates, Smartphones, schnellen Laptops und Social Media aufgewachsen. Sie hatten immer schnellen Zugriff auf jede Art von Wissen und alle Informationen einer Welt, die immer mehr von Veränderung geprägt ist – und immer mehr Flexibilität erfordert. Das Anpassen an neue Umstände ist zu etwas wie einem Generationen-Sport oder Lebensstil geworden. Man könnte von einem agilen Lifestyle sprechen. Er bringt auch eine gewisse Vorliebe für ein agiles Arbeitsleben mit sich. Viele Millennials schätzen einen Arbeitsalltag, der dynamisch, interessant und mit steilen Lernkurven angereichert ist. Sie bevorzugen flexible Arbeitsmodelle, weniger 9-to-5, und interessieren sich für Alternativen zum üblichen Tauschgeschäft *Lebenszeit gegen Geld* – Modelle, die Ergebnisse und Leistung mehr gewichten als die investierte Zeit. Dazu gehört auch ständiges Feedback und eine aktive Förderungskultur, damit sie das Gefühl haben, dass ihre Arbeit etwas bewirkt und wertgeschätzt wird. Zusammengehörigkeit und Kollaboration stehen auch hoch im Kurs. Als »Gegenleistung« bringen viele Millennials eine hohe Lern- und Änderungsbereitschaft mit.
Diese Flexibilität als Lifestyle prägt auch die Vorlieben oder gar Erwartungshaltungen gegenüber der Arbeitsumgebung.

Im Kapitel »Wellbeing« haben wir über den Faktor »Wohlfühlen« gesprochen. Flexibilität wollen wir als einen zweiten wichtigen Faktor festhalten, wenn es darum geht, eine attraktive, dem Lebensstil entsprechende Arbeitsumgebung für jüngere – oder jung gebliebene – Kollegen zu schaffen. Aber eben auch für all die Kollegen, die an agilen Themen schon länger dran sind, wenn auch nicht schon seit der Mondlandung.

DER ZAUBER VON REMOTE WORK

Wir können nicht über Flexibilität sprechen, ohne Remote Work zu erwähnen. Unternehmen, die es mit der Flexibilität wirklich ernst meinen, fördern diese auch über die Pandemie hinaus. Es führt kaum ein Weg daran vorbei, den Mitarbeitern remote Arbeitsmodelle anzubieten. Über die Vorteile und verschiedene Motivationen haben wir im Kapitel »New Times« bereits einiges geschrieben. Mit diesem Arbeitsmodell können Unternehmen unter anderem Top-Talente unabhängig von ihrer Lebenssituation und ihrem Wohnort anstellen, selbst wenn sie durch mehrere tausend Kilometer vom Unternehmensstandort getrennt sind. Wenn sie richtig umgesetzt wird, vereinfacht Remote Work das Leben der Angestellten ungemein und geht Hand in Hand mit einer größeren Mitarbeiterbindung. Im Winter zwei Monate remote aus Buenos Aires arbeiten, oder direkt Vollzeit Digitaler Nomade werden? Warum nicht?

Auf der persönlichen Ebene hilft Arbeiten außerhalb des Büros außerdem, den eigenen Tag so zu strukturieren, dass die individuellen Bedürfnisse hinsichtlich einer gesunden Work-Life-Balance berücksichtigt werden können – auch wenn das bedeutet, dass der Arbeitstag schon um 6 Uhr morgens oder erst am späten Nachmittag beginnt. Für die meisten Freelancer ist dieses Arbeitsmodell natürlich nichts Neues. Arbeitgeber können allerdings auch für diese Berufsgruppe, die eine klassische Festanstellung oft bewusst meidet, wieder attraktiv werden, wenn sie ihr die Festanstellung mit der neu gewonnenen Autonomie schmackhaft macht. Ganz wichtig hierbei: Remote Work sollte immer ein Angebot und keine Anfoderung sein. Wir haben dieses Thema bereits behandelt: Es ist für viele von uns schwierig oder gar unmöglich, ein echtes Zusammengehörigkeits- oder Teamgefühl zu erleben, wenn alle nur noch zu Hause, im Coworking-Space, im Flugzeug oder in der Finca auf Mallorca arbeiten. Der physische Arbeitsplatz als Ort der Zusammenkunft lässt sich nicht ersetzen. Und das sagen wir nicht nur, weil wir ein Buch darüber schreiben.[1]

PHYGITAL, BABY!

Neben all der räumlichen, physischen Flexibilität, müssen wir nun auch die digitale Flexibilität in unsere Konzepte einbeziehen, sowohl stunden- und tageweise als auch quartalsweise oder länger. Die Kollegin, die beim Stand-up-Meeting dabei sein wollte, schaltet sich nun doch spontan aus dem Homeoffice zu, weil die Berliner Ringbahn mal wieder nicht fährt. Je leichter wir dann in der Lage sind, den haptischen Raum mit dem digitalen zu verknüpfen, umso weniger bringt uns das spontane Umschwenken aus dem Konzept. Wenn wir es beispielsweise nicht schaffen, dass wir ohne Hilferuf an die IT-Abteilung ein hybrides Meeting zum Laufen bekommen, oder die Verbindung ständig ausfällt, bleiben die virtuellen Kollegen über kurz oder lang auf der Strecke. Wir überlegen uns folglich beim nächsten Meeting fünfmal, ob wir die Kollegin bitten sollten, ausnahmsweise statt mit der Bahn einfach mit dem Rad zu kommen. Wir schränken uns in unserer neu gewonnenen Flexibilität also direkt wieder ein. So ist Frust vorprogrammiert.

Wir müssen also Lösungen finden, die uns dabei unterstützen, schnell zwischen physischen und digitalen Räumen wechseln zu können. Dafür brauchen wir Räume wie den hybriden Meetingraum oder die Telefonzelle, in die wir uns spontan für einen Videocall zurückziehen können, ohne dass es zu einem großen Arbeitszeitverlust kommt.

Uns helfen aber auch digitale Tools. Buchungsapps zum Beispiel, in denen wir einsehen können, welche Räume oder Plätze belegt sind. Oder sogar welche Kollegen heute im Haus sind. Ähnlich wie die Karte des Herumtreibers von Harry Potter, die alle Personen und Bewegungen auf dem Schulgelände anzeigt. Aber bitte nicht den Datenschutz vergessen, Harry!

Auch Kommunikationstools und digitale Teamboards, auf denen zu sehen ist, woran zum Beispiel der Kollege in Buenos Aires gerade arbeitet, gehören in diese Aufzählung, die wir ewig ergänzen könnten. Wir notieren uns: Je besser wir die digitale und die physische Welt miteinander verknüpfen, umso flexibler und agiler können wir darin handeln.

Kommen wir aber zurück zur physischen Arbeitsumgebung, unter den Aspekten von Flexibilität und Agilität. Den Anspruch an diese Umgebung haben wir bereits formuliert: Sie darf einem Sich-schnell-und-frei-bewegen-können nicht im Wege stehen. Passende Ideen zu ihrer Gestaltung schauen wir uns nun an.

1 Auf die Risiken des Identitätsverlustes in Organisationen gehen wir im Kapitel »Identity« auch nochmal im Detail ein.

5.2 BEISPIELE

FOTO A1: EY Berlin. *Desk-Sharing ist bei EY etabliert. Die Teams suchen sich je nach Bedarf eine gemeinsame Fläche.*

FOTO A2: EY Berlin. *Statt eigenem Schreibtisch hat jeder Mitarbeiter ein eigenes Schließfach.*

OFFEN, JUNG, AGIL

Wir sind mitten in Berlin und die Sonne scheint. Heute treffen wir Markus Böhl, den Niederlassungsleiter des Berliner EY-Standortes. Dieser liegt im Herzen der Hauptstadt in der Friedrichstraße und wurde 2018 mit der Idee umgestaltet, agiles Arbeiten zu ermöglichen. Denn Beratungsunternehmen wie **EY** sind in vielen Belangen von Natur aus agil. Berater und Beraterinnen sind viel unterwegs. In den Büros von Kunden auf der ganzen Welt. Oder im Coworking-Space um die Ecke. Und wenn sich zum Beispiel am Freitag alle wieder im Headquarter einfinden, bleibt auch hier alles in ständiger Bewegung. Man trifft sich mit Team X, luncht mit dem Kollegen Y und setzt sich mit der Kollegin des Arbeitskreises Z für einen spontanen Austausch zusammen. Viele der Merkmale, die wir für agiles Arbeiten formuliert haben, sind hier vorhanden. Das, was viele Unternehmen während der Corona-Pandemie schrittweise etabliert haben, war bei EY also schon lange vorher an der Tagesordnung.

Und wie sieht die neue Umgebung hierfür aus? Offen und vielfältig. Die Konzeptbeschreibung, die nun folgt, klingt eigentlich wie eine, die nach der Pandemie entstanden ist. Wir können uns vorstellen, dass sich EY, räumlich betrachtet, daher in den letzten Jahren entspannt zurücklehnen konnte. Tatsächlich blieben im alten Bürokonzept 40 bis 45 Prozent aller Schreibtische immer leer und ungenutzt. »Schade um den Platz, er lässt sich doch sinnvoller nutzen«, das war der Grundgedanke hinter der Umgestaltung. In der neuen Umgebung gibt es nun nur noch 600 Schreibtische für rund 1200 Angestellte.

Was völlig ausreicht, denn Daten, die vor dem Umzug erhoben wurden, belegen, dass sich nur etwa 450 Angestellte täglich zur gleichen Zeit in der Berliner Niederlassung aufhalten. Was macht man, wenn so viel Platz zur Verfügung steht? Den perfekten Ort für Austausch und Zusammensein schaffen und damit eine bessere Kommunikation untereinander fördern. Ob im Team A oder Team B, mit zwei Kollegen oder in einer internationalen Videokonferenz mit 30 Beteiligten, die Umgebung sollte für das Arbeiten in verschiedensten Konstellationen gewappnet sein. → FOTO A1, A2

ACTIVITY-BASED WORKING WIE IM BILDERBUCH

Das Stichwort, das im Gespräch mit Markus Böhl früh fällt, lautet Activity-based Working (aktivitätsbasiertes Arbeiten). Auf der neuen Fläche gibt es keine zugewiesenen Schreibtische mehr. Alle suchen sich zu jedem Zeitpunkt für ihre momentane Aktivität ein gut funktionierendes Arbeitsangebot. Immer passend zu der aktuellen Aufgabe, die gerade anliegt. Das kann beim Schreiben von E-Mails für den einen das Sofa, für die nächste der Hightech-Desk sein. Team-

FOTO A3: EY Berlin. *Für kurze Besprechungen auch mal weg vom Schreibtisch. Dafür gibt es viele Gesprächsnischen.*

FOTO A4: EY Berlin. *Mit dem Smartphone kann hier noch schnell ein Meetingraum gebucht werden.*

gespräche finden, in der Lounge oder in einer der Dutzenden Dialogecken statt, je nach Geschmack. Damit ermöglicht die Arbeitsumgebung die bereits erwähnte stundenweise Flexibilität.
→ FOTO A3

Der entscheidende Punkt ist: Es gibt nun für jeden Arbeitmodus immer mindestens ein wirklich sehr ausgefeiltes Angebot. Die ehemals vorhandenen Schreibtischflächen waren ein Kompromiss. Hier wurde getippt, gelesen, telefoniert und diskutiert. Für alles war der Schreibtisch mehr oder weniger geeignet. Heute, wo es für 1200 Mitarbeiter nur noch 600 Schreibtische gibt, steht für alle Arbeitsmodi viel mehr Platz zur Verfügung. Das führt dazu, dass man EY auch mit dem Showroom eines einschlägigen Möbelherstellers verwechseln könnte. Betrachten wir zum Beispiel die neuen Work-Desks: Sie bieten elektromotorisch höhenverstellbare Schreibtische, beste Stühle und je zwei Bildschirme – eine perfekte technische Ausstattung, die für alle Geräte anschlussfähig ist, frei nach dem Motto »One plug for all«. Oder die Skylounge, in der man sich für informellen Austausch und Diskussionen treffen kann, mit ihrer imposanten Aussicht über die nächsten 30 Kilometer Stadt. Es gibt sogar ein Café, in dem auf Spielekonsolen »gezockt« werden kann. »Die Skylounge wird sehr gut angenommen und wertgeschätzt«, sagt Markus Böhl.
Und sollten Mitarbeitende Bedarf nach einem Meetingraum haben, kann dieser mit dem Smartphone gebucht werden, egal ob kleiner Teammeeting-Raum oder riesiger Projektraum. Der Raum erkennt automatisch, ob das Meeting auch wirklich stattfindet. Wenn nicht, wird er wieder verfügbar für andere Teams. So lässt sich zum Beispiel verhindern, dass Teamräume unnötig blockiert werden – ein Verhalten, das, wenn es sich einmal eingeschlichen hat, nur schwer zu bekämpfen ist.

Generell, so berichtet Markus Böhl, hätten sich die Mitarbeiter vom ersten Tag an begeistert über die neue technische Ausstattung der Arbeitsbereiche gezeigt. Da habe es dann auch tatsächlich E-Mails mit Danksagungen gegeben. → FOTO A4

Activity-based Working schafft also kurzfristige Flexibilität. Doch was ist mit den größeren und längerfristigen Änderungen in einer ungewissen Zukunft? Dafür bietet ein offenes Bürokonzept, wie EY es gewählt hat, die besten Voraussetzungen. Genau dafür ist es ja auch gebaut. Wenn sich zum Beispiel die Mitgliederzahl des Teams »Data Security« innerhalb eines Jahres verdreifacht, muss deswegen nicht umgebaut werden. Alles bleibt, wie es ist, nur die Schreibtische werden etwas anders belegt, und es werden die etwas größeren Meetingräume gebucht. Diese flexible Umgestaltung ist der ganz große Vorteil des Open-Office- oder Open-Plan-Konzepts. Hier müssen keine Wände eingerissen werden, um zwei Teams zusammenzulegen. Und wenn außerdem das Shared-Desk-Prinzip zur Anwendung kommt, muss man sich über die Belegung der Schreibtische keine Gedanken mehr machen, und es muss noch nicht einmal mehr intern umgezogen werden. Falls wir wirklich alle mal am Schreibtisch sitzen sollten und nicht in der Skylounge, nutzen wir einfach mehr Schreibtische im Shared-Desk-Bereich. Sie sind ja vorhanden. Wachstum lässt sich mit diesem Konzept also gut bewältigen. Sogar ein leichtes Zusammenrücken, um mehr Platz zu schaffen, wäre möglich. Es gibt ja keine im Weg stehenden Wände. Und solange genügend Bodentanks von den Schreibtischen aus erreichbar sind, ist alles gut. Die Zukunft kann kommen. → FOTO A5

FOTO A5: EY Berlin. *Die flexiblen Raumtrenner ermöglichen auch nachträgliche Veränderungen des Grundrisses.*

MANAGEMENT-CHANGE

Den Prozess zu einem Konzept, wie EY es umgesetzt hat, sollte man hinsichtlich seiner Dauer und Komplexität nicht unterschätzen. Bei EY sollte es langsam gehen, schrittweise, Stockwerk für Stockwerk, damit sich gerade die Mitarbeitenden, die schon länger in der Friedrichstraße arbeiteten, nicht überrumpelt fühlten. Deshalb gibt es während der Übergangsphase bis zum Abschluss der Umgestaltung noch 14 einzelne Büros, die den Verlust des »privaten Rückzugsraums« für einige abmildern. So kann Zeit geschaffen werden, dass Mitarbeitende auch den Gewinn an Arbeitsqualität für sich entdecken können, den das neue Konzept mit sich bringt. Und so wird das Konzept der Arbeitsumgebung nach und nach angepasst an eine zunehmend kollaborative und innovative Unternehmenskultur und ein damit verbundenes agiles Arbeiten. Ein starker Vereinfacher für diesen Wandel ist dabei immer ein »Vorleben« dieser Werte durch das Management.

SUPERGRID: SEMIOFFEN

Reaktionsfähigkeit und Flexibilität sind auch für die **Lufthansa Industry Solutions**, kurz LHIND, ein großes Thema. LHIND unterstützt Unternehmen in der digitalen Transformation. Nicht nur den eigenen Konzern, sondern auch viele andere Unternehmen aus ganz unterschiedlichen Branchen. Und das jeweils auf ganz verschiedenen Ebenen: vom Produkt, über Produktionsprozesse bis hin zu Logistik-Themen. Dabei geht es nicht nur um Beratung, sondern –wie der Name schon sagt– wirklich um fertige, funktionierende Lösungen. Und das ist kein Claim, sondern Realität, wie wir selbst erfahren haben. Gerade die operativen Teams arbeiten sehr interdisziplinär und sehr agil. Monatsweise werden hier neue Themen erschlossen oder andere zu Ende gebracht. Und damit ändern sich auch Teamstrukturen quartalsweise, die Talente mischen sich stetig, um einerseits neue Erfahrungen schnell im Unternehmen zu verbreiten und andererseits für spezielle Themen das jeweils beste Team zu bilden.

FOTO A6: Lufthansa Industry Solutions. *Das Supergrid gliedert als raumhohes Modulregal die unterschiedlichen Bürozonen ab.*

FOTO A7: Lufthansa Industry Solutions. *Ins Supergrid werden Regale, Garderoben, Schränke und Sideboards integriert.*

Auf den ersten Blick scheint auch hier das Open-Space-Konzept die beste Wahl für die Arbeitsumgebung zu sein. Doch bei genauerer Betrachtung stimmt das nicht ganz. Flexibilität, um sich auf Wachstum und sich verändernde Teamstrukturen einstellen zu können, ist zwar erforderlich und gewünscht, allzu große Offenheit jedoch nicht. Denn offene Büroflächen haben auch ihre Probleme. Schon im Kapitel »Network« haben wir darüber geschrieben. Neben der fehlenden Individualität sind hier visuelle und akustische Ablenkung wichtige Themen. Für Berater wie bei EY, die sehr oft unterwegs sind, und, sobald sie sich im Headquarter befinden, unbedingt viel voneinander erfahren wollen, ist das alles kein Problem. Für Entwicklungsteams, die wochenlang an einem Problem brüten, aber schon.

Für LHIND war also die Aufgabe, eine Arbeitsumgebung zu schaffen, die die Flexibilität einer offenen Fläche mit den Vorteilen geschlossenerer Flächen verbindet. Die Antwort darauf ist ein Raumteiler-System, das den Namen »Supergrid« trägt. Das Supergrid ist eine 2,30 Meter hohe Gitterstruktur aus weißen Metallstreben. Die Konstruktion kann frei im Raum stehen und mithilfe eines speziellen Schraubenschlüssels verkleinert, vergrößert sowie auf- und abgebaut werden. Außerdem können verschiedenste Elemente in die Gitterstruktur montiert werden: Whiteboards, Monitore, Kühlschränke, Dialognischen, Stauraum oder Stehtische. → FOTO A6, A7

FOTO A8: Lufthansa Industry Solutions. *Neben Arbeitsplätzen entstehen so Besprechungszonen. Auch die Sitznische ist Teil des Supergrids.*

So werden viele Dinge, die im Alltag benötigt werden und normalerweise »in der Gegend herumstehen«, in eine Struktur integriert und somit gleichzeitig zur Raumtrennung genutzt. Das sieht nicht nur gut aus (alles passt plötzlich zusammen), sondern macht vor allem viele Wände und Räume obsolet. Denn in vielen Fällen reicht die halboffene Trennung völlig.

Das alles schafft quartalsweise Flexibilität. Es können Bereiche beliebig vergrößert oder verkleinert werden, ohne dass zum Beispiel ein Druckerraum im Weg wäre. Aber auch tageweise kann die Umgebung angepasst werden. Wollen zwei Teams für eine gewisse Zeit eine direktere Verbindung haben, können sie das trennende Supergrid temporär über herausnehmbare Elemente öffnen. Wenn die Teams zum Beispiel gegen Ende der Woche wieder auseinandergehen, wird es einfach wieder geschlossen. Auch für die stundenweise Flexibilität bietet das Supergrid Lösungen. Denn in alle Ecken und Nischen, die die Struktur bildet, lassen sich verschiedenste Arbeitsangebote integrieren, beispielsweise Whiteboards, Stehtische, Ruhenischen oder Dialogboxen.

Egal wie die Supergrids jeweils konfiguriert sind, alle zusammen ergeben ein gemeinsames und optisch einheitliches Framework, das die Corporate Identity überall präsent macht, aber auch den Mitarbeiterwunsch nach Individualität berücksichtigt.

Die halboffene Struktur der Supergrids verbindet die Vorteile eines offenen und geschlossenen Raumkonzepts. Supergrids halten die Fläche quartalsweise flexibel, da sie jederzeit umkonfiguriert werden kann. Gleichzeitig schaffen sie eine gewisse, eben halboffene Trennung, wo wir sie brauchen. Wir erleben eine gefühlte Abschir-

mung und trotzdem bleibt die luftige Atmosphäre größerer Flächen erhalten. Vielleicht hört man heraus, dass wir große Fans dieser Lösung sind. Was auch daran liegt, dass wir dieses Meisterstück der Flexibilität mitentwickelt haben.
→ FOTO A8

DER SCHWEIZER-TASCHEN-MESSER-ANSATZ

Flexibilität muss nicht immer auf einer ganzen Etage gedacht werden. Wir haben weiter vorne in diesem Kapitel über die tageweise Flexibilität gesprochen, also die Möglichkeit, unsere Arbeitsumgebung für spezielle Situationen wie zum Beispiel Präsentationen oder Workshops zu optimieren. Hierfür reichen oft einzelne, etwas größere Räume. Es müssen hierfür ja keine kompletten Teams umgezogen werden. Als Beispiel für eine solche Art flexibler Umgebung wollen wir einen Teil des Dark-Horse-Offices betrachten: den White Space. Dies ist ein Raum für alles Außergewöhnliche. Große Abschlusspräsentationen mit 30 Zuhörern finden hier genauso statt wie das gemeinsame Anschauen des Fußball-WM-Finales. Für beides nutzen wir eine große Leinwand, eine große Sitztribüne und ein passendes Buffet. → FOTO A9

Aber der Raum wird auch anders genutzt. Er ist über flexible Whiteboard-Wände in sechs bis acht verschiedene Spaces gegliedert, in denen einzelne Teams parallel in tagelangen Workshop-Formaten arbeiten können. Jeder Space hat seine Stehtische, Whiteboards und direkt greifbares Arbeitsmaterial. Die Stimmung ist in diesen Workshops lebendig. Aber von der Tribüne ist hier nichts mehr zu sehen, und auch der Buffet-Tresen ist verschwunden.

Es gibt auch Wochen, in denen sich ein Team alleine in den White Space einschließt, um intensiv an einer Entwicklung zu arbeiten – umgeben von Dutzenden Interviewprotokollen, Hunderten Fotos und Canvases. Dann steht in der Mitte ein Sofa, auf dem alles gescannt, diskutiert und entschieden wird. Hier ist dann auch der Buffet-Tresen wieder in Benutzung.
Wir nutzen den White Space außerdem als imposanten Meetingraum, mit einem großen langen Tisch in der Mitte, Wasser und Keksen obendrauf und ganz vielen Stühlen drum herum. Wie früher, als vor allem der Meetingraum etwas hermachen musste. Und es gibt noch ein weiteres mögliches Setting für diesen Raum. Dann steht alles einfach kreuz und quer und ergibt unsere Activity-based-Work-Landschaft, in der sich jeder seine Nische oder seinen Space sucht, wie er es gerade braucht.
Aber kann so etwas nicht jeder Raum? Ja, aber normalerweise nicht, ohne dass Handwerker,

FOTO A9: Dark Horse Workspaces. *Die Tribüne bietet eine Möglichkeit, mehrere Kollegen für Präsentationen oder Lernsessions zusammenzubringen.*

FOTO A10: Dark Horse Workspaces. *Möbel aus leichten Materialien oder auf Rollen ermöglichen hier eine immer neue Raumgestaltung.*

Speditionen und Möbelpacker anrücken müssen. Das »Geheimnis« des White Space ist: Er ist einfach ein leerer Raum. Mit ganz viel Stauraum an den Rändern, der im einen Moment als Lager für Stühle und Whiteboards fungiert und im nächsten ein schicker Meetingraum wird (wenn alle Stühle und Whiteboards auf der Fläche stehen). Natürlich müssen wir deswegen selbst ständig umräumen und daher sind die Möbel hier vor allem leicht und stapelbar. Alle Möbel, die etwas größer sind, sind außerdem aus Pappe. Und alles, was nicht aus Pappe sein kann (zum Beispiel die Tribüne), hat Rollen. Auf diese Weise ist immer alles da, aber nichts im Weg.
→ FOTO A10

Um solche multifunktionalen Flächen sinnvoll und ohne Pannen zu nutzen, müssen sie gemanagt werden – von einer Person, die weiß, wann hier was passieren soll. Diese Person muss um Erlaubnis gefragt werden, wenn etwas umgestellt werden soll. Denn nur sie kann zum Beispiel einschätzen, ob das Workshop-Setting abends noch schnell in das Tribünen-Setting umgestellt werden kann oder ob morgen früh schon wieder das Workshop-Setting benötigt wird. Das Space-Management weiß zudem, wo es die besten kalten Buffets gibt und wo die ganzen Whiteboard-Marker versteckt sind. Auch das ist ein echter Mehrwert, beschleunigt die Rüstzeit und somit die Flexibilität.

5.3 TAKE-AWAYS

Die Beispiele in diesem Kapitel haben uns geholfen, besser zu verstehen, was sich eigentlich hinter dem Label »agiles Arbeiten« verbirgt. Was können wir nun tun, um unsere Arbeitsumgebung so zu gestalten, dass sie dieses Arbeiten unterstützt?

GRUNDLEGENDE IDEEN

Mobility und Connectivity

Mobile Endgeräte, Smartphones oder IP-Telefonie, flächendeckendes, gutes WLAN und Strom in jeder Ecke sind die Grundvoraussetzung für Flexibilität. Weder Shared-Desk, geschweige denn Activity-based-Work oder Remote Work funktionieren ohne diese Grundlage. Flexibilität heißt, sich frei bewegen zu können, und das fängt mit der Technik an.

- ☐ *Mobile statt deskbasierte Endgeräte*
- ☐ *Auch mobile Lösungen für Telefonie vorsehen (IP-Telefonie)*
- ☐ *Gutes WLAN und Strom in jeder Ecke*
- ☐ *Einheitliche Laptop-Dockingstations machen vieles einfacher*
- ☐ *Cloudbasierte Serverlösungen, auf die von überall zugegriffen werden kann*
- ☐ *Hybride Meetingtechnik*

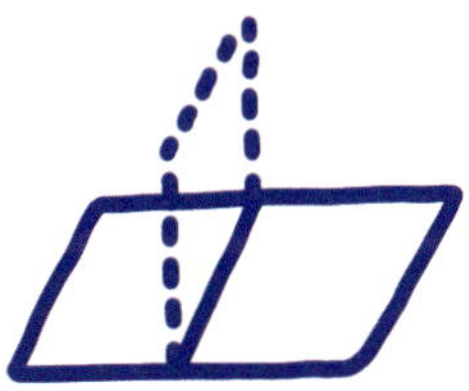

Raumtrennung ja, Trockenbau nein

Gebaute Wände, zum Beispiel Gipskartonwände, stehen jeder Veränderung im Weg. Neue Teamstrukturen, Wachstum oder auch das Verlegen eines Meetingraums werden kompliziert. Vollständig offene Flächen dagegen sind sehr flexibel nutzbar, aber mit Problemen der akustischen und visuellen Ablenkung behaftet. Einen Kompromiss bieten Systemwände, die sich ohne Dreck und Lärm montieren lassen, dabei aber auch wesentlich teurer sind. Günstiger und flexibler, wenn auch weniger abschirmend, wird die Raumtrennung durch Möbel als Raumteiler.

- ☐ *Trockenbau nur an Stellen ausführen, wo er der Flexibilität nicht im Weg steht*
- ☐ *Systemwände für Räume verwenden, die hohe Schallisolierung benötigen*
- ☐ *Auf Schreibtischflächen nur sehr flexible Raumtrennung vorsehen*
- ☐ *Möbel, die zugleich deckenhohe Raumteiler sind, bieten hier einen guten Kompromiss*

Activity-based Working

Agil Arbeiten heißt autonom arbeiten. Den Mitarbeitenden wird die Freiheit gegeben, selbst zu entscheiden, wann und vor allem wo die eigene Arbeit am besten und effizientesten erledigt werden kann. Das ABW-Konzept sieht für jeden Arbeitsmodus und jede Situation ein passendes Angebot vor. Der Schreibtisch ist nur eines von vielen. So werden Schreibtische reduziert und wir schaffen Platz für Kollaborationsräume, Teammeetingräume, Telefonecken, Rückzugsorte zur Entspannung oder Inspiration, ohne gleich größere Büroflächen anmieten zu müssen.

- ☐ *ABW durch Shared-Desks unterstützen*
- ☐ *Weniger Schreibtische und mehr alternative Angebote vorsehen*
- ☐ *Die Quantität der Angebote nach der Arbeitsmodus-Verteilung der Mitarbeiter bemessen*
- ☐ *Eine flexible technische Infrastruktur schaffen*
- ☐ *Smarte Buchungssysteme für Räume und Arbeitsplätze einsetzen. Sie erhöhen den Nutzungsgrad der Angebote*
- ☐ *Räume so gestalten, dass sie für mehrere Arbeitsmodi genutzt werden können*
- ☐ *Ausstattung mieten, um flexibel und anpassungsfähig zu bleiben*

FLÄCHEN- & RAUMKONZEPTE

Konkrete Flächen- und Raumkonzepte stellen wir in diesem Kapitel nicht vor, weil es ausschließlich zeigen soll, mit welchen Ansätzen die in den Kapiteln zuvor bereits vorgestellten Flächen- und Raumkonzepte flexibler und umbaubarer gestaltet werden können.

TOOLS & TRICKS

Bundes- & Länderregeln

Sobald eine neue Arbeitsumgebung eingeweiht ist, die sich signifikant von der vorherigen unterscheidet, sollten Mitarbeitende eine Einweisung bekommen, wie sie am besten zu nutzen ist. Zum Beispiel über kleine Booklets, die zeigen, welches Angebot für welchen Zweck am besten geeignet ist. Hier sollten auch die Regeln für die Nutzung enthalten sein. Unterscheiden können wir zwischen »Bundesregeln«, die für alle geteilten Flächen gelten, und »Landesregeln«, die jedes Team für sich und seine Homebase aufstellt.

- ☐ *Einweisung und Regelung treffen, um neue Angebote effektiver nutzen zu können*
- ☐ *Regeln für gemeinschaftliche Bereiche werden vorgegeben*
- ☐ *Regeln für Teambereiche (»Homebases«) wählt jedes Team selbst*

Clean Clean Desk

Eine sinnvolle Regel für Shared-Desk-Konzepte, insbesondere wenn es keine teameigenen Homebases gibt, lautet: Wer den Arbeitsplatz verlässt, räumt ihn auf. Komplett. Denn wahrscheinlich wird morgen jemand anderes an diesem Schreibtisch sitzen. Um das Aufräumen zu ermöglichen, braucht es eine gute Lösung für die Aufbewahrung persönlicher Dinge. Nicht zu weit entfernte Schließfächer mit schicken Körben zum Transportieren funktionieren hier prima. Auch Hygiene ist für viele ein wichtiger Faktor: Warum nicht ein Desinfektionsspray für die Tische zum Eigengebrauch anbieten?[1]

1 Eine abendliche Grundreinigung der geteilten Schreibtische sollten sich die Kollegen untereinander jedenfalls wert sein.

- ☐ *Clean-Desk-Policy verabschieden, wenn Schreibtische mit vielen Kollegen geteilt werden*
- ☐ *Zentralen Stauraum für persönliche Dinge vorsehen*
- ☐ *Hier auch an Transportmöglichkeiten denken*
- ☐ *Desinfektionsspray für die Schreibtische anbieten*

Ablagesystem

Wenn wir als Team noch sehr auf Papiere und Ordner angewiesen sind, ist das ein guter Grund für uns, eine eigene Homebase zu schaffen. So haben wir weniger Laufwege und weniger Zeitaufwand für das Suchen und Organisieren. Und wir können so Dokumente auch vertraulicher behandeln, als wenn diese irgendwo auf der Fläche lagern. Für alle, die hierauf nicht angewiesen sind, reicht meist der persönliche Stauraum aus.

- ☐ *Für Teams, die mit vielen physischen Dokumenten arbeiten, eine eigene Homebase vorsehen*

Schritt für Schritt

Wir raten allen Unternehmen, die eine agile Arbeitsumgebung implementieren wollen, genau darüber nachzudenken, welche kulturellen Auswirkungen agiles Arbeiten auf die gesamte Organisation hat. Die Mitarbeitenden werden anders arbeiten! Sie werden ein anderes Verhältnis zur eigenen Arbeit entwickeln. Bei einigen kann dieser als radikal empfundene Wechsel von traditioneller zu agiler Arbeitsweise zu Widerstand und Frustration führen – inklusive negativer Auswirkung auf die Leistungsfähigkeit. An dieser Stelle wollen wir die wichtige Rolle des Managements betonen. Am besten geht das Management mit gutem Beispiel voran und lebt die Agilität vor, die es sich wünscht, denn die Befähigung der Mitarbeitenden zu autonomem und flexiblem Arbeiten muss von oben abgesegnet und unterstützt werden.

6 IDENTITY

6.1 DAS PRINZIP IDENTITY

IDENTITÄT IN DER KRISE

»Für welchen Arbeitgeber ich im Homeoffice auf den Bildschirm schaue, ist doch im Prinzip egal.« So oder so ähnlich haben wir es während der Corona-Pandemie (und danach) von einigen Freunden und Freundinnen gehört, die ein recht differenziertes Bild vom alltäglichen Homeoffice-Leben entwickelt haben. Trotz Freiheit, Flexibilität und theoretisch besserer Vereinbarkeit von Arbeit und Leben gibt es doch auch unschöne Nebenwirkungen der Remote Work, etwa den Verlust des Zugehörigkeitsgefühls.
Je mehr Zeit wir alle im Homeoffice oder an anderen Orten jenseits des Büros verbringen, umso größer ist die Gefahr, dass die gemeinsame Identität, die uns als Organisation ausmacht, verblasst und im schlimmsten Fall gar nicht mehr spürbar ist.
Und auch wenn wir vielleicht noch (oder wieder) zweimal die Woche ins Büro kommen, finden wir dieses meistens anders vor, als noch vor der Pandemie. Manch leerer Flur mag uns mehr an eine Szene aus einem Western erinnern[1] als an das belebte Treiben von früher, in dem wir uns als Teil eines großen Ganzen gefühlt haben. Aber warum ist genau diese Identität, deren Verlust wir jetzt beklagen, eigentlich so wichtig?

1 Die ikonografische Szene, in der irgendwo im Hintergrund ein Steppenläufer durch die einsame Prärie rollt.

Jedes Lebewesen hat eine eigene Identität. Aber auch jede Organisation und somit jedes Unternehmen. Wir nennen diese Identität eines Unternehmens Corporate Identity. Sie umfasst unter anderem Ethos, Ziele und Werte des Unternehmens und transportiert seinen spezifischen Charakter, mit dem es sich im eigenen Marktumfeld von der Konkurrenz abhebt. Eine starke Identität des Unternehmens ist das Fundament für ein starkes Wir-Gefühl. Dieses Gefühl ist unentbehrlich, um die Motivation unter den Mitarbeitenden und ihre Bindung an das Unternehmen zu erhöhen, die bestehenden Kunden für das Unternehmen zu begeistern und neue Zielgruppen zu erreichen.

Eine Corporate Identity ist mehr als ein schickes Logo. Wir verstehen sie als ein ganzheitliches Erleben dessen, was das Unternehmen auszeichnet und wie es von Innen- und Außenstehenden wahrgenommen werden möchte. Eng verbunden mit der Corporate Identity ist das Corporate Image, das Bild, welches es in der Öffentlichkeit hervorruft.

In einem globalen und höchst umkämpften Marktumfeld sind jene Unternehmen erfolgreich, die neben einer unverwechselbaren Identity auch ein starkes Image haben. Sie erzeugen Aufmerksamkeit, provozieren eine Meinung und haben in der Regel loyale Kunden. Das alles sind Zutaten für lang anhaltenden Erfolg. Deshalb sollte es das Ziel jedes Unternehmens sein, die Corporate Identity und das Corporate Image in Einklang zu bringen, damit die Öffentlichkeit es genau so wahrnimmt, wie es sich selbst sieht.

CORPORATE IDENTITY IST KOMPLEX!

Wir nehmen die Corporate Identity als eine Sammlung von Signalen wahr, die eine Organisation nach innen und außen in Form von Symbolen, Mitteilungen und Verhaltensweisen sendet. Diese Signale kommunizieren, was die Organisation im Kern darstellt, was sie macht, wie sie es macht, warum sie es macht und was sie in der Zukunft vorhat. Die Corporate Identity nimmt dann Gestalt an, wenn all diese Signale ein dynamisches, miteinander verbundenes und funktionierendes Bild ergeben. Gemäß dieser Definition müssen alle Menschen im Unternehmen ein klares Verständnis der Corporate Identity haben, damit sie in der Lage sind, die damit verbundenen Werte einheitlich nach innen und außen zu transportieren. Und dass sich genau das zunehmend schwieriger gestaltet, wenn man selbst kaum noch im Büro ist, liegt auf der Hand. Aber darauf kommen wir gleich zurück.

Die Wissenschaftler T. C. Melewar und Elif Karaosmanoglu haben 2005 sieben Bestandteile einer Corporate Identity identifiziert, die wir um eine achte Komponente ergänzen möchten, nämlich die Unternehmensarchitektur. Denn wenn unsere Projekte uns eines gelehrt haben, dann das: Die Räumlichkeiten, in denen wir arbeiten, schärfen das Bild, das wir vom Unternehmen haben, auf dieselbe Weise wie alle anderen Bestandteile der Corporate Identity.

In der folgenden Tabelle geben wir eine kurze Übersicht über die acht Bestandteile der Corporate Identity:

BESTANDTEIL	BESCHREIBUNG	RELEVANZ FÜR CI
Organisations-kultur	System gemeinsamer Werte und Vorstellungen, das als Leitbild für alle Mitglieder eines Unternehmens gilt. Es entsteht und entwickelt sich sowohl vertikal als auch horizontal und beeinflusst die komplette Leistung der Organisation.	Die Organisationskultur ist der symbolische Kontext, in dem die Interpretationen der Corporate Identity entstehen und mögliche Einflüsse auf das Corporate Image postuliert werden.
Unternehmens-kommunikation	Sie besteht aus allen Aktivitäten, die interne und externe Botschaften liefern, die letztendlich die Wahrnehmung der verschiedenen Stakeholder beeinflussen.	Das Steuern der Kommunikation auf Unternehmensebene ermöglicht die Entwicklung einer gemeinsamen Vision innerhalb der Organisation und diese mit der öffentlichen Wahrnehmung in Einklang zu bringen.
Unternehmerisches Verhalten	Dieser Begriff definiert sämtliche Handlungen und Einstellungen des Unternehmens sowohl internen Stakeholdern (Eigner, Manager, Angestellte, Arbeiter und so weiter) als auch externen Zielgruppen (Kunden, Öffentlichkeit) gegenüber.	Das ethische und moralische Verhalten eines Unternehmens kann den größten Teil der Identität ausmachen. Firmen, die mit schlechtem Customer Service, unethischen Prinzipien oder illegalem Handeln assoziiert werden, können ihrer Corporate Identity permanent schaden.
Unternehmens-architektur	Die physischen Artefakte (zum Beispiel Gebäude, Orte, Einrichtung, Dekor), die das Unternehmen physisch und architektonisch repräsentieren.	Die Architektur ist ein Kernelement der Corporate Identity. Sie hilft, den Zweck, die Geschichte und die Werte des Unternehmens zu transportieren – auf eine emotionale Art und Weise.
Unternehmens-design	Alle visuellen Hinweise, mit denen sich die Organisation von Mitbewerbern unterscheidet und mit denen Qualität und Status in Richtung der unterschiedlichen Stakeholder projiziert werden.	Das Unternehmensdesign ist unerlässlich für eine starke Corporate Identity, denn es verankert das Unternehmen in den Köpfen der Menschen, indem es sich unverwechselbar macht.
Markenbildung & Werbestrategie	Darunter werden alle Handlungen verstanden, die ein bestimmtes Markenbild des Unternehmens in einer vorher definierten Zielgruppe erzeugen. Die Markenbildung hat Einfluss auf alle Bereiche des Unternehmens und ist direkt mit den Bedürfnissen und Emotionen der Kunden verknüpft.	Markenbildung und Werbekampagnen sorgen dafür, dass sich Unternehmen signifikant vom Wettbewerb unterscheiden.
Unternehmens-strategie	Der Strategieplan eines Unternehmens, um im gewählten Marktsegment konkurrenzfähig zu sein und zu überleben.	Die Unternehmensstrategie ist die metamorphotische Seele der Persönlichkeit einer Organisation. Die Corporate Identity dagegen ist das Ausleben dieser Persönlichkeit.
Industry Identity	Dieser Begriff beschreibt die herausstechenden Merkmale einer Industrie: Größe, Standort, Wettbewerbsfähigkeit, Innovations- und Veränderungsrate.	Industriespezifische Charakteristika sind die konstituierenden Elemente einer jeden Organisation. Als solche beeinflussen sie auch immer die Corporate Identity vom ersten Tag an.

TABELLE I1: *Die vielen Spielfelder der Corporate Identity*

EINE STIMMIGE CORPORATE IDENTITY NACH INNEN & AUSSEN VERMITTELN

Nachdem wir uns einen Überblick über die Bestandteile der Corporate Identity verschafft haben, verstehen wir den Kontext besser, in dem sie entsteht und sich entfaltet. Man könnte sie auch als das Röntgenbild einer Organisation bezeichnen oder als Abbild aller Informationen und Handlungen, mit denen die Organisation Berührungspunkte mit all ihren Stakeholdern, intern wie extern, erzeugt. Um authentisch zu kommunizieren und zu handeln, muss die Organisation genau wissen, wodurch sie definiert wird. Es muss daher ein steter Abgleich zwischen Corporate Identity, Kommunikation und Handeln stattfinden.

Das klingt auf dem Papier logisch und simpel, in der Realität kann es aber ein eher schwieriges Unterfangen sein. Es setzt nämlich voraus, dass Klarheit über die Corporate Identity herrscht, dass eine einheitliche Identität des Unternehmens entwickelt wurde. Wir haben allerdings immer wieder mit Unternehmen zu tun, die genau dies nicht schaffen – eine einheitliche Identität zu entwickeln. Da wollen Angestellte unbedingt agil arbeiten, während das Management eher traditionell gestrickt ist, oder andersherum.

Die fehlende Einheitlichkeit schadet der Corporate Identity, denn sie sendet zwei gegensätzliche Botschaften darüber aus, was das Unternehmen darstellt und wie es wahrgenommen werden möchte. Und wenn der Kunde verwirrt ist, wendet er sich im Normalfall an den Mitbewerber, der seine Botschaften besser im Griff hat. Daher verwenden wir gerade in diesen Zeiten des Wandels sehr viel Zeit darauf, gemeinsam mit unseren Auftraggebern an einer überzeugenden, von allen Seiten akzeptierten und verstandenen Identität zu arbeiten.

DAS BÜRO ALS IDENTITÄTSSTIFTENDES VEREINSHEIM

Schlagen wir nun den Bogen zurück zur anfangs angerissenen Krise. Auch Organisationen, die bisher eine gute und stimmige Identität hatten, merken derzeit vermehrt, dass das Getriebe irgendwie nicht mehr so rund läuft, wie es vor der Pandemie der Fall war. Corona hat uns, was unsere berufliche Heimat »Büro« angeht, förmlich entwurzelt. Wir sind nicht mehr dauerhaft im Office, sondern können plötzlich von überall arbeiten. Gerade die klassische Einzelarbeit, die keiner Abstimmung mit Kollegen bedarf, verlagert sich bei vielen ins Homeoffice. Gleichzeitig merken wir aber auch, dass uns der Austausch mit den Kollegen fehlt[1] und uns dieser soziale Faktor ins Büro zurücktreibt. Das Büro erwartet uns dann aber nicht selten mit langen, toten Fluren und Räumen, die menschenleer und nicht mehr so richtig passend sind für unsere Arbeitsweise.

1 Wie wir bereits im Kapitel »Teamwork« beschrieben haben.

Hinzu kommt, dass wir remote häufig nur mit den gleichen Kollegen zusammenarbeiten. Die, mit denen wir fachlich am meisten zu tun haben. Andere Teammitglieder sieht und hört man oft wochenlang nicht. Wir bekommen nicht mehr mit, was andere gerade tun. Wir werden immer mehr zu Einzelkämpfern. Die Folge: Die Bindung zum Arbeitgeber und zu den Kollegen geht verloren.

Besonders schwer trifft es ganz neue Mitarbeitende, die den Teamspirit nicht nur verlieren, sondern gar nicht erst entwickeln. Man fühlt sich weniger zugehörig und weiß vielleicht irgendwann gar nicht mehr, warum man sich dort eigentlich beworben hatte. Zu Hause fehlt die Office-Umgebung, die uns daran erinnert. Zufriedenheit und Produktivität leiden. Über kurz oder lang überträgt sich das auch auf die Außenwahrnehmung. Die Firmenidentität gerät in eine Schieflage.

Das Büro als Ort des Zusammentreffens und der gemeinsamen Identität zu pflegen, hat also an Bedeutung gewonnen. Dafür braucht es einerseits einen Kulturwandel und neue Formate [1] und andererseits auch ganz neue Bürokonzepte, mehr noch eine neue Verteilung des zur Verfügung stehenden Platzes. Kurz: Schreibtischflächen rücken in den Hintergrund und machen Platz für Kommunikationsflächen. Denn sozialer Austausch passiert nicht am Schreibtisch. Und diese neuen Flächen müssen die Anforderungen der Mitarbeitenden und die Unternehmenswerte sichtbar aufgreifen.

Wir verwenden an dieser Stelle gerne eine Analogie: das Büro als Vereinsheim. Warum? In einem Vereinsheim spürt man die Identität des jeweiligen Vereins. Würde man mit verbundenen Augen in ein Vereinsheim geführt werden und die Augenbinde erst drinnen abnehmen – man würde mit sehr großer Wahrscheinlichkeit erkennen, um welche Art des Vereins es sich handelt. Beim Narrenbund zieren Karnevalsabzeichen und Fotos vom letzten Rosenmontagszug die Wände. Beim Tennisverein sind es vielleicht Pokale und Schläger, oder das signierte Racket von Steffi Graf.

Mindestens eine genauso wichtige Rolle wie die Gestaltung des Vereinsheims spielen die anderen Mitglieder, die man dort antrifft. Es sind Gleichgesinnte. Man tauscht sich aus, auch über den Sport oder den letzten Narrenumzug hinaus. Und das schweißt zusammen. Vielleicht trifft man beim wöchentlichen Stammtisch auch Mitglieder, die aufgrund einer Verletzung länger nicht am Training teilnehmen konnten. Im Vereinsheim sind alle Teil eines großen Ganzen. Es ist unser physischer Raum für Begegnung, Austausch und Wir-Gefühl.

Diese Eigenschaften gilt es nun verstärkt auch ins Büro zu transportieren. Einen Ort zu schaffen, in den wir durch entsprechende Formate und passende Räumlichkeiten gerne zurückkommen. Und je stärker die Unternehmensidentität im physischen Office spürbar ist, umso besser gelingt uns der Spagat zwischen Hybridem Arbeiten und Wir-Gefühl.

1 Wie wir im letzten Kapitel dieses Playbooks »Culture is Key!« noch beschreiben werden.

6.2 BEISPIELE

FOTO 11: EY Berlin. *Ein innovatives Bürokonzept mit neuen und klassischen Elementen*

VERGANGENHEIT IST ZUKUNFT

Die technologische Entwicklung und die Veränderung unserer Lebensstile haben neue Verhaltensweisen und Bedürfnisse hervorgebracht, nicht nur im Privatleben, sondern auch in der Arbeitswelt. Um den veränderten Anforderungen einer neuen Generation von Arbeitnehmern gerecht zu werden, haben Unternehmen eine ganze Reihe neuer Methoden und Ansätze in den Arbeitsalltag integriert, die Empowerment, Kreativität und Selbstverwirklichung fördern. Doch das war und ist nur der Anfang. Immer mehr Unternehmen begreifen, wie wichtig die Arbeitsumgebung ist, wenn eine neue Art zu arbeiten gedeihen soll. Gerade jetzt, wo neue Hybrid- oder Remote-Guidelines nicht mehr zu den vorhandenen Arbeitsräumen und Flächenkonzepten passen. Die Nachfrage nach neuen Räumen ist allerdings in den meisten Fällen auch damit verbunden, das Alte, die Geschichte des Unternehmens, genauso wie die vorhandene Corporate Identity zu wahren.
EY zum Beispiel ist diese Verknüpfung gelungen. Sie haben innovative Arbeitsplätze eingerichtet, die den neuen Bedürfnissen ihrer Angestellten gerecht werden, eine effizientere Nutzung der räumlichen Gegebenheiten erreicht und trotzdem eine Verbindung zur eigenen Unternehmenshistorie erhalten. Wenn wir ihre Räume besuchen, fällt uns nicht nur die Verwendung der typischen Unternehmensfarben ins Auge, sondern auch die Inneneinrichtung und das Layout, die für das stehen, was das Unternehmen auszeichnet: anerkannte Expertise und nüchtern-objektive Förmlichkeit. → FOTO 11

LOKALER BEZUG

Unterschiedliche Arbeitsumgebungen haben auch unterschiedliche Bedeutungen, je nachdem, in welchem Land oder in welcher Stadt sie sich befinden. Denn genauso wie jedes Unternehmen ist jeder Ort für sich genommen einzigartig und zeichnet sich durch spezielle Sprachcodes, Werte oder eine bestimmte ethische Haltung aus. Es kann daher äußerst fruchtbar sein, eine Verbindung zwischen dem Arbeitsplatz und der Stadt, in der er sich befindet, herzustellen. Das kann ein Zusammengehörigkeitsgefühl erzeugen.

Auch wenn EY als ein international agierendes Unternehmen bekannt ist, so finden wir in der neuen, umgestalteten Hauptstadtzentrale überall Artefakte der Berliner Geschichte. Und Fotografien von Szenen aus dem Berliner Stadtleben. Welche Szenen das sind, hatte die Belegschaft zuvor demokratisch entschieden. Auch wenn dies wie ein simples Detail wirkt, so hat es in der Realität doch eine große Wirkung.

Die EY-Mitarbeiter fühlen sich auch in ihrem täglichen Arbeitsleben mit der Stadt und ihren speziellen Orten verbunden. Berlin gilt ja als eine Wiege für Innovation und erfolgreiche Start-ups. Diesen Geist fühlen die Mitarbeiter auf diese Weise auch zwischen ihren Unternehmenswänden. Das wiederum erzeugt auch ein größeres Zusammengehörigkeitsgefühl mit dem Unternehmen. → FOTO 12, 13, 14

FOTO 12: EY Berlin. *Motive aus Berlin prägen in unterschiedlichen Gestaltungselementen die Räume.*

FOTO 13: EY Berlin. *Die Mitarbeiter wurden bei der Wahl der dekorativen Elemente mit eingebunden.*

WIR-DESIGN

Nun fragen wir uns: »Wie lautet die Geheimformel, um einen effektiven Arbeitsplatz zu gestalten, der gleichzeitig in der Lage ist, die Identität des Unternehmens zu vermitteln und obendrein ein Wir-Gefühl zu erzeugen?« Unsere Nachforschungen bringen uns zurück zu EY. Der Schlüssel hier war: Mitarbeiter in die Gestaltung einbeziehen. Viel reden, viele Interviews führen und sich intensiv mit den Leuten auseinandersetzen, die täglich in den neuen Räumlichkeiten arbeiten und leben werden – mit dem Ziel, deren Bedürfnisse, Anforderungen und Wünsche zu verstehen. Das Zauberwort heißt »mitgestalten«.
Natürlich ist dieses Vorgehen auch kein Wunschkonzert. Eine Menge Kompromisse, das Budget oder irgendwelche regulatorischen Standards betreffend, müssen wahrscheinlich geschlossen werden. Doch wenn die Mitarbeitenden das Gefühl haben, dass ihre Meinungen berücksichtigt und wertgeschätzt werden, dann ist die Messe schon halb gelesen.
Im Falle von EY hat die Einbindung der Mitarbeiter nach eigenen Angaben großartig geklappt. Sie war wichtig, um die richtigen Entscheidungen zu treffen. Konkret wurden zwei Arbeitsgruppen gegründet: Die erste Gruppe war ein sogenanntes »Steering Board«, das aus 15 Personen bestand und sich aus den Partnern, dem Head of Marketing und dem Head of HR konstituierte. Die zweite Gruppe war die 30-köpfige sogenannte »Talent Group«, die aus einer diversen und heterogenen Auswahl von Mitarbeitenden zusammengesetzt wurde. Es wurden vor allem die Leute ausgewählt, die im Ruf standen, wertvolle und kritische Meinungen zu haben und im Unternehmen gut vernetzt zu sein. Beide Arbeitsgruppen sollten gemeinsam alle Entscheidungen über das Design der neuen

FOTO 14: EY Berlin. *Das DDR-Ampelmännchen signalisiert, ob der Raum frei oder belegt ist.*

Arbeitsplätze treffen: die Anzahl und Größe der Teamräume, die Gestaltung der offenen Gemeinschaftsräume, die Anzahl der Schreibtische, das Buchungssystem für die Besprechungsräume, die Anzahl der Einzelbüros und so weiter. Sollte an einem Punkt Uneinigkeit zwischen Steering Board und Talent Group herrschen, so hätte das Steering Board die finale Entscheidungshoheit. Interessanterweise wurden 99 Prozent aller Entscheidungen tatsächlich gemeinsam getroffen.
Für uns ist dies ein exzellentes Beispiel für einen Mitgestaltungsansatz, der die Mitarbeiter zum Mitmachen motiviert, das Zusammengehörigkeitsgefühl stärkt und im selben Atemzug ein Sicherheitsnetz für die Werte des Unternehmens und seine Corporate Identity bietet. Ein weiterer Grund für den Erfolg des Designprozesses war das bedächtige Tempo, mit dem die

FOTO 15: EY Berlin. *Die Wand mit Tafelfarbe kann von den Mitarbeitern individuell gestaltet werden.*

Neuerungen umgesetzt wurden. Es wurde immer nur ein Flügel des Gebäudes zur selben Zeit umgebaut. Nachdem der erste Flügel 2016 bezugsfertig war, bekamen die Mitarbeiter eine dreimonatige Testphase, während der sie die neuen Räumlichkeiten nutzen konnten, aber nicht mussten. Die Reaktion auf diese Testphase war äußerst positiv, denn die Mitarbeiter wollten die neuen Räume ausgiebig testen. Deshalb gab es im Anschluss an die drei Monate eine Iterationsphase und eine Feedbackrunde, um die Erkenntnisse in die Umgestaltung des nächsten Flügels einfließen zu lassen.

Noch identitätsstiftender wird *Wir-Design*, wenn sich dies nicht nur auf die Planungsphase bezieht, sondern das Selbstgestalten zu einem fortlaufenden Prozess wird. Wir finden es großartig, wenn wir die Hoheit oder Ownership über unsere eigene Arbeitsumgebung haben. Das heißt aber, dass die Umgebung auch nach dem Einzug gestaltbar bleiben muss. Hier können schon kleine Dinge Wirkung entfalten, wie zum Beispiel die beschreibbaren Wände im EY-Office, die ständig und von jedem umgestaltet werden können. → **FOTO 15**

DAS KONZEPT IST DAS KONZEPT

Wie schon beschrieben, liegt die Identität eines Unternehmens auch in seinen Wurzeln. Ein häufiger Fehler, der passiert, wenn neue Arbeitsräume gestaltet werden sollen, ist folgender: Man nimmt ein berühmtes Beispiel, sagen wir den »Google Campus«, und sagt dann dem Planer, dass er bitte genau dasselbe Ding hochziehen soll. Das wird natürlich nicht funktionieren. Denn auch wenn wir uns einig sind, dass die meisten New-Work-Arbeitsräume mehr oder minder gleich aussehen und im Kern dieselben Features besitzen, so geht es trotzdem zuvorderst darum, die Einzigartigkeit und Authentizität des jeweiligen Unternehmens in das Design zu integrieren.

Blicken wir noch einmal auf die **Factory** aus dem Teamwork-Beispiel. Stefan Mohren, Product Development Lead für die Factory, erklärt uns das Kernstück des Konzepts: »Das Design und die Unternehmensstrategie werden von einem 4K-Konzept dominiert. Wir sind uns sicher, dass das auch jeder andere bemerken wird, der die Factory-Gebäude das erste Mal betritt, denn wofür steht ›4K‹? Für Kontemplation, Konzentration, Kommunikation und Kollaboration.«

Die Architektur der Factory fungiert als physische Manifestation dieses 4K-Konzeptes. Die Aspekte Konzentration und Kontemplation werden in extra dafür designten Räumlichkeiten abgebildet, die sich durch gemütliches

FOTO 16: Factory Berlin. *Kommunikation und Austausch stehen im eigenen Café im Vordergrund und werden durch die Atmosphäre unterstützt.*

FOTO 17: Factory Berlin. *Im Bibliotheksbereich dreht sich alles um Konzentration. Die Bücherwand und die Leseleuchten unterstützen dieses Ziel.*

Ambiente, spezielles Lichtdesign, Pflanzen und bequemen Zugang zum Catering auszeichnen. Darüber hinaus gibt es Bibliotheken mit gemütlichen Sitzecken und inspirierenden Büchern, Stillarbeitszonen, einen Meditationsraum und ein Kino.

Die Aspekte Kommunikation und Kollaboration kommen in den Coffee Lounges zur Geltung, in Restaurants, in gut ausgestatteten Spielzimmern und Übergangsbereichen außerhalb der Stillarbeitszonen, wo informeller Austausch und Gespräche möglich sind. Ein ideales Vereinsheim! Um den Service weiter zu verbessern, so erzählt uns Anna Allgaier, Content Managerin der Factory, tracken die Factory-Mitarbeiter die Auslastung der verschiedenen Räumlichkeiten – um so gut funktionierende Angebote weiter auszubauen. → FOTO 16, 17

ONBOARDING-KULTUR

Die Architektur bestimmt mit gut designten Räumlichkeiten und gut durchdachten Verhaltensregeln, was das Unternehmen im Kern ist. An diese Regeln müssen sich alle Mitglieder halten. Immer. Damit sich auch neue Mitglieder so verhalten wie gewünscht, braucht es eine klar definierte Onboarding-Strategie, wie sie die Factory besitzt. Neue Mitglieder bekommen eine detaillierte Einweisung, wie welche Räume benutzt werden sollen, dass offene Türen im gesamten Gebäude erwünscht sind, um den Austausch untereinander zu ermöglichen, und dass eine Clean-Desk-Policy herrscht. Das bedeutet, dass jede Person ihre persönlichen Sachen vom Arbeitsplatz entfernt und ihn säubert, wenn der Arbeitstag zu Ende geht, da am nächsten Tag eine andere Person an ebenjenem Arbeitsplatz sitzen könnte.

INSTAGRAM-READY

Die Factory bietet auch Führungen durch ihre Räumlichkeiten für externe Besucher an. Die Führungen beginnen mit einer Tour durch die verschiedenen Arbeitsräume und die Küche. Dann folgt ein Treffen mit ausgewählten Start-ups, die vorführen, wie sie mit den Räumlichkeiten interagieren, und auf diese Weise ein erstes Gefühl für die spezielle Gemeinschaft in der Factory erzeugen. Die Tour endet im Dachgeschoss, wo die Besucher über die tolle Aussicht auf Berlin staunen können.

FOTO 18: Factory Berlin. *Work hard, play hard. Das Bällebad hilft beim Perspektivwechsel und unterstreicht das individuelle Arbeitsangebot in der Factory.*

Das ganze Prozedere ist vergleichbar mit unserem Verhalten, wenn wir neue Gäste zu Hause begrüßen und sie erst einmal durch die Wohnung oder das Haus führen. Unsere Räumlichkeiten anderen zu zeigen, schafft eine tiefe Verbindung. Die anderen können dann besser erahnen, wer wir sind und was wir mögen. Dasselbe passiert, wenn ein Unternehmen eine Führung übers Firmengelände anbietet. Die Besucher fühlen sich unvermeidlich stärker mit dem Unternehmen verbunden. Und wenn das Unternehmen auch noch an den richtigen Knöpfen dreht, fühlen sie sich inspiriert und erzählen anderen voller Enthusiasmus über ihre Erlebnisse. Auch dieses Weitererzählen und Weitergeben von Aspekten, die uns als Unternehmen wichtig sind, können wir räumlich unterstützen.

Nicht nur durch ein großes schickes Logo vor unserer Tür, sondern vor allem durch Bereiche oder Ansichten, die einen gewissen »Instagram-Faktor« haben. Die also besonders auffällig, außergewöhnlich oder einfach nur schön sind. Wie zum Beispiel das Bällebad in der Factory. Wer sonst hat so was in seinem Büro? Solche Eindrücke bleiben hängen, werden fotografiert, herumgezeigt und geteilt. Und diese auffälligen Bereiche prägen somit auch stark unser Corporate Image auf foto- und videolastigen Social-Media-Plattformen wie Facebook, Instagram oder TikTok. Denn welche Eindrücke hier zu sehen sind, bestimmen zu großen Teilen eben unsere Besucher (oder Mitarbeiter), die selber Fotos machen und diese teilen. Es lohnt sich daher, bei der Gestaltung unserer Arbeitsumgebung die »Instagram-Perspektive« mitzudenken und Orte zu schaffen, die eine starke visuelle Identität aufweisen. → FOTO 18

6.3 TAKE-AWAYS

Dieses Kapitel sollte vor allem zeigen, dass eine überzeugende Corporate Identity aus vielen Teilaspekten besteht, die wiederum alle gleich wichtig sind und in Einklang gebracht werden müssen. Die Identität ist eng mit der Unternehmenskultur und dem Corporate Image verknüpft. Und sie ist mehr als eine simple Markenstrategie. Sie ist eine vielschichtig erfahrbare Verkörperung dessen, was das Unternehmen in den Augen seiner Mitarbeitenden und der Öffentlichkeit sein möchte. Diese in Zeiten von Hybrid Work zu bewahren, ist eine der größten Herausforderungen, vor denen Unternehmen derzeit stehen.
Schauen wir nun, wie wir Unternehmensarchitektur so nutzen und Arbeitsplatzumgebungen so gestalten können, dass sie eine positive Rolle für die Corporate Identity spielen.

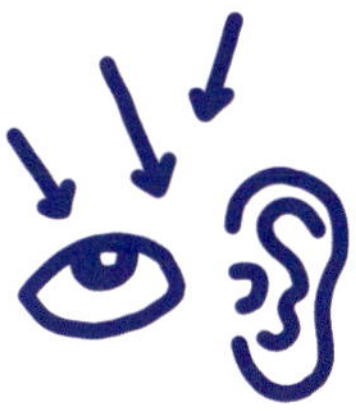

GRUNDLEGENDE IDEEN

Werte erlebbar machen

Die physische Erscheinung ist ein wichtiger Aspekt, um eine erste Idee vom oder ein erstes Gefühl für den Sinn des Unternehmens, seine Stellung und Werte zu vermitteln. Sie macht die Identität des Unternehmens anfassbar. Architektur war schon immer ein starkes Mittel für eine informative und überzeugende Kommunikation. Dabei geht es nicht nur um Farben und Logo-Platzierung. Wir können auf vielen verschiedenen physischen Ebenen unsere Identität erlebbar machen.

- ☐ *Architektonische Elemente beeinflussen menschliche Wahrnehmungen auf vielen Ebenen, zum Beispiel indem sie ein Gefühl der Sicherheit oder auch ein Gefühl von Empowerment erzeugen*
- ☐ *Die Aspekte Komfort, Sound, visuelle Vielfalt, Weiträumigkeit, Bewegung und Lebendigkeit offenbaren die Identität einer Organisation*
- ☐ *Originalität kann ein Zusammengehörigkeitsgefühl erzeugen*
- ☐ *Das Ziel ist, eine Umgebung zu designen, die ihre eigene wahrnehmbare Identität besitzt. Sie sollte ein Ort des Zusammentreffens sein und ein Spiegel aller Individuen, die den Raum mit ihren Ansichten und Visionen täglich mit Leben füllen*

Wir-Design

Neben den Werten aus Unternehmenssicht gilt es vor allem auch den Werten der Mitarbeiter Platz zu schaffen. Im wortwörtlichen Sinne. Idealerweise unterscheiden sich beide Wertesysteme nicht stark, sondern bringen nur andere Aspekte in den Fokus. Platz für die Gestaltung durch Mitarbeiter schaffen wir auf Wänden, in Räumen, auf Fluren. Vielleicht hat jedes Team die Möglichkeit, seinen Teamraum selbst zu gestalten. Teams brauchen eine Home Base, in der sie sich weiterhin zu Hause fühlen können. Gerade in Zeiten, in denen Desk-Sharing zum Standard wird und der Schreibtisch als Fläche für individuelle Gestaltung entfällt, ist es umso wichtiger, den Teams die Möglichkeit zu geben, Flächen zu individualisieren. Die Trophäenwand aus dem Vereinsheim brauchen wir auch im Büro!
Neben dem Schaffen von räumlichen Möglichkeiten sollten wir auch Regeln hierfür vorsehen. Gestaltung sollte zum Beispiel immer Team- und nie Einzelentscheidung sein. Sie sollte auch nie dauerhaft, sondern immer temporär vorgesehen werden und veränderlich bleiben.

- ☐ *Immer daran denken, dass die Unternehmensarchitektur den ästhetischen Geschmack, die Funktionalität und die Arbeitsumgebung reflektiert*
- ☐ *Aber: Mitarbeiter am Prozess der Mitgestaltung beteiligen*
- ☐ *Teamentscheidungen über Einzelentscheidungen stellen*
- ☐ *Umgebungen so designen, dass Änderungen und Renovierungen jederzeit möglich sind, um die Corporate Identity intakt und die Organisation agil zu halten*

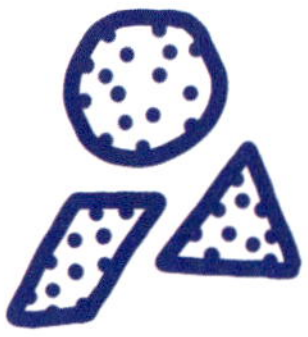

Einheitlichkeit & Ausrichtung

Um die Corporate Identity zu unterstützen, muss die Wahrnehmung der räumlichen Umgebung in Einklang mit ihr gebracht werden. Wie bekommen wir das hin?

- ☐ *Der Raum muss nach einem klaren Konzept dafür, was das Unternehmen will und als was es wahrgenommen werden will, designt und ausgerichtet werden*
- ☐ *Es muss visuelle Verbindungen zwischen dem physischen Arbeitsplatz und dem Corporate Design geben. So wird das Unternehmen in seiner kleinsten Einheit erkennbar*
- ☐ *Wiederkehrende visuelle Hinweise führen dazu, dass sich alle Stakeholder mit der Organisation identifizieren und diese als dynamischen und vernetzten Organismus wahrnehmen*

FLÄCHEN- & RAUMKONZEPTE

Konkrete Flächen- und Raumkonzepte wollen wir in diesem Kapitel nicht vorstellen. Corporate Identity zeigt sich in den verschiedensten Facetten und im ganz Kleinen und ganz Großen. Zudem sind konkrete Objekte, die uns helfen, unsere Identität zu kommunizieren, wie zum Beispiel das Bällebad der Factory, sehr individuell, und von einer »Backanleitung« hierfür wollen wir absehen.

TOOLS & TRICKS

Office Tours

Gebäude und Einrichtungen treffen eine starke visuelle Aussage über die Identität eines Unternehmens. Sie haben die Kraft, die Wahrnehmung unseres Unternehmens entscheidend zu prägen. Als Externe, Neulinge, Besucher oder auch Bewerber können wir diese Identität schneller und intensiver wahrnehmen, wenn wir sie gezeigt und erklärt bekommen, und sie »angeleitet« erleben können.

- ☐ *Neuen Angestellten ein individuelles Onboarding-Programm anbieten, um die allgemeine Arbeitsatmosphäre und die Räumlichkeiten kennenzulernen*
- ☐ *Führungen durch die Arbeitsräume anbieten, damit externe Stakeholder einen besseren Einblick in die Identität und die Kultur bekommen, sowie die räumliche, technische und digitale Einrichtung sehen können*

Instagram-ready

Gerade für Unternehmen, die eine starke Identität pflegen, kann es interessant sein, diese besser transportierbar in soziale Netzwerke wie zum Beispiel Instagram zu machen. Da in vielen Netzwerken knallige Fotos eine zentrale Rolle spielen, kann diese Perspektive bei der Gestaltung berücksichtigt werden. Es gilt, ein paar Orte zu schaffen, die so besonders oder schön oder verrückt sind, dass wir gerne über sie erzählen und dass sie ein Foto wert sind. Die »Google-Rutsche« ist ein perfektes Beispiel. Hier rutscht zwar niemand, aber das Netz ist voll mit Fotos davon.

- ☐ *Orte gestalten, über die geredet wird und die fotografiert werden*
- ☐ *Schöne oder verrückte Orte (zum Beispiel Google-Rutsche) eignen sich hierfür besonders*

7 VIRTUALITY

7.1 DAS PRINZIP VIRTUALITY

ZUSAMMEN ALLEINE

Gemeinschaft ist toll, war aber während der Pandemie eine problematische Sache. Physischer Kontakt mit anderen Personen war verboten und die Gelegenheiten dazu – egal ob Freunde treffen, Kino oder Fussball, Bar, Festival oder Büro – wurden erstmal pausiert. Ziemlich schnell wanderten viele unserer vor allem gemeinschaftlichen Aktivitäten ins Digitale. Theaterstücke und Konzerte wurden gestreamt, und Geburtstage gabs auf Zoom.
Genauso erging es dem Austausch mit unseren Kollegen. Der gemeinsame Tisch oder den geteilten Flur gab es plötzlich nicht mehr, unser Austausch wanderte zu 100 Prozent ins Virtuelle. Es folgte ein Videocall nach dem anderen. Unsere Nerven lagen irgendwann blank.
Der Austausch mit anderen Menschen, egal ob in unserem Team oder mit Kollegen aus anderen Abteilungen[1], machte auch vor der Pandemie schon oft einen Großteil unseres Arbeitsalltages aus. Kniffligere Aufgaben, mehr Informationsbedarf, größere Organisationen, mehr voneinander abhängige Netzwerkpartner – ganz viele Punkte befeuerten diese Entwicklung.
Auch nach der Pandemie hat der Anteil an Kommunikation in unserer hybriden Arbeitswelt weiter zugenommen. Denn das Verlagern des gegenseitigen Austauschs ins Virtuelle hat

1 Oder sogar Partnerorganisationen.

unsere Kommunikation langsamer gemacht. Inzwischen brauchen wir für den gleichen Transfer von Wissen und Informationen, sowie für die gleiche Menge an Meinungsbildung und Konsensfindung einfach mehr Zeit. Warum?
Das liegt vor allem an zwei Dingen: Zum einen liegt es an der notwendigen weiteren Formalisierung unseres Austausches. Im Virtuellen gibt es ja keine Tür und keine Angel, sodass dazwischen auch nichts besprochen werden kann. Alle Gelegenheiten für ein schnelles, spontanes Gespräch fehlen. Deswegen packen wir unsere Themen in Meetingformate, in denen dann die nicht betroffene Hälfte unseres Teams ihre Zeit vergeudet. Und beim nächsten Mal sind wir dann dran mit Zeit absitzen. Das Pressen eines natürlichen, organischen Austauschs in ein Meetingraster führt zu Passungenauigkeiten.
Zum anderen ist die Zusammenarbeit an sich im Virtuellen langsamer, auch wenn wir mal die Technik-Gedenkminuten am Anfang jedes dritten Meetings beiseitelassen. Das Problem ist die Länge der Redebeiträge und unsere Aufmerksamkeitsspanne! Erstere werden im Virtuellen länger, da wir uns weniger unterbrechen, denn Unterbrechungen wirken hier ruppiger als in physischen Konversationen. Deshalb setzen wir sie weniger häufig ein. Wir sind höflich, wir lassen uns ausreden. Im Physischen können wir über Körpersprache und verbale Zeichen ankündigen, dass wir »da rein wollen«. Und dann attackieren wir in einer sich gerade bietenden kleinen Pause, wählen dafür eine präzise Lautstärke und machen eine beschwichtigende Geste. Das alles passiert instinktiv, und niemand ist uns böse! Im Virtuellen dagegen liegen wir mit unserem Timing wegen der Zeitverzögerung immer grob daneben und sind dann auch meistens viel zu laut. Stimmen überlagern sich, niemand versteht, was gerade gesagt wurde. Alle sind irritiert. So werden Redebeiträge länger und Diskussionen unproduktiver.
Der zweite Teil des Problems: unsere Aufmerksamkeitsspanne. Konversationen, denen wir über kleine Bildschirme und mit miesem Sound folgen, fesseln uns noch weniger, als wenn wir sie live an einem Meetingtisch stehend führen. Die Menge an Sinneseindrücken ist zu klein. 120-minütige Filme funktionieren im Kino ja auch besser als auf dem Laptop. Und wenn wir dann noch parallel E-Mails bearbeiten, werden weder die Mails präzise, noch bleiben die besprochenen Dinge besonders gut hängen. Ein Abzug auf der Produktivitäts-Skala.

DIE RETTUNG IM CHAT?

Aber können uns nicht Slack oder die Messaging-Funktionen von Teams und Co. aus der Kommunikationsmisere retten? Nee. Gut, vielleicht ein paar von uns, aber auch nur für bestimmte Arten. Kurznachrichten beispielsweise funktionieren super für die Einweg-Kommunikation, also für Fragen, Antworten, Benachrichtigungen oder Jokes. Und immer, wenn einer mehr weiß als die anderen, oder die anderen mehr als man selbst, es also ein Wissensgefälle gibt, das es auszugleichen gilt. Wenn wir aber diskutieren und unsere Meinungen und Perspektiven mit dem Ziel austauschen, dass wir zu einem Konsens oder zu einer Entscheidung kommen, dann funktioniert ein schriftliches Hin und Her schlecht. Zu viel Interpretationsspielraum, zu langsam, zu unintuitiv. Auch Emojis helfen dann nicht. Heißt: Videocalls werden bleiben, solange Hybrides Arbeiten bleibt. Und wie sangen einst »Wir sind Helden«?[1] »Hybrides Arbeiten ist gekommen, um zu bleiben!«

1 Eine sehr gute deutschsprachige Rock-Pop-Band mit einer sehr guten Sängerin, die wir in den 2000ern alle (!) toll fanden.

EIN BLICK INS METAVERSE

Fehlende Körpersprache, zeitliche Verzögerungen und unsere goldfischartige Aufmerksamkeitsspanne im Virtuellen sind alles Probleme, die sich theoretisch lösen lassen. Mit dem Metaverse – also der Idee, dass wir wie in einem Computerspiel als Avatare in einer virtuellen dreidimensionalen Welt miteinander interagieren. Dort können wir dann zusammen an einem schönen großen Tisch sitzen, in voller Statur, mit Körpersprache und beweglichem Kopf, mit einer tollen Aussicht auf den Pazifischen Ozean im Sonnenuntergang.

Theoretisch sind bei diesem Thema vor allem Meta (Ex-Facebook) und Microsoft schon recht weit, von einem profitablen Produkt aber noch weit entfernt. Was wir bisher sehen können, sind Metas Demoumgebungen, die in der Nintendo-Wii-meets-Fortnite-Ästhetik[1] daher kommen: spielerisch und süß, wie für Social Media gemacht. Wir können uns aber sicher sein, dass die Looks unserer virtuellen Umgebungen anpassbar sein werden und sich eine ganze neue Agentur-Branche mit dem Gestalten Corporate-Identity-kompatibler Welten beschäftigen wird.

Inzwischen ist es ja sogar technisch möglich, dass unsere Avatare reale Abbilder unserer selbst darstellen. Mit Mimik, Gestik und Blickrichtung wie in echt. Dutzende Sensoren an VR- und XR-Brillen kümmern sich darum. Ob wir das wollen oder nicht lieber doch einen selbst designten Avatar spielen, mit vollerem Haar, Nasenring und einer Robe, die wir im echten Leben nie tragen würden, das wird eine interessante Diskussion, die vielen Teams irgendwann bevorsteht.

Egal ob funny oder möglichst life-like: Im Metaverse wird die Realität überblendet. Das ist für Meetings zwischen Menschen, die sich schon kennen, okay bis unterhaltsam. Sich neu kennenlernen oder ernste Gespräche führen, diese Ereignisse werden aber wahrscheinlich noch länger eine Domäne von normalen Videocalls bleiben. Wir mögen hier zwar weniger schnell und lebendig interagieren können, aber zumindest sind Augen und Gesichter, in die wir blicken, echt. Und das hilft dem Aufbau von Vertrauen in solchen Fällen enorm.

HYBRIDE VS. VIRTUELLE MEETINGS

Hybrides Arbeiten bedeutet nicht gleich, hybride Meetings zu führen. Diese sind eher eine mit Vorsicht zu genießende Sonderform des Videocalls, denn ein Teil der Teilnehmenden sitzt physisch zusammen, während der andere Teil remote »hinzugeschaltet« wird. Dieses Vorgehen bringt im Vergleich zu Videocalls, in denen sich alle alleine einwählen, ein paar Vorteile und ein paar mehr Nachteile mit sich.

Kommen wir zuerst zu den Vorteilen: Die physisch »co-lokalisierten« Leute haben mehr Freude am Meeting. Sie sehen sich in voller Größe und ohne Zeitverzögerung und können ohne die bereits erwähnten Nachteile der virtuellen Kommunikation miteinander arbeiten. Das führt aber gleich zum ersten Problem für die Nichtanwesenden. Schnell empfindet man sich als fünftes Rad am Wagen.[2] Man wird zum verpixelten Zuschauer, der gerne mal vergessen wird. Ein gleichberechtigtes Beitragen auf Augenhöhe ist wegen der fehlenden Präsenz schwierig, man ist ja auf das ständige »Reinholen« oder »Reinlassen« durch die physische Gruppe angewiesen.

Ebenso ist das visuelle Arbeiten an einem physischen Whiteboard unfair, und das Weiternutzen eines am Whiteboard entwickelten Ergebnisses in späteren (virtuellen) Meetings geht nur mittelprächtig. Auch an das Schreiben von Post-its müsste man sich erstmal wieder gewöhnen. Die Backspace-Taste fehlt schon ziemlich ... Vielleicht retten irgendwann einmal

1 Wer von »Fortnite« noch nie gehört hat, muss einfach nur wahllos einen Teenager auf der Straße ansprechen und bekommt eine ausführliche Erläuterung.

2 Achtung, Konversationswissen für den nächsten Stehempfang: Diese Redewendung lässt sich bis ins 11. Jahrhundert zurückverfolgen, nämlich zur *Fecunda ratis* eines gewissen Egbert von Lüttich. In jener lateinischen Sprichwörter-Sammlung steht geschrieben: »Quem fastidimus, quinta est nobis rota plaustri.« Übersetzt: »Wer uns lästig ist, der ist uns das fünfte Rad am Wagen.«

MEETINGS: **UND NACH CORONA?**

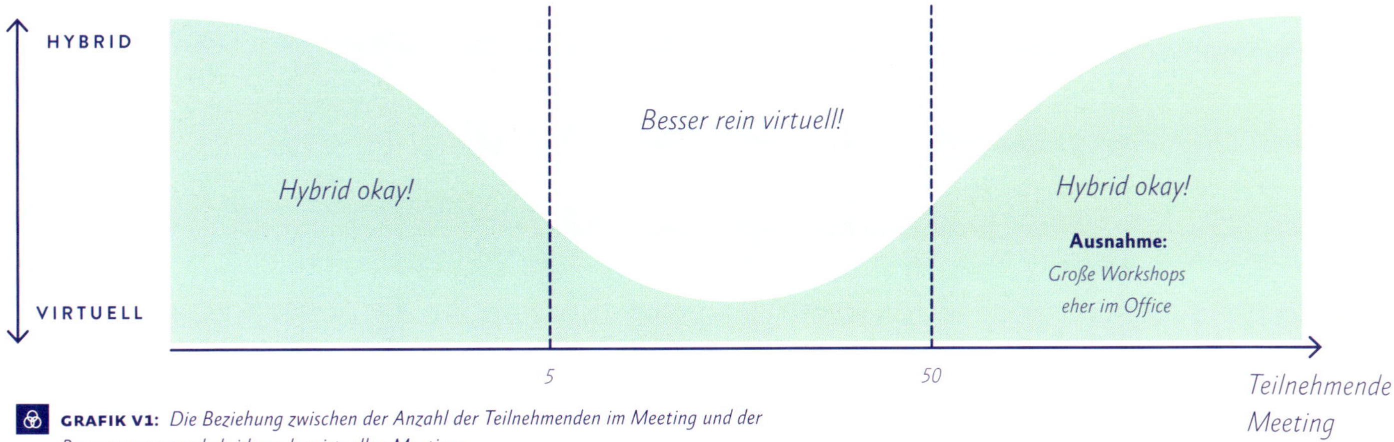

GRAFIK V1: *Die Beziehung zwischen der Anzahl der Teilnehmenden im Meeting und der Bevorzugung von hybriden oder virtuellen Meetings.*

benutzbare Smartboards das hybride Meeting oder lösen zumindest das Problem der gemeinsamen Whiteboardnutzung.

Problematisch bleibt für beide Seiten die prinzipiell schlechtere Ton- und Bildqualität hybrider Meetings. Wenn auch nur ein Teil der Gruppe weiter weg von Mikrofonen, Lautsprechern, Kameras und Bildschirmen sitzt, wird die Experience für alle schlechter: leiser, kleiner, unschärfer. Das kostet zusätzliche Konzentration und ermüdet oder nervt alle Teilnehmenden schneller.

In vielen Fällen funktioniert ein rein virtuelles Meeting besser, selbst wenn wir als Gruppe zusammen im Office sind. Lieber verteilen wir uns dann auf verschiedene Räume, als uns durch ein weiteres hybrides Meeting zu quälen, denn sind wir alle eingewählt, dann haben alle ein gutes Bild und einen guten Ton. Die Präsenz ist fair verteilt. Und wenn alle ihre Laptops vor sich haben, funktioniert auch das Zusammenarbeiten am Whiteboard besser – nämlich am virtuellen. So ist jedenfalls der aktuelle Stand. Wie oben beschrieben, haben wir die Hoffnung noch nicht aufgegeben, dass echte hybride Meetings irgendwann so gut funktionieren wie in zeitgenössischen Sci-Fi-Filmen.

Angenommen, wir müssen heute zwischen einem hybriden oder virtuellen Meeting abwägen, sollten wir die Gruppengröße bedenken. Sehr kleine Runden (etwa zwei Personen physisch und eine Person remote) funktionieren hybrid noch am ehesten. Mit Geduld und Spucke.

Interessanterweise klappen hybride Meetings auch in sehr großen Runden sehr gut. Das sind Runden, in denen Redebeiträge eher von Einzelnen stammen, vielleicht sogar mit eigenem Mikrofon oder von einer Bühne herunter, sogenannte »Townhalls« oder »All-Hands« beispielsweise.[1] Hier schalten sich die Remote-Kollegen einfach dazu, wie bei jeder Show im Fernsehen. Nur richtig mitmachen wird dann schwierig. Wie im klassischen Fernsehen eben … Aber ähnlich wie in neueren interaktiven Formaten können remote Teilnehmende heute indirekt mitmachen. Sie können etwa via Chat Fragen reingeben, die dann von den Redenden aufgegriffen werden. Auch Votings, zum Beispiel über Lieblingsorte für das geplante Offsite, funktionieren gut remote.

Wie wäre es mit einer Daumenregel? Alle mittelgroßen Runden von 5 bis 50 Menschen, in denen ja oft auch interagiert werden soll, laufen rein virtuell einfach geschmeidiger. → **GRAFIK V1**

1 Letztere veranstalten wir einmal im Quartal bei Dark Horse. Seit der Pandemie teilt sich die Anwesenheit meist auf zwei Drittel physisch und ein Drittel virtuell anwesend auf.

MODERATION IST PFLICHT

Generell gilt: Je größer die Runde, desto wichtiger wird die Moderation, sowohl in physischen als auch in virtuellen oder hybriden Meetings.Wenn viele Menschen zusammenkommen, sorgt eine Moderation dafür, dass das Meeting reibungslos abläuft und alle Teilnehmenden die gleichen Chancen haben, ihre Meinungen und Ideen einzubringen. Ebenso hilft sie allen Anwesenden, aktiv und engagiert in der Diskussion zu bleiben. Hybride Meetings bringen ihre eigenen Herausforderungen mit sich, da ein Teil der Gruppe physisch anwesend ist und ein anderer Teil remote teilnimmt. Eine gute Moderation kann dabei sicherstellen, dass die beiden Gruppen gleichberechtigt sind und dass die remote Teilnehmenden nicht benachteiligt werden. Es ist wichtig, sicherzustellen, dass alle die gleiche Chance haben, ihre Meinungen und Ideen einzubringen, und dass die Diskussionen fokussiert bleiben. Eine gute Moderation kann auch helfen, die technischen Aspekte des Meetings im Auge zu behalten, damit alle Teilnehmenden alles gut hören und sehen können.

7.2 BEISPIELE

THE RETURN OF THE EINZELBÜRO

Kurios, aber wahr: Aus räumlicher Perspektive ist die Tätigkeit der virtuellen Zusammenarbeit der des konzentrierten alleine Arbeitens zum Verwechseln ähnlich. In beiden Fällen brauchen wir Ruhe und Abgeschottetheit, und in beiden Fällen nervt es tierisch, wenn vor uns jemand herumhampelt oder – noch schlimmer! – hinter unserem Rücken durch die Gegend läuft. Je zurückgezogener wir in unserer physischen Umgebung sind, desto präsenter können wir in der virtuellen Umgebung sein. *Je alleiner, desto zusammener*. Das heißt auch, dass sich die perfekten Umgebungen für beide Arbeitsmodi sehr ähneln. Um nicht zu sagen: Sie sind gleich! Es ist das *Einzelbüro*. Das gute alte Einzelbüro, das lange als Kommunikationskiller verschrien war, kommt zurück, um die Kommunikation zu retten. Zumindest die virtuelle. Hätten wir auch nicht gedacht ...

Das *neue* Einzelbüro hat ein paar Dinge in petto, die es noch geeigneter für Videocalls macht, ohne dadurch weniger für die fokussierte Arbeit tauglich zu sein. Feature Nummer 1: das Licht! Wer in Videocalls gut aussehen will (oder überhaupt aussehen will, um es mit PeterLicht[1] zu sagen), braucht Licht. Und zwar von vorne, mitten ins Gesicht. Am besten recht hell und mit der Farbtemperatur des Tageslichts. Dieser Trick lässt übrigens auch alle Social-Media-Influencer präsent und schön wirken. Außerdem beeinflusst das künstliche Tageslicht sogar unseren Vitamin-D-Spiegel und unsere Laune positiv. Am häufigsten kommen in der Praxis kreisförmige oder rechteckige, etwa DIN-A4-große Leuchten zum Einsatz.
Neben gutem Licht kann auch eine gedämpfte Akustik durch den Einsatz von Deckenpaneelen, Wandabsorbern, Akustik-Vorhängen oder Polstermöbeln (wie im Homeoffice) für Videocalls hilfreich sein. Aber gerade wenn wir tendenziell nur über Headsets sprechen, ist der Qualitätsgewinn oft marginal.

1 Ein deutscher Indie-Pop-Musiker und Schriftsteller aus Köln, dessen größter Hit so anfing: »Wenn ich nicht hier bin, bin ich auf'm Sonnendeck!« Fühlen wir.

Zusätzlich (oder alternativ) zur Influencer-Beleuchtung ist nun auch die Zeit gekommen, um sich über die Arbeitsstättenrichtlinien hinwegzusetzen und Tisch und Stuhl in Richtung Fenster auszurichten. Solange wir dabei nicht auf der Südseite ohne Verschattungsmöglichkeiten sitzen, ist das direkte Tageslicht immer noch die beste und gesündeste Ausleuchtung. Das Influencer-Licht brauchen wir dann nur frühmorgens oder spätabends. Das Hinwegsetzen über die Arbeitsstättenrichtlinien und die Richtlinie, Schreibtische immer nur orthogonal zu den Fenstern zu platzieren, ist übrigens zulässig, da wir unsere neuen Einzelbüros als temporäre Arbeitsplätze deklarieren.

FOTO V1: Dark Horse. *Ja, genau! Das Einzelbüro ist back! Jetzt auch als der ideale Ort für die Zusammenarbeit … zumindest für die virtuelle!*

FOTO V2: DB Station&Service AG. *Die Couch mit Tür. Eine ruhige und gemütliche Atmosphäre für vertrauliche Gespräche oder längeren Austausch.*

FOTO V3: Schott AG. *Offene Rückzugsorte für kurze Gespräche im Team oder zum E-Mail-Schreiben zwischen zwei Meetings.*

Durch das Ausrichten des Tisches in Richtung des Fensters können wir nun die Größe des neuen Einzelbüros halbieren und die ohnehin immer viel zu großzügig bemessene **Raumtiefe** nutzen. Die Hälfte der Raumtiefe reicht aus, sodass wir anstatt der meist veranschlagten 16 Quadratmeter bei 8 Quadratmetern landen. Und diese Größe reicht allemal aus, ist sie doch das vier- bis achtfache einer Telefonzelle oder eines Thinktanks, die wir heute für ungestörte Videocalls nutzen. Und Einzelbüros haben den Vorteil von echtem Tageslicht, echter Luft, mehr Privatsphäre und besserer Schallisolierung. → FOTO V1
Die verbleibende Hälfte des ehemaligen großen Einzelbüros lässt sich dann bestens als temporär genutzter kleiner Besprechungsraum nutzen. Für das vertrauliche Gespräch oder den kurzen Austausch zu zweit oder zu dritt, was wir ungerne direkt neben den Schreibtischen unserer Kollegen tun möchten, da die ja nun auch gerne in Ruhe weiterarbeiten wollen. Ob diese »verbleibende Hälfte« als Raum oder als offene Fläche mit der passenden Möblierung vorgesehen wird, ist abhängig von der gewünschten Funktion. Für den schnellen Dialog tut's auch ein Sofa, für das vertrauliche Gespräch möchten wir gerne die Tür hinter uns schließen. → FOTO V2,V3
Eines noch: Die etwas größere Geräumigkeit eines Einzelbüros gegenüber einem Thinktank könnte übrigens auch interessant werden, wenn wir irgendwann doch mehr Zeit im Metaverse verbringen. Mit der dann kabellosen VR-Brille stehen, sitzen und gestikulieren wir wild herum oder bewegen Dinge im virtuellen Raum. Das Licht und die Ausstattung der realen Umgebung rücken dann zwar in den Hintergrund, aber eine gewisse Bewegungsfreiheit wird umso wichtiger. Nett ist dann auch die generelle Privatsphäre eines Einzelbüros. Wer schon mal anderen Menschen dabei zugeschaut hat, wie sie sich seltsam und scheinbar unkooridiniert mit einer VR-Brille auf der Nase durch die Gegend bewegen, weiß wie peinlich das aussieht. Da schließen wir dann doch lieber die Bürotür und lassen die verwunderten Blicke draußen. Zumindest die erste Zeit.

FOTO V4: DB Station&Service AG. *Wichtig ist ein guter Mix aus Einzelbüros und Fokusboxen als Ausweichmöglichkeit für kurze Calls oder Fokusarbeit.*

DAS EINZELBÜRO ALS SHARED PRIVATE OFFICE

Der wichtigste Unterschied zwischen dem neuen und dem alten Einzelbüro ist aber sicherlich, dass das neue *allen* Kollegen und Kolleginnen gleichermaßen gehört. Aus zwei einfachen Gründen: Zum einen sind wir in unserer hybriden Arbeitswelt ja gar nicht mehr immer im Office, das Einzelbüro steht also häufig leer, was in Anbetracht der Mietkosten und unseres *CO_2 Footprints* nicht okay wäre. Zum anderen wollen wir meistens andere Leute treffen, wenn wir schon den beschwerlichen Weg ins Büro auf uns nehmen. Wenn aber alle in ihren Einzelbüros sitzen, können wir gleich zu Hause bleiben.

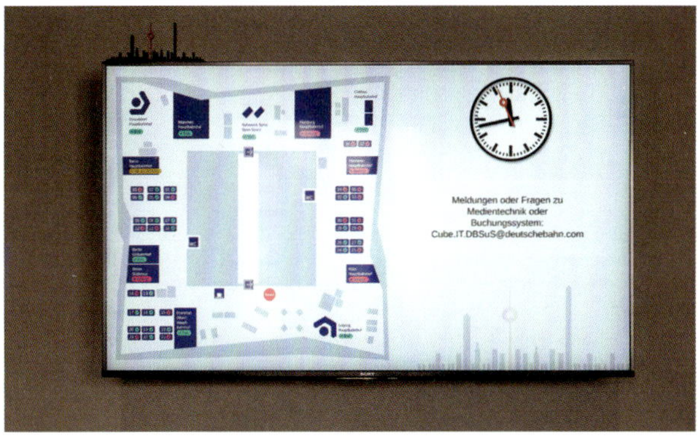

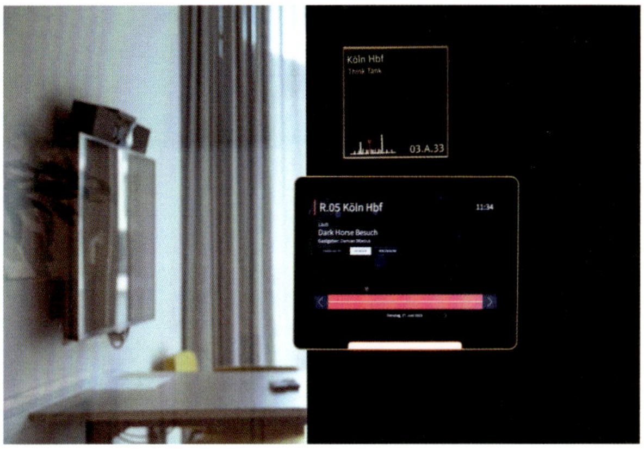

FOTO V5, V6, V7: DB Station&Service AG. *Ein smartes Buchungssystem für die Organisation von Shared Desk Plätzen, mit dem man Raumverfügbarkeiten überblicken und planen kann.*

Also brauchen wir weniger Büros als wir Kollegen sind. Weit weniger. Die genaue Zahl ist vor allem von unserer Homeoffice-Quote abhängig. Bei einer 50-Prozent-Quote und der Annahme, dass wir, wenn wir schon mal im Office sind, nur 50 Prozent unserer Zeit in Videocalls stecken, ist **1 Einzelbüro pro 4 Mitarbeitenden ein guter Startpunkt.**

Als Puffer sollten wir trotzdem ein paar Fokusboxen in der Hinterhand haben. Grundsätzlich ist aus unserer Sicht ein Mix aus Fokusboxen und Einzelbüros gesund und flächenschonend. → FOTO V4

Welches Angebot wir dann nutzen, hängt davon ab, wie lange unsere Videocall-(Blöcke) sind. Halbtägige Remote-Workshops laufen besser im Einzelbüro bei Tageslicht und mit etwas Zwischenluft zum Atmen. 30-minütige Stand-ups am Morgen können wir auch in der Box aushalten, dafür müssen wir kein ganzes Büro blockieren!

Hier stellt sich natürlich die Frage nach der Buchbarkeit der Büros und Fokusboxen. Wir wollen unbedingt das *Handtuchproblem* vermeiden, das wir alle schon mal im Urlaub erlebt haben: Wir sind früh auf den Beinen[1] und sichern uns etwas vollständig, was wir nur teilweise brauchen. Bei der Strandliege ist das genauso mies wie beim Einzelbüro.

Die Lösung heißt nun nicht, sämtliche Räume und Boxen für ein Jahr im Voraus buchbar zu machen, nein, viel eher sollten wir entweder einen Puffer zwischen den Buchungen einbauen oder nur ein paar von zu Hause aus buchbare Optionen haben. → FOTO V5, V6, V7 Alles andere versetzt Kollegen und Kolleginnen in Stress, die wissen, dass sie für einen wichtigen Call eine wirklich gute Umgebungen brauchen, aber aus bestimmten Gründen erst später ins Büro kommen können. Der Anteil buchbarer Optionen sollte also erstmal klein sein. Wir steigern dann nur langsam, sodass alle die Möglichkeit haben, in das neue Prinzip hineinzuwachsen, anstatt sich schon mal für das komplette nächste Jahr ein Eckbüro zu reservieren. → FOTO V8

Um das Wohnlichmachen von geteilten Büros sollten wir uns natürlich gemeinsam kümmern. Anstatt private Fotos aufzustellen und den Frivole-Fischer-Kalender an die Wand zu kloppen, sollten wir hier Dinge platzieren, mit denen sich alle identifizieren können – oder die zumindest nicht stören. Und wir sollten schauen, dass wir

1 Weil wir unser Leben sowas von im Griff (oder kleine Kinder) haben.

die Räume immer so verlassen, wie wir sie vorfinden wollen. Klar.
Um das »Ankommen« im Einzelbüro noch weiter zu vereinfachen, können Automatik-Drehstühle und höhenverstellbare Schreibtische interessant sein. Ansonsten brauchen wir an Technik nur das, was wir auch im Homeoffice haben: einen externen Monitor. Unseren Laptop, Maus, Tastatur, Smartphone und die gute Laune bringen wir mit. Der eigene Laptop hat gegenüber stationären Geräten immer den Vorteil, dass wir uns tatsächlich immer und überall einloggen können, und die Programme, die wir brauchen, tatsächlich auch laufen. Wenn wir dann noch einen Laptopständer haben, um unsere Kamera etwas mehr in Richtung Augenhöhe zu heben, steht unserem Abtauchen in virtuelle Welten nichts mehr im Weg.

FOTO V8: *Flur mit Türen. Wenn die wenigen im Office anwesenden Kollegen hinter Türen sitzen, sieht man vor allem: Türen!*

WIR SITZEN IM KREIS

Mit den gerade beschriebenen Angeboten haben wir es ja schon mehr oder minder offen gesagt: Die Zusammenarbeit läuft im Zweifel eher rein virtuell als gemischt hybrid. Nur für sehr kleine (drei bis sechs Personen) oder sehr große Gruppen (ab 30 Personen) ist das hybride Meeting eine gute Idee.
Kleine Meetings sind generell oft interaktiv. Alle beteiligen sich, alle reden mit. Das gilt auch für kleine hybride Runden. Wenn wirklich in erster Linie geredet wird, reicht hier oft ein Laptop oder ein Bildschirm mit Kamera auf der Seite des physisch zusammenarbeitenden Teils der Gruppe, am besten in einem geschlossenen Raum, und los gehts.
Etwas kompliziert wird das Setup, wenn wir gemeinsam an einem Whiteboard arbeiten wollen. Hier stellt sich die vermeintliche Grundsatzfrage: Ist das Whiteboard physisch oder virtuell? Da ein physisches Bord für die Remote-Kollegen nicht nur nicht nutzbar, sondern meist auch schlecht sichtbar ist, fällt diese Option eigentlich flach. Das virtuelle Board ist der Weg, und das benutzen am besten alle vom eigenen Computer aus. Und wenn wir die Computer schon vor uns haben, können wir auch gleiche deren Kameras nutzen und uns so auch selbst für die virtuelle Fraktion besser sichtbar und interpretierbar machen. Nicht unwahrscheinlich, dass genau dieses Setting der neue Meeting-Standard wird: **der Laptopkreis.** Alle sitzen irgendwo vor ihren Laptops. Die physisch co-lokalisierten Kollegen sitzen dabei eben zusammen und benutzen nur ein Mikrofon und einen Lautsprecher. Alle hören sich, alle sehen sich, und alle können gleichzeitig an digitalen Dokumenten arbeiten.

Ein heute noch selten verwendetes Tool für solche kleinen hybriden Meetings wäre das Smartboard, also ein Whiteboard, das physisch beschrieben werden kann, aber live gestreamt wird und (theoretisch) auch von remote Teilnehmenden bearbeitbar ist. Diese Boards gibt es schon seit längerem, und sie werden auch immer weiter verbessert, aber noch hakt es an der Benutzbarkeit. Auch Setup und Log-in sind meist genauso erratisch, wie wenn man mal eben etwas drucken will. Kennt man ja ... Außerdem führt ein solches Gerät zu viel Bewegung im Raum. Das ist in rein physischen Meetings toll, führt in hybriden Meetings aber zu dramatisch fallender Video- und Audioqualität. Da ergibt der Laptopkreis einfach mehr Sinn. → FOTO V9, V10

FOTO V9: DB Station&Service AG. *Das günstigste, einfachste und oft qualitativ beste Hybrid-Work-Setting: der Laptopkreis! Tolles Bild, toller Ton – zum Nulltarif, ohne zusätzliches Equipment.*

FOTO V10: DB Station&Service AG. *Gemeinsam hybrid arbeiten: Das Fireplace Setting als die luxuriöse Variante des Laptopkreises.*

ALLES HÖRT AUF EIN KOMMANDO

Wenn wir eine mittelgroße Gruppe sind (so ungefähr 7 bis 30 Personen) und wirklich nicht auf unser Hybrid-Meeting verzichten können, dann kann ein anderer Ansatz helfen: **die Kommandozentrale.** Sie funktioniert ein bisschen wie ein Laptopkreis in groß. Alle Teilnehmenden, egal ob remote oder physisch vor Ort, loggen sich mit dem *eigenen* Laptop und der eigenen Kamera ein. In der physischen Runde sitzen wir alle im Kreis, allerdings bleiben alle Mikrofone und Lautsprecher stumm! Stattdessen teilen wir uns ein gemeinsames Audiotool oder verwenden die (gute alte) Telefonspinne. Denkbar ist zudem, dass Softwareanbieter bald Funktionen anbieten, die auch den Ton aller Laptops synchronisieren. Dann könnten auch alle ihr eigenes Laptopmikrofon nutzen. Aber auch heute, mit geteilter Audiolösung, haben schon alle Teilnehmenden ein gutes Bild, und mit dem Ton lässt sich auch meistens leben.
Erste Unternehmen institutionalisieren diese Lösung schon in festen Einbauten. Hier können dann auch externe Mikrofone an jedem Platz vorgesehen werden. Jede Person hat dann auch einen eigenen Talk Button wie im Bundestag! Manchmal wird das auch kombiniert mit einem für alle sichtbaren großen Bildschirm an der Front. Das sorgt zwar für etwas mehr Interaktion im Raum, schneidet aber auch die remote Teilnehmenden schon wieder etwas vom Geschehen ab, wenn sich alle im Call sichtbaren Köpfe plötzlich wegdrehen.
Der Nachteil solcher Videokonferenzanlagen: Beim Aufbau eines solch komplexen Videocalls kann so viel schiefgehen, dass es eigentlich immer eines Operators bedarf. Oder man braucht jemanden, der Operator spielt und sich wirklich auf die Technik konzentriert.

VIRTUELLE TOWNHALLS

Große Runden (ab 30 Personen) nutzen einfach ihre normale Umgebung für Townhall- und All-Hands-Meetings, also große Meetingräume, Marktplätze oder notfalls die größte offene Bürofläche. In solchen großen Runden ist die Interaktion von remote Teilnehmenden eher über den Chat vorgesehen, weswegen wir uns nicht unbedingt um ein gutes Bild und guten Ton von allen »Remoties« für alle physisch Teilnehmenden kümmern müssen.
Es reicht hier also, vor allem den Ort der Redner in das rechte Licht und den rechten Ton zu rücken: die Bühne, das Pult oder einfach das Kopfende des Raumes. Hierfür brauchen wir lediglich etwas (künstliches) Tageslicht, eine nah am Redner platzierte Webcam oder ein Smartphone und gegebenenfalls ein zusätzliches Mikrofon. → FOTO V11, V12

SOFTWARE: DIE ANDERE SEITE DER MEDAILLE

Das Gute bis hierher: Die passende Raumgestaltung für unser Hybrides Arbeiten ist quasi unabhängig von der Frage, welche Software wir nutzen. Grundsätzlich gilt immer: Je intensiver wir virtuell zusammenarbeiten wollen, desto separierter sollten wir physisch sein.
Diese Unabhängigkeit ist auch deshalb gut, weil sich insbesondere die Software zum virtuellen Zusammenarbeiten ständig verändert oder verbessert. Natürlich: Jede Organisation hat ihre ganz speziellen Tools. Die Alltagssoftware von Kanzleien mag auf den ersten Blick denen von Entwicklungsingenieuren bei Triebwerksherstellern ähneln, aber auf den zweiten wird klar, dass jede Organisation andere Schwerpunkte setzt. Und: Egal ob Design- oder CAD-Software, Buchhaltung, Sales- oder Recruiting-Tools,

alle Anbieter haben in den letzten Jahren alles gegeben, um ihre Produkte in die Cloud zu bringen und für alle, auch aus dem Homeoffice, zugänglich zu machen. Tatsächlich hat das in manchen Fällen die Zusammenarbeit sogar einfacher gemacht, als sie vor der Remote-Revolution war, denn jetzt sind plötzlich alle Tabellen, Präsentationen und Dokumente zentral in der Cloud gelagert. Wir können gemeinsam editieren und kommentieren, ohne Versionschaos, Papierstau, oder Post-its voll mit unleserlichen Anmerkungen.
Es gibt generell drei Softwaretypen, die wir heute alle mehr oder weniger täglich benutzen: »Online Office«, Video Conferencing und Messaging.

FOTO V11: Schott AG. *Große Räume für große Runden im Hybrid- oder Live-Format.*

FOTO V12: Schott AG. *Eingebaute Flexibilität ermöglicht die optimierte Nutzung verschiedener Szenarien.*

1: »Online Office«

Tabellen, Dokumente und Präsentationen mit dem Computer erstellen, das war in den 1980er-Jahren ähnlich schockierend (im positiven Sinne) wie Kassetten on the go mit dem Walkman zu hören. Das alles ging dann ab den 2000ern auch online, mit gemeinsam geteilten Dateien, und teilweise, ohne dafür Software installieren zu müssen. Noch ein bisschen später gerne auch vom Smartphone aus. Heute ist das Mainstream! Endlich ziehen auch alle Kollegen mit, unsere Dokumente werden digital und wandern in die Cloud. Der Traum von der Unternehmensrevision im Strandkorb in St. Peter-Ording wird wahr. Die üblichen Verdächtigen für die Sammlung an notwendigen Officetools mit integrierter Dokumentenverwaltung sind Microsoft 365 und Google Workspace. Die bringen dann auch gleich Onlinekalender, Kontaktverwaltung, E-Mail und inzwischen auch alle gleich noch genannten Kommunikationsfunktionalitäten mit.

2: Video Conferencing

Teilweise fast essenzieller als Office Suites wurden während der Pandemie Lösungen für Videokonferenzen, die quasi über Nacht unser neuer Kanal für jeglichen sprachlichen Austausch wurden und in vielen Branchen sogar das Telefon verdrängt haben. Vielleicht zurecht, denn sich zu sehen, während man miteinander redet, macht jede Kommunikation zu einer ganzheitlichen Erfahrung. Und es ist einfach schöner. Deswegen ist das Deaktivieren der eigenen Kamera in Videocalls auch inzwischen ein fast unsozialer Akt, vielleicht vergleichbar mit dem Verdecken des eigenen Gesichts mit einem Ordner während eines physischen Meetings.[1]

Spannend wird die Beobachtung sein, wie sich unsere Nutzung dieses Kanals in den nächsten Jahren verändern wird: Derzeit nutzen wir Videocalls vor allem angekündigt und terminiert (»Hast du nach der Mittagspause mal fünf Minuten ...?«). Einen spontanen Videoanruf hingegen nehmen sowohl Anrufer als auch Angerufene als übergriffig wahr.[2] Es ist, als würde man »mit der Tür ins Haus fallen«. Plötzlich ist jemand im Raum, und wir hatten noch nicht einmal Gelegenheit, unser weißes T-Shirt nach Überbleibseln der leckeren Veggie-Bolo zu inspizieren. Oder die Haare zu kämmen.

Diese empathische Rücksichtnahme und die fehlende Spontanität stehen heute einer wirklich fluiden Zusammenarbeit meist noch im Wege. Früher, als wir noch Schreibtischnachbarn waren, war das anders.[3] Da war der carnivore Bolo-Fleck einfach den ganzen Tag über zu sehen. Aber vielleicht ändert sich unser Umgang mit spontanen Videocalls auch in den nächsten Jahren. Oder aber wir verlagern unsere Spontanität zukünftig komplett in einen anderen Kanal, der seit einiger Zeit auf dem Vormarsch ist: das (Instant) Messaging.

3: (Instant) Messaging

Instant Messaging Services, wie WhatsApp oder Threema[4] sind ebenso wie Soziale Netzwerke à la Facebook oder Instagram aus der privaten Kommunikation nicht mehr wegzudenken. Bei vielen aus unserer jüngeren Leserschaft dürften die Apps dieser Dienste sogar das Telefonsymbol vom Homescreen des Smartphones verbannt haben. »Telefonieren ist was für Eltern«, sagte jüngst die Nichte unserer Kollegin Diemut. Aber auch bei den (Nicht-) Eltern unter uns klingelt das Telefon immer seltener. Stattdessen pingen die neuen WhatsApp-Nachrichten im Halbstundentakt. Auch wir, die Vorfahren der Gen Z, gewöhnen uns an die asynchrone Kommunikation, in der

1 Das machen ja eigentlich auch »nur« Straftäter vor Gericht, wenn es um besonders schwere Verbrechen geht.

2 Den gleichen Effekt hat in der Generation Z (dummer Begriff!) übrigens auch der spontane, unangekündigte Telefonanruf. Und dann am besten noch mit unbekannter Nummer? Der pure Horror ...

3 Oh Gott, das klingt ein bisschen so, wie Opa und Oma erzählen vom Krieg ... sorry dafür!

4 Oder was auch immer eure jeweilige Peer Group benutzt.

wir erst schreiben, wenn wir beides haben: eine Antwort und die Zeit zu antworten.
Das Kurznachrichtenfieber überträgt sich auch in unseren Berufsalltag: als eine Kommunikationsform, die irgendwo zwischen dem spontanen Anrufen und dem Schreiben einer E-Mail liegt und somit inzwischen auch große Teile von beidem ersetzt. Mal kurz eine Frage oder einen guten Blogartikel ans Team posten? Oder mal ein richtig gutes Katzenvideo in der Runde teilen? Wir machen das über Tools wie Teams oder Slack.[1] Viele Themen, die wenig emotionaler Sensibilität bedürfen oder die in Diskussionen ausarten könnten, sind hier gut aufgehoben.
Eine andere, sehr interessante Funktion: Die teamübergreifenden Channels, in denen alle Organisationsmitglieder mitlesen und mitposten können. Als virtuelles Pendant zum diskutierten Marktplatz im Kapitel »Network« erlauben sie uns die massenhafte und zufällige Begegnung mit anderen Kollegen, Gedanken und Ideen und sind immer für eine projektrelevante Entdeckung gut. Einen Ersatz für den realen Marktplatz sind sie aber noch nicht, denn der Austausch von Angesicht zu Angesicht ist immer noch schneller und intensiver. Dennoch sind solche Kanäle eine gute Ergänzung, gerade für Kollegen, die viel remote arbeiten. Für alle Remote-first-Organisationen sind sie ein absolutes Muss.

Bonus: Online-Whiteboards

Ein weiteres Tool wollen wir hier nicht unerwähnt lassen: das Online-Whiteboard. Bei Dark Horse sind und waren wir ja immer schon Anhänger des visuellen Arbeitens. Wir sind große Fans des Konzeptes, beim Reden und Diskutieren auch viel zu notieren und zu skizzieren – auf Whiteboards und Post-its. So haben wir schon nach dem ersten Tag einer neuen Projektarbeit einen Raum voller visualisierter Erkenntnisse, Konzepte, Erinnerungen und To-dos. So ein Raum symbolisiert unser »Projektgehirn«, in dem alle Informationen einen tatsächlich räumlichen Platz bekommen und damit für alle in der Gemeinschaft superschnell zugänglich, navigierbar und veränderbar sind.[2] Das beschleunigt vor allem das Arbeiten und Diskutieren im Team ungemein. Das virtuelle Gegenstück zu unserer favorisierten Art des Arbeitens ist die Benutzung eines Online-Whiteboards, wie Miro, Mural oder Figma. Klar, unser Bildausschnitt ist dann eben nur so groß wie unser Screen, das Board an sich ist aber unendlich groß, und wir können mit virtuellen Post-its und Markern arbeiten. Wir können freihändig skizzieren und alles anheften, was sich anheften lässt. All unsere Arbeitsmaterialien liegen auf einem Board, das für alle zugänglich und von allen bearbeitbar ist. Intuitiv merken wir uns schon bald, was wo liegt, und können rasch und zielsicher zwischen Agenden, Plänen, Tabellen und Workshop-Ergebnissen hin- und herswitchen.
Wir beobachten, dass inzwischen viele Menschen in unseren Partner- und Kundenorganisationen sogar so weit gehen, dass sie das virtuelle Board dem physischen vorziehen, denn zum ersten Mal kann man nun die Post-its der Kollegen tatsächlich lesen. Und wenn man sich mal verschrieben hat, muss man nicht gleich ein neues Post-it vom Block abreißen. Außerdem ist das virtuelle Board viel größer und bleibt trotzdem durchsuchbar und übersichtlich. Plus: Alle Post-its hängen gerade![3]
Der klarste Vorteil ist aber: Wir können mit Remote-Kollegen arbeiten. Oder wir können mitarbeiten, wenn wir wieder remote sind.

1 Siehe letzte Fußnote.

2 Mehr zu diesem Thema haben wir im Kapitel »Creativity« geschrieben.

3 Alle »Monks« (TV-Charakter aus den 2000ern) unter uns fühlen diesen Schmerz.

7.3 TAKE-AWAYS

Das Prinzip Virtuality gab es in der ersten Fassung des **NEW WORKSPACE PLAYBOOKS** noch nicht, doch jetzt war die Zeit einfach reif dafür. Wie bei allen vorherigen Kapiteln über die wichtigsten New-Work-Prinzipien für dieses Buch folgt nun auch eine kleine Ideenliste, die die Virtuality am Arbeitsplatz lebendig werden lässt.

GRUNDLEGENDE IDEEN

Werte erlebbar machen

In einer hybriden Arbeitswelt wird das Office vor allem ein Ort der Begegnung. Große offene Flächen sind dafür die Grundvoraussetzung. Gleichzeitig findet ein Großteil unserer Zusammenarbeit virtuell statt, und auch das muss unser Office ermöglichen. Virtueller Austausch wird besser, je mehr Ruhe und Rückzugsmöglichkeiten die einzelnen Teilnehmenden vorfinden. Das heißt, es braucht wieder dichte Wände, kleine Räume und geschlossene Türen. Aber nicht nur. Natürlich brauchen wir weiterhin all die Möglichkeiten des sozialen Austausches in weiten, offenen, lebendigen oder gar lauten Eingangsbereichen, Work Lounges oder Marktplätzen.

- ☐ *Einzelbüros sind die perfekte Umgebung für virtuelle Zusammenarbeit*
- ☐ *Auch ruhige Office-Bereiche mit kleinen Möglichkeiten zur Abschottung vorsehen*

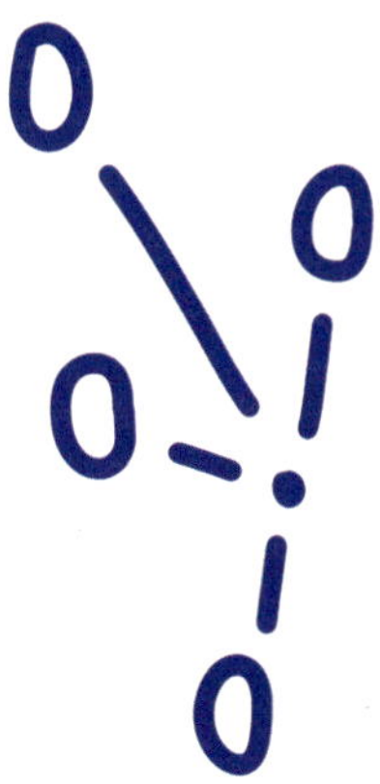

Virtual first

Homeoffice ist toll, und an die virtuelle Zusammenarbeit haben wir uns inzwischen gewöhnt, aber wir sehen auch die Vorteile physischer Treffen. So vermischen wir manchmal beides zu hybriden Meetings, die leider, anstatt das Beste aus Remote- und physischer Welt zu kombinieren, das Meeting für alle Seiten schlechter machen. Wenn nicht mehr alle vor ihrem eigenen Computer sitzen, wird die Sprach- und Videoqualität für remote Teilnehmende schlechter. Gleichzeitig sind »Remoties« nur schwierig in die physische Runde zu integrieren, was den Prozess wiederum aufhält und alle Beteiligten Nerven kostet. Besser: Alle verteilen sich mit ihren Laptops im Büro (oder zu Hause) und treffen sich zu einem rein virtuellen Meeting. Das erleichtert auch das Arbeiten mit Dokumenten und Whiteboards, denn die sind heute meist ohnehin schon online.

- ☐ *Rein virtuelle Meetings sind meist hybriden Meetings vorzuziehen*
- ☐ *Physisch anwesende Kollegen verteilen sich auf einzelne Räume oder Fokusboxen*
- ☐ *Online-Whiteboards nutzen!*

FLÄCHEN- & RAUMKONZEPTE

Shared Einzelbüro

Früher war das Einzelbüro als Kommunikationskiller verschrien. In einer hybriden Arbeitswelt ist es das perfekte Setting für die virtuelle Kollaboration. In Einzelbüros haben wir vor allem unsere Ruhe, und die brauchen wir für produktive Videocalls. Tageslicht und Frischluftzufuhr helfen uns vor allem bei längeren Calls und Remote-Workshops konzentriert zu bleiben. Der Unterschied zu früher: Heute können Einzelbüros auch kleiner sein. Und heute teilen wir sie uns – für einen kleineren CO_2 Footprint und mehr Begegnungen, wenn wir schon mal im Office sind.

- ☐ *Geteilte Einzelbüros vorsehen (zum Beispiel eines pro vier Mitarbeitende)*
- ☐ *Solide Wände und Türen verbauen, wenig Glas*
- ☐ *Schreibtisch in Richtung Fenster orientieren, wenn es Verschattungsmöglichkeiten gibt*
- ☐ *»Influencer-Licht« auf Kopfhöhe installieren*[1]

1 Natürlich nur, wenn es gesundheitlich zulässig ist. Für Menschen, die etwa Epilepsie, Multiple Sklerose oder Long Covid haben, ist die Kombination aus Gegenlicht und Eigenstrahlung eines Bildschirms womöglich gesundheitsschädlich.

Die Kommandozentrale

In größeren, etwa sieben bis 30 Personen fassenden, hybriden Runden zu interagieren, ist nicht einfach, aber die Kommandozentrale hilft. Die Grundidee: Alle haben einen eigenen Screen und eine eigene Kamera vor sich und sind selbst im Videocall eingeloggt, auch wenn viele Menschen zusammen in einem Raum sitzen. Wie in einer Kommandozentrale eben. Audio gibt es über ein zentrales, mit einer Video-Call-Instanz verbundenes Lautsprecher- und Mikrofonsystem, wie etwa eine Bluetooth-Freisprechanlage. Besser wird es noch, wenn alle physischen Teilnehmenden ihre eigenen Laptop-Mikrofone benutzen. Wichtig ist dann aber: Alle sind immer stumm geschaltet, nur das Mikrofon des Sprechenden ist offen. Gleichzeitig werden alle physischen Teilnehmenden für die Instanz des Lautsprechersystems gemutet. So wird Sound-Chaos vermieden. Ein dedizierter Raum mit fest eingebauten Screens und Mikrofonen kann die Calls für die Anwesenden noch einfacher und professioneller machen, bedarf aber eines technisch versierten »Operators«.

- ☐ *Raum mit Verschattung und WLAN mit hoher Bandbreite vorsehen*
- ☐ *Großer Tisch mit zentraler Beleuchtung*
- ☐ *Lautsprechersystem, das über eine Instanz mit dem Videocall verbunden ist*
- ☐ *Eventuell einzelne Tischmikrofone für alle Teilnehmenden (hier oft ein Operator nötig)*

TOOLS & TRICKS

Teams, Zoom und Co.

Uns ist es inzwischen allen bekannt, aber der Vollständigkeit halber sei noch einmal erwähnt: Softwaretools für Videokonferenzen, wie Zoom, Microsoft Teams oder Google Meet, sind heute eine Grundvoraussetzung der Arbeit. Selbst für den unwahrscheinlichen Fall, dass wir alle wieder im Office arbeiten und uns nur noch rein physisch treffen sollten, brauchen wir zumindest für das Zusammenarbeiten mit Externen solche Tools. An Videocalls haben sich nämlich alle gewöhnt, und ein normales Telefonieren fühlt sich für viele inzwischen schon komisch oder übergriffig an. Auch ein Deaktivieren unseres Videos in solchen Calls führt oft zu Irritationen, ähnlich, als würden wir in einem echten Meeting einfach hinter einer Wand sitzen oder vom Flur aus sprechen. Eine organisationsweit kommunizierte Remote-Work-Guideline kann helfen, hier eine gemeinsame Etikette zu finden.[1]

1 Gegen Ende des Playbooks haben wir mehr zu diesem Thema im Kapitel »Work« geschrieben.

- ☐ *Videocall-Tools brauchen alle – notfalls auch nur für die Kommunikation mit Externen*
- ☐ *Eine aktivierte Kamera gehört zum guten Ton (zumindest in Calls bis 30 Personen)*
- ☐ *Eine Remote-Work-Guideline fördert eine allgemein akzeptierte Etikette*

Online-Whiteboards

Neben Teams, Zoom und Co. ist ein zweites Tool bei der virtuellen Zusammenarbeit überaus hilfreich: ein Online-Whiteboard. Die in unseren Kreisen am häufigsten benutzten Programme sind Mural, Miro und Figma. Noch viel einfacher als an physischen Whiteboards können wir hier gemeinsam mit Klebezettel, Skizzen und Elementen, wie Fotos, Screenshots oder Diagrammen, arbeiten. Parallel zu unserem Videocall geöffnet, kann hier jedermann mitarbeiten und mittippen. Toll ist außerdem, dass wir auf einem Online-Whiteboard auch die Schrift jeder Person lesen, Boards nach Begriffen durchsuchen und das Board bis zur nächsten Session pausieren können. Zudem können wir von uns häufig benutzte Vorlagen speichern und immer wieder verwenden. Das spart Zeit und erspart schlechte Laune.

- ☐ *Online-Whiteboards mit mit der Agenda und der Dokumentation der Ergebnisse parallel zu Videocalls laufen lassen*
- ☐ *Alle Teilnehmenden brauchen Zugriff und Schreibrechte für die Boards ihrer Meetings*

Kopfhörer & Headsets

Je näher sich Lautsprecher an unseren Ohren befinden, desto besser hören wir, und desto weniger müssen andere mithören. Das gleiche gilt für Mikrofone: Je näher an unserem Mund, desto klarer und nebengeräuschfreier hört man uns im Call. Auch können wir entspannter reden, was wiederum gut für alle physisch anwesenden Kollegen ist, die nicht im Call sind. Headsets, die Kombination aus Kopfhörer und Mikrofon, sind also für jeden Videocall Pflicht, selbst wenn wir zu Hause sind. Inzwischen gibt es auch viele Headsets mit passiver oder aktiver Geräuschunterdrückung, sodass für uns Remote Worker auch vorbeifahrende Autos, spielende Kinder und das Rauschen des Meeres ausgeblendet werden und wir uns so ganz auf den Call konzentrieren können.

- ☐ *Headsets sind Pflicht, auch im Homeoffice*
- ☐ *Wer nicht wie Mtarbeitende im Callcenter aussehen will, kann auch auf In-Ear-Kopfhörer mit Mikrofonfunktion zurückgreifen*

CASES AUF EINEN BLICK

Arbeitsumgebungen können sehr unterschiedlich aussehen, wie wir schon in den Beispielen zuvor gesehen haben. Dabei unterscheiden sich diese nicht nur im »Look«, sondern auch sehr in ihren Funktionen, Vor- und auch Nachteilen. Das liegt zum einen an den Grundvoraussetzungen, die die unterschiedlichen Gebäude mit sich bringen (zum Beispiel unterschiedliche Deckenkonstruktionen). Viel mehr noch werden diese Umgebungen aber davon geprägt, wie und an was darin tatsächlich gearbeitet wird und wer darin arbeitet!

Manche funktionalen Unterschiede erkennen wir teilweise schon aus der Ferne. So gibt es Umgebungen, die eine gewisse Repräsentanz brauchen, um ihre Funktion zu erfüllen. Mit Rasenmäher-Robotern gepflegte Außenanlage, große, luftige Foyers, hochwertige Materialien und Ausstattung – nicht nur im Eingangsbereich – unterstreichen die Wichtigkeit und Gewichtigkeit der Dinge, die hier passieren. Das kann eine wichtige Funktion zum Beispiel eines Innovationsbereichs sein, mit dem ein Unternehmen seine Ambitionen in diesem Feld klar kommunizieren will. An Mitarbeiter, Kunden und Mitbewerber. Andere Arbeitsumgebungen dagegen fokussieren rein auf das Arbeiten. Hier ist jeder Quadratmeter für gutes Arbeiten optimiert, und Aspekte wie Team-Spirit und Flexibilität stehen im Vordergrund.
Die funktionalen Unterschiede erkennen wir auch auf einem konkreteren Level. Wir sehen hier Büros, die über die Gestaltung von Licht und Oberflächen eine eher beruhigende Atmosphäre entwickeln. Der Bodenbelag spielt hier immer eine zentrale Rolle. Andere Büros sind bewusst »lauter« angelegt, das heißt lebendiger, unstrukturierter und mit mehr sicht- und fühlbarer Bewegung. Wir sehen Umgebungen, die optimiert sind für die Arbeit in kleinen Teams, und Umgebungen, die vor allem den Austausch und das Wir-Gefühl im Großen im Fokus haben. Oder Flächen, die beides geschickt verzahnen.

Das Aussehen und Design von Arbeitsumgebungen ist natürlich zu großen Teilen Geschmackssache. Ob eher bunt, eher monochrom oder eher klar und präzise oder eher warm und verspielt, die Bandbreite ist groß, die Grenzen fließen, und jeder wird seinen persönlichen Favoriten haben. Aber – wir haben es im Kapitel »Identity« bereits angesprochen – das Aussehen der Umgebung prägt zu großen Teilen das Bild des Unternehmens für Mitarbeiter. Es kommuniziert, wenn teilweise auch für die Nutzer unbewusst, sehr klar die Werte eines Unternehmens und prägt damit eben auch Dinge wie Motivation, Arbeitshaltung, Arbeitsweise und Arbeitsprinzipien.
So können Büros Prinzipien wie Klarheit, Planbarkeit, Führungsstärke und Meetingkultur kommunizieren, oder Ausprobieren, Reaktionsfreudigkeit, Teamkultur und sozialen Austausch widerspiegeln und somit fördern. Beides hat seine Berechtigung. Aber die Entscheidung darüber sollte bewusst getroffen werden. Aber hierzu später mehr. Nun schauen wir uns erst einmal ein paar Eindrücke aus den besprochenen Umgebungen in der Übersicht an.
An dieser Stelle auch nochmals vielen Dank an alle Unternehmen und insbesondere die erwähnten Personen für die offenen und für uns sehr lehrreichen Gespräche sowie die Erlaubnis zum Fotografieren.

Awesomeness

WE DRESS CODE.
WE DRESS CODE.

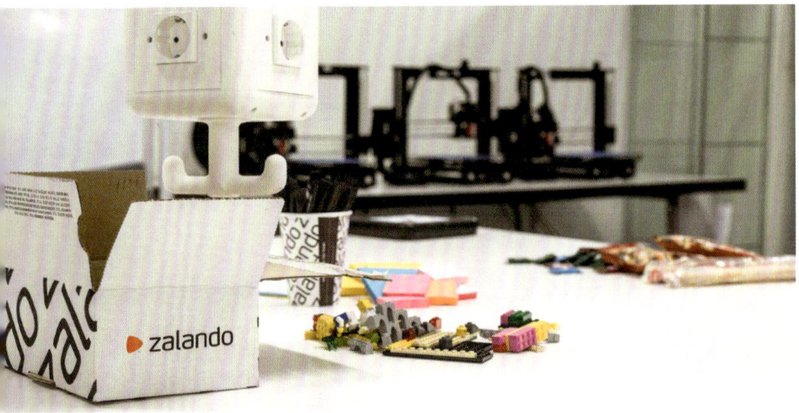

ZALANDO »INNOVATION LAB« | BERLIN

Da in den Zalando Tech Headquarters vor allem auch an der Zukunft gearbeitet wird, gibt es hier neben tollen offenen Büros auch das »Innovation Lab«. Dort arbeiten Teams in wochenweisen Sprints an Innovationsprojekten, begleitet, gecoacht und in der perfekten Umgebung hierfür. Mit Whiteboards, Monitoren auf Rollen, 3-D-Druckern und verschiedensten mobilen Devices stehen den Teams alle Möglichkeiten zum Prototyping offen.
Wir danken *Julia Spieß*.

LUFTHANSA TECHNIK | HAMBURG

Der gesamte IT-Bereich der Lufthansa Technik ist 2015 in ein neues Gebäude am Hamburger Flughafen gezogen. Großes Ziel für die neue Arbeitsumgebung war das Schaffen von Austausch und eines gemeinsamen »Wir-Gefühls« unter den neu zusammenziehenden Teams. Deswegen gibt es neben team-exklusiven Homebases den sogenannten Marktplatz: ein großer, offener, zentraler Ort, an dem sich alle Teams ständig begegnen und der inzwischen für viele Mitarbeiter auch zum beliebtesten Arbeitsort geworden ist.

Wir danken *Kerstin Schneider & Bettina Steineke*.

NATIVE INSTRUMENTS | BERLIN

Der »Native Space« von Native Instruments befindet sich im Hinterhof einer Berliner Fabriketage. Hier ist der Hauptsitz des Unternehmens. Etwa 400 Mitarbeiter arbeiten vor Ort auf unterschiedlichen Etagen. Der »Native Space« dient als Ort der Zusammenkunft für alle. Hier werden an Demo-Days die Sprint-Ergebnisse der unterschiedlichen Teams präsentiert. Mitarbeiter nutzen den Ort für einen kurzen Kaffee zwischendurch, Gespräche mit Kollegen oder um am Morgen die Mails abzuarbeiten. Der Space bietet zusätzlich eine komplett neue Möglichkeit, externe Gäste zu treffen. So entsteht nicht sofort eine klassische Meeting-Atmosphäre. Die Offenheit der Räume überträgt sich auf alle Mitarbeiter und strahlt deutlich über den Ort hinaus.
Wir danken *Jonas Sudendorf & Mate Galic.*

ZALANDO.
WE DRESS CODE.

POTTING
PLANT CARE

ZALANDO TECH HEADQUARTERS | BERLIN

Zalando, die Online-Fashion-Plattform, kennt jeder. In den Tech Headquarters in Berlin wird maßgeblich die Technologie hinter dem Shop entwickelt. Die aufwendig neu gestaltete Umgebung versprüht »Hier will ich arbeiten!«-Atmosphäre, die sicher hilfreich ist im starken Wettbewerb um Entwicklertalente in Berlin. Die Mitarbeiter prägen aktiv die Gestaltung der Fläche mit und identifizieren sich so umso mehr mit ihrem Arbeitsplatz.
Wir danken *Natali Vlatko*.

BOOKS

BOOKS

S4P sport ed.

SAP INNOVATION CENTER | POTSDAM

Das Ideenlabor am Jungfernsee. Hier entwickeln 200 junge Forscher Lösungen und Geschäftsmodelle auch abseits des Kerngeschäfts von SAP. Um Kollegen aus aller Welt, aber auch von Berlin aus nach Potsdam zu bewegen, wurde bei der Planung der 2014 beziehungsweise 2016 eröffneten Gebäude besonderen Wert auf eine hohe Attraktivität des Standortes gelegt. Das Ergebnis ist ein tolles Beispiel dafür, wie man den Alltag von Mitarbeitern verschönern und verbessern kann, denn gearbeitet kann und wird hier vorbildlich.

Wir danken: *Dr. Raja Gumienny & SCOPE Architekten GmbH.*

FACTORY | BERLIN

Die Factory ist mehr als ein Coworking-Space. An mehreren Berliner Standorten bietet sie jungen Unternehmen, jungen Unternehmern, Freelancern und Konzernen seit 2011 eine gemeinsame Plattform. Im Industrie-Loft-Flair arbeiten hier alle gemeinsam unter einem Dach. Und so entsteht Europas größter Start-up-Club, der den Austausch zwischen etablierten Unternehmen und der Berliner Kreativszene fördert. Dabei unterstützt das Konzept der Factory bewusst auch das Zufällige, das eben oft der Keim von Innovation ist. So ist ein großer Teil der Flächen dem Austausch, der Kollaboration und der zufälligen Begegnung in der Community gewidmet. Und: Die detailverliebte und sehr auffällige Innenarchitektur der Factory ist wirklich beeindruckend.

Wir danken *Anna Allgaier & Stefan Mohren.*

PAPIER

LUFTHANSA INDUSTRY SOLUTIONS | OLDENBURG

Lufthansa Industry Solutions (LHIND) unterstützt nicht nur den eigenen Konzern, sondern auch andere große und mittelständische Unternehmen bei vielen Themen der Digitalisierung. Um dabei schnell und flexibel zu bleiben, organisiert LHIND Projekte nach agilen Methoden und in ständig neuen Teamkonstellationen. Hierfür wurde 2017 ein neues Office-Konzept entwickelt, welches nun deutschlandweit ausgerollt wird. Die Grundidee hier ist: Obwohl jedes Team seine Umgebung sehr individuell gestalten kann, können alle Bereiche ständig umkonfiguriert werden, sodass sie immer zur aktuellen Konstellation und Aufgabe passen. Wir danken *Dirk Baehr, Michael Bauer, Peter Klaus, Michael Kleinert, Heiko Packwitz & Katrin Schmidt-Siebrecht*.

PWC EXPERIENCE CENTER | FRANKFURT

Das Experience Center befindet sich auf der 34. Etage im PwC-Gebäude in Frankfurt. Hier ist eine gesamte Etage der Entwicklung und Umsetzung von neuen Produkten und Services gewidmet. Das interdisziplinäre Team des Experience Center besteht aus Kreativen, Strategen, Researchern und Programmierern und arbeitet eng mit den verschiedenen Bereichen von PwC und deren Kunden zusammen. Es geht im »EC« darum, neue Konzepte zu entwickeln, bei denen die Erfahrbarkeit für den Nutzer zentral ist. Dafür stehen unterschiedlichste Räume und Flächen zur Verfügung, um vom Workshop und Strategieprojekt bis zum Prototyping alles zu ermöglichen.

Wir danken *Joachim Müller und David Meyer*.

EY | BERLIN

Die Berliner Dependance des internationalen Beratungsunternehmens wurde umgebaut. Neben einem komplett neuen Design lag der Fokus hierbei auf der Funktionalität. So sollte die neue Umgebung für all die vielen verschiedenen Situationen, die in Berater-Alltagen auftauchen, jeweils das perfekte Setting bereitstellen. In einem ausgeklügelten Activity-based-Work-Konzept wurde die Anzahl der Schreibtische stark reduziert und somit Platz geschaffen für eine Vielzahl an Ecken und Nischen, kleinen und großen und ganz unterschiedlich ausgestatteten Räumen, sowie zum Beispiel eine große Sky-Lounge als multifunktionalen Arbeits- und Begegnungsort mit imposantem Blick über die Stadt.

Wir danken *Markus Böhl*.

DB STATION&SERVICE AG | BERLIN

Innovative Digitalisierungsprojekte sind das Alltagsgeschäft des rund 100 Mitarbeiter starken Fachbereichs »IT und Digitalisierung« bei der DB Station&Service AG. Bereits 2019 hat man hier einen mitarbeiterzentrierten Prozess zur Konzeption der eigenen Arbeitsumgebung umgesetzt. Die Location, der Cube, bietet das passende räumliche Umfeld fürs Hybrid-Work-Konzept, das schon vor der Corona-Pandemie antizipiert wurde. Es gibt eine ausgewogene Mischung an speziellen Locations für hybride Meetings in allen Teamgrößen, sowie Deskspaces, Fokusboxen, offene und geschlossene Dialogräume und mehr, um die Bedürfnisse des Hybriden Arbeitens zu erfüllen.
Die Verantwortlichen des Fachbereiches, Mathias Pott-Stahmeyer (CDO) und Klaus Wilting (CIO), würden, wenn sie die Zeit zurückdrehen könnten, gerne noch etwas progressiver in der räumlichen Konzeptentwicklung gewesen sein, sie sind aber mit den bisherigen Erfahrungen in der selbst gestalteten Arbeitsumgebung sehr zufrieden.
Wir danken *Mathias Pott-Stahmeyer & Damian Dibelius.*

DIG

SCHOTT AG | MAINZ

Eine alte Werksverkaufshalle wird für Schott zum gemeinsamen Zuhause aller Digitalinitiativen: das Digital Lab. Es ist ein Umfeld zum Experimentieren. Gleichzeitig soll es Zündfunke für Neues Arbeiten im gesamten Unternehmen sein. Und so wie ein Labor verschiedene Testaufbauten zulässt, ist auch das Digital Lab ein riesiger Baukasten, der sich schnell in passende Settings für Tech-Talks, Hack-Weeks, Projektarbeit und Vorstandssitzungen verwandeln lässt. Hier können sogar sehr unterschiedliche Einsatzmöglichkeiten gleichzeitig auf verschiedenen Flächen realisiert werden. Dank flexibler Raumtrennung und modularen Elementen können etwa Einzelarbeit und Workshops parallel stattfinden, ohne sich gegenseitig zu stören. So kann auf Betonwände weitestgehend verzichtet werden und das Lab bleibt immer offen und einladend für alle. Wir danken *Tobias Julius & Robert Spang.*

NEW SPACE

NEW SPACE EINLEITUNG

Wahrscheinlich kommen wir gerade aus dem zweiten Kapitel mit einem ganzen Blumenstrauß an Ideen für unsere neue Arbeitsumgebung. Vielleicht haben wir im Laufe unserer Beschäftigung mit dem Thema ja auch weitere Ideen gesammelt, durch Besuche in tollen Offices zum Beispiel oder durch das Wälzen von Magazinen. Und jetzt geht es an die Umsetzung, an das Konzept für unsere Arbeitsumgebung.

Da stellen sich uns sogleich entscheidende Fragen: Welche von all diesen Ideen ergeben für uns wirklich Sinn? Wie könnte unsere neue Arbeitsumgebung ganz konkret aussehen? Und wie schaffen wir es, ein konkretes Konzept für unsere neue Arbeitsumgebung zu entwickeln?

Oft haben wir schon eine Intuition, ob Ideen zu uns passen oder nicht. Es ist nicht schwer vorherzusehen, dass es in der Nach-Corona-Phase im Office nicht genug Fokusboxen und Einzelbüros geben kann. Oder dass ein Marktplatz nicht groß genug sein könnte, um alle Kollegen an unserem fixen Core Day unterzubringen. Oder wie sollen wir mehr kleine Wohlfühloasen schaffen, in dem die Kollegen sich wie in ihren eigenen vier Wänden fühlen?

Tja, gute Fragen ... Deswegen wollen wir der Intuition hier ein paar Werkzeuge, einen Fahrplan für die Konzeptentwicklung und Boards zum Festhalten der Ergebnisse zur Seite stellen. Damit gelingt es uns, durch diese Welt der unendlichen Möglichkeiten zu navigieren und ein für uns und unser Arbeiten funktionierendes Office-Konzept zu entwerfen.

Ziel des in diesem Kapitel vorgestellten Fahrplans ist es, uns Schritt für Schritt zu diesem Konzept zu führen. Deshalb ist der Prozess in sechs Phasen aufgeteilt – eine vorbereitende und eine nachbereitende Phase sowie vier Arbeitsphasen. Die Grundidee ist dabei, dass wir als Nutzende unserer Umgebung unsere Umgebung auch selbst gestalten. Damit diese möglichst gut zu unseren Wünschen und Anforderungen passt, wollen wir letztere in der ersten Arbeitsphase, *Understand*, zunächst wirklich klar definieren.

Um gedanklich nicht nur in unserem eigenen Saft zu schmoren, werden wir in der zweiten Arbeitsphase, *Inspire*, einfach nur tolle Ideen und inspirierende Ansätze sammeln. Um dann, auf Grundlage unserer Anforderungen und der vielen Ideen, in der dritten Arbeitsphase, *Concept*, mit einem unterstützenden Baukasten im Gepäck unser Konzept zu definieren.

In der vierten Arbeitsphase, *Communicate*, geht es schließlich darum, dieses Konzept abzustimmen, zu iterieren und letztlich in die Ausführung zu übergeben. Neben den vier Arbeitsphasen unseres Fahrplans werden wir uns zusätzlich eine vorbereitende Phase, Setup, und eine Phase nach Projektende, Work, anschauen.

DIE SECHS PHASEN AUF DEM WEG ZUR NEUEN ARBEITSUMGEBUNG

- **Setup**: Klärung unserer Rolle und Vorbereitung des Projekts
- **Understand**: Aufbauen eines Anforderungs-Boards zu unserem Arbeiten heute
- **Inspire**: Aufbauen eines Ideen-Boards zu unserem Arbeiten morgen
- **Concept**: Entwickeln eines Grundrisses und Konzept-Boards
- **Communicate** : Kommunizieren des Konzepts, Feedback-Schleifen und Übergabe an Ermöglicher
- **Work**: Umgang mit der neuen Arbeitsumgebung nach dem Einzug

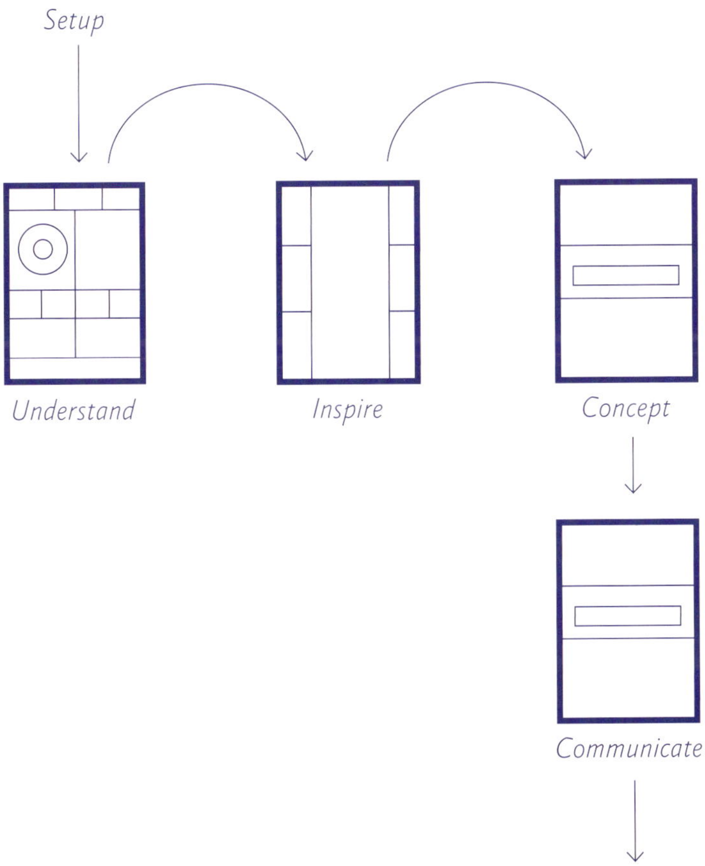

GRAFIK NS1: *Unsere sechs Phasen mit einer vorbereitenden Phase (Setup) und einer nachbereitenden Phase (Work).*

Die vier Arbeitsphasen folgen jeweils dem gleichen Schema: Wir starten jede Phase mit einer eine bis zwei Wochen dauernden Vorbereitung, den sogenannten *Hausaufgaben*. Hier sammeln wir jeweils Informationen als Grundlage für einen nachfolgenden Workshop. In diesem Workshop werden dann alle Informationen, Ideen und Entscheidungen auf einem jeweiligen Board konsolidiert und festgehalten. Diese Boards sind gleichzeitig ein wichtiges Zwischenergebnis, welches wir für die Kommunikation zum Beispiel mit Kollegen nutzen können, als auch die Grundlage für die späteren Workshops.

Der Fahrplan unterstützt uns, unsere Anforderungen strukturiert und wohlüberlegt zu sammeln, unser Konzept genau zu formulieren und dies klar an die Verantwortlichen für die Ausführung zu kommunizieren. Die nachfolgenden Aspekte der Ausführungsplanung, Umsetzung und Abnahme behandeln wir nicht. Das ist der Job der Ausführungsprofis – und wir sind die *Anforderungs*profis.

Die Frage, wer eigentlich wir sind und wer die anderen, erfordert allerdings eine genauere Antwort. Das Thema der Rollen und die Frage, wie wir so ein Projekt richtig aufsetzen, schauen wir uns im folgenden Kapitel an.

1 SETUP

1.1 EINFÜHRUNG

Egal, ob wir ein kleines Team von 20 Kollegen sind, die gerade in ein größeres Büro umziehen und zum ersten Mal Platz haben, um sich richtig einzurichten, oder ob wir die Verantwortlichen für die Gebäude eines großen Konzerns sind und uns Gedanken machen wollen, wie ein zeitgemäßes Bürokonzept für unseren 10 000 Quadratmeter großen Neubau aussehen könnte – Projekte im Kontext von Arbeitsumgebungen sind immer komplexe Unterfangen. Hier gilt das Sprichwort: Eine gute Vorbereitung ist die halbe Miete. Nachgerechnet haben wir das zwar noch nicht, aber die Erfahrung zeigt, dass etwas dran ist. Wir wollen deshalb in der Setup-Phase alles anstoßen, aufgleisen und vorbereiten, was wir für einen geschmeidigen Ablauf der vier Arbeitsphasen brauchen. Es gilt hier, unser Projekt richtig aufzusetzen.

Wie sollte unser Projektteam zusammengestellt sein? Und mit wem werden wir über die engeren Grenzen des Teams hinaus zusammenarbeiten? Zunächst sollten wir uns über unsere Rolle und die Rollen der anderen Beteiligten sowie der Stakeholder klar werden. Neugestaltungen von Arbeitsumgebungen sind sehr politische Projekte, deswegen sollten wir den Rollen und zwischenmenschlichen Beziehungen am Anfang viel Aufmerksamkeit schenken.

In der Setup-Phase gilt es zudem, Grundsatzentscheidungen bezüglich der Nutzerbeteiligung sowie des Grades der Individualisierung von Gestaltungsprozess und -ergebnis zu treffen. Anschließend widmen wir uns der Setup-To-do-Liste, die wir abhaken sollten. Sie ist der Abschluss der Setup-Phase – danach beginnen wir mit der inhaltlichen Arbeit in der Understand-Phase.

Zugegeben: Man könnte den Eindruck haben, dass die Setup-Phase etwas trocken ist. Und ja, es gibt tatsächlich viele organisatorische Themen. Aber spätestens wenn wir mit den ersten Stakeholdern im Auftaktgespräch sitzen, merken wir: Das Thema Arbeitsumgebungen ist schon spannend, bevor es an die Grundrisse geht.

1.2 DIE HAUPTROLLEN IM PROJEKT

Auch wenn die Ausgangssituationen bei der Neugestaltung von Arbeitsumgebungen sehr unterschiedlich sein können: In jedem Projekt, egal wie groß oder klein, sind immer drei Rollen beteiligt: Nutzer, Ermöglicher und Entscheider. Die Nutzer benutzen die neue Arbeitsumgebung, die Ermöglicher verantworten diese und stellen sie her, und die Entscheider treffen grundlegende Entscheidungen über die Umsetzung. In größeren Unternehmen sind diese Rollen jeweils unterschiedlichen Personengruppen zuzuordnen: Die Nutzer sind die Mitarbeiter, die Ermöglicher das Gebäude- oder Real-Estate-Management und die Entscheider die Bereichs- oder Geschäftsleitung. In kleinen Projekten können diese Rollen auch in Personalunion ausgefüllt werden. Hier sind wir oft Nutzer und Entscheider zugleich, und Ermöglicher ist zum Beispiel ein externer Architekt. Für das Aufsetzen unseres Projekts ist es wichtig, die drei Rollen in ihren Grundzügen zu verstehen und zu erkennen, welche davon wir ausfüllen.

ROLLE 1: NUTZER

- **sind alle, die die Arbeitsumgebung nutzen, also alle Mitarbeiter – die Hierachieebene ist egal;**
- **haben womöglich Lust auf »frischen Wind«, aber auch Vorbehalte gegenüber neuen Konzepten (zum Beispiel offeneren Büroflächen);**
- **kennen andere Büros vor allem aus den Medien und haben erste Ideen, aber noch keine fertige Vision für die zukünftige Umgebung;**
- **wollen im Regelfall auch die Meinungen anderer Kollegen in ihre Überlegungen miteinbeziehen.**

Rolle und Verantwortung

Die Nutzerrolle ist für uns am klarsten, weil wir alle Nutzer sind. Jeder von uns arbeitet in einer Arbeitsumgebung und nutzt sie. Bei der Neugestaltung unserer Umgebung spielen wir als Nutzer die wichtigste Rolle. Wir müssen die Anforderungen stellen, unsere Bedürfnisse, Wünsche und Ideen formulieren. Und wir müssen diese selbst und gemeinsam mit anderen Nutzern abwägen, priorisieren sowie letztlich auf den Plan bringen – zumindest konzeptuell. Wir sind also die Bauherren! Aber warum sollen wir Nutzer das Konzept auf den Plan bringen und nicht die Architekten oder das Gebäudemanagement? Die einfache Antwort lautet: Erst wenn wir Nutzer alle unsere Anforderungen und Ideen gedanklich auf eine Fläche bringen, können wir richtig priorisieren und aussortieren. Denn erst dann sehen und begreifen wir, für was Platz ist und was sich verträgt. Und dieses Abwägen ist unsere Aufgabe. Diese Diskussion müssen wir führen, denn wir müssen mit dieser Auswahl später leben und arbeiten.

Aufgaben im Projekt

Da Nutzer sowohl die Anforderungen an die neue Umgebung erheben, als auch das Konzept dafür definieren müssen, kommt viel Arbeit auf sie zu. Sie arbeiten in allen Phasen, bereiten die Workshops inhaltlich vor (zum Beispiel, indem sie Ideen sammeln) und nehmen an den Workshops teil. Wir wollen dabei Nutzer nicht einzeln, sondern immer als Nutzerteam betrachten. Große Teams werden aus Gründen der Steuerbarkeit in Teams von maximal 20 Personen aufgeteilt. Jedes dieser Teams wird durch ein bis zwei gewählte Nutzervertreter vertreten. Sie können lediglich Ansprechpartner für Organisatorisches sein, wenn alle Mitglieder des Teams inhaltlich mitarbeiten können und wollen. Sie können, je nach Projekt-Setup, aber auch echte Vertreter des gesamten Teams sein. Dann vertreten sie alle Interessen und arbeiten in allen Phasen stellvertretend für das Team. Das Team selbst kann sich in diesem Fall weiterhin dem Daily Business widmen. Ob und wann es sinnvoll ist, die Nutzerteams durch Nutzervertreter vertreten zu lassen, diskutieren wir im Abschnitt »Grundsatzentscheidungen«. In größeren Projekten, in denen nicht nur ein Team die Arbeitsumgebung wechselt, sondern viele Teams gleichzeitig in neue Räume ein- oder umziehen, werden die Workshops häufig vom Real-Estate-Management oder einem von ihm »beauftragten« Team koordiniert, moderiert und getrieben – dem Raum-Team (dazu später mehr). Dieses steht dann im regen Austausch mit den Nutzervertretern.

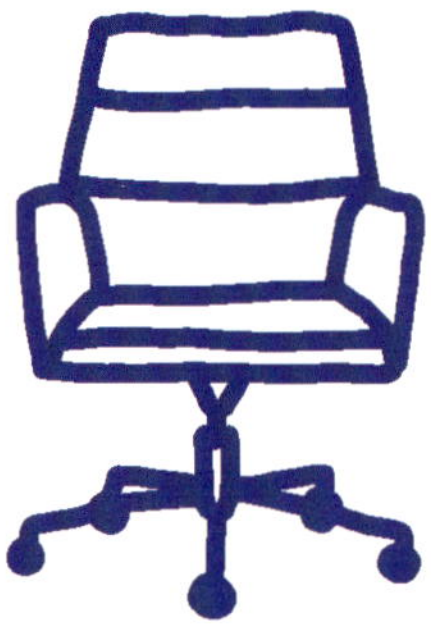

Die Nutzer als Initiatoren

In kleineren und von Nutzern getriebenen Projekten können die Kollegen aus dem Nutzerkreis den Anstoß für das Projekt geben, sowie die Koordination und Moderation übernehmen und das Raum-Team bilden. Tatsächlich geht die Initiative für neue, bessere Arbeitsumgebungen immer häufiger von der »Basis« aus: Abteilungsleiter, Teamleiter oder auch einzelne Mitarbeiter nehmen das Heft in die Hand und wollen etwas tun, ohne darauf zu warten, bis die träge Unternehmensmaschinerie endlich eine räumliche Antwort auf die schon sehr veränderte Arbeitswelt gibt.

Typischerweise werden erste Überlegungen erst einmal »unterm Radar« anderer Stakeholder im Unternehmen angestellt. Ideen werden im kleinen Kreis unter interessierten Kollegen ausgetauscht, man stöbert online und macht ständig Fotos, wenn man in anderen Büros unterwegs ist. Doch irgendwann kommt der Schritt, an dem wir den Kreis öffnen müssen. Denn in vielen Fällen sind wir nicht Nutzer und Ermöglicher in Personalunion. Wir können nicht einfach umbauen, wie wir wollen, sondern müssen das Real-Estate-Management einbeziehen. Dieses trägt die Verantwortung für unsere Fläche. Und wir brauchen die Verantwortlichen für das Gebäude als Verbündete – und nicht als Endgegner!

Dieses Einbeziehen sollte unbedingt eher früh als spät passieren. Und niemals sollten wir als Nutzer zu den ersten Gesprächen ein »fertiges« Konzept mitbringen. Zuallererst sollten wir erklären können, warum das Umgestalten einer vorhandenen Fläche überhaupt sinnvoll ist. Hierfür kann ein erarbeitetes Ergebnis-Board aus der ersten Arbeitsphase »Understand« hilfreich sein. Falls ein Umzug oder ein Neubau bereits geplant ist, hat das Real-Estate-Management hierfür meist schon ein fertiges Konzept. Auch in diesem Fall können wir mithilfe des Ergebnis-Boards unsere Anforderungen begründen, sofern diese durch das geplante Konzept noch nicht abgedeckt sind. Oft sind wir Nutzer in diesen Fällen aber spät dran. Dann kann zumindest das Individualisieren eines kleinen Teilbereichs eine Kompromisslösung sein.

Grundsätzlich müssen wir uns immer auf eine Diskussion über Ressourcen gefasst machen. Sonderlösungen werden nun einmal oft etwas

teurer. Aber die Betonung liegt auf *etwas*. Und vor allem wenn es um funktionale Anforderungen geht – aus denen zum Beispiel folgt, dass wir keine großen Meetingräume mit Sitztischen, sondern kleine Teamräume mit Stehtischen vorschlagen –, machen die alternativen Lösungen preislich häufig keinen allzu großen Unterschied. Alle Konzepte können günstig und teuer realisiert werden!
Zudem werden sich Sonderlösungen, auch wenn sie etwas teurer sein mögen, für das Unternehmen schnell auszahlen, wenn sie die Produktivität steigern. Für dieses Argument sind vor allem auch die Entscheider zugänglich – die ohnehin meist einfacher von einem neuen Officekonzept zu überzeugen sind, weil sie vorrangig die Performance der Mitarbeiter im Blick haben, welche eben sehr von der Funktionalität der Umgebung und deren Akzeptanz durch die Nutzer abhängt. Ein überzeugter Entscheider ist oft auch ein zusätzlicher Pluspunkt bei Gesprächen mit dem Real-Estate-Management.[1]

ROLLE 2: ERMÖGLICHER

- **verantworten die Gebäude eines Unternehmens;**
- **haben vermehrt mit volatilen Abteilungsgrößen zu tun und damit, ständig Umzüge, Um-, An- und Neubauten zu koordinieren, zu planen und zu realisieren;**
- **müssen immer Kosten und Machbarkeit im Blick behalten;**
- **wollen oder sollen auf Wunsch der Führungsetage die entstehenden Arbeitsumgebungen »fit machen« für das neue, digitale und agile Arbeiten.**

Rolle und Verantwortung

Die Rolle des Ermöglichers bekleiden in den meisten Unternehmen Real-Estate-Manager. Sie haben die Aufgabe, sich um die Grundstücke und Gebäude eines Unternehmens zu kümmern. Real-Estate-Manager sind dafür verantwortlich, dass alle ein Dach über dem Kopf und eine funktionierende Arbeitsumgebung haben. Aber auch, dass das alles bezahlbar bleibt und gewissen Regeln entspricht. Sie sind also eigentlich klassische Spielverderber. Oder besser: Sie waren es. Ihre Rolle ändert sich gerade rasant.
Die Kosten eines Arbeitsplatzes pro Mitarbeiter sind natürlich weiterhin eine gewichtige Kennzahl. Während der Corona-Pandemie hat sich noch eine zweite wichtige Kennzahl etabliert, nämlich die der Flächenbelegung. Die Flächenoptimierung wird bei durchschnittlich 20 Prozent weniger Belegung für das Real-Estate-Management zu einer weiteren Herausforderung. Die bereits etablierten bekannten Größen der Mitarbeiterzufriedenheit und die Mitarbeiterperformance, die miteinander korrelieren und stark von der Arbeitsumgebung beeinflusst werden, behalten weiterhin ihre Wichtigkeit. Sie werden in Zeiten von Hybrid Work und ihren unterschiedlichen Einsatzformaten noch wichtiger. Es geht also nicht mehr nur um billig und flächenoptimiert, sondern immer mehr um »gut«.
Inzwischen kennen wir einige Bürogebäude – auch in Deutschland –, bei denen man sich fragen kann, ob die Kosten hier überhaupt irgendeine Rolle gespielt haben. Gute Büros zu bauen ist aber eine andere Aufgabe, als günstige Büros zu bauen. Das fängt schon damit an, dass gute Büros Ansichtssache sind. Was eine Abteilung als großartiges Bürokonzept erachtet, ist für ein anderes Team ein Kündigungsgrund. Und wo früher das Real-Estate-Management als Treiber für alle Umzüge und Umbauten operierte, stehen heute immer häufiger Kollegen aus anderen

1 Viele der Projekte von Dark Horse Workspaces sind auf Initiative von Nutzern begonnen worden. Es funktioniert also. Nur Mut!

Abteilungen in der Tür, die ihr Budget noch in diesem Jahr in ein schickes Office mit Lounge-Charakter ummünzen wollen.

Die Raumnutzer wollen mitreden und mitgestalten, und sie haben nicht selten schon einen Plan in der Tasche. Die Rolle des Real-Estate-Managements wandelt sich somit vom bloßen Gebäudeverwalter zum Ermöglicher, der Unternehmensbereiche dabei unterstützt, ihre Wünsche und Ideen von Neuem Arbeiten in realistische Formen zu gießen. Das klingt nach einer eher passiven Rolle, kann aber als exaktes Gegenteil aufgefasst werden.

Das Real-Estate-Management besitzt nun zu Teilen die Verantwortung für die Mitarbeiterzufriedenheit und -performance. Und diese Aufgabe lässt sich um Längen aktiver gestalten, als lediglich Umzugsprojekte nach Schema F durchzuführen. Wir halten das für eine gute Nachricht! In manchen kleinen Projekten wird die Rolle der Ermöglicher übrigens direkt von Architekten ausgefüllt. Ihnen kommen dann dieselben, im Folgenden beschriebenen, Aufgaben im Projekt zu wie dem Real-Estate-Management.

Aufgaben im Projekt

Real-Estate-Manager und Architekten müssen die Kosten und die Machbarkeit einer neuen Arbeitsumgebung im Auge behalten. In von Nutzern getriebenen Projekten können sie ihre Rolle dabei als Bad-Cop-Rolle, als Nein-Sager, interpretieren – oder eben als Ermöglicher, die alle Tricks und Kniffe kennen, um auch kompliziertere und anspruchsvollere Konzepte letztendlich möglich zu machen.

Die Aufgabe der Rolle ist in kleinen wie in großen Projekten also zuerst, den Spielraum abzustecken. Es gilt zu klären, was baulich wirklich machbar ist. Gebäudekerne, Wasseranschlüsse, Brandwände oder Feuerschutztüren ... die Liste an Dingen, die außerhalb des Gestaltungsspielraums liegen, kann lang sein. Es ist für gestaltende Nutzer wichtig, diese vorab zu kennen und sie zu respektieren.

Später im Projekt überprüfen wir als Ermöglicher, ob diese Spielräume eingehalten wurden, und machen Alternativvorschläge, falls nötig. Wir schätzen die Kosten für die Umsetzung des Konzepts und bedienen uns unserer gesamten Erfahrung, um clevere und gegebenenfalls günstigere Lösungen für die von Nutzern formulierten Ideen zu finden.

Ermöglicher als Initiatoren

Der Wettlaufcharakter unserer Wirtschaft, die bereits bei der Planung und Realisierung neuer Arbeitsumgebungen angekommen war, hat sich nach der Pandemie weiter verstärkt. Unternehmen sind noch stärker gefordert, gut funktionierende Arbeitsumgebungen bereitzustellen, in denen sich Mitarbeiter gerne aufhalten, die den Bewerbern gefallen und die sich ständig den Anforderungen des Hybrid Work anpassen können. Das sollte die dezidierte Aufgabe eines neu aufgestellten Real-Estate-Managements sein.

Initiativen für die grundlegende Verbesserung von Arbeitsumgebungen stoßen in Unternehmen vielerorts auf offene Ohren. Mitarbeiter, Abteilungsleiter, Personalverwaltung und -marketing haben dagegen meist nichts einzuwenden. Im Gegenteil, hier können wir uns als Ermöglicher einer breiten Basis an Unterstützung sicher sein. Und der hier geschilderte Ansatz kann uns helfen, mit Nutzern und Entscheidern ein gemeinsames Bild davon zu entwickeln, wie die neue Arbeitsumgebung aussehen könnte – teamspezifisch, aber auch teamübergreifend.

Als Ermöglicher müssen wir aber das Thema Ressourcen besonders beachten. Das betrifft im Übrigen nicht allein die Umsetzung der Ergebnisse unserer Projektentwicklung, sondern schon den

Entwicklungsprozess selbst. Das Aufsetzen und Durchführen eines Prozesses mit dem Ziel, neue und gar teamspezifische Arbeitsumgebungen zu schaffen, kostet Zeit und Geld. Bei den Ressourcen geht es auch um vorhandene Kompetenzen. Gerade der Ansatz, Nutzerteams bei der Gestaltung ihrer eigenen Umgebung zu unterstützen, geht über die normale Jobbeschreibung des Real-Estate-Managements oder der Architekten hinaus.
Als Ermöglicher müssen wir in dieser Hinsicht womöglich Neuland betreten, wobei uns der in diesem Buch präsentierte Fahrplan hilft. Und wie aufwendig die Individualisierung tatsächlich sein muss, hängt vom konkreten Zuschnitt der Gestaltungsspielräume ab. Den können wir selbst beeinflussen. Mehr dazu im Unterkapitel »Grundsatzentscheidungen«. Grundsätzlich kann es bei Ressourcenproblemen immer hilfreich sein, klein anzufangen. So können wir den Prozess der Entwicklung teamspezifischer Arbeitsumgebungen mit einem Team als Pilot und einem geringen Vorabinvestment einfach ausprobieren und dann weitere Projekte anschließen, bei denen wir auf die zuvor gesammelten Erfahrungen zurückgreifen können.
Mit dieser Salamitaktik haben wir eine bessere Kontrolle über die Ressourcen. Wenn das Projekt für neue Arbeitsumgebungen von den Ermöglichern getrieben wird, übernehmen diese meist auch die Rolle, die Workshops zu koordinieren, zu moderieren und den Prozess ins Rollen zu bringen. Hier stellen die Ermöglicher also das Raum-Team. In großen Projekten heißt das, jedem Nutzerteam seine Fläche zuzuweisen und für jede Fläche die Konzeption zu begleiten. Das klingt aufwendiger, als es tatsächlich sein muss. Wir schauen es uns gleich im Unterkapitel »Eine Sonderrolle: das Raum-Team« noch genauer an.

ROLLE 3: ENTSCHEIDER

- **sind viel beschäftigte Unternehmens- oder Bereichslenker mit oft starker Meinung zum Thema Arbeitsumgebungen;**
- **wollen das Unternehmen zukunftsfähig machen und betrachten Arbeitsumgebungen als ein Mittel dazu;**
- **kennen womöglich Konzepte aus jungen internationalen Unternehmen und sehen im eigenen Unternehmen Handlungsbedarf;**
- **wollen eher viel und radikal verändern, statt nur kosmetische Maßnahmen zu treffen.**

Rolle und Verantwortung

Entscheider sind bei der Neugestaltung der Arbeitsumgebung am wenigsten beteiligt, aber gleichzeitig sehr wichtig. Sie geben grünes Licht oder nicht. Und das gilt sowohl für das Vorhaben an sich als auch für das resultierende Konzept. Entscheider tragen die Verantwortung dafür, dass alle Entscheidungen im Sinne des Unternehmens getroffen werden. So wie die Nutzer ein Projektergebnis anstreben, welches zu ihrem Team passt, müssen Entscheider sicherstellen, dass es auch zum Unternehmen passt. Je nach Größe des Unternehmens können Entscheider zum Beispiel Bereichsleiter, Geschäftsführer oder jemand aus dem Vorstand sein. Je größer das Unternehmen, desto weniger involviert ist das Topmanagement. In kleinen Unternehmen wie Start-ups oder Agenturen ist es hingegen nicht unwahrscheinlich, dass wir Nutzer und Entscheider in Personalunion sind.

Aufgaben im Projekt

Wie erwähnt, Entscheider haben in unserem Projekt kaum wirkliche operative Aufgaben. Aber die wenigen Aufgaben, die sie haben, sind wichtig.

Sie definieren die Ziele aus Unternehmenssicht, denen eine neue, wie auch immer geartete Arbeitsumgebung gerecht werden muss. Diese haben oft einen anderen Fokus als die Ziele der Nutzer. Beispielsweise kann ein aus Unternehmenssicht wichtiges Ziel der bessere Austausch zwischen Teams sein, weil diese ganz neu zusammengelegt wurden. Das wäre ein anderer Fokus als das Ziel des Teams, untereinander besser zusammenarbeiten zu können. Diese Ziele aus Unternehmenssicht sollten Nutzer bei der Konzeptentwicklung unbedingt berücksichtigen, sonst wird das Konzept den Entscheidern schwer zu vermitteln sein und eine Zustimmung der Entscheider unwahrscheinlich.

Glücklicherweise sind Unternehmensziele oft auch mit Teamzielen einfach vereinbar. Es ist die bei weitem nicht triviale Aufgabe der Entscheider, den Beschluss über die Verwirklichung des Konzepts zu treffen. Eine weitere wichtige Aufgabe der Entscheider ist es, vor Beginn der Konzeptentwicklung das Mandat dafür zu erteilen, entweder an die Nutzer oder die Ermöglicher. Ein klares Mandat macht vieles einfacher und verhindert »Ihr habt uns gar nichts zu sagen«-Bremsklötze. Nicht zuletzt ist es auch Aufgabe der Entscheider, die Bedeutung des Themas Arbeitsumgebung für das Unternehmen einzuschätzen und zu beziffern, sowie einem solchen Prozess die entsprechenden Mittel zur Verfügung zu stellen.

Entscheider als Initiatoren

Auch heute noch kommt die Initiative zur Neugestaltung von Arbeitsumgebungen manchmal »von oben«, aus der Entscheidungs-Etage. Vielleicht weil Neubauprojekte anstehen, weil Teams oder Abteilungen gerade neu strukturiert wurden und noch niemand für das Thema den Kopf frei hatte, oder weil sich gerade durch die Hybrid-Work-Bewegung eine neue Arbeitsmentalität etabliert hat, die bereits gelernte und bekannte Gewissheiten auf den Kopf stellt. Und in ihrer Auswirkung wichtige Leistungsindikatoren wie Mitarbeiterzufriedenheit und -performance sowie Recruitung betrifft.

Allerdings sollten wir besonders aufmerksam sein, wenn wir als Entscheider der Motor sind und nicht die Mitarbeiter. Das hat oft tiefer liegende Gründe. Häufig hat in solchen Fällen ein Großteil der Mitarbeiter grundsätzliche Vorbehalte gegenüber neuen Arbeitsumgebungen. Zum Beispiel weil Mitarbeiter schlechte Beispiele oder noch gar keine Beispiele für neue Arbeitsumgebungen kennengelernt haben. Oder weil sie die Befürchtung haben, dass eine wahrgenommene »Zweiklassengesellschaft« mit einer Neugestaltung weiter ausgebaut wird: »Die Chefs bleiben in ihren Einzelbüros und wir müssen auf die offene Fläche!« An Offenheit, Transparenz oder Teamkultur, die mit einer neuen Umgebung gefördert werden, denken Mitarbeiter zu diesem Zeitpunkt meist nicht.

Hier können Entscheider aktiv mitwirken und mit gutem Beispiel vorangehen. In vielen unserer Projekte, die in der beschriebenen Weise zunächst blockiert wurden, hat das Vorleben eines neuen Konzepts mit den Chefs in der Pionierrolle Wunder gewirkt – und allen Spaß gemacht. Für den Fall, dass Mitarbeiter einem Projekt zur Neugestaltung anfangs skeptisch gegenüberstehen, ist es außerdem doppelt wichtig, sie von Anfang an einzubeziehen. Dabei hilft der in diesem Buch vorgeschlagene Ansatz.

1.3 EINE SONDERROLLE: DAS RAUM-TEAM

EIN RAUM-TEAM

- **kann aus Nutzern, Ermöglichern und/oder Entscheidern bestehen;**
- **ist Treiber, Koordinator, gute Seele und Helfer während des gesamten Projektverlaufs;**
- **vermittelt zwischen allen Rollen und Stakeholdern;**
- **hat sich Know-how für die Entwicklung neuer Arbeitsumgebungen verschafft und gibt dieses an alle anderen weiter.**

Nachdem wir nun die verschiedenen Rollen in einem Projekt für neue Arbeitsumgebungen kennen und wissen, welche davon unsere ist, kommen wir zum nächsten Schritt: Ein solches Projekt ist komplex, unscharf und volatil und deswegen prädestiniert für Teamarbeit. Wir brauchen also ein Team – das Raum-Team. Seine Aufgabe ist es, das Projekt zu koordinieren. Alle, die daran mitwirken können und wollen, können Mitglied des Teams werden – egal ob als Ermöglicher oder Nutzer oder Entscheider, der sich ausnahmsweise operativ mit Arbeitsumgebungen beschäftigt.

Das Raum-Team hat – egal wie es besetzt ist – drei Aufgaben: erstens Treiber und Koordinator der Neugestaltung zu sein, zweitens Vermittler und »gute Seele« zwischen den beschriebenen Rollen und weiteren Stakeholdern im Unternehmen zu sein, und drittens, besonders wichtig, Unterstützer und Facilitator für die Nutzer, die ja die inhaltliche Arbeit machen, zu sein. Die nicht zuletzt sehr politische Tätigkeit des Raum-Teams besteht im Koordinieren, Zuhören, Vermitteln und Fädenziehen.

Konkret hilft das Raum-Team den Nutzern, Anforderungen zu identifizieren und Lösungen zu finden. Es stimmt aber auch mit dem Real-Estate-Management Spielräume und Machbarkeit ab. Außerdem bringt es die Ziele der Entscheider in den Prozess ein und hält sie auf dem Laufenden. Das Raum-Team sollte idealerweise von zwei bis drei Personen besetzt sein. Ein solches Projekt alleine zu stemmen kann schwierig werden. Das Ausfallen des Raum-Teams zum Beispiel wegen Krankheit in einer wichtigen Phase kann zu viel Hektik führen. Außerdem bringt die Rolle auch einiges an Arbeit mit.

Das Koordinieren eines Projektes für zum Beispiel 200 Mitarbeiter ist fast ein Fulltime-Job für zwei Personen.

Nutzerinitiierte Projekte

Projekte, die von Nutzern initiiert werden, sind meist kleinere Vorhaben. Das größte von Nutzern initiierte Projekt, das wir erlebt haben, betraf 200 umziehende Mitarbeiter. Typischerweise gehen von Nutzern initiierte Projekte von den Mitarbeitern eines bis dreier Bereiche aus, die von sich aus die Entscheidung treffen, ihre Arbeitsumgebung zu verändern, zum Beispiel anlässlich eines ohnehin bevorstehenden Umzugs. In solchen Projekten setzt sich das Raum-Team am besten aus »echten« Nutzern zusammen, also Mitarbeitern der jeweiligen Bereiche, die Lust und Zeit für die Aufgabe mitbringen.

Besonderes Know-how zum Thema Arbeitsumgebung ist im Team anfangs oft nicht vorhanden und muss erarbeitet werden. Dafür gibt es eine hohe intrinsische Motivation und Lust, sich dem Thema zu nähern. Auch aus einem gewissen Eigennutz heraus, schließlich geht es um die »eigenen« vier Wände. Um das anfangs fehlende Know-how auszugleichen, ist das Raum-Team auf den guten Willen und etwas Zeiteinsatz des Real-Estate-Managements angewiesen – und/oder auf eine externe Agentur oder Architekten. Dafür ist die Kommunikation mit den Nutzern, also den eigenen Kollegen, aufgrund des gemeinsamen Wissens und der gemeinsamen Interessen meist eher unproblematisch.

Ermöglicherinitiierte Projekte

Wenn Projekte durch Ermöglicher, zum Beispiel das Real-Estate-Management, getrieben werden, handelt es sich oft um größere Vorhaben von zumindest mehreren hundert Mitarbeitern. Oft sollen hier viele Bereiche gemeinsam umziehen, etwa in einen Neubau. Oder es soll ein bestehendes Gebäude mittels einer Umzugskette nach und nach umgebaut und neu gestaltet werden. Hier stellt idealerweise das Real-Estate-Management ein »professionelles« Raum-Team, meist aus den eigenen Reihen, zusammen.

Der in diesem Buch beschriebene Ansatz verlangt dafür zusätzliche Ressourcen, denn das Unterstützen aller Nutzerteams bei der Gestaltung ihrer eigenen Umgebung kostet mehr Zeit als das simple Einführen einer One-fits-all-Lösung. Es sollte uns aber auch bewusst sein, dass dieser Extraaufwand den Kompetenzen des Real-Estate-Managements entspricht, weil er die Entwicklung des Gebäudes betrifft. Dagegen passt der kommunikative Extraaufwand, den das Real-Estate-Management später mit dem »Verkaufen« eines One-fits-all-Konzepts hätte, weniger zu dessen eigentlichen Kompetenzen. Generell, aber insbesondere in Projekten, in denen sich Gegenwind von Nutzern vorhersagen lässt, kann es sowohl für die Akzeptanz als auch für die Qualität der Ergebnisse sinnvoll sein, einen Nutzer als festes Teammitglied aufzunehmen.

Entscheiderinitiierte Projekte

Von Entscheidern initiierte Projekte können sowohl von »ehrenamtlichen« Nutzer-Raum-Teams als auch von professionellen Ermöglicher-Raum-Teams getrieben werden. Es empfiehlt sich, dies von der Größe des Projektes abhängig zu machen. Die Besonderheit von entscheiderinitiierten Projekten liegt darin, dass das Raum-Team hier öfter und intensiver mit den Entscheidern interagieren wird. Schon alleine deshalb, weil in solchen Projekten das Thema Arbeitsumgebungen einfach höher auf deren Agenda steht. Zweiwöchentliche Jours fixes, in denen zum Beispiel die Ergebnis-Boards der einzelnen Phasen vorgestellt und Fragen geklärt werden, bieten sich hier an.

Manche von Entscheidern initiierten Projekte haben nicht das Ziel, eine fertige Arbeitsumgebung zu erzeugen, sondern es geht darum, eine Vision zu entwickeln, wie eine neue Arbeitsumgebung aussehen könnte – zum Beispiel, wenn erst mittel- oder langfristig ein Neubau ansteht. Auch in einem solchen Fall kann das Raum-Team den in unserem Buch vorgeschlagenen Ansatz nutzen, um diese Vision gemeinsam mit den Nutzern zu erarbeiten.

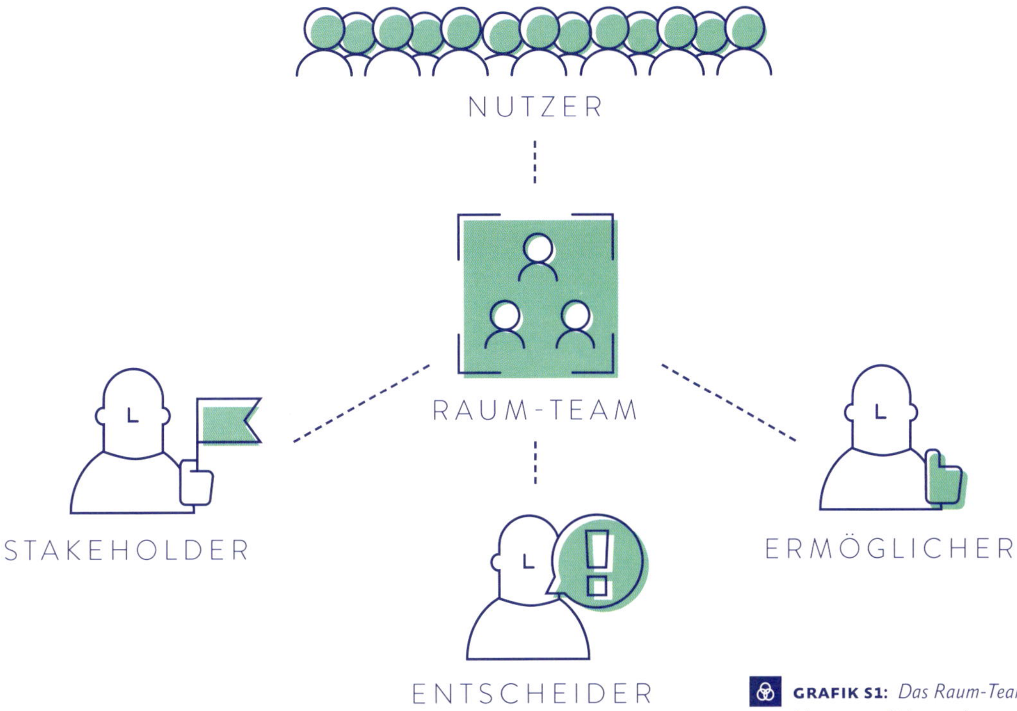

GRAFIK S1: *Das Raum-Team als Vermittler zwischen Nutzern und Unternehmensvertretern.*

1.4 WEITERE STAKEHOLDER

Das Thema Arbeitsumgebungen betrifft neben den beschriebenen Hauptrollen weitere Personen und viele Gremien. Viele wollen und sollten in ein solches Projekt involviert werden.

Wichtig ist, alle Stakeholder einzubinden. Das heißt, alle Personen, die ein Interesse an dem Thema haben oder haben sollten. Wir sollten sie so früh wie möglich beteiligen. Nur so wird das Projekt von allen als ein gemeinsames angesehen, als eines, an dem alle teilhaben und dessen Erfolg alle teilen. Dieses Gefühl stellt sich nur schwerlich ein, wenn Stakeholder erst zur Abschlusspräsentation eingeladen werden. Dieses frühe Einbinden ist eine der ersten Hauptaufgaben des Raum-Teams. Ein Leitgedanke hierbei kann sein: Wir alle, also alle am Projekt Beteiligten, wollen im Grunde ja dasselbe – ein schönes, funktionales, bezahlbares Office. Natürlich wird jedes resultierende Konzept aus jeder dieser Perspektiven ein Kompromiss sein. Aber den besten finden wir nur gemeinsam. Denn die Erfahrung zeigt, dass streitende Parteien im Großen und Ganzen unglücklichere Kompromisse schließen, als es zusammenarbeitende Partner tun. Deshalb ist es wichtig, das Projekt zu einer gemeinsamen Sache und Stakeholder zu Mitspielern zu machen. Wir wollen uns nun eine kurze Übersicht verschaffen, mit wem wir vor Projektstart das Gespräch suchen sollten.

Betriebsrat

Einer der wichtigsten Stakeholder bei Fragen der Arbeitsumgebung ist der Betriebsrat. Hier kommt es anfangs oft zu Missverständnissen. Der Betriebsrat sieht in dem Projekt den Versuch, Mitarbeiter auf eine kleinere Fläche zu setzen und die Qualität der Umgebung zu verringern, um dadurch Kosten zu sparen. Unser Projekt soll aber das genaue Gegenteil erreichen – es soll die Qualität der Arbeitsumgebung erhöhen. Natürlich kann ein neues Konzept tatsächlich flächeneffizienter sein, aber das ist nicht der Kern der Sache.

Der Betriebsrat hat die wichtige Aufgabe, Mitarbeiter zu schützen und ihre Interessen zu vertreten. Oft nimmt ein Gespräch mit dem Betriebsrat einen guten Verlauf, sobald klarer wird, dass der ganze Prozess nur dazu dient, die Interessen der Mitarbeiter zu identifizieren und in Lösungen zu überführen – und zwar durch die Mitarbeiter selbst. Es ist nachvollziehbar, wenn Mitarbeiter teilweise Vorbehalte gegenüber neuen Konzepten, zum Beispiel offeneren Flächen, haben. Vielleicht sind diese Bedenken begründet, vielleicht auch nicht. Womöglich sind die bestehenden Zweierbüros die perfekte Lösung, womöglich auch nicht. Aber wir wollen jeden dazu veranlassen, sich diese Gedanken wirklich einmal selbst zu machen, mit offenem Blick und ohne verschränkte Arme – um danach mit seinen Kollegen eine informierte Entscheidung treffen zu können. Nur das wollen wir mit unserem Vorgehen bewirken.

Wir als Raum-Team haben also ein großes gemeinsames Interesse mit dem Betriebsrat: die bestmöglich passende Umgebung für alle Mitarbeiter herzustellen. Das ist unser gemeinsames Ziel.

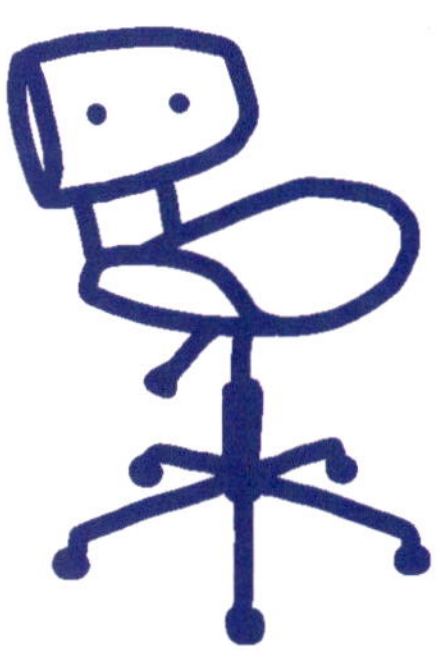

Human Resources und Personalmarketing

Human Resources und Personalmarketing haben im Vergleich zum Betriebsrat einen etwas anderen ersten Blick auf die Änderung von Arbeitsumgebungen.[1] Hier werden Ideen für neue Arbeitsumgebungen meist mit weit offenen Armen empfangen: »Endlich! Wann geht's los? Und wann gibt es erste Fotos?« Der Aspekt der Mitarbeiterbeteiligung ist hier oft gar nicht so wichtig. In den Vordergrund der Gespräche rückt eher die Frage, wie toll, neu, schick und bunt es denn geplant ist und wie sehr der frische Wind hineinwehen soll: »Schaffen wir es, hier etwas Start-up-Atmosphäre reinzubekommen?«

Wir merken schnell, dass für HR und Personalmarketing die neuen und potenziellen Mitarbeiter, die Bewerber, eine wichtige Zielgruppe sind. Man weiß hier, dass die derzeitigen Büros auf diese Zielgruppe eher abschreckend wirken. Deswegen kann das neue Konzept nicht schick genug sein. Wir erinnern uns an den »War for Talents«.

Oft haben HR und Personalmarketing bereits eine ganze Reihe von Beispielen für neue Arbeitsumgebungen gesammelt. Als Raum-Team sollten wir uns mit den HR-Kollegen diese Beispiele anschauen und Wünsche und Ideen aufnehmen. Diese sind oft gut, zukunftsweisend und eine tolle Inspiration für die Concept-Phase.

1 Wenn es nicht die eigenen sind.

Head of CI/CD

In jedem Unternehmen gibt es eine Person, die für Design, Farben, Schriften, Bildsprache sowie Look and Feel der unternehmensinternen Symbole und Gegenstände, kurz: für die Corporate Identity (CI) oder das Corporate Design (CD), verantwortlich ist. Manchmal ist es ein eigener Bereich, manchmal die Unternehmenskommunikation, in kleinen Unternehmen ist es oft das Marketing oder, im Worst Case, der »Chef«. Und da Arbeitsumgebungen die mit Abstand größte und teuerste Verkörperung dieser CI / CD sind, lohnt sich auch hier oft ein Gespräch. Wichtig hierbei: Unser Prozess beteiligt Mitarbeiter, aber es geht nicht unbedingt darum, dass jedes Team seine eigenen Farben und Schriftarten zusammenstellt.
Es geht eher um funktionale Aspekte einer Umgebung. Und ob ein Tisch weiß oder grau wird, dürfen weiterhin die CI- / CD-Verantwortlichen entscheiden. Falls es hierzu tatsächlich schon ein Konzept gibt ... Was meistens nicht der Fall ist. Das heißt, unser Projekt kann die Gelegenheit für die CI- / CD-Verantwortlichen sein, in Abstimmung mit dem Raum-Team eine Idee für das Look and Feel der neuen Umgebung zu entwickeln. Zum Beispiel auf Grundlage sogenannter Moodboards, die Mitarbeiter in der Inspire-Phase anlegen. Und eventuell unter Berücksichtigung eines bereits vorhandenen Brand-Manuals, welches CI-Farben und -Schriftarten vorsieht. Ein so erarbeitetes Designkonzept kann dann im Zuge der Umsetzung des Konzepts vom Real-Estate-Management und / oder den Architekten genutzt werden, um ein Look and Feel zu realisieren, welches sowohl zum Unternehmen als auch zu den Ideen der Mitarbeiter passt. Denn ja, es wird Bereiche wie zum Beispiel Teamräume geben, die sehr individuell vom Team gestaltet sind. Aber die Farbe der Couches oder die Wandfarbe von Fluren wirkt besser, wenn sie von Profis abgestimmt ist.

Architekten (gegebenenfalls)

Wir haben bei der Vorstellung der Rolle »Ermöglicher« bereits über die Verantwortung für Machbarkeit und Kosten gesprochen. Oft liegt diese in größeren Unternehmen beim Real-Estate-Management. Hier haben wir als Nutzer-Raum-Team, welches nicht durch das Real-Estate-Management besetzt wird, kaum direkte Berührungspunkte mit Architekten. Falls wir diese Aufgabe dennoch innehaben, zum Beispiel, weil wir Real-Estate-Manager sind oder in einem kleineren Unternehmen ohne Real-Estate-Management arbeiten, sollten wir uns frühestmöglich mit Architekten zusammensetzen. Diese können uns frühzeitig über bauliche Besonderheiten, Fallstricke und unsere Spielräume aufklären. Hierfür haben wir in der Concept-Phase zwar noch etwas Zeit reserviert, in der wir über Wandanschlüsse, Flurunterzüge und Klimatechnik sprechen, aber erste Grundgedanken, die wir auf unserem riesigen Grundriss in unserem Projektraum festhalten können, lassen sich auch vorab schon klären. Und ein frühes persönliches Kennenlernen sowie ein frühzeitiger Austausch über Wünsche und Bedürfnisse sind immer gut.

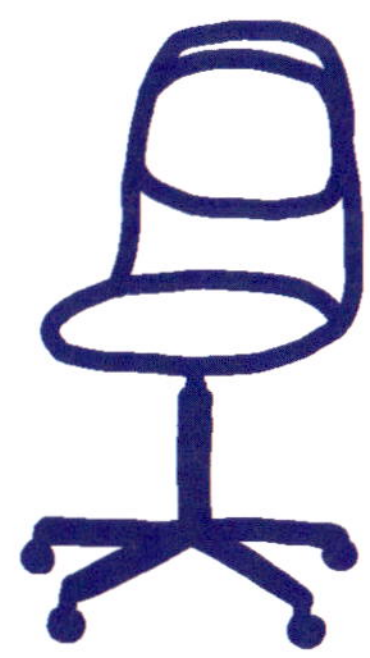

(Zukünftige) Vermieter (gegebenenfalls)

Bei größeren Umbauten in gemieteten Objekten oder im Falle von Sonderwünschen für Neubauten, die wir mieten werden, haben Vermieter immer ein Wort mitzureden. Im Guten wie im Schlechten. Zum einen stellen auch Vermieter bauliche Rahmenbedingungen. Ein Basketballfeld auf unserer Etage könnte die Untermieter stören, und die Vermieter könnten so etwas verbieten. Aber oft lassen sich Vermieter finanziell »einspannen«, wenn es darum geht, Flächen qualitätsvoll zu gestalten. Hochwertige Böden und Decken sind oft ein Thema, über das man reden kann. Grundsätzlich lohnt es sich auch hier, schon zu Anfang des Projekts einen guten gemeinsamen Draht aufzubauen.

Brandschutz-Verantwortliche (gegebenenfalls)

Umbauten verlangen manchmal die Änderung des Brandschutzkonzepts. Die örtliche Feuerwehr hat damit sicherzustellen, dass Fluchtwege und Brandabschnitte richtig geplant sind. Dieses Thema ist in großen Unternehmen immer vom Real-Estate-Management zu berücksichtigen, hier sitzen oft die Brandschutz-Verantwortlichen. In Unternehmen ohne eigenes Real-Estate-Management sollten wir die Aufgabe an unsere Architekten delegieren und nachfassen, damit sie erledigt wird. Das ist wichtig!

Stakeholder in kleinen Unternehmen, Agenturen oder Start-ups

In kleinen oder sehr jungen Unternehmen sieht die Stakeholder-Landschaft etwas übersichtlicher aus. In den meisten Fällen gilt es hier vor allem, die Vermieter zu Verbündeten zu machen, soweit dies möglich ist. Die üblichen Themen lauten hier »bauliche Spielräume« und »Beteiligung an Umbaukosten«. Auch hier kann ein gutes Bürokonzept ein gemeinsames Ziel sein, wenn Vermieter bei Vertragsende durch eine attraktivere Fläche höhere Mietpreise erzielen können. Ein weiterer Mitspieler ist oft das Architekturbüro, das den Aus- oder Umbau plant und begleitet. Hier lohnt es sich, dieses Büro nicht nur nach Referenzen und Tagessätzen auszusuchen, sondern auch die Mitarbeiter des Büros, mit denen wir später zusammenarbeiten werden, kennenzulernen. Von deren Einsatz für das Projekt hängt viel ab, und sie sind die Personen, mit denen wir in den vielen Monaten eines Projektes am meisten zu tun haben werden.

1.5 GRUNDSATZENTSCHEIDUNGEN

Bevor wir uns den ersten To-dos in der Setup-Phase widmen, müssen wir als Raum-Team gemeinsam mit den Ermöglichern und Entscheidern zwei Grundsatzfragen beantworten:
Wie umfangreich wollen wir die Nutzer beteiligen? Und welchen Grad der Individualisierung wollen wir Nutzern einräumen?

Beide Fragen haben einen großen Einfluss auf den Projektumfang, aber auch auf die Qualität des Ergebnisses und dessen Akzeptanz durch die Nutzer. Deswegen sollten diese Fragen beantwortet sein, bevor wir uns den nächsten Schritten widmen.

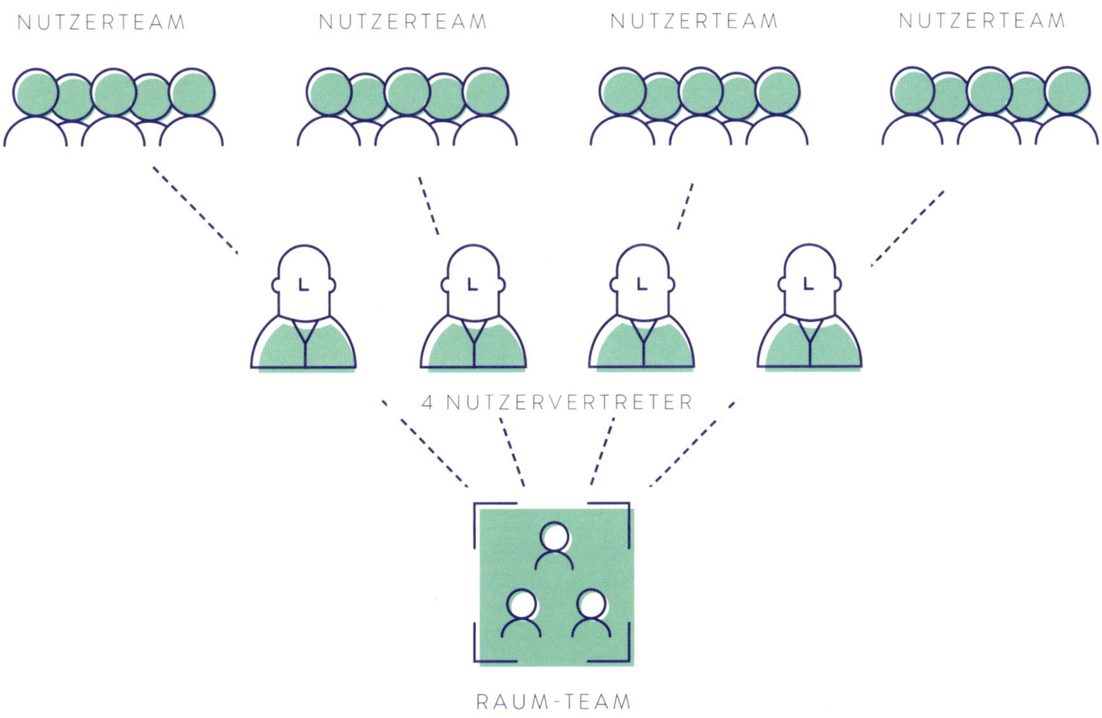

GRAFIK S2: *Die Nutzer als Vertreter oder Koordinatoren zwischen den Nutzerteams und dem Raum-Team.*

UMFANG DER NUTZER-BETEILIGUNG

Wir empfehlen eine möglichst große Beteiligung der Nutzer. Denn je mehr Nutzer beteiligt werden, desto verbundener werden sie sich dem Ergebnis fühlen. Und je mehr Zeit und Unterstützung die Nutzer erhalten, um ihre Anforderungen zu identifizieren und Lösungen zu konzipieren, desto besser wird sich die neue Arbeitsumgebung später bewähren. Vor allem in kleinen Projekten funktioniert daher das Einbeziehen aller Nutzer in allen Phasen ausgezeichnet. Alle sind an der inhaltlichen Vorbereitung beteiligt und nehmen an allen Workshops teil. Niemand kann und wird hinterher meckern, dass das Ergebnis missfällt. Aber schon ab 50 Mitarbeitern, die von der Änderung der Arbeitsumgebung betroffen sind, ist die Beteiligung jeder einzelnen Person schwierig. Wir bräuchten für jeden Schritt drei bis vier Workshops, um als Raum-Team mit einer sinnvollen Gruppengröße von jeweils 10 bis 20 Nutzern arbeiten zu können. Das ist für das Raum-Team, aber auch aus Abteilungssicht ein großes Zeitinvestment.
Wenn Zeit ein Problem ist, besteht ein möglicher Ausweg darin, Nutzervertreter einzusetzen und die weiteren Nutzer nur partiell zu beteiligen. Ein bis zwei Nutzervertreter als gewählte Interessenvertreter vertreten dann über das ganze Projekt hinweg 10 bis 20 Kollegen und arbeiten stellvertretend für sie in den Workshops und bei deren Vorbereitung. Das spart Workload, weil nicht mehr 80 Kollegen in den einzelnen Workshops arbeiten, sondern vielleicht acht. Allerdings müssen sich dann die Nutzervertreter wirklich intensiv mit ihrem Team beschäftigen und alle Aussagen über Wünsche und Bedürfnisse stellvertretend treffen können. Und sie brauchen das Vertrauen des Teams, dies auch gewissenhaft zu tun. → GRAFIK S2

Um sich ein besseres Bild von dem durch sie vertretenen Team zu verschaffen, können Nutzervertreter Tools wie zum Beispiel Tagebücher, die wir gleich vorstellen werden, verwenden. Wenn wir es als Raum-Team mit einer großen Menge an Nutzern, das heißt mehr als 500, zu tun haben und wir auch keine Ressourcen haben, um zumindest mit Nutzervertretern zu arbeiten, bleibt uns nichts anderes übrig, als selbst in die inhaltliche Arbeit einzusteigen. Um die Nutzer einzubeziehen, arbeiten wir als Raum-Team dann mithilfe der erwähnten Tagebücher und weiterer Tools sowie möglichst mit Erkenntnissen aus einzelnen Nutzerinterviews. Eine individuelle Gestaltung für jedes Nutzerteam ist so aber kaum noch zu leisten. Wir haben dafür einfach zu wenig Wissen über die Teams. Daher bietet sich dieser Ansatz eher an, wenn es darum geht, ein generisches One-fits-all-Konzept oder eine Auswahl an generischen Konzepten für alle zu entwickeln, wie wir sie im nächsten Abschnitt besprechen.
→ GRAFIK S3

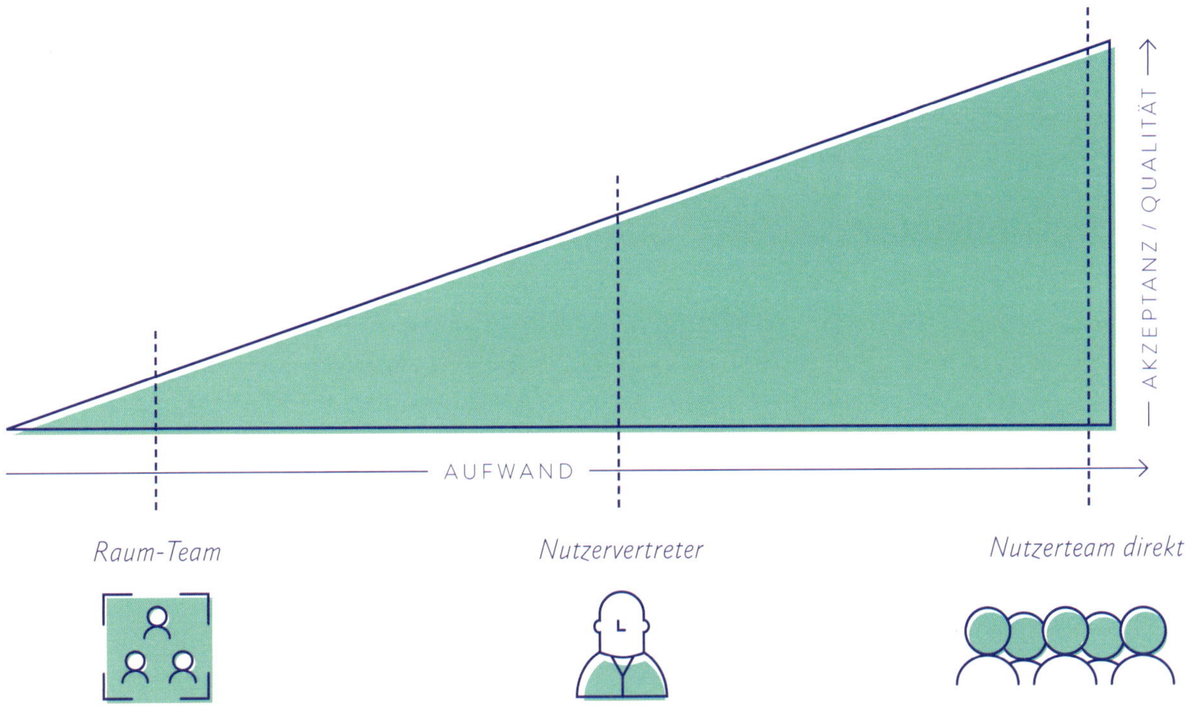

GRAFIK S3: *Wer gestaltet die Umgebung? Diese Frage entscheidet über Aufwand, aber auch die Qualität und Akzeptanz.*

GRAD DER MÖGLICHEN INDIVIDUALISIERUNG

Auch die Individualität ist ein Kernkonzept unseres Ansatzes. Leider kostet Individualität Zeit und Geld. Zeit, weil insgesamt mehr verschiedene Flächen geplant und umgesetzt werden müssen. Und Geld, weil kleine Mengen vieler verschiedener Elemente im Einkauf teurer sind als eine hundertfach gekaufte Standardausstattung. Aber wenn allen Nutzern das gleiche Konzept übergestülpt wird, dann wird dieses weder besonders gut die jeweiligen Anforderungen treffen, noch auf besondere Akzeptanz stoßen. Sofern Funktionalität und Akzeptanz unsere Ziele sind, sollten wir Nutzern einen gewissen Spielraum einräumen. Und genau in diesem Zuschnitt des Spielraums liegt der Schlüssel, um einen guten Kompromiss zwischen Aufwand und Individualität zu schaffen.

In kleinen Projekten ist das auch alles nicht dramatisch. Wenn wir ohnehin nur 300 Quadratmeter zu gestalten haben, können wir dies entweder mit einem Standardkonzept tun, oder wir können uns relativ frei austoben. Alles dazwischen würde keinen Sinn ergeben.

Aber schon bei Projekten, bei denen wir mehr als 50 Mitarbeiter berücksichtigen wollen, kann eine individuelle Gestaltung schwierig werden. Es müssten einfach zu viele Sonderlösungen geplant werden. Als goldener Mittelweg zwischen Aufwand und Individualität funktioniert hier der Baukasten-Ansatz, den wir später noch genauer vorstellen werden. Wir als Real-Estate-Management oder Architekten definieren hier ein klares Set an Modulen, die aus einem kleinen Set an

Möbeln und Elementen zusammengestellt werden. Mit diesem Set kann dann jedes Nutzerteam seinen Bereich frei gestalten. So haben die Teams maximale funktionale Freiheit, und trotzdem halten sich die Planung und die Realisierung immer in einem exakt definierten Kostenrahmen.

Wirklich große Projekte mit mehr als 500 Mitarbeitern können jedoch nach einem noch weniger aufwendigen Ansatz verlangen. Hier verabschieden wir uns von der teambasierten Individualisierung. Das Raum-Team entwickelt dann ein oder mehrere generische Konzepte für alle. So liegen am Ende des Projektes zum Beispiel drei Konzepte vor, und jedes Team kann sich das passende heraussuchen. Auch hierbei arbeiten wir als Raum-Team mithilfe von Tagebüchern und weiteren Tools sowie möglichst mit Erkenntnissen aus einzelnen Nutzerinterviews.
→ **GRAFIK S4**

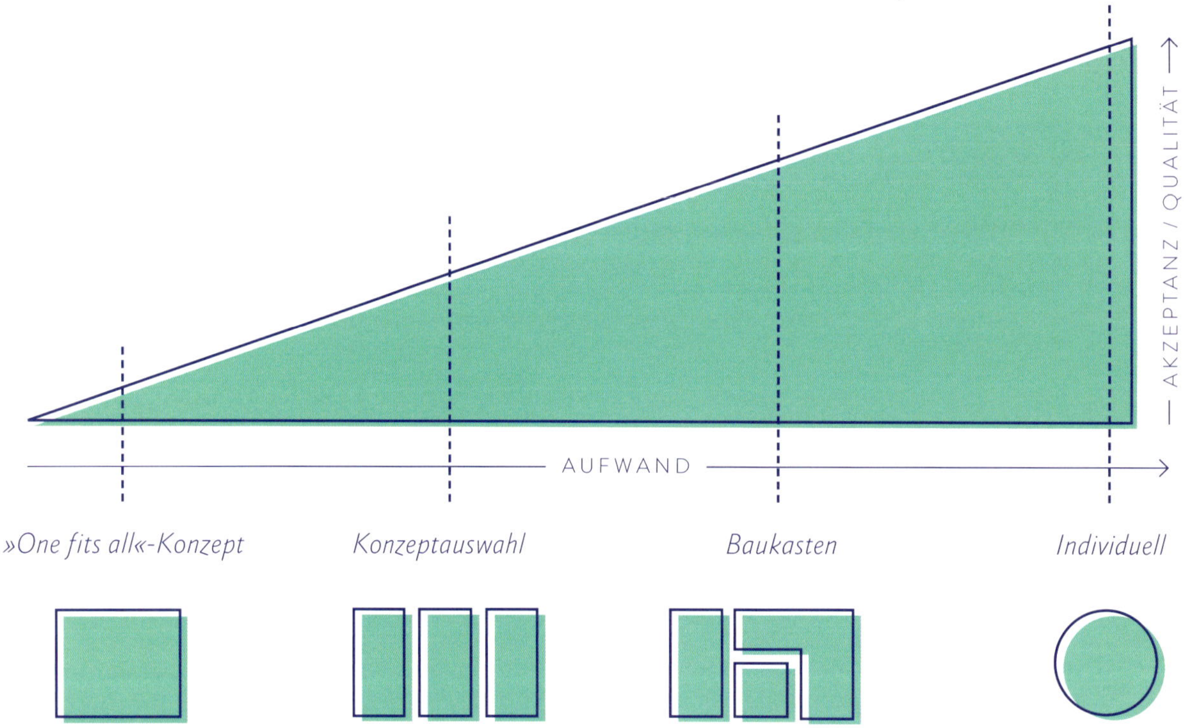

GRAFIK S4: *Welchen Grad an Individualisierung lassen wir zu? Das entscheidet über Aufwand, aber auch die Qualität und Akzeptanz des Ergebnisses.*

1.6 DIE SETUP-TO-DO-LISTE

Wir kennen nun unsere Rolle und die der anderen Beteiligten, haben einen Überblick über die Stakeholder, und unser Team ist so langsam startklar. Außerdem sind unsere grundsätzlichen Ziele bezüglich der Nutzerbeteiligung und des formalen Ergebnisses des Projektes (individuelle oder generische Konzepte) geklärt. Bevor wir mit der inhaltlichen Arbeit in der ersten Arbeitsphase »Understand« beginnen, gilt es zunächst, noch ein paar Vorbereitungen zu treffen. Alles, was es in typischen Projekten für einen geschmeidigen Ablauf zu tun gibt, haben wir hier als Checkliste aufgeführt, inklusive kleiner Tipps für die Erledigung der einzelnen Punkte. All diese Punkte sollten abgehakt sein, bevor wir in die erste Arbeitsphase eintreten.

- ☐ *1. Team-Kick-off veranstalten*
- ☐ *2. Managementziele klären*
- ☐ *3. Stakeholder ins Boot holen*
- ☐ *4. Bauliche Spielräume klären*
- ☐ *5. Budgetdiskussion anstoßen*
- ☐ *6. Zeitplan aufsetzen*
- ☐ *7. Nutzerteams gruppieren*
- ☐ *8. Nutzervertreter finden und briefen*
- ☐ *9. Nutzer-Kick-off veranstalten*
- ☐ *10. Klären, was noch fehlt*

1_ TEAM-KICK-OFF VERANSTALTEN

Es geschieht immer wieder: Ein Projekt entsteht, dazu findet sich ein Team, und auf einmal sind wir auch schon mittendrin. Wir sollten ein Projekt aber offiziell mit einem eigenen Team-Kick-off beginnen. Denn es wird ein großes Projekt, das zwar sehr erfüllend sein wird, weil wir tatsächlich ein für alle sichtbares Ergebnis erzeugen und viele Kollegen glücklich machen werden – aber es wird eben auch sehr anstrengend werden. Darauf sollten wir uns einschwören.

Unseren Kick-off sollten wir nutzen, um einmal zum Zieltag, dem Tag des Einzuges, vorauszuschauen. Das ist ein einfacher mentaler Trick. Angenommen, dieser Tag wäre heute und wir schauen zurück auf das Projekt: Was könnten wir berichten? Was ist gut gelaufen, und was waren die echten Barrieren, wo hingen wir fest? Dieses gedankliche Durchspielen hilft sehr, mögliche »Roadblocks« und »Best Practices« vorherzusehen und schon jetzt zu überlegen, wie wir damit umgehen können. Das macht Spaß und ist sehr lehrreich. Und ganz wichtig: Wir haben ein Projekt zur Neugestaltung von Arbeitsumgebungen vor uns. Dafür brauchen wir natürlich einen anständigen Projektraum. Das heißt, wir ziehen zusammen und »bauen« ein Büro für uns um.

Wir brauchen drei große Boards. Eines mit unseren groß ausgedruckten Grundrissen, die wir mit einer transparenten Folie so überkleben, dass wir hierauf mit Boardmarkern wegwischbare Notizen einzeichnen können. Ein zweites Board dient uns zum Sammeln von Namen und Terminen, am besten auf Post-its. Das dritte Board ist unser wichtigstes: das To-do-Board. Hier managen wir unsere Aufgaben und unseren Fortschritt, zum Beispiel in den Kategorien »To-dos«, »To-dos heute«, »In Arbeit« und »Erledigt«. Ein großer und für alle einsehbarer physischer Kalender für unsere Termine ist ebenfalls sinnvoll (siehe dazu auch Punkt 6 unserer To-do-Liste).

2_ MANAGEMENTZIELE KLÄREN

Um die Ziele bezüglich der neuen Arbeitsumgebung aus Unternehmenssicht in die Konzeptentwicklung einzubringen, suchen wir als Raum-Team am besten den persönlichen Austausch mit den Entscheidern. Hierbei ist wichtig, dass wir weder zu abstrakte noch zu konkrete und lösungsorientierte Ziele festhalten. Wir wollen konkrete Ziele festhalten, wie sich das Arbeiten unseres Unternehmens verändern soll. Abstrakte Ziele wie: »Wir wollen eine Arbeitsumgebung für die digitale Zukunft« oder »Wir wollen eine Arbeitsumgebung, die Hybrid-Work-tauglich ist« sollten wir gemeinsam konkreter formulieren und uns hierfür fragen: Wie kann dieses Arbeiten aussehen, und was kann es befördern?

Zu konkrete Lösungen wie »Wir wollen mehr Teamräume!« helfen uns auch nicht weiter. Uns interessiert die Begründung dafür. Mit geschickten Wie- und Warum-Fragen schaffen wir es, die Diskussion auf die allgemeinere Ebene zu bringen, wie sich das Arbeiten ändern soll und welche Anforderungen daraus für die neue Arbeitsumgebung erwachsen. »Unsere neue Umgebung soll unsere Zusammenarbeit im Team erleichtern« wäre zum Beispiel ein Ziel, mit dem wir im weiteren

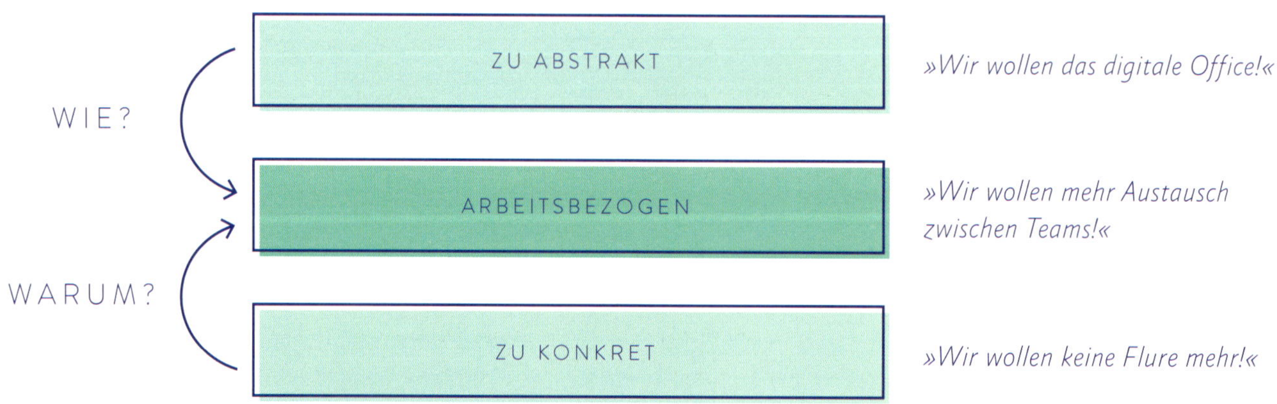

GRAFIK S5: *Wir brauchen konkrete Ziele. Aber nicht zu konkret! Wir brauchen auch Spielräume für die Lösungen.*

Verlauf sehr gut arbeiten können. Diese Ziele wollen wir festhalten und später im Understand-Workshop mit den Nutzern diskutieren.
→ GRAFIK S5

3_ STAKEHOLDER INS BOOT HOLEN

Ein weiteres To-do sind die Gespräche mit allen Stakeholdern. Wir sollten so früh wie möglich alle Personen am Projekt teilhaben lassen, die hieran ein Interesse haben könnten. Die zuvor im Unterkapitel »Weitere Stakeholder« aufgeführte Liste ist nur ein Startpunkt, vielleicht gibt es in unserem Unternehmen noch ganz andere Stakeholder. Ziel ist, dass sich alle als Teil der Initiative fühlen, die Teil davon sein wollen und sollten. Wenn wir die Zeit haben, sollten wir statt eines gemeinsamen Kick-off-Workshops zunächst das Einzelgespräch mit den verschiedenen Stakeholdern suchen. Hier lässt sich die so wichtige persönliche Beziehung einfacher aufbauen, und es lassen sich die unterschiedlichen Interessen individueller ansprechen. Dabei geht es in den ersten Gesprächen nur darum, unser Vorhaben anzukündigen und unsere Beweggründe zu schildern. Sehr wichtig ist es, unsere Gesprächspartner zu ermuntern, uns mitzuteilen, wie ihre Gedanken, Wünsche und Ängste bezüglich des Projektes lauten, und genau zuzuhören. Wir nehmen alles auf, ohne der Versuchung zu erliegen, dagegen zu argumentieren. Diese Punkte sammeln wir schriftlich, um sie später in der Understand-Phase den Nutzern vorzustellen, sie dort zu diskutieren und auf dem Understand-Board festzuhalten.
Eine spezielle Rolle als Stakeholder spielen die Nutzer, also die Mitarbeiter. Einzelgespräche sind hier schwierig, wenn es viele Mitarbeiter sind. Hierfür empfehlen wir, ein Nutzer-Kick-off zu veranstalten. Wir gehen darauf unter Punkt 9 unserer To-do-Liste noch näher ein.

4_ BAULICHE SPIELRÄUME KLÄREN

Die wichtigste Grundlage im später anstehenden Concept-Workshop werden für uns die Grundrisse der Fläche sein, die wir planen wollen. Da das Organisieren der Grundrisse manchmal etwas Zeit beansprucht, sollten wir uns darum schon jetzt kümmern, in unserem ersten Termin mit den Ermöglichern. Damit die Grundrisse als Workshop-Grundlage funktionieren, haben wir folgende Anforderungen an sie: Sie sollten auf den Maßstab 1:50 skaliert und zunächst von allem Mobiliar, Zwischenwänden und sonstigen Ausstattungen bereinigt sein. Wir benötigen lediglich folgende Elemente auf unserem Grundriss 1:50 und vorab zu klärende Fragen:

- ☐ *Fassaden mit Fensterraster*
- ☐ *aus baulichen und brandschutztechnischen Gründen notwendige Wände und Türen*
- ☐ *alle Stützen und Besonderheiten der Decke*
- ☐ *Unterzüge*
- ☐ *Möglichkeiten der Elektrifizierung (in den Decken, über Bodentanks und so weiter)*
- ☐ *Wasseranschlüsse*
- ☐ *Angaben zu baulichen Einschränkungen durch beispielsweise Revisionsöffnungen, Sprinkler und so weiter*

Um einen solchen Grundriss können wir das Real-Estate-Management bitten. Ansonsten helfen uns die Vermieter oder Besitzer unserer Fläche weiter. Außerdem sollten wir als Raum-Team den Grundriss vorab immer mit den für das Gebäude verantwortlichen Kollegen oder den Architekten gemeinsam durchgehen, um ihn grob zu verstehen. Das Real-Estate-Management oder die Architekten wissen dabei, worauf es ankommt. Ganz wichtig hierbei ist, dass wir über unsere baulichen Spielräume sprechen wollen: Was können wir verändern und was nicht?

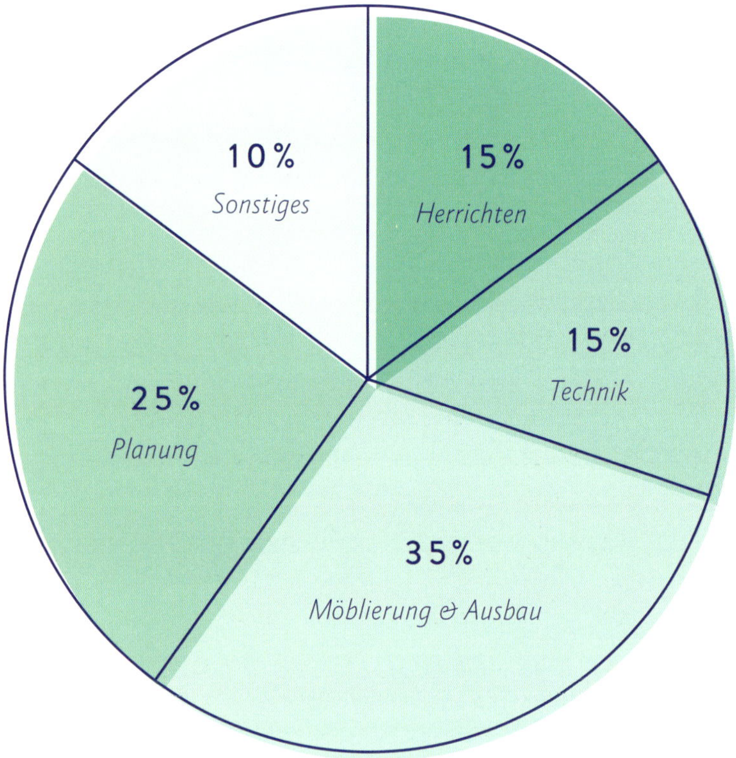

GRAFIK S6: *Eine typische Verteilung der Kosten in einem Projekt für neue Arbeitsumgebungen.*

Wie bereits erwähnt: Die Liste an Dingen außerhalb des Gestaltungsspielraums, wie zum Beispiel Gebäudekerne, Wasseranschlüsse, Brandwände oder Feuerschutztüren, kann lang sein. Unsere Rolle und Aufgabe als Raum-Team ist es, diesen Gestaltungspielraum zu verstehen und ihn später auch den Nutzerteams erklären zu können. Ein letzter Punkt: Eventuell gibt es im Unternehmen einen Flächenschlüssel. Dieser regelt, wie viele Quadratmeter jedem Mitarbeiter und jeder Führungskraft zustehen. Diesen Schlüssel brauchen wir in der Concept-Phase, deswegen sollten wir ihn uns vom Real-Estate-Management erklären lassen und ihn festhalten.

5_ BUDGETDISKUSSION ANSTOSSEN

Das Thema Geld ist immer ein großes. Und in unserem Fall eines, das wir kaum in der Hand haben. Denn das Ziel unseres Projekts ist es, ein Konzept zu erarbeiten. Dieses Konzept wird vor allem funktionale Aspekte beschreiben, zum Beispiel wo Wände sind, wo Tische stehen, wo Lampen hängen. All das können Ermöglicher, also Architekten oder das Real-Estate-Management, in dem nachfolgenden Entwurf aus Holz, MDF, Rigips oder weiß lackiertem Gold planen.
Tische gibt es für 199 Euro oder für 1999 Euro. Grundsätzlich kann alles günstig oder teuer ausgeführt werden. Vorausgesetzt, unsere Lösungen bleiben auf dem Teppich und wir verkneifen uns die Saunalandschaft. Die Kosten sind also ein Thema für die Entwurfsplanung und nicht für unsere Konzeptplanung.
Trotzdem muss jemand später die Kosten tragen, und oft ist zu Beginn eines solchen Projektes nicht ganz klar, wer diese Person ist. Meist sind es auch mehrere, und die Kosten werden geteilt. So übernimmt gebäudeverbundene Posten wie Wände, Böden, Decken, Elektro, Klima und Licht oft das Real-Estate-Management oder der Vermieter. Die Kosten für mobile Einbauten wie Möbel, Glas- und Systemwände, schickere Beleuchtung und Netzwerktechnik liegen typischerweise beim Nutzer. Unser To-do als Raum-Team ist es, diese Verteilungsdiskussion gemeinsam mit den Beteiligten (Real-Estate-Management, Team- oder Bereichsleitung und gegebenenfalls Geschäftsführung) anzustoßen und anzustreben, damit wir spätestens bei Ende der Communicate-Phase eine Regelung und ein Budget auf dem Tisch haben. Denn spätestens dann wird für die ausführende Partei, zum Beispiel den Architekten, wichtig, mit welchem Budget sie welchen Standard realisieren soll.

Übrigens liegen die Kosten für den Umbau einer Arbeitsumgebung um ein Vielfaches höher als das, was man als Laie, der Ikea-Preise im Kopf hat, vermutet. Ein kompletter Umbau, bei dem Wände, Böden und Decken erneuert werden und der schließlich mit Möbeln und Technik ausgestattet wird, liegt ganz schnell bei über 1000 Euro pro Quadratmeter. Für größere Projekte schlüsseln sich diese typischerweise wie im Kuchendiagramm gezeigt auf. → GRAFIK S6

6_ ZEITPLAN AUFSETZEN

Jetzt haben wir wahrscheinlich schon einen schönen Kalender in unseren Projektraum gehängt. Aber was tragen wir hier ein? Zunächst natürlich die finale Deadline, also den Einzugs- oder Umzugstermin. Dieser befindet sich bei großen Neubauprojekten meist noch in ein bis eineinhalb Jahren Entfernung. Bei Umbauten größerer Flächen ab 1000 Quadratmeter kann die Zeit bis zu diesem Termin ein Jahr betragen und sich bei kleineren verkürzen. In jedem Fall ist aber genug Zeit für die Konzeptentwicklung vorhanden, sie muss nur gut eingeteilt werden.

Wichtig dabei ist zu verstehen, dass das von uns als Raum-Team entwickelte fertige Konzept für die Arbeitsumgebung anschließend von Architekten oder den Kollegen vom Real-Estate-Management noch in Entwurfs- und Ausführungsplanungen überführt werden muss. Und diese müssen anschließend noch an Handwerker vergeben und ausgeführt, sprich gebaut werden. Währenddessen laufen auch die Bestellungen und Lieferungen der Möbel. Unser Part, die Konzeptentwicklung, deckt zwar den wichtigsten, aber eben nur einen kleinen Teil dieser Gesamtlaufzeit ab.

Das heißt, dass alles, was nach der Communicate-Phase kommt, viel Zeit braucht. Wenn wir hierfür weniger als 20 Wochen einplanen, heißt es von den meisten Seiten: »Das wird sportlich.« Es heißt, dass sich Arbeitsphasen überlagern müssen, und das bedeutet immer einen erheblich höheren Planungsaufwand. Vergleichbar ist das mit dem Einzug in eine neue Wohnung, die aber gerade noch renoviert wird. Das würden wir nicht empfehlen.

Aus den mindestens 20 Wochen, die zwischen Fertigstellung unseres Konzepts und dem Einzug liegen müssen, werden bei größeren Projekten oder Neubauten auch schnell mehr. Die Zeitschiene sollte also in unseren Gesprächen mit baulich verbundenen Stakeholdern ein Thema mit höchster Priorität sein.

Ganz grob gesprochen können wir in typischen Projekten mit 15 bis 30 Wochen rechnen, die wir vom Projektstart (also jetzt) bis zur Übergabe des Konzepts zur Verfügung haben. Das wiederum heißt, dass jede unserer vier Arbeitsphasen nicht länger als zwei bis drei Wochen geplant werden sollte. Keine Sorge: Das ist ausreichend Zeit. Wichtig ist nur, dass alle Termine mit allen Stakeholdern und vor allem den Nutzerteams oder Nutzervertretern geplant und vereinbart sein müssen. Dafür sollten wir die zwei bis vierwöchige Setup-Phase nutzen. Und wir sollten am Ende der Konzeptentwicklung einen Puffer von zwei bis vier Wochen einplanen, etwa für den Fall, dass wir das Konzept überarbeiten müssen. Schon sind unsere 15 bis 30 Wochen gut gefüllt.

Kleine Projekte, wie der Umbau einer 200 Quadratmeter großen Fläche für unsere Agentur, sind natürlich schneller erledigt. Hier sind einfach weniger Menschen beteiligt. Aber eine Konzeptentwicklung in weniger als vier Wochen haben wir noch nie erlebt. → GRAFIK S7

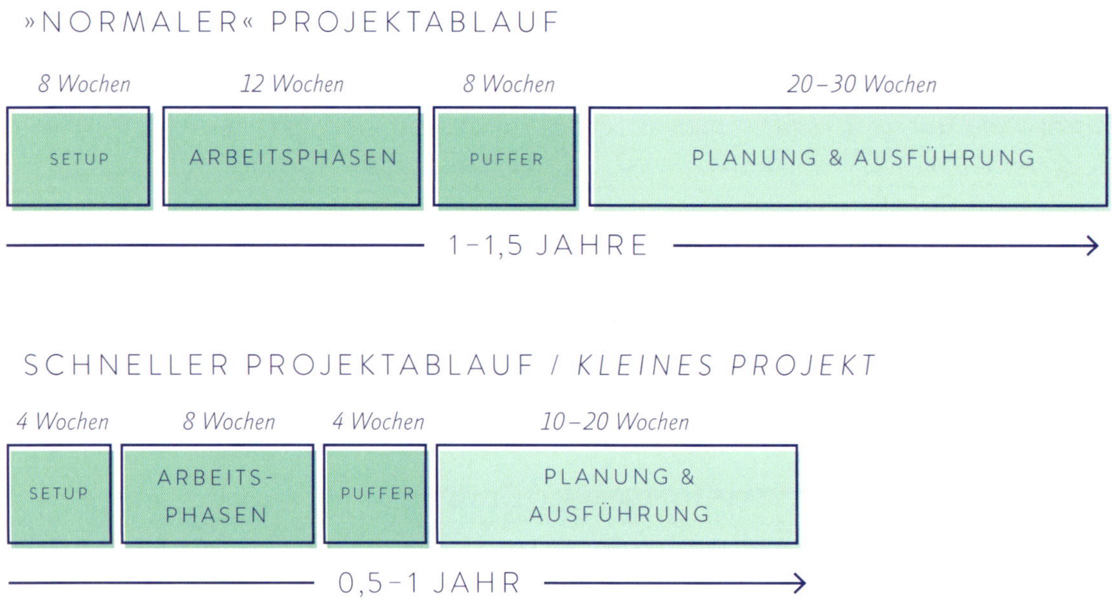

GRAFIK S7: *Grobe Zeitschiene: Setup, Konzept, Planung, Ausführung … und dann Einzug!*

7_ NUTZERTEAMS GRUPPIEREN

Nutzerteams sollen im Laufe der Konzeptentwicklung die Grundrisse für ihre unmittelbare Umgebung, ihre Homebase, selbst gestalten. Diese Teams brauchen eine gewisse Größe, damit die Gestaltung gut funktioniert. Wir können diese Teamgröße zwar projektspezifisch festlegen, gut sind jedoch 20 Mitarbeiter, die jeweils einer Homebase zugeordnet werden. Warum?

Der bestimmende Faktor sind hier die Workshops. Ein Raum-Team von zwei bis drei Personen kann einen Workshop mit 20 Nutzern noch gut moderieren. Bei einer größeren Gruppe wird es schwierig, auch mit Blick auf die Entscheidungsfindung. Weniger als zehn Personen sollte ein Nutzerteam allerdings auch nicht umfassen, weil die zu entwickelnden Flächen dann zu klein werden. Ein Nutzerteam von fünf Personen würde dann beispielsweise eine vielleicht 60 Quadratmeter große Fläche konzipieren. Das macht keinen Spaß und führt zu sehr kleinteiligen Grundrissen.

Nun sind in der Realität aber nicht alle Nutzerteams circa 20 Personen groß. Deshalb sollten wir große Teams aufteilen. Ein 50er-Team könnte zum Beispiel in zwei 17er-Teams und ein 16er-Team geteilt werden. → GRAFIK S8

Kleinere Teams sollten wir anderen Teams zuteilen. Hier müssen wir, bevor wir in der Understand-Phase tiefer in die Teamstrukturen eintauchen, eine erste inhaltlich sinnvolle Zuordnung vornehmen. Das heißt: Teams, die zusammenarbeiten, sitzen auch zusammen.

Jedes Nutzerteam erarbeitet in den Arbeitsphasen jeweils sein eigenes Ergebnis-Board und seinen eigenen Teil vom Grundriss, der dann später zusammengelegt wird. Sofern in einem Nutzerteam zwei Teams vereint wurden, die sehr unterschiedliche Anforderungen an ihre Arbeitsumgebung haben, sollten wir versuchen, diese Anforderungen auf einem gemeinsamen Board festzuhalten. Denn auch die spätere Fläche muss ja für beide funktionieren.

Jedes Nutzerteam wählt außerdem ein bis zwei Nutzervertreter (siehe dazu den nächsten Punkt der To-do-Liste), die die Ansprechpartner für das Raum-Team werden. Für den Fall, dass nicht die Nutzerteams, sondern lediglich die Nutzervertreter an der Konzeptentwicklung mitwirken, erarbeiten diese jeweils die Boards und den Grundriss für ihr Team.
Wer welchen Platz auf dem Grundriss bekommt, also wo wessen Homebase verortet ist, wird erst in der Concept-Phase eine Rolle spielen.

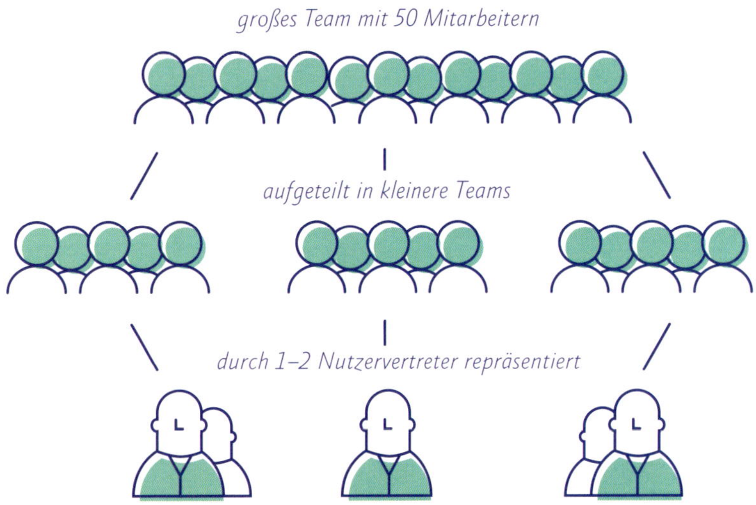

GRAFIK S8: *Nutzerteams können in kleinere Teams aufgeteilt werden. Diese können wiederum von Nutzervertretern repräsentiert werden.*

8_ NUTZERVERTRETER FINDEN UND BRIEFEN

Nutzervertreter sind die Schnittstelle zwischen den Nutzerteams und dem Raum-Team. Je nach Projektsetup organisieren oder übernehmen sie die inhaltliche Arbeit sogar allein, das heißt stellvertretend für ihr Nutzerteam. Hierfür gilt es, ein bis zwei Interessenvertreter pro Nutzerteam zu finden. Diese sollten das Team gut kennen und dessen Vertrauen haben, sodass sie Entscheidungen im Interesse des Teams treffen können. Deswegen sollten die Nutzervertreter vom Team gewählt werden. Natürlich kann auch der Teamleiter ein Nutzervertreter werden, aber diese Entscheidung soll das Team treffen. Typischerweise liegt der zeitliche Aufwand von Nutzervertretern während der vier Arbeitsphasen bei einem bis eineinhalb Tagen pro Woche.
Wir sollten die Teamleiter bitten – zum Beispiel während des Nutzer-Kick-offs[1] –, die Wahl der Nutzervertreter anzustoßen und sicherzustellen, dass sie vor Beginn der Understand-Phase abgeschlossen ist. Es ist möglich, dass Nutzervertreter sich gemeinsam mit ihrem Team auf die jeweiligen Workshops vorbereiten wollen, etwa um gemeinsam Anforderungen zu erarbeiten, Tagebücher zu konsolidieren oder Ideen zu brainstormen, um sie dann in die Workshops mitzubringen. Auch die Ergebnis-Boards können Nutzervertreter, soweit möglich, schon vorab mit ihrem Team diskutieren und ausfüllen. Um dies zu ermöglichen, können wir als Raum-Team anbieten, uns noch vor der Understand-Phase mit allen Nutzervertretern zu treffen und die in den einzelnen Phasen jeweils relevanten Werkzeuge und Methoden zu besprechen.

9_ NUTZER-KICK-OFF VERANSTALTEN

Es ist nicht unwahrscheinlich, dass die Gerüchteküche schon lange vor der offiziellen Verkündung eines Neugestaltungsprojektes kräftig brodelt. »Habt ihr schon gehört? Wir ziehen wahrscheinlich bald um!« oder »Unglaublich, wir sollen jetzt auch dieses Open Space bekommen!« Als Raum-Team wollen wir den Nutzern, wie auch allen anderen Stakeholdern, möglichst früh Klarheit über das Projekt verschaffen. Aber nicht zu früh. Insbesondere die Grundsatzfragen zum Ziel und Vorgehen und ein grober Zeitplan sollten bereits geklärt sein, damit wir hierzu Auskunft geben können. Da Mitarbeiter

1 Kommt im nächsten Absatz.

mit Abstand die größte Interessengruppe bilden, sollten wir hier die Ankündigung des Projekts eher gebündelt und im größeren Stil vornehmen. Hier bietet sich ein Townhall-Meeting an, das heißt das lockere Zusammenkommen aller Interessierten auf einer großen Fläche, beispielsweise nach der Mittagspause.[1] Wir sollten in diesem Meeting das allgemeine Ziel des Projektes vorstellen. Wichtig ist, dass wir hierbei deutlich machen, dass es noch keine Idee gibt, wie die neue Arbeitsumgebung konkret aussehen könnte. Begriffe wie *Open Office*, *Open Space* oder *Shared Desk* sollten wir nicht benutzen (die Diskussion dieser Konzepte bleibt in unserem Ansatz ja jedem Team selbst überlassen)! Wir könnten also sagen: »Es gibt noch keine Idee, und wir brauchen euch, um diese zu finden. Ihr sollt die Bauherren unseres neuen Büros sein. Und wir als Raum-Team unterstützen euch dabei.« Auch den groben Fahrplan für die Projektentwicklung sollten wir vorstellen. Wir sollten auf die Rollenverteilung eingehen und sagen, wie Nutzer konkret mitwirken können – etwa mittels Tagebüchern und der Teilnahme an Workshops, was wir gleich noch behandeln werden. Außerdem können wir einen ganz konkreten Vorschlag für die nächsten Schritte und die nächsten Termine machen. Aber auch das ist wichtig: uns sofort und ausführlich den Fragen der Kollegen zu widmen. Zuzuhören, Meinungen aufzunehmen und sie zur gegebenen Zeit zu berücksichtigen. Als Raum-Team sind wir Vermittler und deshalb der verlängerte Arm jedes Stakeholders, vor allem aber auch der Nutzer.

Unser Ziel für das Treffen ist, dass danach alle Kollegen wissen, was kommt und wie sie sich einbringen können. Im Hinterkopf sollte uns dabei immer bewusst sein, dass neue Arbeitsumgebungen oft eine der besten Sachen sind, die allen Kollegen passieren können. Die Kollegen wissen es nur manchmal noch nicht.

1 Wenn die Gemüter auch weniger erhitzt sind.

10_KLÄREN, WAS NOCH FEHLT

Alle Projekte sind unterschiedlich. Mit den gerade genannten Punkten haben wir die »Basics« zwar abgedeckt, aber wir sollten als Raum-Team noch einmal dezidiert überlegen, was wir darüber hinaus vorbereiten können, um die Phasen Understand bis Communicate so geschmeidig wie möglich ablaufen zu lassen. Hierzu zwei Ideen: Wir können uns noch einmal unsere »Reise in die Zukunft« aus unserem Raum-Team-Kick-off anschauen. Und wir können vorab schon einmal die Phasen durchgehen und jeweils prüfen, wie wir diese vorbereiten können und, vor allem, wann die Vorbereitung in unserem konkreten Fall starten muss.

Last, but not least: Kein Projekt lässt sich perfekt planen. Egal wie viel Zeit wir uns vorab fürs Planen nehmen, die Realität wird ein ständiges Umplanen erfordern. So ist selbst das Einhalten von Eröffnungsterminen bei Neubauten eigentlich eine Seltenheit – und damit meinen wir nicht nur den Flughafen Berlin-Brandenburg.[2] Wir können also davon ausgehen, dass »Planning by Doing« unser Modus Operandi wird. Und auch das ist ja ein wichtiges Element des Neuen Arbeitens.

2 Oder die Elbphilharmonie in Hamburg. Oder Stuttgart 21.

1.7 REFLEXION

Wir haben nun eine Übersicht über das Projekt sowie ein erstes Gefühl für dessen Ablauf und unsere Aufgabe darin. Treten wir nun noch einmal zurück und fragen uns: Ist dieses Vorgehen der Konzeptentwicklung sinnvoll und lohnt der ganze Aufwand? Können wir uns nicht einfach mit ein paar Kollegen und einem Architekten treffen, morgens einen Grundriss zeichnen und diesen abends verabschieden? Klar, wenn wir unsere Kollegen fragen, wie ihre neue Arbeitsumgebung aussehen soll, kommen die Antworten wie aus der Pistole: »Wir brauchen eine Garderobe mehr im Winter; mein Schreibtisch steht zu weit am Fenster, dort ist es oft kühl; es fehlen Pflanzen; es ist immer so laut; die Küche ist immer so dreckig« und so weiter. Wir alle haben einen starken und direkten Bezug zu unserer Arbeitsumgebung, weil wir uns hier eben sehr oft aufhalten. Solche Aussagen und Themen sind zugegebenermaßen wichtige Aspekte von Arbeitsumgebungen. Sie sind allerdings so vordergründig, dass sie den Blick auf die Dinge, die unser Arbeiten und Zusammenarbeiten wirklich beeinflussen, schlichtweg verstellen.

Fragen wie »Wie erfolgreich kann ich individuell oder im Team in meiner Arbeitsumgebung wirken, wie viel Zeit kostet mich die Suche nach einem geeigneten Arbeitsraum, wie schnell kann ich mich mit Mitarbeitern austauschen, die für mich relevant sind, wie effektiv sind unsere Meetings, wie verläuft mein Energielevel über den Tag, wo und wie kann ich die besten hybriden Arbeitsformate alleine oder im Team umsetzen?« gehen dann unter. Aber das sind die relevanten Fragen, deren Beantwortung darüber entscheidet, ob unsere Umgebung unser Arbeiten verbessert oder nicht. Ein zweiter Abfalleimer in der Küche ist hierfür eher unerheblich.

Wir müssen also schlicht etwas tiefer in uns gehen, einen weiteren Schritt zurückgehen, um diese Fragen sehen und beantworten zu können. Das kostet Zeit und Kraft. Und anstatt kleine und naheliegende Verbesserungen umzusetzen, die vielleicht 5 Prozent der heutigen Situation optimieren, sollten wir uns die größeren Fragen zur Zusammenarbeit und den Zielen der Teams, der Organisation und der Mitarbeiter stellen. Ja, dieser Aufwand lohnt sich! Denn auch wenn unser Team nur ein klein wenig produktiver wird und jeden Tag vielleicht 20 Minuten auf der Suche nach Räumen spart, ist das Geld für die neue Arbeitsumgebung nach fünf Jahren[1] dutzendfach wieder eingespielt.

Und da reden wir noch nicht von der besseren Laune, den smarten neuen Mitarbeitern und der frischen Führungskultur, die eine gut durchdachte neue Arbeitsumgebung mitbringen kann.

1 Für einen solchen Zeitraum planen wir.

2 UNDERSTAND

Nachdem wir als Raum-Team in unserer Vorbereitung bereits Fahrt aufgenommen haben, geht es nun in die erste Arbeitsphase, in der wir inhaltlich mit Nutzern arbeiten wollen. Der Fokus dieser Phase liegt auf unseren Anforderungen an unser neues Büro.

Dabei betrachten wir zunächst einmal nur Anforderungen, welche unser heutiges Arbeiten mit sich bringt. Denn so anders eine neue Arbeitsumgebung sein mag und so sehr sie sich auf das Arbeiten auswirken wird: Wir werden nicht am Tag nach dem Einzug eine komplett andere Arbeit machen. Wenn wir heute viel telefonieren, werden wir mit hoher Wahrscheinlichkeit auch morgen noch oft zum Hörer (oder Headset) greifen. Aber auch Aspekte unseres Arbeitens, denen wir in Zukunft mehr Aufmerksamkeit schenken wollen, bringen Anforderungen mit sich. Diese betrachten wir allerdings erst im Kapitel »Inspire«.
Also zurück zum Arbeiten heute: Wir wollen zum einen die funktionalen Anforderungen der Nutzer betrachten, also Fragen wie: »Wie viele Arbeitsplätze und wie viel Stauraum brauchen wir?« Zum anderen sollen die Nutzer reflektieren und festhalten, welche Anforderungen ihr Arbeiten eigentlich mit sich bringt. Hier lautet die Frage: »Wie verbringen wir unseren Arbeitsalltag?« Auch persönliche Anforderungen sollen in den Anforderungskatalog einfließen. Auf Veranlassung des Raum-Teams sammeln die Nutzerteams und/oder Nutzervertreter all diese Informationen zu Beginn der Understand-Phase mittels sogenannter Tagebücher und Factsheets (wir kommen im Kapitel »Hausaufgaben« darauf zurück). Die gesammelten Informationen sind dann die Grundlage, um in dem anschließenden Workshop das Understand-Board zu entwickeln.

Das Feld *Ziele Entscheider* hält alle strategischen Ziele fest, die aus der Unternehmensperspektive wichtig sind.

Im Feld *Ziele Nutzer* werden die wichtigsten Wünsche und Ziele der Nutzer gesammelt und dargestellt.

Im Feld *Arbeitsmodi* halten wir in einem Kreisdiagramm fest, in welchen Arbeitsmodi die Nutzer typischerweise ihren Arbeitstag verbringen.

Im Feld *Teamstil* werden die Arbeitsweisen innerhalb der Teams eingeordnet.

Unter *Kommunikation* halten wir die Attribute unserer Kommunikation mit Teamexternen fest.

Im Feld *Anwesenheit* notieren wir, wie viele Mitarbeiter durchschnittlich im Büro oder am Schreibtisch zugegen sind.

***Sonderausstattung*: Hier haben wir die Gelegenheit, alles festzuhalten, was unser Arbeiten zusätzlich verbessern kann.**

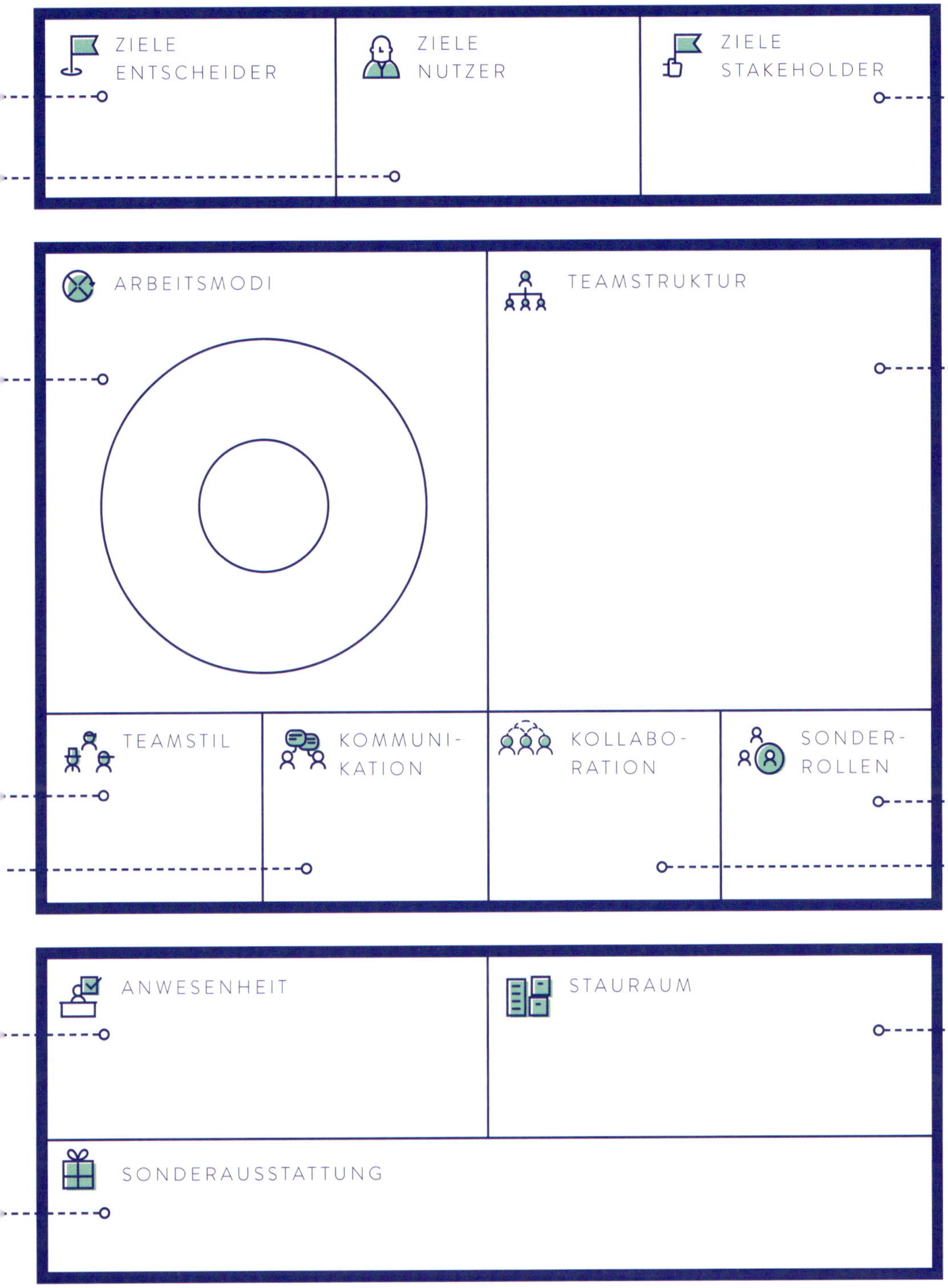

***Ziele Stakeholder*: Hier halten wir Anforderungen weiterer Ermöglicher und weiterer Stakeholder, zum Beispiel des Betriebsrats, fest.**

Im Feld *Teamstruktur* wird der Aufbau des Teams in Form einer Grafik oder eines Schemas skizziert, um Gruppen und Untergruppen zu erkennen.

***Sonderrollen*: Hier vermerken wir besondere Rollen und Anforderungen (zum Beispiel das Sekretariat).**

Das Feld *Kollaboration* beinhaltet die Namen der Teams, mit denen wir am häufigsten zusammenarbeiten.

Im Feld *Stauraum* beziffern wir den Stauraum-Bedarf in verschiedenen Kategorien für unser Team.

TEMPLATE U1: Understand-Board. *darkhorseworkspaces.de/buch/downloads*

2.1 EINE ÜBERSICHT DER FELDER

Das Ziel der Understand-Phase ist das Sammeln verschiedenster Informationen und Fakten, die wir für unsere weitere Planung benötigen und die alle auf unserem Understand-Board festgehalten werden. Diese Informationen sammeln wir teilweise vor dem Understand-Workshop über Tagebücher und Factsheets, teilweise erarbeiten wir sie erst im Workshop. Bevor wir uns aber mit dem Sammeln an sich beschäftigen, wollen wir erst einmal klären, was eigentlich hinter den Feldern steckt, die es zu füllen gilt.

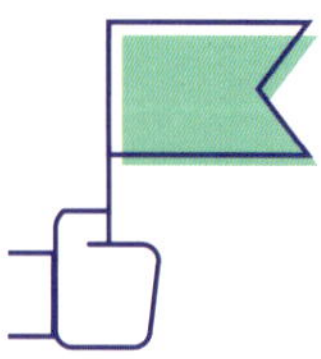

»Strategische Ziele«
»Ziele Nutzer«
»Ziele Stakeholder«

In den oberen Feldern unseres Understand-Boards sammeln wir keine harten Anforderungen an die neue Arbeitsumgebung, sondern notieren jeweils Listen von Zielen, Wünschen und auch Ängsten, die uns später helfen, unsere Grundrissvarianten zu hinterfragen, zu beurteilen und feinzuschleifen. Es geht hier also nicht um konkrete räumliche Ideen, sondern um Eigenschaften oder Fähigkeiten, die wir mit unserer neuen Umgebung erreichen wollen.
Wir unterscheiden dabei zwischen den Zielen der Entscheider, der Mitarbeiter und der Stakeholder. Im ersten Feld wollen wir die strategischen Ziele der Entscheider festhalten. Oft unterscheiden sich die Ziele von Führungskräften und Mitarbeitern. Denn Führungskräfte haben in solchen Projekten eine Doppelrolle inne. Zum einen sind sie – wie Mitarbeiter auch – Nutzer der zukünftigen Umgebung und freuen sich auf schöne Büros, in denen man gerne arbeitet.
Zum anderen müssen sie das Gesamtinteresse des Unternehmens vertreten. Im zweiten Feld wollen wir die Ziele der Mitarbeiter, also der Nutzer, festhalten.
Im dritten Feld sammeln wir Anforderungen und Ziele, die wir von weiteren Stakeholdern wie dem Betriebsrat, Marketing und so weiter mit auf den Weg bekommen haben.

»Arbeitsmodi«

In diesem Feld wollen wir festhalten, wie wir eigentlich genau unseren Arbeitsalltag verbringen. Um diese Auswertung für uns später nutzbar zu machen, wollen wir alle Tätigkeiten in sieben Kategorien, sogenannte Arbeitsmodi, einordnen und anschließend schauen, wie viele Stunden des Tages wir uns in welchem Arbeitsmodus befinden – unabhängig ob im Büro oder im Homeoffice. Eine genaue Beschreibung des Modells »Arbeitsmodi« und seiner Verwendung finden wir im Kapitel »Wichtige Werkzeuge«. → **GRAFIK U1**

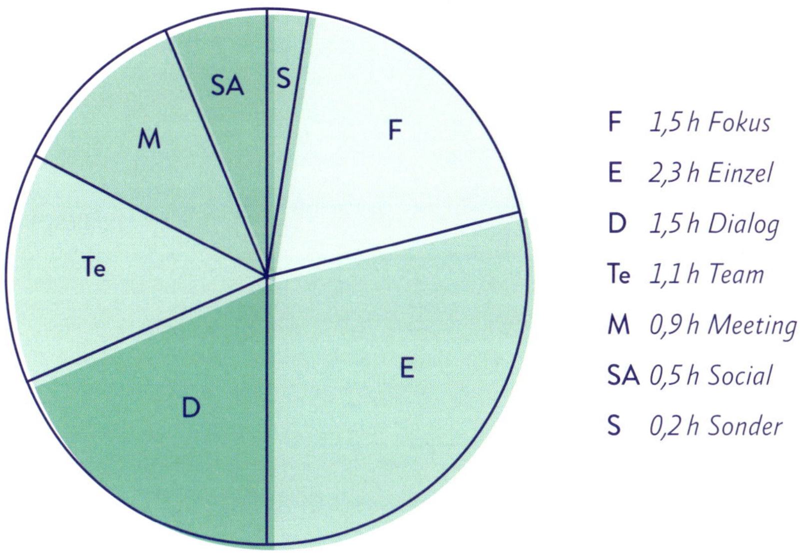

GRAFIK U1: *Ein achtstündiger Arbeitstag könnte zum Beispiel Arbeitsmodi in diesen Anteilen enthalten.*

»Teamstruktur«

Die Teamstruktur ist auf den ersten Blick die trivialste Information auf unserem Board. Im einfachsten Fall steht hier lediglich unsere maximale Teamgröße, also die Anzahl aller unserer Kollegen, für die wir die neue Fläche planen wollen. Dabei wollen wir wirklich alle einzelnen Kollegen mitzählen, also nicht mehrere Teilzeitstellen zu einer Vollzeitstelle zusammenfassen.
Festhalten wollen wir hier auch die Wachstumsperspektive: Umbau- und insbesondere Neubauprojekte dauern lange. Unser Grundriss wird vielleicht erst in sechs bis zwölf Monaten Realität, und dann sollte er zumindest von der Fläche her für ein paar Jahre funktionieren. Das heißt, dass wir unsere Wachstumsperspektive berücksichtigen müssen.

»Teamstil«

Teams können auf sehr unterschiedliche Arten zusammenarbeiten, deshalb wollen wir in diesem Feld die Art unserer Arbeit im Team festhalten: den Teamstil. Dafür betrachten wir drei für die räumliche Gestaltung wichtige Faktoren (weitere Details zu diesen Faktoren sehen wir uns im Kapitel »Der Understand-Workshop« an). Eine Übersicht:

- **Abhängigkeit**
  Ob wir im Team eher der Einzelarbeit oder der Teamarbeit nachgehen, wird zunächst dadurch bestimmt, wie abhängig die Arbeit der Teammitglieder voneinander ist. Wir wollen hier bewerten, wie autark oder interdependent wir als Teammitglieder sind. Je höher der Grad der gegenseitigen Abhängigkeit in unserem Team, desto wichtiger ist die Möglichkeit für eine häufige, oft spontane Kommunikation.

- **Frequenz**
  Die Frage lautet hier: Wie erfolgt der Wechsel zwischen Einzel- und Zusammenarbeit? Spontan, kurz und schnell, oder sind unsere Teamsessions eher geplant, länger und intensiver?

- **Umfang und Art**
  Der Umfang beschreibt, inwieweit an Teamsessions immer alle Teammitglieder oder immer nur kleine Grüppchen beteiligt sind. Haben wir also in der Regel eher große oder eher kleine Teamrunden? Und finden diese eher in Präsenz oder remote statt?

»Kommunikation«

Hier wollen wir unsere Kommunikation mit teamexternen Kollegen und Teams, unabhängig ob unternehmenszugehörig oder nicht, genauer betrachten. Folgende Aspekte sind hierbei interessant:

- **Häufigkeit**
  Hier halten wir fest, wie häufig wir mit teamexternen Kollegen und Teams kommunizieren, also wie viel Zeit wir hiermit verbringen. Sind wir als Teammitglieder im ständigen Kontakt nach draußen, also ständig am Sprechen und Telefonieren mit Personen außerhalb unseres Teams? Oder kommunizieren wir eher nur im Team, und der Kontakt nach draußen ist seltener?

- **Kommunikationsart**
  Findet diese Kommunikation eher virtuell, also über Telefon und Videocall, oder tatsächlich physisch in Präsenz-Gesprächen statt?

- **Spontaneität**
  Außerdem ist hier interessant, ob diese Kommunikation, egal ob physisch oder virtuell, eher spontan passiert oder eher vorab geplant wird.

»Kollaboration«

Mit welchen Teams, unternehmensintern oder -extern, arbeiten wir am häufigsten zusammen? Hier wollen wir auch klären, in welchem Format diese Zusammenarbeit abläuft. Sind das informelle Gespräche, größere Meetingrunden, interaktive Workshop-Formate, oder findet alles nur über Videocall oder Telefon statt? Diese Informationen sind später unter anderem für die Entscheidung wichtig, welche Homebases nebeneinander platziert werden.

»Sonderrollen«

Unser letzter Punkt im Team-Feld betrifft die Sonderrollen. Gibt es in unserem Team Einzelpersonen, die komplett andere Anforderungen als der Rest haben, zum Beispiel Personen mit Beeinträchtigungen, einzelne Vieltelefonierer oder eine Teamassistenz? Auch Führungskräfte melden manchmal besondere Anforderungen an, zum Beispiel eine Möglichkeit für vertrauliche Gespräche.

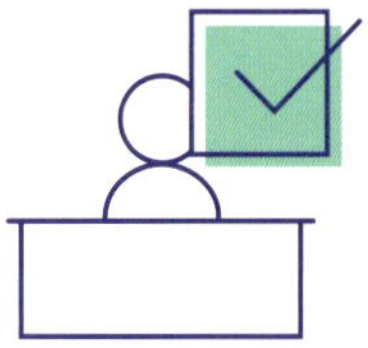

»Anwesenheit«

Shared-Desk-Ansätze sind gerade in aller Munde und oft sehr, manchmal aber auch gar nicht sinnvoll. Ein wichtiger Faktor für die Beantwortung der Frage nach dem Sinn von Shared Desks ist die Anwesenheit der Kollegen. Die maximale Anzahl an Personen haben wir ja bereits im Feld »Teamstruktur« als Teamgröße ermittelt. Die minimale Anzahl ist für uns weniger relevant. Viel interessanter ist die durchschnittliche Anwesenheit der Teammitglieder und gegebenenfalls auch die vereinbarte oder gewünschte Homeoffice-Quote. Diese tragen wir hier ein. Dabei wollen wir zwischen Anwesenheit im Büro und Anwesenheit am Schreibtisch unterscheiden. Und wenn einzelne Teammitglieder vom Durchschnitt abweichen, weil sie zum Beispiel viel remote arbeiten, halten wir diese Besonderheit hier fest (siehe auch das Feld »Sonderrollen«).

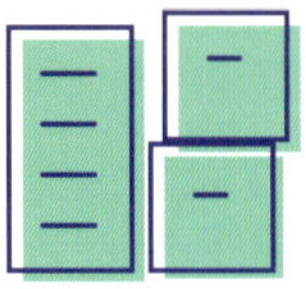

»Stauraum«

In Zeiten des papierlosen Büros geht der Bedarf an Stauraum zurück. Manche Teams haben komplett auf die digitale Ablage umgestellt. Andere sind rechtlich verpflichtet, schränkeweise Dokumente vorzuhalten. Dieser Unterschied hat Auswirkungen auf unseren Grundriss. Wir wollen hier also festhalten, welchen Stauraum-Bedarf wir wirklich haben. Diesen messen wir in Regalmetern. Dabei unterscheiden wir zwischen vier Arten von Stauraum: persönlich, gemeinschaftlich, vertraulich und Archiv.

»Sonderaustattung«

In Büros finden sich die verrücktesten Dinge. Leuchtstreifen an Böden, Teppichklopfmaschinen, tiefgekühlte Serverräume oder Faxgeräte. Oft haben diese Gegenstände einen Sinn oder sind gar unentbehrlich für das Team. Andere Dinge sind vielleicht entbehrlich – wie etwa ein Flipperautomat oder eine Reihe von Pokalen –, aber dem Teamwohl und der Teamidentität so zuträglich, dass sie sich unbedingt in der neuen Fläche (wieder-)finden sollten. Trotzdem stellen diese Dinge die Planer oder das Real-Estate-Management oft vor schwierige Aufgaben. Sie sollten daher möglichst früh eingeplant werden. Deshalb halten wir sie in diesem Feld fest.

2.2 WICHTIGE WERKZEUGE: ANWENDUNG DER ARBEITSMODI

Das Werkzeug »Arbeitsmodi« spielt eine zentrale Rolle in unserem weiteren Prozess. Hiermit halten wir fest, wie wir eigentlich genau unseren Arbeitsalltag, unsere typischen acht Stunden im Büro oder mobil arbeitend, verbringen. Schreiben wir den ganzen Tag E-Mails, oder sitzen wir den größten Teil in Meetings? Um diese Auswertung für uns später nutzbar zu machen, ordnen wir alle Tätigkeiten in sieben Arbeitsmodi ein und schauen anschließend, wie viele Stunden des Tages wir uns in welchem Arbeitsmodus befinden.

Dieses Werkzeug findet vor allem in den Tagebüchern Anwendung, welche wir in der Vorbereitung der Understand-Phase nutzen wollen. Darauf gehen wir noch ein. Doch zunächst stellen wir die einzelnen Arbeitsmodi vor, grob aufsteigend sortiert nach dem Grad der Interaktion mit anderen Personen.

1_ FOKUS

Hochkonzentriert an einem Text oder Code arbeiten oder die Präsentation einer Kollegin korrigieren – ja, es gibt sie noch, die fokussierte Einzelarbeit, am liebsten ganz alleine und ohne jegliche Störung von außen. Wir fokussieren uns ganz auf das, was wir im Moment vor uns haben, lassen uns durch nichts und niemanden ablenken, sind für uns allein und stören somit auch niemanden. Wir können von uns soeben getextete Konzepte vor uns her murmeln und dabei seufzen, wenn es nicht weiter geht, den Kopf erschöpft oder vor Verzweiflung auf den Tisch knallen lassen oder aber (!) uns über Teams, Zoom o.ä. mit anderen austauschen. Ja, richtig gelesen – der seit drei Jahren zur Routine gewordene Videocall gehört auch zum Arbeitsmodus Fokus. Denn wir sind in dem Moment allein, werden nicht gestört unt stören niemanden. So können wir uns mit allen Sinnen auf unser Gegenüber auf der Mattscheibe konzentrieren.

2_ EINZEL

Einzelarbeit ist das, was den meisten als Erstes einfällt, wenn sie an ihren Arbeitsalltag denken. Sie besteht oft darin, dass wir am Schreibtisch sitzen, E-Mails lesen oder schreiben (was im Durchschnitt circa 30 Prozent unserer Arbeitszeit ausmacht, wie eine Studie von McKinsey ergab) oder telefonieren. Dabei ist es uns häufig gerade recht, dass wir ein, zwei Kollegen in unserer Nähe haben, um hier und da etwas zu fragen oder einfach zu flachsen und zu plaudern. Wir empfinden es nicht als sonderlich störend, am Rande auch etwas über deren Themen mitzubekommen, zum Beispiel über ein halb mitgehörtes Telefonat. Unsere Arbeit erfordert hier im Gegensatz zum Fokusmodus nur eine mittlere Konzentration, sodass wir einfach zwischen Aufgaben hin und her springen können. Denken wir nun etwas reflektierter über unseren Arbeitsalltag nach, kommen wir häufig zu der Erkenntnis, dass wir immer mehr in den angrenzenden Modi (Dialog, Teamarbeit und Fokusarbeit) operieren, auch wenn wir hierzu oft noch am Schreibtisch sitzen. Ein Urteil darüber heben wir uns für später auf.

3_ DIALOG

Den kurzen, meist spontanen Austausch mit ein bis zwei Kollegen wollen wir »Dialog« nennen. Für Fragen wie »Hast du dieses Portal schon mal benutzt?« oder auch »Hast du die neue Kollegin schon kennengelernt? Wir haben gleich ein Treffen« buchen wir keinen Meetingraum. Viel dieses immens wichtigen Austauschs von Informationen, die wir sofort zum Arbeiten brauchen, findet über den Schreibtisch hinweg statt. Von Stuhl zu Stuhl. Für sehr intensiv zusammenarbeitende Teams ist dieser schnelle und spontane Austausch ein – wenn nicht der – wichtigste Arbeitsmodus. Mit Dialog aber ist zum Beispiel auch das schnelle gemeinsame Schauen auf einen Monitor, oder das gemeinsame Zeichnen einer Skizze oder Ähnliches gemeint. Alles, für das keine größere Teamarbeitsrunde einberufen werden muss. Anfragen für einen Dialog erkennt man gut an einem »kurz« oder »'ne Minute«, das in der Frageformulierung steckt: »Hast du mal 'ne Minute für mich?« »Könnten wir hier kurz mal draufschauen?«

4_ TEAM

Bei der Teamarbeit handelt es sich um Zusammenkünfte von drei bis sieben Kollegen, die im Büro gemeinsam etwas erarbeiten, also Inhalte produzieren oder Entscheidungen treffen (im starken Gegensatz zum Arbeitsmodus Meeting, in dem es vorrangig um das Berichten und Koordinieren geht). Teamarbeit unterscheidet sich auch von Dialogarbeit. Die Sessions sind oft länger und intensiver und häufig geplant oder abgesprochen, also weniger spontan. Typische Beispiele sind die gemeinsame Entwicklung der Storyline für eine Präsentation, das Brainstormen von Ideen oder das Diskutieren und Abwägen einer bestimmten Maßnahme. Teamarbeit ist geprägt von verteilten, recht kurzen und aufeinander aufbauenden Redebeiträgen. Der Ablauf ist weniger stark von einer Agenda bestimmt als in einem Meeting. Oft entwickeln sich Inhalte nicht linear, sondern es wird von Strang zu Strang gesprungen. Auf diese Weise werden Inhalte geschärft und dann auch verabschiedet. Das visuelle Festhalten des aktuellen Diskussionsgegenstands oder das visuelle Unterstützen von Aussagen einzelner Teilnehmer (zum Beispiel auf Whiteboards, Flipcharts oder direkt in einer Software) ist dabei immer häufiger zu beobachten.

5_ MEETING

Einer steht eine Stunde vor zehn Kollegen und erzählt, wie es läuft oder laufen soll. Auch diese Form des Meetings gibt es noch. Grundsätzlich ist daran nichts falsch, Meetings dienen eben dem Berichten, dem Abstimmen und dem Koordinieren. Oft sind die Redebeiträge im Vergleich zur Teamarbeit wesentlich länger und ungleicher verteilt. Die Teilnehmerzahl ist größer, nach dem Motto: »Wenn ich schon etwas ausführlich erläutere, soll es auch jeder mitbekommen.« Daher sind Meetings in aller Regel geplante Termine, mit vorab bestimmter Dauer an einem festgelegten und reservierten Ort. Meetings finden oft auch teamübergreifend oder gar mit externen Teilnehmern statt. Sie haben deshalb häufig einen weniger kollegialen, eher formelleren Charakter. Durch den immer höheren Abstimmungs- und Kommunikationsbedarf in Organisationen steigt die Zahl der Meetings. Das ist ein Grund dafür, dass Meetings immer kürzer, knapper und straffer organisiert werden. Neuere Meetingformate wie Daily Scrum oder All-Hands, die in agil arbeitenden Teams wichtiger werden, haben eine sehr knappe und durch die Moderation beaufsichtigte Dauer und eine feste Struktur. Die Form hat sich zum Teil geändert, Meetings finden heute zum Beispiel auch im Stehen statt. Doch die Aufgaben sind in diesem Modus gleich geblieben: Berichten, Abstimmen, Koordinieren.[1]

6_ SOCIAL

Dem ungeplanten Austausch wird immer mehr Zeit eingeräumt, womit seiner Bedeutung für das Funktionieren einer Organisation in unseren turbulenten Zeiten Rechnung getragen wird. Die zufällige Begegnung zwischen Kollegen auch aus weniger verwandten Teams hilft, Informationen schnell und unaufwendig durch das Unternehmen zu transportieren. Zu diesem Modus gehört alle Zeit, in der wir mit Kollegen sprechen oder plaudern, die wir zufällig getroffen haben. Im Flur, in der Teeküche, in der Kantine, auf dem Parkplatz. Wir nennen den Modus »sozialer Austausch«, weil diese Begegnungen eher spontan aus sozialen, zwischenmenschlichen Gründen initiiert werden, statt geplant und von einem Geschäftssinn veranlasst zu sein. Viele von uns tauschen sich eben gerne aus und wollen erfahren, was geschieht. Immer dann, wenn sich das nicht nach Arbeit anfühlt, befinden wir uns in diesem Modus.

7_ SONDER

Für den Fall, dass noch nicht beschriebene, sehr außergewöhnliche Dinge den Arbeitsalltag bestimmen, haben wir hier noch eine frei belegbare Kategorie aufgeführt. Vielleicht gehört hierzu das Basteln oder Schrauben oder etwas ganz anderes. Wichtig ist nur, dass diese Sonderkategorie wirklich nur gewählt wird, wenn sich eine Tätigkeit nicht den oben beschriebenen sechs zuordnen lässt und sie im Büro stattfindet.

ANWENDUNG DER ARBEITSMODI

Bei unserer Beobachtung, welche Modi bei uns wie stark ausgeprägt sind, sollte der Ort nur eine untergeordnete Rolle spielen. Es geht also nicht darum, wie lange wir am Schreibtisch[2] oder in einem Meetingraum sitzen, sondern darum, in welchem Modus wir uns dabei befinden. Und das können zum Beispiel am Schreibtisch sehr unterschiedliche oder im schlechtesten Fall auch alle sein. Es geht also um Modi, nicht um Orte. Den Anteil der Modi an unserem Arbeitsalltag wollen wir auf unserem Board festhalten.

1 Digitale Meetings werden hier nicht erfasst, da diese nach unserer Definition zu 1. Fokus zählen.

2 Egal, ob zu Hause oder im Büro.

2.3 HAUSAUFGABEN

Zu jedem einzelnen Feld des Understand-Boards gilt es, vor dem Workshop Input zu sammeln: »Wie arbeiten wir eigentlich?«, »Welche Rolle spielt denn Telefonieren bei uns?«

Diesen Input sammeln wir in den Wochen vor dem Workshop in zwei unterschiedlichen Formaten: dem Tagebuch und dem Factsheet. Das Tagebuch hilft uns, unsere Anforderungen an neue Arbeitsumgebungen auf eine spielerische und leichte Art zu sammeln und aufzubereiten. Jeder Nutzer kann hier mitmachen. Und je mehr mitmachen, desto aussagekräftiger und kompletter wird unsere Anforderungsanalyse. Das Factsheet hingegen führen die Nutzervertreter. Denn hier geht es eher um die Metaperspektive auf unser Team.
→ **GRAFIK U2**

	TAGEBUCH	FACTSHEET
ZIELE	×	×
TEAM	×	×
ARBEITSMODI	×	
KOMMUNIKATION	×	
ANWESENHEIT	×	×
STAURAUM		×
SONDERAUSSTATTUNG	×	

GRAFIK U2: *Welche Informationen sammeln wir wo?*

DAS TAGEBUCH

Die Anforderungen unserer heutigen Arbeit, die wir im Understand-Workshop definieren wollen, sollen möglichst gut und realistisch unseren Arbeitsalltag widerspiegeln. Denn häufig kranken Arbeitsumgebungen nicht am Mangel an guten Ideen, sondern an Kleinigkeiten, die wir nie richtig auf den Tisch gebracht haben. Smartboards zum Beispiel sind eine tolle Idee, werden in der Realität aber vielleicht wenig genutzt, weil wir einfach die fünf Minuten vor einem Meeting nicht haben, die es bräuchte, um herauszufinden, wie wir sie mit einem Stift koppeln.

Wir wollen deswegen den Alltag genau und direkt beobachten und festhalten, was wir wirklich tun, was uns wirklich wichtig ist, was funktioniert und was nicht. Hierfür ist ein Tagebuch am besten geeignet, das wir im Arbeitsalltag jederzeit mit Eindrücken füllen können. Dabei hilft uns das Tagebuch nicht nur, Informationen zu sammeln, sondern auch unseren Blick für das Thema Arbeitsumgebungen zu trainieren. So können wir – sogar als nicht an den Workshops Beteiligte – später ein viel differenzierteres Feedback zu vorgeschlagenen Lösungen geben. → **TEMPLATE U2**

Das Tagebuch sieht für jeden Tag eine Seite vor. Diese besteht aus einem jeden Tag identischen Teil, nämlich der Abfrage zu Arbeitsmodi, Anwesenheit, den positiven und negativen Beobachtungen sowie dem Kommunikationsverhalten.
Dazu gibt es jeden Tag unterschiedliche »Challenges of the day«, zum Beispiel das Aufstellen einer »idealen« Arbeitsmodiverteilung. Die Idee ist, das Tagebuch eher zwischendurch zu führen, zum Beispiel in der letzten Kaffeepause oder kurz vor dem Einpacken am Feierabend.[1]
Es reicht in der Regel, wenn wir das Tagebuch über einen Zeitraum von einer Woche führen. Zum Beispiel kann es vom Raum-Team an einem Freitag ausgegeben werden. Am nächsten Mittwoch macht das Raum-Team dann eine kleine Runde und beantwortet Fragen. Am darauffolgenden Freitag werden alle Bücher für die spätere Konsolidierung eingesammelt.

1 Kleiner Tipp von unserer Seite: Es empfiehlt sich, die Fragen in ein gängiges Online-Tool für Umfragen zu übertragen. Das spart Zeit und Papier.

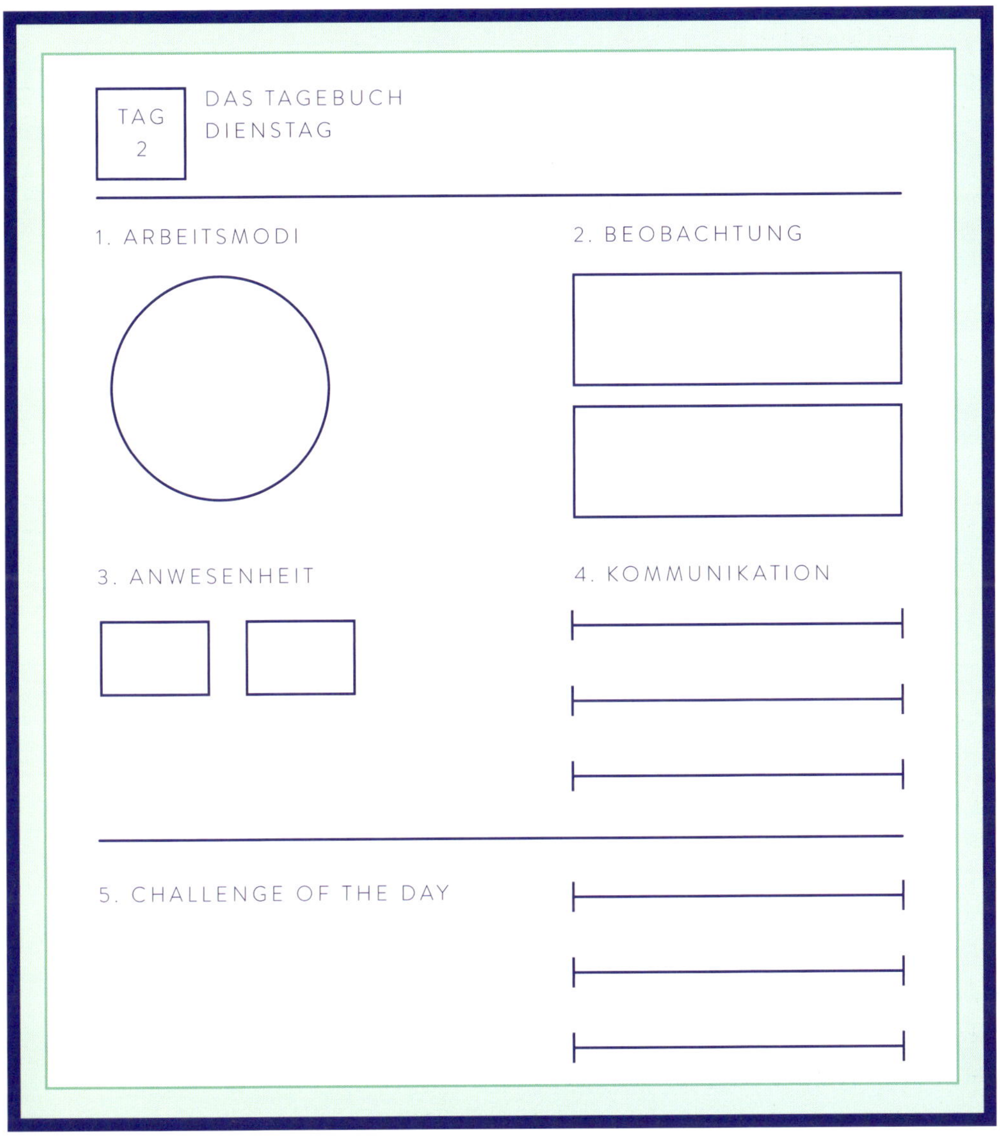

TEMPLATE U2: Tagebuch. *darkhorseworkspaces.de/buch/downloads*

DAS FACTSHEET

Neben den Beobachtungen der »Basis« gibt es ein paar Informationen über Arbeitsanforderungen, die wir besser mit einem Blick »von oben« auf das Team gewinnen können. Diese Informationen wollen wir, analog zum Tagebuch, in einem gut handhabbaren Format festhalten, nämlich dem Factsheet. Die Factsheets dienen uns, wie die Tagebücher, als Arbeitsgrundlage in unserem Understand-Workshop.
Das Erarbeiten der Factsheets sollte durch die Nutzervertreter erfolgen. Dabei sollten wir als Raum-Team aber das Führen von Gesprächen mit Führungskräften und weiteren Stakeholdern übernehmen. Zu folgenden Feldern des Understand-Boards brauchen wir Input über das Factsheet: Teamstruktur, Anwesenheit und Stauraum. Ein paar Hinweise zu dem Factsheet:

Team – Ziele

Um als Nutzervertreter ein besseres Gefühl für unser Team zu bekommen, sollten wir ein paar 15- bis 30-minütige Einzelgespräche mit ausgewählten oder auch allen Kollegen führen. Wie schauen unsere Kollegen der neuen Arbeitsumgebung entgegen? Gesprächsthemen können abstrakte oder konkretere Wünsche sein, aber auch Ängste sind für uns später im Understand-Workshop ein wichtiges Thema.

Teamstruktur

Eine der wichtigsten Informationen für den Understand-Workshop und alle folgenden Workshops ist die Teamstruktur. Oft gibt es bei den Teamleitern oder dem Personalmanagement bereits Mitarbeiterlisten, die aufschlüsseln, wie groß unser Team ist und in welche Teilteams es aufgeteilt ist. Wenn möglich, sollten wir uns diese vorab beschaffen und ins Factsheet übertragen. Andernfalls müssen wir hierfür im Workshop etwas mehr Zeit einplanen.

	VORMITTAG	NACHMITTAG
MO	8.00	
DI		16.00
MI	9.00	
DO		15.30
FR	10.30	
MO		16.00
DI	11.00	
MI		14.00
DO	11.00	
FR		13.15

GRAFIK U3: *Möglicher Stichprobenplan für das Feststellen der Anwesenheit.*

Anwesenheit

Die Anwesenheit ist später eine wichtige Information bei der Entscheidung, ob ein Shared-Desk-Prinzip für uns sinnvoll ist oder nicht. Hierbei sollten wir zwischen Anwesenheit im Büro und Anwesenheit am Schreibtisch unterscheiden und beides in unserem Factsheet festhalten.
Die Anwesenheit im Büro ist vergleichsweise einfach zu ermitteln und ergibt trotz einer möglichen Regelung für mobiles Arbeiten Sinn. Denn wir ermitteln darüber die hochfrequentierten Wochentage und wie stark das Angebot zum mobilen Arbeiten grundsätzlich angenommen wird. Oft lässt sich der Wert durch die Auswertung von Zugangskontrollen, ein Gespräch mit der Personal-

verwaltung oder das simple Durchzählen an mehreren Stichtagen (hierbei verschiedene Wochentage nutzen!) in Erfahrung bringen. So lernen wir vielleicht, dass von unseren 40 Kollegen im Schnitt nur 30 anwesend sind. Das wird auch nach der Neugestaltung unserer Arbeitsumgebung höchstwahrscheinlich so sein.

Das Bestimmen der Anwesenheit am Schreibtisch hingegen ist etwas schwieriger. Wir können uns hier nur durch eigene Beobachtung einem Wert nähern. Dafür sollten wir an unterschiedlichen Tagen zu unterschiedlichen Uhrzeiten Stichproben nehmen und die Anzahl der Kollegen, die an einem Schreibtisch sitzen, erfassen. Ein Stichproben-Plan könnte zum Beispiel so wie in → GRAFIK U3 aussehen.

Was die Anwesenheit an den Schreibtischen betrifft, können wir im Vergleich zur Anwesenheit am Arbeitsplatz eher davon ausgehen, dass sie sich in der neuen Arbeitsumgebung ändern wird. Wenn wir zum Beispiel in der neuen Umgebung viele Lösungen für Telefonie und Videocalls und Dialognischen haben, werden wir so manches Telefonat oder Gespräch nicht mehr am dafür schlechter geeigneten Schreibtisch führen. Die Zahl ist für uns interessant, weil sie den Status quo abbildet, den wir mit der neuen Arbeitsumgebung ändern wollen. Sie markiert somit eine obere Grenze für den Fall, dass wir es mit der neuen Arbeitsumgebung nicht schaffen, Arbeitsmodi von den Schreibtischen zu lösen.

Stauraum

Der benötigte Stauraum sollte grundsätzlich von den Nutzervertretern ermittelt und später im Workshop zur Diskussion gestellt werden. Wir unterteilen den Stauraum in die Kategorien Persönlich, Gemeinsam, Verschlossen und Archiv.

Um die Größe des jeweiligen Stauraums festzuhalten, nutzen wir Regalmeter als Einheit. Die Regalmeter ermitteln wir, indem wir mit einem Zollstock die Länge aller belegten Regalböden messen und sie addieren. Die resultierenden Werte tragen wir in das Factsheet ein.

Persönlich: Viele empfinden es als angenehm oder gar notwendig, persönliche Dinge in ihrer direkten Umgebung zu haben. Kaugummis, eine Zahnbürste, noch nicht mit nach Hause genommene Gehaltsabrechnungen – die Bandbreite ist groß. Auch Platz für Laptops müssen wir in dieser Kategorie vorsehen, wenn nicht mehr alle einen eigenen Schreibtisch haben. Am Beispiel der Gehaltsabrechnungen sehen wir, dass persönlicher Stauraum immer abschließbar sein sollte.

Gemeinsam: Damit meinen wir Dinge, die vom Team gemeinsam genutzt werden, wie Akten, Handbücher, Broschüren, aber auch Prototypen oder Büromaterial. Hierauf hat jeder Zugriff, der Stauraum ist nicht abgeschlossen.

Verschlossen: Teilweise müssen Akten und Dokumente hinter verschlossenen Türen gelagert werden. Oft haben nur wenige Teammitglieder hierauf Zugriff, sodass es oft Sinn macht, diesen Stauraum in deren Nähe zu platzieren.

Archiv: Im Archiv lagern Dinge, die nur selten gebraucht werden, aber aufbewahrt werden müssen – aus juristischen Gründen oder zum Zwecke der Dokumentation. Leider sammelt sich hier aber auch immer vieles an, was gar nicht mehr aufbewahrt werden muss. Von allen gemessenen Stauräumen ist dies derjenige, der bei einem Umzug am ehesten verkleinert werden kann. Das ist sinnvoll, denn Stauraum, vor allem in größerem Umfang, ist oft kontraproduktiv für den Raumeindruck und verringert die Flexibilität der verbleibenden Fläche. Ein sorgfältiges Ausmisten aller Stauräume sollte unbedingt erfolgen. Um dies zu unterstützen, sollte der Bedarf durch den Stauraum-Beauftragten durchaus kritisch hinterfragt werden, am besten im direkten Austausch mit den entsprechenden Kollegen. Der Stauraum-Beauftragte sollte das Einsparpotenzial im Factsheet festhalten und im späteren Workshop noch einmal zur Diskussion stellen. Denn grundsätzlich ist ein Umzug oder ein Umbau eine gute Gelegenheit, gemeinsam auszumisten. In der Regel wird mehr als die Hälfte des gelagerten Materials nicht mehr benötigt, sodass man hierfür in der neuen Fläche keinen Stauraum mehr vorsehen muss. Das Archiv ist ein Stauraum, der weniger zentral platziert sein muss und sich in größerer Entfernung vom Team befinden kann. Deswegen kann es die anderen Stauräume, die zentraler beim Team platziert werden müssen, entlasten. Es ist daher die Überlegung anzustellen, welche Dinge aus den anderen Stauräumen weniger zentral in oder gar auch außerhalb der eigenen Teamfläche gelagert werden können. Verbinden lässt sich dies mit einem etwas radikaleren Trick zum Ausmisten. Er besteht darin, vor dem Einzug alles gemeinschaftlich genutzte Material in ein entferntes Archiv auszulagern und nur für das Material Stauraum nachzuordern, welches innerhalb des ersten Monats wieder zurück in die Fläche geholt wird und daher offenbar wirklich gebraucht wird. Der Rest bleibt im externen Archiv und wird gegebenenfalls später entsorgt.

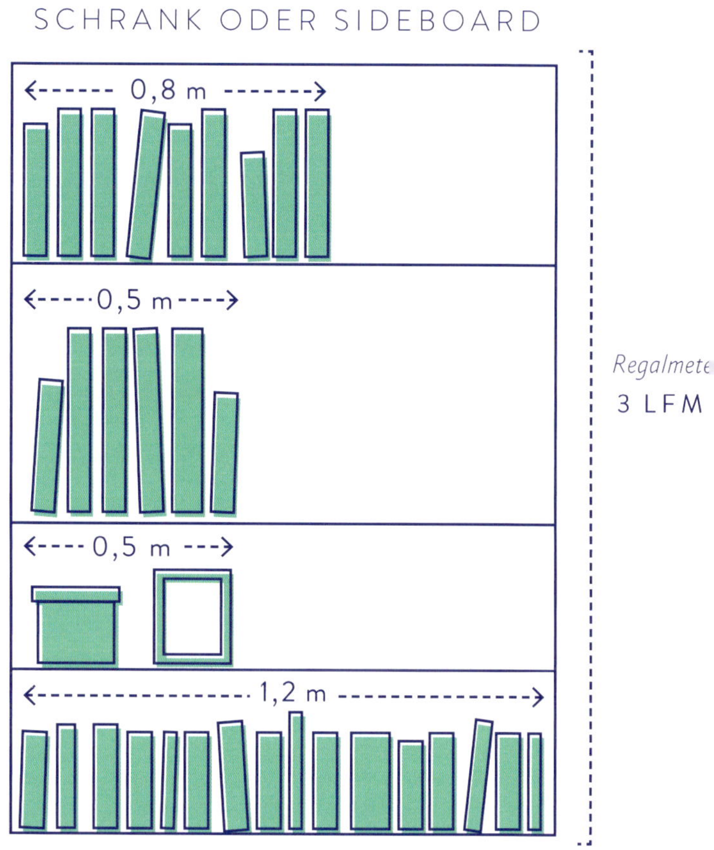

GRAFIK U4: *Benötigten Stauraum wollen wir in Regalmetern festhalten.*

SONSTIGE VORBEREITUNGEN

Um einen reibungslosen Workshop-Ablauf zu ermöglichen, sollten wir einige Tage vor Beginn des Workshops Vorbereitungen treffen, die wir in der folgenden Checkliste aufgeführt haben.

- **1. Teilnehmer einladen**
  - ☐ Nutzerteams/Nutzervertreter einladen
  - ☐ an Tagebücher/Factsheets erinnern

- **2. Materialien vorbereiten**
  - ☐ Understand-Board in DIN A0-Plot drucken lassen, zum Beispiel im Copyshop

- **3. Raum vorbereiten**
  - ☐ Tisch bereitstellen, Größe circa 2 × 1 Meter, am besten in Stehhöhe
  - ☐ Essen und Trinken organisieren
  - ☐ Drucker für Fotos bereitstellen

2.4 DER UNDERSTAND-WORKSHOP

Nachdem wir mittels unserer Tagebücher und des Factsheets viel Inhalt vorbereitet haben, geht es nun darum, diesen zu konsolidieren, im Team gemeinsam abzustimmen und auf das Understand-Board zu bringen. Da wir einige Felder zu füllen haben, können wir uns für jeden inhaltlichen Abschnitt nur begrenzt Zeit nehmen. Unser Arbeitsmodus in diesem Workshop ist also ein konzentriertes Abarbeiten aller Felder statt eines langen Ausdiskutierens. Unten finden wir eine kleine Anleitung für jeden inhaltlichen Schritt.

Für jeden Schritt nehmen wir uns die entsprechenden Felder in den Tagebüchern und Factsheets vor und verschaffen uns ein Bild darüber, wie unser Team die jeweilige Frage enschätzt. Dabei muss es nicht um mathematische Genauigkeit gehen, interessanter ist das »Bigger Picture«. Zum Beispiel müssen wir nicht die exakte Stellung eines Schiebereglers berechnen. Es reicht zu wissen, ob wir uns als Team eher links oder eher rechts auf dem Regler befinden. Das Füllen des Understand-Boards ist die bei weitem trockenste Aufgabe in dem ganzen Prozess. Es geht noch nicht um tolle Ideen, sondern um reines Konsolidieren der Informationen. Je besser wir diese aber aufbereitet haben, desto geschmeidiger können wir später durch die kreativen Phasen gehen. Also los!

1_ RUNDE: UNSERE ZIELE

Wir starten den Workshop mit dem Thema »Ziele«. Hierzu haben wir über Tagebücher und Vorgespräche bereits einigen Input erarbeitet. Beginnen sollten wir mit den Zielen des Managements, der Entscheider. Das Raum-Team stellt diese kurz vor. Wir gehen die einzelnen Ziele durch und notieren sie, damit wir sie später noch präsent haben, auf unserem Board. Auch Wünsche und Ängste formulieren wir hierbei als Ziele, sodass wir sie später als Leitplanken und Inspiration nutzen können.
Danach sind unsere Ziele als Nutzer an der Reihe. Wir sammeln die Ziele, Wünsche und Ängste aus den Tagebüchern, schreiben sie stichpunktartig auf Post-its und entscheiden gemeinsam, welche wir auf unser Board übernehmen wollen.

2_ RUNDE: TEAMSTRUKTUR

Wir starten mit einer der einfachsten und zugleich wichtigsten Fragen für die Planung unserer Arbeitsumgebung: Wie groß ist unser Team, und wie ist es strukturiert? Vielleicht gibt es hierzu bereits Mitarbeiterlisten, aus denen wir die Team- und Teilteamgrößen übertragen können. Teilteams sind typischerweise fünf bis zwölf Mitarbeiter groß. Wir wollen jeweils Größe, Name und Besonderheit jedes Teilteams festhalten. Teams sind oft nach Aufgaben gegliedert. Gibt es bei uns eine solche Aufgabenteilung? Dann können wir hier schon eine Unterteilung vornehmen. Welchen Einfluss diese haben wird, sehen wir später.

Wenn unser Team wesentlich größer als 20 Mitarbeiter ist, sollten wir uns aufteilen, sofern das noch nicht vom Raum-Team veranlasst wurde (siehe auch Punkt 7 im Kapitel »Die Setup-To-do-Liste«). Denn unsere Team-Umgebung, unsere Homebase, lässt sich nur gut mit bis circa 20 Kollegen erarbeiten, darüber hinaus wird es unübersichtlich. Für den Fall, dass wir uns aufteilen, entwickelt jedes Teilteam seine individuellen Boards. Erst im Concept-Workshop kommen dann alle Teams wieder zusammen und diskutieren Überschneidungen und Synergiepotenziale.
Grundsätzlich sollten wir auch externe Kollegen, die dauerhaft bei uns sitzen, sowie das Wachstum unseres Teams berücksichtigen und grob abschätzen, wie viele Kollegen wir in 12 bis 24 Monaten sein werden.

3_ RUNDE: TEAMSTIL

Hier wollen wir unsere Art der Arbeit im Team, den Teamstil, diskutieren, da dieser großen Einfluss auf unsere ideale Umgebung hat. Wir wollen also genauer untersuchen: Wie arbeiten wir zusammen? Dabei betrachten wir drei Faktoren.

Abhängigkeit: Als Erstes schauen wir uns an, wie abhängig wir in unserer Arbeit als Teammitglieder voneinander sind. Wir wollen hier bewerten, wie autark oder interdependent wir arbeiten. Diese Frage sollten wir kurz gemeinsam diskutieren und unsere Einschätzung dann auf dem Koordinatenkreuz festhalten.
Arbeiten wir eher autark? Dann arbeiten alle entweder an völlig getrennten Aufgaben oder an der gleichen Aufgabe, zum Beispiel Kundenanfragen mit Angeboten zu beantworten. Jedes Teammitglied nimmt Anrufe an, schreibt ein Angebot und stimmt dieses Angebot schließlich mit dem Kunden ab. Auf diese Weise erzeugt jedes Teammitglied alleine ein Ergebnis, es werden also viele kleine voneinander unabhängige Ergebnisse erzielt. Wir arbeiten parallel, also autark. Die Kommunikation mit den Kollegen dreht sich vor allem um den Prozess: »Wie hast du dieses oder jenes Problem gelöst?«
Oder arbeiten wir interdependent? Dann sind einzelne Arbeitsschritte unter uns aufgeteilt. Ein Kollege nimmt zum Beispiel das Telefonat an, ein zweiter erstellt das Angebot, eine dritte Kollegin stimmt es mit dem Kunden ab. Alle könnten sich auf eine Teilaufgabe spezialisieren. Jedoch würde der Kommunikationsaufwand zunehmen. Jedes Teilergebnis müsste übergeben und daher kommuniziert werden: »Was hast du angeboten? Warum das?« Am Ende entsteht ein Endergebnis, das von drei Teilergebnissen abhängig ist. Wir sind in unserer Arbeit also voneinander »abhängig«, interdependent.

Frequenz: Wir wollen hier die Frage diskutieren: Wie schnell wechseln wir zwischen Einzel- und Zusammenarbeit? Ist unsere Kommunikation ständig, kurz, schnell, spontan und hochfrequent, und arbeiten wir eigentlich konstant zusammen an einem gemeinsamen Thema? Dann ist unsere Zusammenarbeit stetig. Oder kommunizieren wir in abgesprochenen und selteneren, aber dafür längeren und intensiveren Sessions, zum Beispiel für Brainstormings oder das intensive Analysieren einer Excel-Tabelle? Dann ist unsere Zusammenarbeit blockweise. Wir markieren unsere Einschätzung auf dem Koordinatenkreuz.

Umfang: Wenn wir, wie gerade beschrieben, im Team zusammenarbeiten, haben wir dann eher große oder kleine Teamrunden? Sind wir typischerweise alle beteiligt, oder sind es immer nur kleinere Grüppchen, die zusammenstehen?

Oder ist es etwas dazwischen? Das tragen wir auf dem Schieberegler ein.

4_ RUNDE: KOMMUNIKATION

Nachdem wir nun die Kommunikation im Team, die Teamarbeit, analysiert haben, ist jetzt die Kommunikation »nach draußen« dran. Hierfür diskutieren wir folgende Aspekte:

Häufigkeit: Hier stellen wir die Frage, wie häufig wir mit anderen Teams oder Externen kommunizieren. Sind wir ein sehr nach außen gewandtes Team, welches den ganzen Tag nur mit Externen spricht und sich selbst im Team eigentlich kaum austauscht? Ein Callcenter wäre hierfür ein extremes Beispiel. Oder arbeiten wir eher eng im Team, und die Kommunikation nach draußen macht nur einen kleinen Anteil aus? Auch hier nutzen wir wieder die Schieberegler für eine qualitative Aussage.

Physisch oder virtuell: Für die Gestaltung unserer Arbeitsumgebung ist es natürlich interessant, was die vorrangige Art unserer Kommunikation nach draußen ist. Findet unsere Kommunikation eher physisch in Präsenz statt? Oder nutzen wir eher den virtuellen Kanal, also das Telefon oder Videocalls? Wie ist unsere Kommunikation auf diese Kanäle verteilt?

Spontaneität: Wie auch bei der Teamarbeit wollen wir für unsere externe Kommunikation diskutieren, wie spontan oder wie geplant diese vonstatten geht. Werden wir eher spontan angerufen oder am Schreibtisch von Besuchern überrascht? Oder findet in der Regel alles zumindest knapp vorher geplant statt, sodass wir uns in der Regel einen Ort für den Austausch aussuchen können?

5_ RUNDE: KOLLABORATION

Hier analysieren wir die wirkliche Zusammenarbeit mit anderen internen oder externen Teams. Mit welchen drei Teams arbeiten wir am häufigsten zusammen? Und wie sieht diese Kollaboration jeweils aus? Sind es eher kürzere, informelle Gespräche oder formelle Meetings in größerer Runde? Oder arbeiten wir inhaltlich und interaktiv, zum Beispiel in Workshop-Formaten? Oder passiert alles über Telefon oder Videocall?

6_ RUNDE: SONDERROLLEN IM TEAM

Gibt es in unserem Team Einzelpersonen, die komplett andere Anforderungen als der Rest haben? Grundsätzlich sollten alle Sonderrollen kritisch hinterfragt und offen im Team diskutiert werden. Wenn wir Sonderrollen ernennen wollen, sollten wir für jede die speziellen Anforderungen, die sie von den übrigen Rollen unterscheiden, festhalten.

7_ RUNDE: ARBEITSMODI

Nachdem wir nun eine gute Übersicht haben, wie unser Team aufgebaut ist, wollen wir uns damit beschäftigen, wie unser Team arbeitet. In Vorbereitung auf den Workshop haben die Nutzer Tagebücher geführt und ihre persönliche Verteilung der Arbeitsmodi festgehalten.
Diese persönlichen Verteilungen wollen wir nun zu einer Teamverteilung konsolidieren. Dazu legen wir zunächst alle persönlichen Verteilungen nebeneinander. Erkennen wir ein einigermaßen homogenes Muster? Dann können wir die Zeiten aller Kollegen in den jeweiligen Modi addieren, einen Teamdurchschnitt errechnen und zunächst festhalten (noch nicht auf dem Board einzeichnen). Oder gibt es unterschiedliche Lager oder einzelne Ausreißer? Dann sollten wir zunächst fragen, wie die Abweichung zustande kommt. Ist

die Einschätzung des Kollegen plausibel, oder wurden Modi vielleicht falsch interpretiert? Wenn die Unterschiede berechtigt sind, müssen wir beide »Lager« festhalten und bei unserer späteren Konzeption berücksichtigen.
Mit dieser Verteilung der Arbeitsmodi bilden wir bewusst das Ist, also unseren Status quo ab. Sie zeigt, wie unser Arbeiten heute abläuft. Dies entspricht der Annahme, dass sich in einer neuen Arbeitsumgebung sehr wahrscheinlich die Orte und Angebote für unser Arbeiten ändern werden, nicht oder kaum aber unsere Arbeitsaufgabe und die Modi, in denen wir diese erledigen.
Falls sich jedoch absehen lässt, dass sich Arbeitsaufgaben und/oder Modi ändern werden, weil zum Beispiel ein ganz neues Team zusammengesetzt wird oder die alte Verteilung sehr schlecht funktioniert hat, lohnt es sich, schon hier einen Blick auf eine Alternative zu werfen. Hierfür wollen wir neben der Ist-Verteilung eine Soll-Verteilung ermitteln. Wenn die Verteilungen signifikant voneinander abweichen, sollte im Team diskutiert werden, welche davon später für den Grundriss herangezogen wird. Grundsätzlich bietet sich natürlich die Soll-Verteilung an. Wichtig ist hierbei aber, kurz zu reflektieren, ob damit die anliegenden Aufgaben gemeistert werden können und eine Verbesserung des derzeitigen Arbeitsalltags die Folge wäre. Falls wir dies bejahen, tragen wir unsere Soll-Verteilung im Board ein. Ansonsten bringen wir die »geparkte« Ist-Verteilung auf das Board. Zum Schluss highlighten wir die Arbeitsmodi, die wir tendenziell ins Homeoffice verlargern und für welche Modi wir eher ins Büro kommen.
Anschließend beschriften wir die »Kuchenstücke« der Verteilung mit Fokus, Team und so weiter, und geben ihnen, der besseren Übersicht halber, noch eine Farbe.

8_ RUNDE: ANWESENHEIT

Auch für diesen Punkt haben wir schon Input vorbereitet. Wir haben die Ergebnisse der Auszählungen auf dem Factsheet und die Anwesenheitszeiten in den Tagebüchern der Nutzer. Um zunächst eine Vergleichbarkeit herzustellen, ermitteln wir aus den Tagebüchern einen Durchschnittswert, indem wir die Anwesenheiten aus allen Tagebüchern addieren und das Ergebnis durch die Zahl der Tagebücher teilen. Gleiches tun wir auch für die Anwesenheit am Schreibtisch. Um einen realistischen Wert für die Büro-Anwesenheit und für die Schreibtisch-Anwesenheit zu erhalten, vergleichen wir die Zahlen des Factsheets mit den gemittelten Werten der Tagebücher. Sind diese ähnlich, oder haben wir eine starke Abweichung? Falls Letzteres zutrifft, woher könnte sie kommen? Im Zweifel bilden wir Mittelwerte aus den Zahlen des Factsheets und dem Durchschnittswert der Tagebücher und übertragen diese in unser Understand-Board.

9_ RUNDE: STAURAUM

Wahrscheinlich haben die Diskussionen zu diesem Punkt schon im Vorfeld des Workshops begonnen, als der Bedarf an Stauraum für das Factsheet aufgenommen wurde. Wir sollten nun die Gelegenheit nutzen, diesen Bedarf nochmals zu hinterfragen. Dies sollten wir anhand der in der Recherche identifizierten Einsparpotenziale tun, ein abstraktes Diskutieren über Regalmeter führt hier oft nicht weiter. Unseren finalen Bedarf übertragen wir dann ins Board.
Falls sich unser Team ganz neu findet und es aktuell noch kein zu lagerndes Material gibt oder wir uns von allem Material trennen und wieder ganz von vorne anfangen wollen, sollten wir mit eher wenig Stauraum starten. Hier reichen je Teammitglied meist 0,75 laufende Meter persönlicher Stauraum, was in etwa einem Fach in

Handgepäckgröße oder einem Unterstellcontainer entspricht, und anteilig 0,25 laufende Meter gemeinschaftlicher Stauraum.

10_RUNDE: SONDERAUSSTATTUNG

Nun geht es daran, die Wünsche für die Sonderausstattung zu sammeln. Hierzu gehen wir die einzelnen Tagebücher durch und sortieren Wünsche direkt in die Kategorien »Funktionales«, das heißt Dinge, die unser Arbeiten unterstützen (zum Beispiel Kanban-Boards, Drucker, Etikettiermaschine und so weiter), und »Emotionales«, also Dinge, die unsere Umgebung schöner oder individueller machen. Das können wir zum Beispiel mit Post-its in zwei unterschiedlichen Farben tun.

Im Anschluss schauen wir nach Überschneidungen oder Häufungen der Ideen und bestimmen dann unsere »Must-haves« – also Wünsche, deren Erfüllung eigentlich Pflicht ist. Aber auch die drei bis vier der am häufigsten genannten weiteren Wünsche wollen wir ins Board aufnehmen. Für den Fall, dass wir nicht auf Ideen aus den Tagebüchern zurückgreifen können, sollten wir uns im Inspire-Workshop kurz Gedanken dazu machen, welche Dinge als Sonderwünsche unser Arbeiten einfacher und angenehmer machen würden.

Und damit haben wir unser erstes Board fertiggestellt. Bevor wir in den wohlverdienten Feierabend aufbrechen, sollten wir hiervon unbedingt ein Foto machen – und es trotzdem gut verstauen. Das Understand-Board ist die perfekte Grundlage für unseren späteren Concept-Workshop.

2.5 REFLEXION

Mit dem Abschluss der Understand-Phase haben wir alle Informationen über den Status quo gesammelt, die wir brauchen. Wir haben die Leitplanken für das Konzept unserer neuen Arbeitsumgebung, also die harten Anforderungen, definiert. Vielleicht haben wir das Gefühl, dass wir nicht alles zu 100 Prozent korrekt erhoben haben. Das ist okay. Es geht eher um Daumenwerte und grundsätzliche Richtungen, nicht um auf die Nachkommastelle richtige Werte. Diese ändern sich ohnehin noch bis zum Einzug. Selbst unser Team kann bis dahin noch ungeplant wachsen oder von Sabbaticals überrascht werden.

Ohnehin geht es hier auch nicht nur um Fakten. Es geht auch sehr darum, unseren Blick auf das Thema Arbeitsumgebung zu schärfen. So werden wir nach der Beobachtung unseres eigenen Alltags und Büros mit ganz anderen Augen durch fremde Büros gehen und das dabei Gesehene zum Vergleich und als Inspiration nutzen können. Und wir werden später Konzeptideen entwickeln, die auch ohne bewusste Überlegung viel besser zu uns passen, als wenn wir diese Beobachtung nicht durchgeführt hätten. Denn wir sind jetzt echte Experten für unsere heutigen Anforderungen. Als Nächstes ist die Zukunft dran!

3 INSPIRE

Wie können wir Räume gestalten, die uns motivieren und Identifikation schaffen, in denen wir uns wohlfühlen und produktiver arbeiten können? In diesem Kapitel geht es um Zukunftsbilder unseres neuen Arbeitsplatzes, und das heißt auch um Bilder unseres Zusammenarbeitens in der Zukunft.

Zu Beginn ist es wichtig, Räume und deren Wirkung auf uns Menschen zu verstehen. Das Erleben von Räumen ist synästhetisch, das heißt, dass Reize und Eindrücke vermischt wahrgenommen werden. Sofern wir nicht ausschließlich und gezielt darauf achten, registrieren wir Farben, Möbel, Gerüche oder haptische Empfindungen im Raum nicht einzeln, sondern alle Eindrücke immer sowohl in einer Gesamterfahrung als auch in Unterscheidung zueinander. Diese Gesamterfahrung wirkt im besten Fall positiv auf uns. Wir können gemeinsam Räume schaffen, in denen wir uns besser fühlen und die sich positiv auf uns und unsere Arbeit auswirken. Da Geschmäcker und Bedürfnisse von Menschen unterschiedlich sind, gibt es keine Blaupause, die wir einfach übernehmen können. Was wir allerdings tun können, ist, uns gemeinsam über Räume und deren Wirkung auszutauschen und gemeinsam ein Konzept zu entwickeln.
Es geht also nicht allein darum, ein rationales und funktionales Konzept zu skizzieren, sondern auch emotionale und gestalterische Aspekte in das Konzept zu integrieren. Damit das gelingt, müssen wir gemeinsam als Nutzer ein gestalterisches Vokabular erarbeiten und verschiedene Raumkonzepte kennen und verstehen lernen.
Ziel der Inspire-Phase ist es, als Team ein Zukunftsbild zu entwerfen und im Inspiration-Board festzuhalten. Anhand von Beispielen und eigenen Ideen zeigt es wichtige Bestandteile, die unsere Arbeitsumgebung prägen können. Dabei geht es nicht darum, dass wir diese Elemente genau so in unser Konzept übernehmen und im Anschluss unverändert umsetzen. Vielmehr sind sie gestalterische Leitplanken, die wir uns als Team erarbeitet haben. Hier können zum Beispiel erste Materialien, bestimmte gestalterische Raumanforderungen, Referenzen oder Analogien herausgearbeitet werden.

Im Feld *Network* sammeln wir gemeinsam Ideen, wie wir uns besser teamübergreifend austauschen können.

Das Feld *Moodboard* füllen wir mithilfe der Moodbilder-Templates mit inspirierenden Bildern.

Im Feld *Teamwork* listen wir gemeinsam Ideen auf, die unsere Arbeit im Team verbessern können.

***Creativity*: Welche Ideen haben wir, die kreatives Arbeiten unterstützen könnten?**

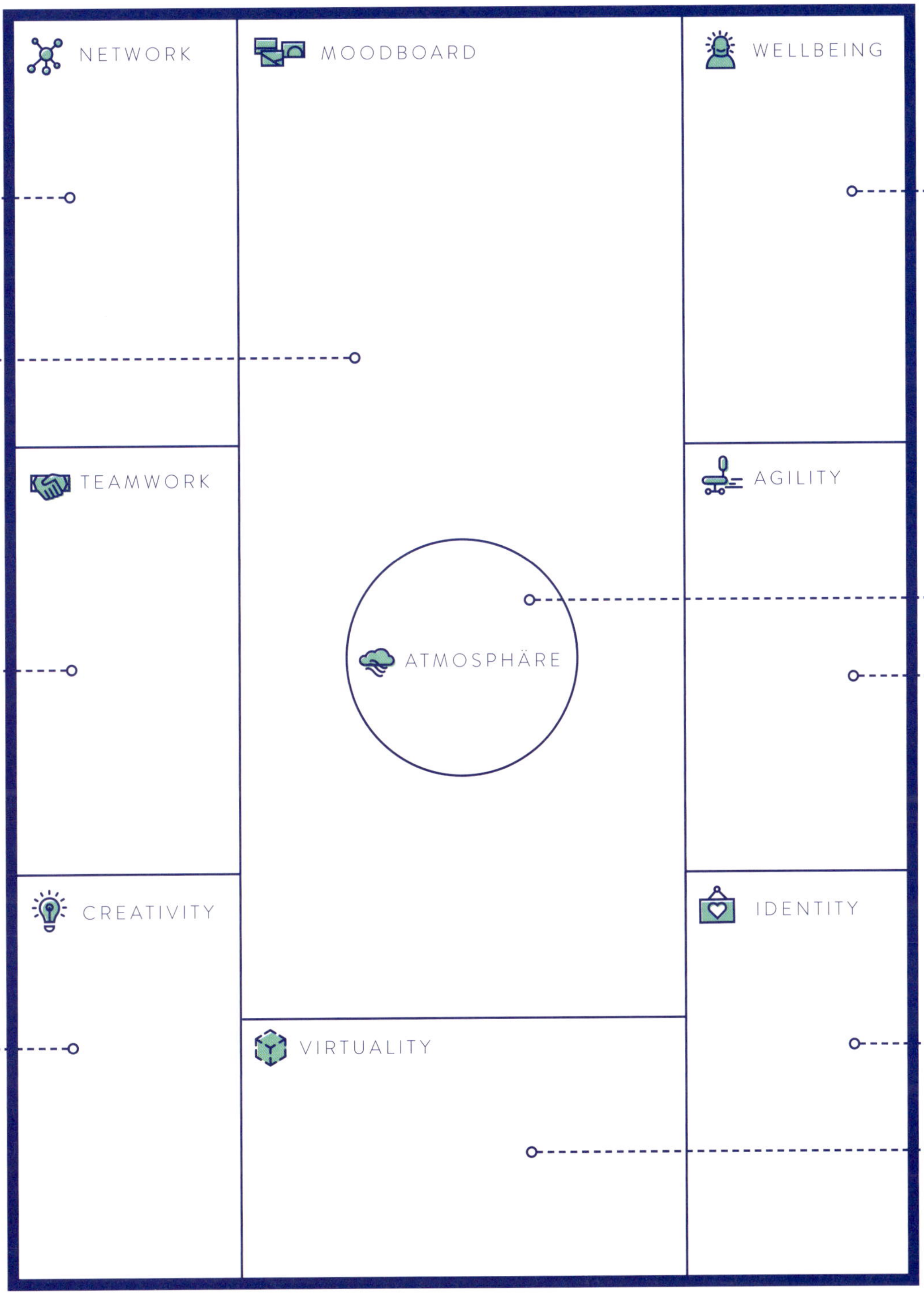

Inspirationen und Dinge, die unser Arbeiten angenehmer machen können, vermerken wir im Feld *Wellbeing*.

Im Feld *Atmosphäre* beschreiben wir mithilfe von Hashtags Kategorien und Aspekte, die uns für das Ambiente der neuen Arbeitsumgebung wichtig sind.

Im Feld *Agility* sammeln wir Lösungen, wie wir unsere Fläche und ihre Nutzung agiler und flexibler machen können.

Inspirationen und Ideen für eine interessantere und passendere Kommunikation unserer Identität sammeln wir im Feld *Identity*.

Ideen, die uns helfen in der neuen hybriden Welt zurechtkommen, sammeln wir im Feld *Virtuality*.

TEMPLATE IN1: Inspire-Board. *darkhorseworkspaces.de/buch/downloads*

3.1 EINE ÜBERSICHT DER FELDER

Das Inspire-Board hilft dem Raum-Team und den Nutzern, sich mit wichtigen Attributen von New Work zu beschäftigen und sich erste Konzepte für eine neue Arbeitsumgebung zu überlegen.

Anders als im Understand-Board geht es hier nicht um den Status quo und die funktionalen Anforderungen von morgen, sondern um Ideen für die Zukunft, die über reine Funktionalität hinausgehen. Bei diesem Board spielt die Machbarkeit weniger eine Rolle als vielmehr die Reflexion und das Verstehen der Potenziale verschiedener Bausteine.

Das Inspire-Board setzt sich aus den sieben Prinzipien von New Work aus dem zweiten Kapitel dieses Buches zusammen. Sie bilden eine Art Raster, in das verschiedene Ideen eingeordnet und daraufhin vom Team inhaltlich vertieft werden können. Das Inspire-Board führt existierende Ideen in Form von Beispielbildern sowie neue Ideen der Nutzer zusammen. Dabei können die Nutzer und das Raum-Team gemeinsam feststellen, für welche Bereiche von New Work schon am meisten Ideen existieren und ob dies mit den Bedürfnissen übereinstimmt. Das Inspire-Board zeigt ein Gesamtbild, weil es Ideen und Beispiele auf einen Blick erlebbar macht.

Das gemeinsam gestaltete Inspire-Board dient als Leitplanke für konkrete gestalterische Ideen, tatsächlich mögliche Ausstattungen und Ästhetiken. Das Board wird in einem Workshop von allen Teilnehmern gemeinsam erarbeitet und ausgefüllt. Erfahrungsgemäß werden diese Aspekte nicht eins zu eins in die Planung einfließen, denn sie werden vom Budget, Gesamtkonzept, vorhandenen Möbeln und Gestaltungsrichtlinien des Unternehmens beeinflusst. Dennoch – und insbesondere, weil es immer auch ein Abwägen im Gestaltungsprozess gibt – ist ein Idealbild wichtig, welches die Vorstellung der Mitarbeiter und des Bereichs widerspiegelt. So können alle Gedanken und Vorschläge berücksichtigt werden und Einfluss auf die Gestaltung nehmen. Das Inspire-Board wird in einem dialogischen Prozess im Team erstellt. Die Diskussion und das Erarbeiten im Team ermöglichen eine fruchtbare Auseinandersetzung und eine visuelle Darstellung der Ergebnisse.

»Network«
»Teamwork«
»Creativity«
»Wellbeing«
»Agility«
»Identity«
»Virtuality«

Die New-Work-Prinzipien befinden sich an den Außenseiten des Inspire-Boards. Network, Teamwork, Creativity, Wellbeing, Agility, Identity und Virtuality sind so nacheinander angeordnet, wie sie auch im New-Work-Kapitel vorkommen.
Jedes Prinzip hat auf dem Board ein eigenes Feld. Im Inspire-Workshop werden hier zu den jeweiligen Prinzipien Ideen im Team generiert und in den Feldern festgehalten. Das heißt konkret, dass die besten Ideen zum Thema Identity als Post-its in das Feld Identity geklebt werden.

»Moodboard«

Bevor wir das Feld erläutern, wollen wir zunächst klären, was ein Moodboard ist. Dem englischen Wort »mood«, das »Stimmung« bedeutet, entsprechend, geht es bei einem Moodboard darum, mittels visueller Beispiele, Analogien und Referenzen inhaltliche Aussagen zu machen, ohne zu konkret werden zu müssen. Ein Moodboard kann uns helfen, Funktion und Emotion eines Raumes zu beschreiben, indem wir die gewünschte Wirkung verbildlichen. Es geht also darum, Bilder zu finden und zu arrangieren, die im Zusammenspiel einen visuellen Eindruck des möglichen Ergebnisses geben sollen. Dabei zeigen die Bilder eines Moodboards keine Lösung, die man kopieren will, sondern sie verdeutlichen, welche Aspekte als gelungen empfunden werden und als positives Beispiel gelten können.
Nun zum Feld »Moodboard«. Wir können das Erstellen eines Moodboards als eine Art visuelles Brainstorming verstehen. Es wird eine Stimmungswelt gezeigt, eine Sammlung von Beispielen und Inspirationen, die mehr oder weniger konkret sein können. In unserem Fall dient das Moodboard dazu, als Team kreativ zu werden, Inspirationen zu finden und abzubilden, die eine Art Gesamtbild der neuen Arbeitsumgebung aus unserer Sicht zeigen. Das Moodboard ermöglicht es, dass wir uns über verschiedene Aspekte der Umgebung austauschen und zugleich immer auch eine visuelle Referenz dazu haben. Das Feld hat keine zusätzlichen Unterteilungen. Hier werden Moodbilder, die als Hausaufgabe gesammelt werden, hineingeklebt und angeordnet. Aus verschiedenen Moodbildern, die gemeinsam ausgesucht und angeordnet werden, entsteht so im Workshop ein Moodboard.

»Atmosphäre«

Dieses Feld ist eine Art Klammer, eine Zusammenfassung der anderen Bestandteile. Hier geht es darum, in Worten möglichst kurz und treffend atmosphärische Qualitäten und Designprinzipien festzulegen. Diese sollten sich in den Ideen und Moodbildern wiederfinden. Für das Inspire-Board nutzen wir Hashtags und eine prägnante Beschreibung. Hier könnte zum Beispiel stehen:

#OFFEN UND TRANSPARENT #AGILE ARBEITSUMGEBUNG #FARBIGE UND ABWECHSLUNGSREICHE RÄUME #DYNAMISCH #INSPIRIEREND #KREATIVITÄTSFÖRDERND #FEHLERKULTUR #MÖGLICHST FLEXIBEL #NATÜRLICHE MATERIALIEN #HELL UND FREUNDLICH

Diese Beschreibung dient zusätzlich als Hilfestellung bei weiteren Planungsschritten. Auf diese Designprinzipien kann sich immer bezogen werden. So können bei der Auswahl der Möbel und Materialien oder bei der Raumaufteilung die atmosphärischen Designprinzipien berücksichtigt werden.

3.2 WICHTIGE WERKZEUGE: DAS MOODBOARD IM DETAIL

FORMAT UND GRÖSSE EINES MOODBOARDS ALLGEMEIN

Generell hat ein Moodboard kein vorgegebenes Format. Da allerdings viele Einzelteile zusammengebracht werden, ist es bei physischen Moodboards ratsam, ein größeres Format anzustreben, damit die einzelnen Bestandteile auch aus einer Entfernung von ein bis zwei Metern noch erkennbar sind. Formate von DIN-A2 bis DIN-A0 sind sinnvoll. Später lässt sich ein Moodboard abfotografieren und digitalisieren. Im Anschluss kann dann das Format zum Beispiel in PowerPoint, Photoshop oder anderen Programmen auf ein kleineres Maß skaliert werden (DIN-A4 oder DIN-A3 oder als E-Mail-Anhang).
Wir sind zwar überzeugt, dass Kreativität am besten in Präsenz entsteht, aber natürlich kann auch der Inspire-Workshop remote durchgeführt werden. Dann kann die Vorlage einfach auf einem digitalen Whiteboard platziert oder nachgebaut werden. Wir beschränken uns in der Erläuterung zum weiteren Vorgehen jedoch auf die Präsenz-Variante.

FORMAT UND GRÖSSE UNSERES MOODBOARDS

In unserem Fall ist das Moodboard Teil des Inspire-Boards und daher im Format vorgegeben. Damit die Erstellung im Team möglichst einfach und für alle möglich ist, haben wir ein Template für die einzelnen Moodbilder erstellt, aus denen sich das Moodboard später zusammensetzt. Das Template kann als Vorlage in PowerPoint oder Keynote genutzt werden. Darin können die Mitarbeiter ihre gesammelten Bilder sowie eine kurze Beschreibung einfügen und später ausdrucken.

QUELLEN FÜR - EIN MOODBOARD

Die Bilder eines Moodboards erstellen wir nicht selbst. Wir suchen sie zusammen und verwenden alles, was dafür passt. Jedes Medium, jede Quelle ist erlaubt. Wir kleben die einzelnen Bilder nebeneinander und können sie immer wieder neu arrangieren, austauschen oder kombinieren. Dafür brauchen wir einen Datenträger, zum Beispiel ein Brownpaper auf einer Stellwand oder einem Foamboard oder, wie in unserem Fall, ein Template auf Papier. Gestalten wir ein digitales Moodboard, setzt das digitale Daten voraus. Bei einem physischen Exemplar wiederum müssen wir am Ende alle Teile an einem Ort zusammenbringen. Das heißt ausdrucken, aufkleben, herausreißen, zusammenfügen und so weiter. Für ein analoges Moodboard können Artefakte aller Art benutzt werden. Wir können uns Materialproben schicken lassen, wir können Flyer verwenden, Museumstickets, Stoffe von zu Hause, unterschiedliche Bilder, zum Beispiel aus Zeitschriften oder Katalogen ausgeschnitten, oder auch Skizzen können hinzugefügt werden.
Mit Blick auf digitale Quellen kann das Internet alles bieten. Plattformen wie Pinterest, die Bildersuche von Google, Creative-Commons-Fotoseiten wie unsplash.com, aber auch Facebook, Instagram oder LinkedIn bieten Möglichkeiten, unterschiedliche Inhalte als Inspiration anzuschauen und passende Bilder zu finden. Dabei können einige Beispiele sehr nah an der eigenen Arbeitswelt sein, andere wiederum sind vielleicht abstrakter und zeigen Städte, Cafés oder Natur, weil sie eine bestimmte Stimmung perfekt wiedergeben oder ein bestimmtes Möbelstück zeigen.

3.3 HAUSAUFGABEN

Auch hier geht es nicht ohne Hausaufgaben. Alle Teilnehmer des Workshops müssen sich mit dem Neuen Arbeiten und dafür geeigneten Arbeitsumgebungen beschäftigen, um im Workshop produktiv auf Lösungen hinarbeiten zu können.

Wobei dieser Schritt auch Spaß machen kann und soll, es geht in der Inspire-Phase ja darum, kreativ Ideen und Konzepte für die neuen Arbeitsräume zu entwickeln. Planerisches Know-how ist hier nicht nötig, und es gibt auch nicht die Einschränkung, nur über möglichst realistische Möglichkeiten nachzudenken. Vielmehr geht es darum, sich diesem Thema sehr frei zu nähern, sich über ganz verschiedene Beispiele auszutauschen, viele Möglichkeiten zu explorieren und sich erst zum Abschluss gemeinsam auf eine Richtung festzulegen.

Anders als bei den Hausaufgaben zum Understand-Board erarbeiten wir für das Inspire-Board die Bilder nicht selbst, sondern nutzen vorhandene Bilder und orientieren uns an den Beispielen anderer. Um an diese Beispiele zu kommen, eignen sich zwei verschiedene Herangehensweisen, die auch kombiniert werden können.

VORGEHEN A: DIE NEW-WORK-SAFARI

Diese Variante ist die aufwendigere der beiden, dafür kommt man hier in direkten Kontakt mit spannenden Raumkonzepten, kann diese erleben und die Herangehensweise verstehen. Es geht um eine »Learning Journey« oder »Mitarbeiter-Safari«, hier besichtigen Mitarbeiter ausgesuchte Orte wie Ausstellungen, Arbeitsorte, Eventräume, Cafés, Werkstätten, Universitäten oder Showrooms.

Natürlich liegt unser Fokus hauptsächlich auf spannenden Bürokonzepten, aber auch Orte, die nicht direkt mit Büroräumen verknüpft sind, können uns helfen, unseren Horizont zu erweitern und interessante Anknüpfungspunkte zu finden. Um diese Orte ausfindig zu machen, kann man seine Mitarbeiter nach Erfahrungen fragen, bei seinen eigenen Kunden Ausschau halten, sich bei Start-ups umschauen, Innovation-Hubs kontaktieren oder Coworking-Anbieter recherchieren. Acceleratoren mit eigenen Arbeitsräumen sind ebenfalls interessant, und auch Kreativ-Agenturen können spannende Konzepte haben. Für die Recherche sind nur das eigene Netzwerk, eine verantwortliche Person für die Organisation und das Internet nötig.

Diese Safari kann ein bis zwei Tage dauern und pro Tag je nach Entfernung drei bis fünf Stationen beinhalten. So kann man etwa sechs bis zehn Beispiele anschauen. Es ist auch möglich, zwei Safaris parallel zu veranstalten und die Mitarbeiter unterschiedliche Erfahrungen sammeln zu lassen, die später im Workshop zusammengetragen werden. Um einen möglichst effizienten Ablauf zu haben, bieten sich Großstädte für die Recherche an, da hier viele Konzepte auf engem Raum zusammenkommen und die Fahrtzeiten zwischen den unterschiedlichen Stationen kurz sind. Wenn es die Möglichkeit einer Begleitung vor Ort gibt, sollte dieses Angebot unbedingt angenommen werden. Man sollte nach der Möglichkeit fragen, die Räume fotografieren zu dürfen. Unsere Erfahrung ist, dass man hier auf wohlwollende Zustimmung stößt, wenn man versichert, dass die Bilder nur für interne Zwecke gebraucht werden und nicht in Umlauf kommen oder veröffentlicht werden. Die Mitarbeiter können individuell fotografisch festhalten, was ihnen wichtig erscheint oder was sie inspiriert. Da es mehrere Besuche gibt, haben wir ein »Field Notes Template« gestaltet. → TEMPLATE IN2 In diesem lassen sich die Besuche kurz rekapitulieren und festhalten. In der Vorbereitung des Inspire-Workshops werden die Bilder in das Template Moodbilder eingefügt und kurz beschrieben. → TEMPLATE IN3 Sie können dann ausgedruckt zum Workshop mitgebracht werden.

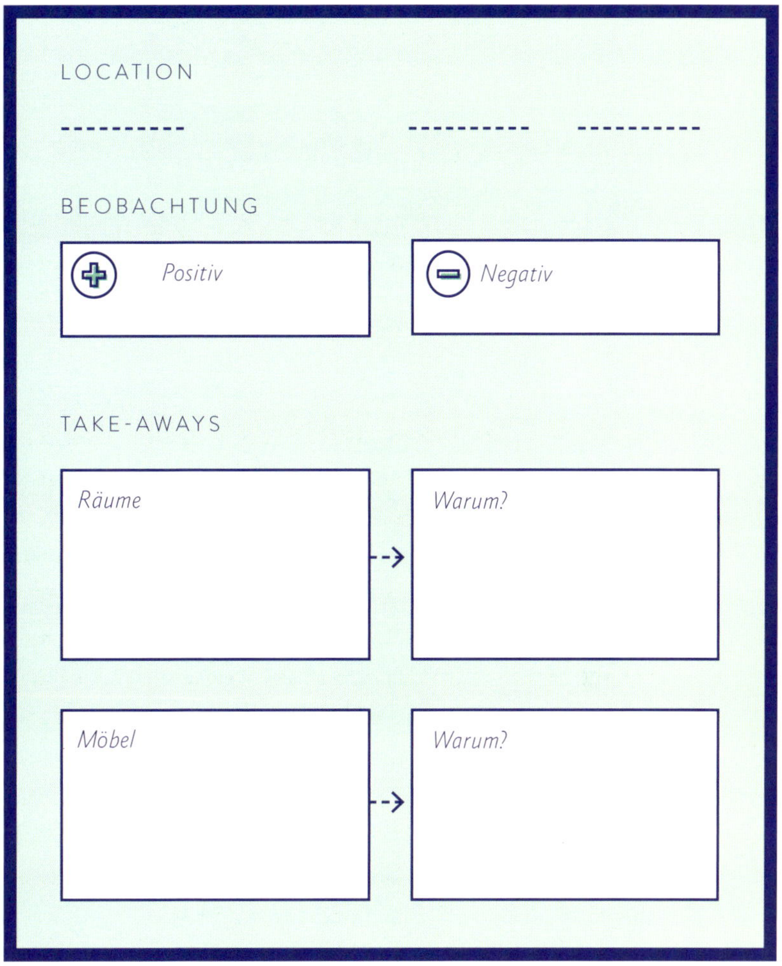

TEMPLATE IN2: Field Notes. *darkhorseworkspaces.de/buch/downloads*

VORGEHEN B: DIGITALE RECHERCHE

Nicht immer haben wir die Möglichkeit oder die Zeit, uns als Mitarbeiter oder Raum-Team dem Thema New Work so intensiv zu widmen, wie es bei einer Safari nötig ist. Allerdings gibt es alternativ auch den Weg, Beispiele über eigene Beobachtung und Internetrecherche ausfindig zu machen und für ein Moodboard zu sammeln. Natürlich ist ein partizipativer Prozess wie die Entwicklung eines Raumkonzepts ohne Beteiligung und Auseinandersetzung der Teilnehmer nicht sinnvoll. Deshalb können die Teilnehmer des Workshops nicht gänzlich darauf verzichten, zeitliche Ressourcen für dessen Vorbereitung frei zu machen. Allerdings bietet die Variante B die Möglichkeit, dies dezentral zu erledigen sowie Ort und Zeit dafür eigenständig zu bestimmen. Ob wir uns also einmal in der Woche für circa 45 Minuten mit der Aufgabe beschäftigen oder die zweistündige Lücke eines geplatzten Meetings nutzen, ist jedem selbst überlassen. Bei der digitalen Recherche bietet sich ein zweistufiges Vorgehen an. Der erste Schritt ist das Sammeln von allem, was man irgendwie interessant findet. Alles, was einem im groben thematischen Umfeld der jeweiligen New-Work-Prinzipien gerade in den Kopf kommt, kann für die Suche nach Begriffen, Bildern, Videos und so weiter verwendet werden. Wir empfehlen für die Suche auch soziale Medien, soziale Unternehmensnetzwerke, Plattformen für die Bildersuche, Online-Architekturmagazine, Ausstellungen, Museen und Websites. Der Fantasie sind hier keine Grenzen gesetzt. Durch Suchmaschinen und geeignete Suchbegriffe findet man immer schnell Bilder, die eine Idee visualisieren können. In einem Satz: Wir sammeln, was das Zeug hält. Der zweite Schritt ist das Auswählen gemäß inhaltlicher Kriterien: Welche Beispiele finden wir besser als andere? Welche gehören vielleicht inhaltlich zusammen oder sollen die gleiche Idee vermitteln? Ob wir nun einen eigenen Ordner anlegen, die Bilder benennen und darin speichern oder ob wir die Bilder ausdrucken, ausschneiden und sortieren, können wir individuell entscheiden. Ziel ist es, diejenigen Bilder auszuwählen, die in Moodbild-Templates überführt werden sollen. Ein Template dient immer der Abbildung eines ausgesuchten Bildes und dessen prägnanter Beschreibung. Etwa 20 ausgesuchte Bilder sollte jeder Teilnehmer zum Workshop mitbringen.

TEMPLATE IN3: Moodbilder. *darkhorseworkspaces.de/buch/downloads*

SONSTIGE VORBEREITUNGEN

Egal ob wir uns für Variante A oder B entschieden haben, jetzt ist es Zeit, die Moodbilder für den Workshop vorzubereiten. Sind die Moodbilder der Mitarbeiter in den Templates inklusive Beschriftung angelegt worden, werden diese entweder direkt an das Raum-Team gesandt oder zunächst von den Nutzervertretern gesammelt. Die Bilder werden ausgedruckt und ausgeschnitten, sodass je ein Moodbild mit Beschreibung eine Karte darstellt. Zudem sollten sich die Nutzervertreter und das Raum-Team vorher die »Field Notes Templates« anschauen. Dabei können sie für sich eine Auswahl treffen. Es stehen nur die wichtigsten Erkenntnisse der Teilnehmer im Vordergrund. Das Inspire-Board sollte im Format DIN A0 ausgedruckt werden. Sollte dies nicht möglich sein, kann das Template des Boards auf ein Whiteboard oder eine Pinnwand übertragen werden. Dabei sollte die Zeichnung maximal groß sein, damit auf dem Inspire-Board genug Platz für alle Informationen vorhanden ist. Stifte, Post-its, Schere, Drucker, Whiteboards und idealerweise Stehtische für die Teilnehmer sollten ausreichend vorhanden sein. Dann steht einem erfolgreichen Workshop nichts im Wege.

▶ 1. Teilnehmer einladen

- ☐ Nutzerteams beziehungsweise Nutzervertreter einladen

▶ 2. Materialien vorbereiten

- ☐ Moodbilder organisieren und ausschneiden
- ☐ Inspire-Board im Format DIN A0 ausdrucken lassen, zum Beispiel im Copyshop
- ☐ Benötigtes Material bereitstellen: Stifte, Post-its, Schere, Drucker, Whiteboards und Stehtische
- ☐ Alternativ: Template und Moodbilder auf einem digitalen Whiteboard anlegen, wenn der Workshop remote stattfindet

▶ 3. Raum vorbereiten

- ☐ Essen und Trinken organisieren
- ☐ Gegebenenfalls Drucker für Fotos bereitstellen

▶ 4. Digitalen Workshop vorbereiten (falls nötig)

- ☐ zwei Bildschirme – einen für Kamerabilder, einen fürs Whiteboard – verwenden
- ☐ Vorab-Infos zum Ablauf versenden: Link zum digitalen Whiteboard, damit Teilnehmer üben können
- ☐ Kamera bleibt immer an. Zeitplan

3.4 DER INSPIRE-WORKSHOP

Wir haben uns in der Vorbereitung intensiv mit dem Thema Arbeitswelt auseinandergesetzt und viele spannende Eindrücke und Beispiele gesammelt. Nun geht es darum, diese Eindrücke und Beispiele zu sortieren, in einen sinnvollen Zusammenhang zu stellen und wichtige Erkenntnisse zu gewinnen, die wir in unser Konzept übernehmen können.

1_ RUNDE: SHARING

In der ersten Runde des Inspire-Workshops gehen wir durch unseren gesammelten Fundus. Dabei versammeln wir uns vor einem großen Tisch oder einem Board mit Magneten und breiten die mitgebrachten Moodbilder vor uns aus. Jetzt haben alle Teilnehmer einige Minuten Zeit, um jeweils zehn Bilder auszuwählen, die sie im Anschluss präsentieren wollen. Da wir uns viele Beispiele anschauen wollen, ist es wichtig, diese kurz und prägnant zu präsentieren. Das machen wir wie folgt: Jeder präsentiert nacheinander seine zehn Fotos. Dabei hat jeder Teilnehmer drei Minuten Zeit, um die von ihm ausgewählten Bilder vorzustellen. Eine kurze Beschreibung des Bildes und eine kurze Begründung für die Auswahl sind ausreichend. Jedes vorgestellte Moodbild wird anschließend an das Board gepinnt. Die Person, die präsentiert, hat die Wahl, welchem Prinzip das Bild zugeordnet wird. Später können wir dies gemeinsam im Team diskutieren und anpassen.
Nachdem jeder Teilnehmer seine Bilder gezeigt und eingeordnet hat, haben wir von jedem Teilnehmer aus der Gruppe (4 bis 6 Personen je Team) zehn visuelle Beispiele auf dem Board. Mit den 40 bis 60 Bildern bekommen wir schon einen guten ersten Eindruck und haben bereits einige Beispiele zusammengetragen.
Anschließend werfen wir gemeinsam einen Blick auf das Board. Es ist spannend zu schauen, ob die Moodbilder gleichmäßig verteilt sind oder sich bei bestimmten Prinzipien häufen und ob sie in der Art der Beispiele sehr unterschiedlich oder ähnlich sind. Wir können darauf achten, welche Beispiele überraschend sind oder auch von den anderen Teilnehmern als sehr positiv gesehen wurden. Hier kann sich das Team frei austauschen. Besonders positive Beispiele können mit einem Sticker-Punkt oder einer Markierung versehen werden.

2_ RUNDE: MOODBILDER ERGÄNZEN

In der zweiten Runde haben wir wieder die Möglichkeit, uns aus den vorhandenen Moodbildern zu bedienen. Nun nimmt jeder Teilnehmer nur fünf Beispiele, diese können gezielt auf die schon vorhandenen Bilder abgestimmt sein. Sollten zum Beispiel bei einem Prinzip nur sehr wenige Bilder hängen, kann man sich gezielt nach Ergänzungen umschauen. Möchte man zu

einem schon vorhandenen Bild eine Ergänzung haben oder einen Gegenpol, kann man gezielt nach einem solchen Beispiel suchen. Anschließend ist das Vorgehen so wie im vorherigen Schritt. Da wir nur halb so viele Beispiele haben, schaffen wir dies auch in der Hälfte der Zeit.
Mit dem Ende dieser Runde haben wir so weitere Bilder auf dem Board ergänzt. Das gibt uns eine Menge Auswahl, denn es gilt, die Zahl der Bilder im Verlauf des Workshops auf circa 35 zu reduzieren.

3_ RUNDE: MOODBILDER VERDICHTEN

Wir nehmen uns nun jeden Abschnitt des Moodboards vor und besprechen im Team, welche Beispiele wir am stärksten finden und warum. Am Ende sollen circa fünf Bilder pro Bereich übrig bleiben. Das Aussortieren ist ein wichtiger Schritt. Wir haben uns im Vorfeld sehr viele Möglichkeiten angeschaut, jetzt möchten wir die stärksten Beispiele herausfiltern. In diesem Prozess können wir uns als Team darüber klar werden, welche Themen im Vordergrund stehen. Wir werden im nächsten Schritt noch die Möglichkeit haben, eigene Ideen einzubringen, insofern braucht niemand Angst zu haben, dass ein wesentlicher Punkt verloren geht. Ein Moodboard mit wenigen und gut ausgewählten Bildern ist in der Aussage viel stärker als eines mit sehr vielen und eher oberflächlich ausgewählten Bildern.
Zur Erleichterung der Auswahl können wir Punkte als Entscheidungshilfe nehmen. Sollten also in einem Beispiel noch zehn Moodbilder bei Wellbeing hängen, kann jeder Teilnehmer drei Punkte verteilen. Die Bilder mit den meisten Punkten bleiben am Board. Diese Punkte können mit einem Stift direkt auf die Bilder verteilt werden, die hängen bleiben sollen. Bilder, die keine Punkte bekommen haben, werden abgehängt.

4_ RUNDE: BRAINSTORMING

Nachdem wir bei den Moodbildern nun eine starke Auswahl haben, ist es Zeit für eine intensivere Beschäftigung mit den Feldern am Rand des Boards, das heißt unseren Ideen. Ähnlich wie bei der letzten Runde gehen wir auch hier von Abschnitt zu Abschnitt vor. Wo wir starten, ist dem Team überlassen. Wir können zuerst einfach mit Post-its an einem Whiteboard starten. Später nehmen wir dann die Post-its und sortieren sie auf dem Inspire-Board in die Kategorien des jeweiligen Prinzips.
Wichtig ist bei einem Brainstorming immer eine offene Atmosphäre. Wir denken über Ideen und Lösungen nach, und auch hier versuchen wir, so viele Ideen wie nur möglich in einer vorgegebenen Zeit zu kreieren. Erst im Anschluss an jede Runde wählen wir als Team unsere Lieblingsideen. Wir sollten je Prinzip etwa 10 bis 20 Ideen auswählen. Für jedes weitere der sieben Prinzipien wiederholen wir diese Aufgabe entsprechend. Wenn wir fertig sind, können im Vergleich unterschiedlich viele Ideen bei den jeweiligen einzelnen Prinzipien hängen. Das ist kein Problem, eine Gleichverteilung müssen wir hier nicht anstreben.
So erarbeiten wir uns nach und nach ein aussagekräftiges Inspire-Board mit Ideen aus dem Team und visuellen Beispielen als Referenz.

5_ RUNDE: ATMOSPHÄRE

Ein Feld ist auf unserem Board noch frei, das Feld »Atmosphäre«. Es dient als eine Art Leitplanke. Dort wollen wir in knappen Worten Gestaltungsprinzipien festhalten. Einige Beispiele haben wir bei der Vorstellung des Feldes bereits aufgeführt. Hier ein paar weitere Beispiele für atmosphärische Gestaltungsprinzipien:

WIR STEHEN FÜR TRANSPARENZ
WOHNZIMMER MEETS WERKSTATT
ARBEITEN IM GRÜNEN
FLEXIBEL UND HETEROGEN WIE UNSER TEAM
WORK HARD, PLAY HARD
NETZWERK IS KEY
NATÜRLICHE MATERIALIEN
HELLE RÄUME
AGIL

All diese Beispiele geben einen Rahmen vor, in dem später gestaltet werden kann. Sie haben Einfluss auf Materialien und mögliche Raumanordnungen. Es können auch Beschreibungen von Atmosphären sein, die man als Mitarbeiter erleben will. Diese Designprinzipien oder Atmosphären sollten sich aus den Arbeitspaketen des Tages ableiten. Wir bilden diese Klammer zum Abschluss unseres Workshops. Wichtig ist also, auch darauf zu achten, dass diese nicht widersprüchlich zu Inhalten auf dem Board ist. Hier können wir uns in einem kleinen Team einfach vor dem Board treffen und verschiedene Vorschläge sammeln und besprechen. Hat sich das Team geeinigt, werden die Inhalte in die Mitte des Boards übertragen.

6_ RUNDE: ITERATION UND EVALUATION

Wir haben nun das Inspire-Board erarbeitet, und das hat einiges an Energie gekostet. Trotzdem oder gerade deshalb sollten wir jetzt ein Board vor uns haben, das alle Bestandteile von New Work berücksichtigt und uns viele Perspektiven auf dieses Thema bietet. Bis jetzt sind wir sehr stringent vorgegangen, und manchmal hätten wir uns vielleicht noch etwas mehr Zeit für Diskussionen oder weitere Varianten gewünscht. Aus unserer Erfahrung ist es sinnvoll, diesen Schritt erst nach Fertigstellung des Boards anzugehen, also jetzt. Hierfür legen wir eine begrenzte Zeit fest.

Wir schauen uns gemeinsam das Board an, und jeder hat etwas Zeit, um sich konkret Gedanken dazu zu machen und sie als Stichpunkte auf Post-its zu schreiben. Diese werden zum Beispiel auf einem Whiteboard gesammelt, besprochen und priorisiert. Das Team kann im Anschluss entscheiden, auf welche Punkte es sich konzentrieren will. Wir könnten zum Beispiel in einem Bereich die Moodbilder erneut durchgehen und austauschen oder vertauschen. Wir könnten auch in einer Kategorie erneut eine Brainstorming-Session starten oder schauen, welche Teile für uns schon gute Lösungen beinhalten und diese markieren. Wir können auch abschließend einfach das Board in Gänze gemeinsam durchgehen, um zu schauen, ob wir im Team ähnliche Interpretationen haben. Ziel ist es, als Team ein gemeinsames Verständnis des Zukunftsbildes unserer neuen Arbeitsumgebung zu haben und dieses auf dem Board wiederzufinden.

3.5 REFLEXION

Jetzt ist es Zeit, einen Schritt zurückzutreten. Was wir vor uns haben, ist ein Gesamtbild aus visuellen Beispielen, die den unterschiedlichen Prinzipien zugeordnet sind. Natürlich sind diese Beispiele nicht trennscharf, einige davon erfüllen mehrere Prinzipien und helfen generell, die Arbeitsumgebung aufzuwerten. Allerdings steht meistens eine Intention im Vordergrund, deswegen ist die Zuordnung ein gutes Hilfsmittel bei der Priorisierung. Zusätzlich zu den Bildern haben wir eigene Ideen entwickelt, auch diese sind auf die jeweiligen Prinzipien aufgeteilt und außerdem in Unterkategorien geordnet. So lässt sich später schnell erkennen, auf welcher Lösungsebene sich die Ideen bewegen. Schließlich haben wir im Zentrum des Boards noch wichtige Attribute, die sowohl die Atmosphäre als auch die Ziele übergreifend beschreiben. Das Board insgesamt hilft uns, viele gestalterische Elemente zu erkennen, welche von den Mitarbeitern für gut befunden wurden. Bilder, Atmosphäre und die eigenen Ideen aus dem Team sollten Einfluss auf die Gestaltung des Raumkonzepts nehmen.

Das Inspire-Board eignet sich sehr gut für eine Präsentation, da darauf sowohl inhaltliche Punkte klar gegliedert erkennbar sind als auch visuelle Beispiele und Referenzen deutlich sichtbar werden. Dieses Board ist eine Art Vision, auf die im weiteren Verlauf der Konzeptentwicklung und auch -umsetzung gemeinsam hingearbeitet werden kann. Zugleich bildet es auch eine Leitplanke für Entwicklung und Umsetzung. Es ist wichtig, diese Bilder – Vision und Leitplanke – zu kreieren, da spätere Entscheidungen in Abhängigkeit von den Ergebnissen der Inspire-Phase getroffen werden.

Natürlich haben wir mit dem Inspire-Board ein Idealbild geschaffen. Budgetfragen, Kapazitäten, bauliche Anforderungen, Teamgrößen, Flächengröße, Fristen und örtliche Gegebenheiten beeinflussen ein solches Projekt und verlangen Lösungen, welche diese Faktoren berücksichtigen. Das trifft allerdings für alle Projekte zu, also auch für jene, an denen wir als Mitarbeiter nicht teilnehmen. Der Unterschied ist: Mit dem in diesem Buch vorgeschlagenen Weg zu einer neuen Arbeitsumgebung sind wir als Mitarbeiter und Team in der Lage, das Projekt aktiv mitzugestalten, damit sich schließlich die Lösungen an unseren Bedürfnissen orientieren und unsere Arbeit noch besser wird, als dies ohne Partizipation möglich wäre.

Doch zurück zum Prozess: Im nächsten Schritt, der Concept-Phase, gehen wir konkreter vor und entwickeln, ausgehend vom Understand-Board und dem Inspire-Board, räumliche Konzepte, die beide Perspektiven vereinen.

4 CONCEPT

Nach Abschluss der Understand- und Inspire-Phase haben wir sowohl alle unsere Anforderungen als auch unsere Inspirationen, Ideen und Wünsche auf dem Tisch. Jetzt geht es um Lösungen.

Kurz noch einen Schritt zurück. Wenn wir doch alle Anforderungen und Ideen vorliegen haben, liegt der Gedanke nahe, diese »Zielbeschreibung« einfach den Ermöglichern, zum Beispiel dem Real-Estate-Management zu übergeben, damit er daraus ein passendes Konzept macht. Das Problem dabei ist, dass das Ergebnis dann anders aussehen wird, als wir uns das als Nutzer wünschen. Dies liegt daran, dass wir Anforderungen, Ideen und so weiter erst auf dem Grundriss realistisch priorisieren können. Erst hier merken wir, für was wir wirklich Platz haben und was sich tatsächlich kombinieren lässt. Und da diese Priorisierung über unser Konzept entscheidet, sollten wir sie als Nutzerteam vornehmen.

Selbstverständlich können wir auch einen Zwischenstand als Ergebnis an die planenden Kollegen übergeben, falls wir das Entwickeln eines eigenen Grundrisses partout nicht selbst übernehmen wollen. Hierfür sollten wir aber zumindest ein sogenanntes Flächenprogramm und die für uns wichtigsten Ausstattungsmerkmale erarbeiten (was im Workshop geschieht), damit wir unsere wesentlichen Anforderungen klar genug definiert haben, um sie vom Ermöglicher in einen Grundriss überführen zu lassen. Ansonsten ist das Ziel dieser Phase, ein aus unserer Nutzersicht fertiges Konzept zu haben, das heißt einen Grundriss. Im Falle mehrerer Nutzerteams ist das ein großer Grundriss, der alle Teilgrundrisse für die Homebases der einzelnen Nutzerteams zusammenführt. Die Homebases werden den Nutzerteams vorab vom Raum-Team zugeteilt. Diese Zuteilung richtet sich danach, wie groß die jeweiligen Homebases voraussichtlich werden und welche Homebases in direkter Nähe zueinander platziert werden sollten.

Die detaillierte Beschreibung der im Grundriss geplanten Module wie zum Beispiel Fokusboxen, Teamräume oder Marktplätze halten wir auf sogenannten Modulkarten fest. Ziel ist, dass dieser Grundriss möglichst die besten unserer Ideen aus dem Inspiration-Board beinhaltet und allen wichtigen Anforderungen unseres Understand-Boards gerecht wird. Um das Erstellen guter und funktionaler Grundrisse zu vereinfachen, werden wir mit einem Baukasten und ein paar Spiel- und Gestaltungsprinzipien arbeiten, die wir uns in Kürze anschauen werden. Doch zunächst betrachten wir unser neues »Spielfeld«, das Concept-Board.

Im Feld *Grundrissmodell* fügen wir unser erstelltes Grundrissmodell ein. Das kann sowohl unser aus Modulkarten gebautes Modell als auch ein Foto von selbigem sein.

***Ausstattung:* Hier fügen wir die Ausstattungstemplates ein. Diese beschreiben die individuellen Ausstattungsmerkmale der gewählten Module, zum Beispiel deren Atmosphäre, Möblierung oder Beleuchtung.**

Das *Flächenprogramm* ist das »Warum« hinter unserem Grundrissmodell. Hier tragen wir ein, welche und wie viele Flächen- und Raumangebote wir für unsere unterschiedlichen Arbeitsmodi schaffen.

TEMPLATE C01: Concept-Board. *darkhorseworkspaces.de/buch/downloads*

4.1 EINE ÜBERSICHT DER FELDER

Das Concept-Board wird unsere Lösungsbeschreibung. Es hat eine gewisse Ähnlichkeit mit einem Pitch-Deck, folgt also dieser Logik: Erst die grobe Idee zeigen, dann das »Warum« dahinter darlegen und schließlich auf wichtige Details eingehen. Es enthält alle wichtigen Informationen, um unseren resultierenden Grundriss zu beschreiben, zu kommunizieren und zu testen.

Wie immer entwickelt jedes Nutzerteam zunächst sein eigenes Board. In einer späteren Sharing-Session im Workshop können wir aber auch zwei bis drei Homebases auf einem Board zusammenlegen und so Synergieeffekte nutzen. Diese zwei bis drei Homebases passen in einen Standardflügel eines Bürogebäudes, der meist zwischen 400 bis 500 Quadratmeter groß ist. So haben wir am Ende des Workshops jeden Büroflügel über ein eigenes Concept-Board beschrieben.
Insbesondere bei größeren Grundrissen mit vielen einzelnen Flügeln und zum Beispiel einer großen gemeinschaftlich genutzten Mittelzone kann auch das Darstellen des gesamten Grundrisses auf einem Board interessant sein. Dann müssen wir aber unseren Maßstab 1:50 verlassen und hier Fotos der gebauten Modelle in kleinerem Maßstab vorsehen.
Trotzdem sollten wir immer auch die Boards der einzelnen Flügel oder Teilbereiche behalten, da hier die für die Ermöglicher wichtigen Detailinformationen zu finden sind.

Grundsätzlich wollen wir das Board auch nur zu Dokumentationszwecken nutzen. Gearbeitet wird dieses Mal abseits des Boards auf unserem ausgedruckten Grundriss auf einem Tisch. Um diesen Grundriss übersichtlich und jederzeit veränderlich zu halten, wollen wir hier aber nicht alle Informationen direkt eintragen, sondern für jeden Raum oder jede Fläche, also jedes Modul, das wir in unserem Grundriss planen, Modulkarten verwenden. Wir erklären sie im Kapitel »Wichtige Werkzeuge«.

»Grundrissmodell«

Hier wollen wir am Ende des Concept-Workshops unser fertiges Grundrissmodell anheften oder aufkleben. So wird das Modell Teil unserer Boards, und wir haben am Ende der Phase alle wichtigen, über den Projektverlauf erarbeiteten Informationen auf drei Boards pro Nutzerteam, die wir einfach für Feedback-Gespräche und später auch für die Übergabe an die Ermöglicher nutzen können.
Das Feld bietet Platz für einen Grundriss bis circa 500 Quadratmeter, wenn wir im Maßstab 1:50 arbeiten, in dem die Modulkarten angelegt sind. Jedes Nutzerteam sollte also auf seinem Board genug Platz finden. Auch für zusammengelegte Homebases mit gemeinsam genutzten Bereichen, die zusammen zum Beispiel einen normalen Büroflügel füllen, ist hier Platz.
Flächen, die über die 500 Quadratmeter hinausgehen, können hier nicht mehr mit unseren 1:50-Grundrissen dargestellt werden. Hier können wir uns mit einem DIN-A3-Druck eines Fotos von dem gesamten Grundriss behelfen.
Für den seltenen Fall, dass wir für Feedback-Gespräche, Übergabe und so weiter unsere gebauten Grundrissmodelle nicht aus dem Workshop-Raum transportieren müssen, brauchen wir diese auch nicht zwingend auf die Boards zu kleben oder pinnen. Dann nutzen wir nur die Felder »Flächenprogramm« und »Ausstattung«, um alles auf dem Grundriss Befindliche genauer zu beschreiben.

»Flächenprogramm«

Das Flächenprogramm beschreibt, welche Module – also Räume oder Flächen – wir in welcher Anzahl in unser auf dem Board festgehaltenes Grundrissmodell eingeplant haben. Die Tabelle hilft uns, auf einen Blick zu erfassen, ob wir alle unseren relevanten Arbeitsmodi abgedeckt haben und wie viel Angebot wir für jeden Modus grob geschaffen haben. Diese Tabelle ist auch zentral bei der Vorstellung des Konzepts zum Beispiel vor nicht direkt beteiligten Kollegen. Sie ist das »Warum« hinter dem Konzept und hilft uns zu argumentieren, warum wir für 20 Kollegen nur noch 12 Schreibtische haben. Wir brauchen eben auch Platz für Angebote für die anderen Modi wie Teamarbeit, Dialog und so weiter. Und diese Verteilung wird im Flächenprogramm sichtbar und erklärbar. Das Flächenprogramm kann das Ergebnis eines eher intuitiven Ausprobierens und Bauens unseres Grundrisses sein, oder wir erarbeiten zumindest unser »Starter-Set« an Modulen mit dem Flächenprogramm-Template.

»Ausstattung«

Im Feld »Ausstattung« sammeln wir unsere Ausstattungstemplates, die wir im Workshop ausfüllen wollen. Diese können wir einzelnen Modulen zuordnen und diese so detaillierter beschreiben. So können wir Dinge wie Atmosphäre, Möblierung, Dekoration oder Beleuchtung genauer spezifizieren, wenn das für uns wichtig ist. Da wir all diese Aspekte hier sammeln, müssen wir nicht alle Informationen auf den Modulkarten an sich unterbringen, was schnell unübersichtlich würde.
Falls wir kein Grundrissmodell für uns angelegt haben, können wir die Ausstattungstemplates auch auf die Module aus dem Flächenprogramm beziehen. Wollen wir zum Beispiel für die im Flächenprogramm aufgeführte Fokusbox eine spezielle Ausstattung vorsehen, können wir diese hier auf einem Template beschreiben.

Zum Abschluss der Concept-Phase werden wir ein klares Konzept erarbeitet haben, das sehr einfach zu kommunizieren ist. Es lässt sich in der anschließenden Communicate-Phase leicht zu einem anschaulichen Prototyp weiterentwickeln, mit dem wir unkompliziert Feedback von allen Hauptrollen und weiteren Stakeholdern einholen können.
Und wie bereits erwähnt: Wenn wir das Entwickeln eines eigenen Grundrisses nicht selbst übernehmen wollen, können wir auch einen Zwischenstand als Ergebnis an die planenden Kollegen wie zum Beispiel das Real-Estate-Management übergeben. Hierfür sollten wir, wie bereits erwähnt, zumindest das Flächenprogramm und die wichtigsten Ausstattungstemplates erarbeiten, sodass unsere Anforderungen ausreichend klar definiert sind und in einen funktionierenden Grundriss überführt werden können.

4.2 WICHTIGE WERKZEUGE: DER BÜRO-BAUKASTEN

Das Concept-Board ist das einzige Board, welches wir nicht durch reines (Selbst-)Beobachten, Reflektieren und Recherchieren ausfüllen können. Hier ist nun kreatives Arbeiten gefragt. Es gilt, ein fast leeres Blatt zu füllen. Damit wir das schneller und einfacher hinbekommen und so mehr Zeit zum Iterieren haben, haben wir einen Baukasten entwickelt, den wir zur Inspiration und als Ausgangsbasis nutzen können.
Der Baukasten umfasst viele Flächen und Räume, die wir »Module« nennen und die als handliche Karten im Maßstab 1:50 unter darkhorseworkspaces.de/buch/downloads heruntergeladen werden können.
Ausgedruckt und ausgeschnitten, können wir mit diesen Modulkarten realistische Grundrisse entwickeln, da hier alle Größenverhältnisse stimmen und viele notwendige Abstands- und Verkehrsflächen (zum Beispiel hinter den Schreibtischen) bereits vorgesehen sind.
Die aufgeführten Module umfassen dabei Standard-Bauelemente einer jeden Arbeitsumgebung wie Meetingräume, Fokusboxen, Deskspaces und so weiter. Aber wir finden hier auch speziellere Flächen wie Marktplätze, Garagen, Teamräume im Couchsetting und so weiter, die wir im zweiten Kapitel bereits kennengelernt haben und die die verschiedenen Aspekte des Neuen Arbeitens noch gezielter unterstützen.

Der Baukasten kann dabei auf zwei Arten genutzt werden, abhängig davon, welchen Spielraum der Individualisierung uns der Ermöglicher einräumt. Wenn wir als Nutzerteams oder Nutzervertreter freie Hand haben, kann der Baukasten als Ausgangsbasis und Inspiration genutzt werden. Die Module sind dabei als Startpunkte anzusehen. Sie passen für viele, aber nicht für alle Teams und alle Anforderungen. Daher können wir uns später nicht nur mit deren Auswahl beschäftigen, sondern die Module auch ergänzen, konkretisieren und individualisieren.
Aber der Baukasten kann auch restriktiver gemeint sein. Wie in der Setup-Phase beschrieben, können wir uns als Raum-Team mit den Ermöglichern auch auf ein festes Set an Modulen einigen, welches dann nicht durch die Teams erweitert werden kann. So leidet zwar die Individualität, aber die spätere Umsetzung für die Ermöglicher wird einfacher.

Auf den folgenden Seiten beschreiben wir alle Module des Baukastens genauer. Wir finden hier jeweils die Skizze der Modulkarte und die dazugehörigen Varianten. Alle Modulkarten sind mit der Farbe des Arbeitsmodus hinterlegt, den sie am besten abdecken. Aber auch die Eignung für weitere Arbeitsmodi ist für jedes Modul beschrieben. Außerdem finden wir hier Informationen zur Größe, zur grundlegenden Ausstattung sowie Dos und Don'ts für die Planung dieser Module.

WIE WIR BAUKASTEN-MODULE BENUTZEN

▶ **Vorbereitung:**

- ☐ Die Modul-Bögen als PDF-Datei herunterladen: *darkhorseworkspaces.de/buch/downloads*
- ☐ Die Bögen auf möglichst starkem Papier (zum Beispiel 300g / Quadratmeter) auf DIN-A3 in Farbe ausdrucken.
- ☐ Alle Modulkarten möglichst genau ausschneiden; um die Karten sollte kein weißer Rand zu sehen sein.

▶ **Nutzung:**

- ☐ Große Karten immer mit der gekreuzten Linie in Richtung Fassade / Fenster legen.
- ☐ Die Karten sollten sich auf dem Grundriss nie überlappen (da sonst zum Beispiel notwendige Flächen hinter Schreibtischen zu klein werden).
- ☐ Das Zerschneiden oder Verkleinern von Karten nur im Ausnahmefall und nur mit kritischem Blick auf die verbleibende Größe.
- ☐ Zugang zu allen Flächen und Räumen prüfen. Jede Karte sollte einen »Flur« berühren, also eine weiße, nicht mit Karten belegte Fläche.

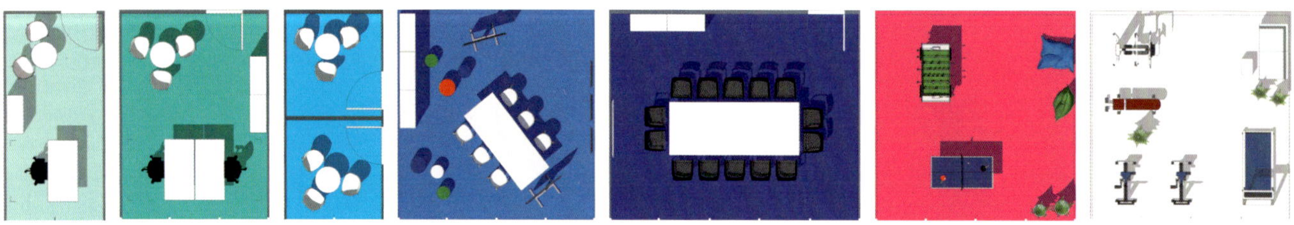

FOKUS EINZEL DIALOG TEAM MEETING SOCIAL SONDER

ARBEITSMODUS: FOKUS

FOKUSBOX

Die Fokusbox wird oft auch »Glaskasten«, »Telefonzelle« oder »Aquarium« genannt. Immer ist es eine kleine Raum-in-Raum-Konstruktion aus Glas, die ein bis zwei Benutzer akustisch von der Außenwelt mehr oder weniger isoliert. So kann hier sowohl in Ruhe konzentriert gearbeitet, telefoniert oder ein Videocall geführt werden, ohne die Kollegen draußen zu stören. Allerdings sind das enge Raumgefühl und die Sichtbarkeit von draußen Nachteile, die jeder für sich abwägen muss.

AUCH GEEIGNET FÜR:

●○○ Dialog

●○○ Einzel

NUTZUNG:

- Stillarbeit, zeitlich begrenzt
- Lange/geplante Calls
- Telefon- und Videokonferenzen
- Ungestörtes Lesen

AUSSTATTUNG:

- Kabine für ein bis zwei Personen
- Stühle oder Stehhocker
- IP-Telefon und gegebenenfalls Laptop-Dockingstation
- Gegebenenfalls Screens
- Schallschutz

ASPEKTE FÜR DIE PLANUNG:

- Fokusboxen können frei auf der Fläche platziert werden
- Anschluss an Klimatechnik schafft zusätzliche Aufenthaltsqualität
- In Modelle mit guter Isolation und Belüftung investieren, hier nicht sparen
- Außerhalb des Sichtfeldes von Kollegen platzieren oder Privatsphäre durch beispielsweise Vorhänge schaffen
- kein vollwertiger Arbeitsplatz, nur für kurze Nutzungsdauer vorgesehen

1m² bis 3m² ab 3m²

ARBEITSMODUS: FOKUS

EINZELBÜRO

AUCH GEEIGNET FÜR:

●●○ Dialog

●●● Einzel

NUTZUNG:

- Still- und Einzelarbeit
- Lange und/oder geplante Calls
- Telefon- und Videokonferenzen
- Ungestörtes Lesen
- Vertrauliche Gespräche

AUSSTATTUNG:

- Abgeschlossener Raum am Fenster
- Vollwertiger Arbeitsplatz mit Monitor
- Ergonomische Ausstattung
- Laptopdockingstation
- Tageslichtleuchte

ASPEKTE FÜR DIE PLANUNG:

- Abgeschlossener Raum am Fenster
- Geringere Raumtiefe für die kleine Variante des Einzelbüros, dadurch Platzgewinn für weitere Ausgleichsfläche
- Glaselement zum Flur
- Bei Shared-Desk neutrale Gestaltung, damit von allen nutzbar. Auf Bedarf personalisierte Einzelbüros für Mitarbeitende mit besonderen Anforderungen

Der Klassiker der Bürogestaltung: Lange Zeit verschrien und trotzdem fortwährend von vielen geliebt – das Einzelbüro. Ein Schreibtisch, vier Wände, Tür zu und wir haben unsere Ruhe und können tun und lassen, was wir wollen, ohne die anderen zu stören. Genau aus diesem Grund gehört das Einzelbüro mit zum Arbeitsmodus Fokus.
Wir können hier konzentriert unserer Arbeit nachgehen, telefonieren und an den mittlerweile zum Standard gewordenen Videokonferenzen teilnehmen. Auch zum Dialog mit einem Kollegen bietet es sich an.
Einziger Wermutstropfen, solange man von außen nicht erkennt, was wir gerade im Innern tun, lässt sich eine Störung durch die Kollegen nicht ausschließen. Von daher ist entweder ein Glaselement in der Trennwand zum Flur zu empfehlen oder aber ein rotes Licht, das allen anderen signalisiert, dass eine Unterbrechung gerade unerwünscht ist.

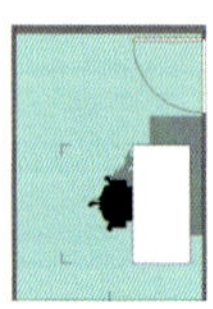

8 m^2

8 m^2

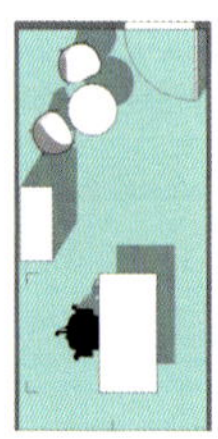

15 m^2

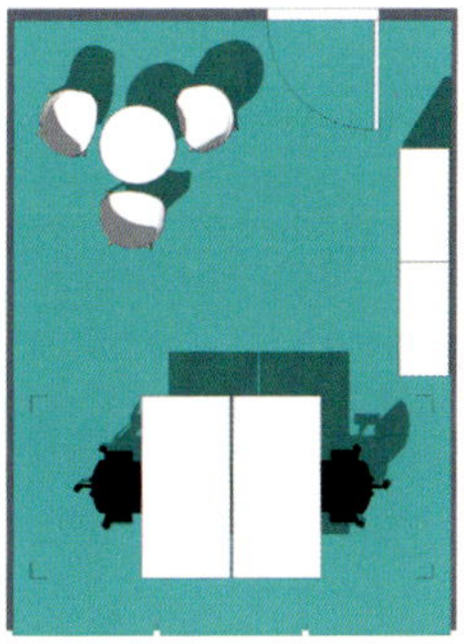

ARBEITSMODUS: EINZEL

ZELLENBÜRO

AUCH GEEIGNET FÜR:

●●○ Dialog

NUTZUNG:

- Telefonieren/Einzelarbeit
- Gegenseitige Störung beachten
- Deswegen eher für Teams mit viel Einzelarbeit geeignet

AUSSTATTUNG:

- Abgeschlossener Raum
- 2–3 Schreibtischarbeitsplätze mit Monitoren
- ergonomische Ausstattung
- Laptopdockingstations
- Stauraummöbel
- Eventuell Sichtschutz

ASPEKTE FÜR DIE PLANUNG:

- Zellenbüros haben einen höheren Platzbedarf als offene Schreibtischzonen
- Unter Umständen sind weniger Ausgleichsflächen notwendig
- Notwendige Wände machen Modul unflexibel
- Kein persönlicher Stauraum bei Shared-Desk

Wenn wir schon von Klassikern der Bürogestaltung sprechen, dann darf auch das Zellenbüro mit einer Zweier- bis Dreierbesetzung nicht fehlen. Auch dieses Modul lässt sich für vieles nutzen: Einzelarbeit sowie kurze Calls und Dialoge mit Kollegen. Für konzentriertes Arbeiten wird es hier allerdings schnell ungemütlich, insbesondere je mehr Personen mit unterschiedlichen Nutzungen sich den Raum teilen. Aus diesem Grund empfehlen wir, Zellenbüros auf maximal drei Personen zu beschränken, da wir sonst nicht mehr optimal arbeiten können. In Unternehmen, in denen Kommunikation untereinander wichtiger wird, finden wir dieses Modul nur noch selten.

22 m²

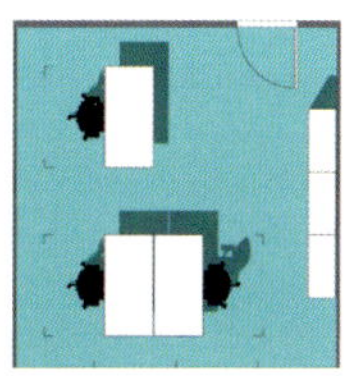

30 m²

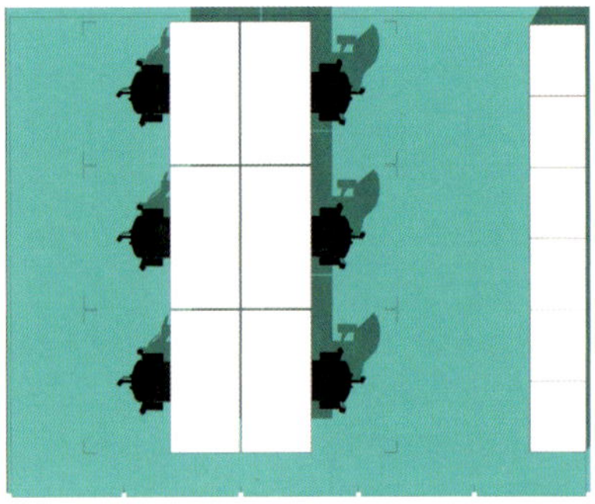

ARBEITSMODUS: EINZEL

DESKSPACE

Die offene Schreibtischzone ist die Alternative zum Zellenbüro, wenn es um passende Umgebungen für Einzelarbeit geht. Hier gibt es luftig gestellte Schreibtischblocks, die zum Beispiel durch Raumteiler mehr oder weniger stark getrennt sind. Wir haben hier genug Ruhe für die Einzelarbeit und bekommen trotzdem viel von unserem Team mit. Durch die Vielzahl der entfernten Schallquellen entsteht ein Geräuschteppich, der angenehmer ist als die sporadischen Geräusche von Nachbarn im Zellenbüro. Die Flächeneffizienz dieses Moduls erlaubt uns das Schaffen von Ausgleichsflächen, die uns dann für andere Arbeitsmodi die ideale Umgebung bieten.

AUCH GEEIGNET FÜR:

●○○ Dialog

NUTZUNG:

- Für Teams mit wenig Dialog-Anteil
- Einzelarbeit (Mailing und so weiter)
- Vollzeit-Anwesenheit (8 Std. am Tag, täglich oder unregelmäßig)
- Mittlere Konzentration
- Keine (langen) lauten Arbeiten

AUSSTATTUNG:

- 4–12 vollwertige Arbeitsplätze
- 2er- bis 6er-Tischgruppen
- Persönlicher Stauraum in Spindschränken auf der Fläche oder bei Fixed-Desk als Unterstellcontainer

ASPEKTE FÜR DIE PLANUNG:

- Die Schreibtischzone nicht zu offen gestalten
- Leichte, idealerweise flexible Trennung zwischen Schreibtischblöcken vorsehen
- Als Fix- oder Shared-Bereich planen
- Gleiche Ausstattung aller Plätze, da Desk-Sharing inzwischen Standard ist

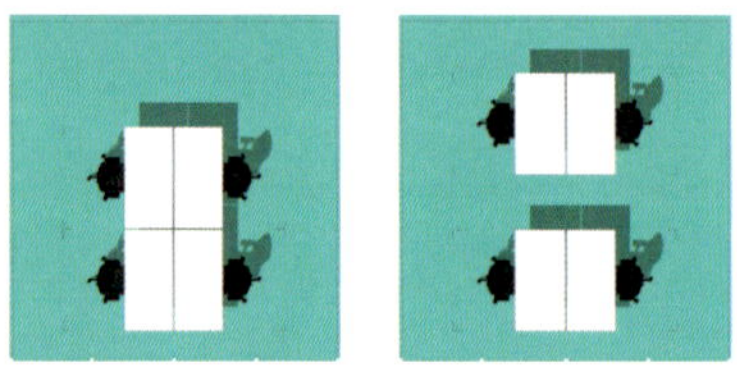

30 m²

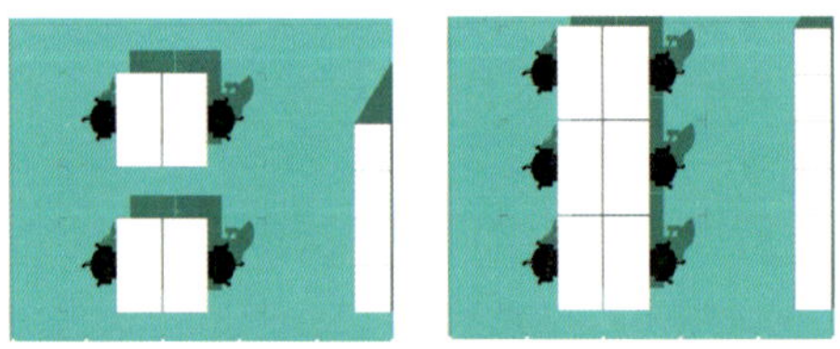

37 m²

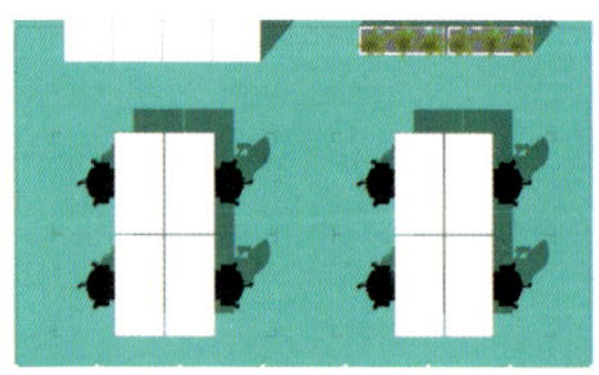

52 m²

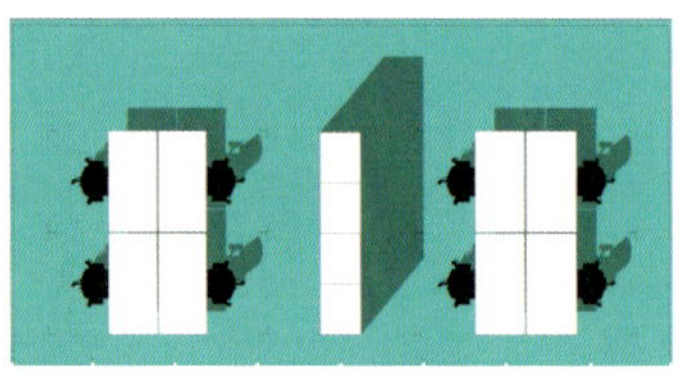

59 m²

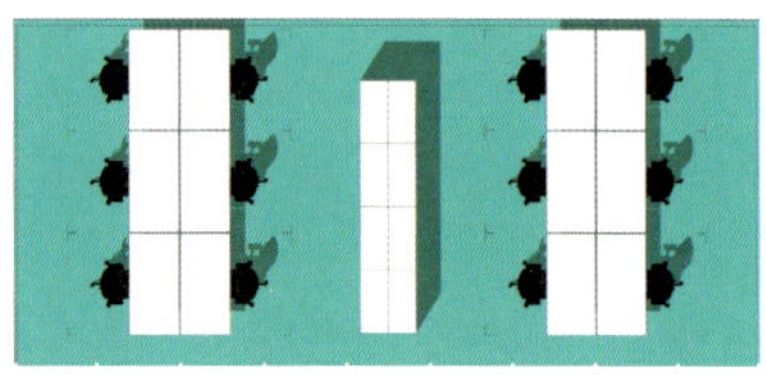

67 m²

ARBEITSMODUS: EINZEL

WORKBENCH

NUTZUNG:

- Temporäre Einzelarbeit
- Auch für Externe und Besucher
- Als Puffer für Shared-Desk-Konzepte oder alternatives Angebot in Stehhöhe

AUSSTATTUNG:

- Workbench in Sitzhöhe, für 6–12 Personen
- Stehhöhe nur bei kurzen Nutzungsdauern vorsehen
- Ergonomische Stühle
- Evtl. mit Dockingstations
- Schließfächer und Garderobe für Besucher in der Nähe

Die Workbench ist ein großer Tisch, an dem sechs bis zwölf Kollegen gemeinsam arbeiten können. Die Bench ist wegen ihrer Breite und der meist teamübergreifenden Nutzung für eher temporäre Einzelarbeit geeignet. Genutzt wird sie von Kollegen, deren Homebase belegt ist oder die Lust haben, auch mal mit anderen Kollegen am Tisch zu sitzen. Auch für Externe oder Besucher ist die Workbench der perfekte Arbeitsplatz. Trotz der Nutzung als temporärer Arbeitsplatz sind hier ergonomische Stühle, Steckdosen und gutes Licht zu finden. Die Workbench kann auch in Stehhöhe vorgesehen werden, was aber nur für kürzere Nutzungsdauern (< 1 Std.) zu empfehlen ist.

30 m^2

52 m^2

37 m^2

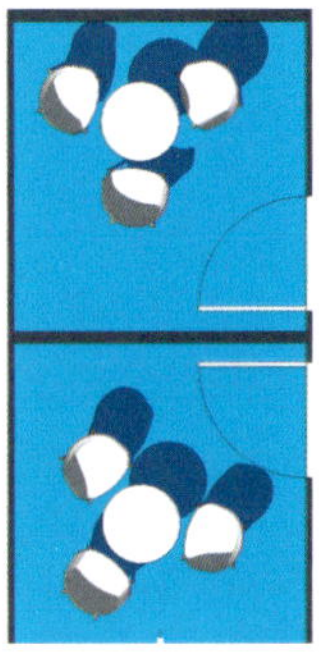

ARBEITSMODUS: DIALOG

DIALOGBOX

AUCH GEEIGNET FÜR:

●○○ Team

NUTZUNG:

- Für kürzere Gespräche mit 2–4 Personen
- Für Gespräche mit Teamexternen
- Telefon- und Videokonferenzen
- Für Teamarbeit nur bedingt geeignet

AUSSTATTUNG:

- Tisch mit 2–4 bequemen Stühlen
- Meetingtechnik: Monitor, Videokonferenz / Webcam, Telefonspinne

ASPEKTE FÜR DIE PLANUNG:

- Dialogboxen können als Raum-in-Raum-Konstruktion frei auf der Fläche platziert werden
- Anschluss an Klimatechnik schafft zusätzliche Aufenthaltsqualität
- In Modelle mit guter Isolation und Belüftung investieren, hier nicht sparen

Die Dialogbox ist meist eine Raum-in-Raum-Konstruktion, ganz ähnlich der Fokusbox. Aber sie ist größer und dadurch ganz anders nutzbar. Für die Nutzung durch einzelne Personen fast zu schade, eignet sie sich vor allem für Dialoge zwischen zwei bis vier Personen. Hierfür ist ein kleiner Tisch und ein Monitor vorgesehen. Gerade Gespräche mit Externen können nahe unserem Team stattfinden, ohne aber die Teamkollegen zu stören. Auch ist die Dialogbox ein guter Ort für Videocalls oder Telefonkonferenzen mit mehreren Teilnehmern auf unserer Seite. Für längere Teamarbeit-Runden eignet sich die Box weniger. Dafür ist sie zu klein und meist nicht gut genug belüftet.

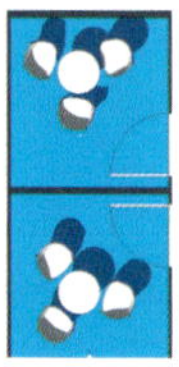

$2 \times 7\ m^2$

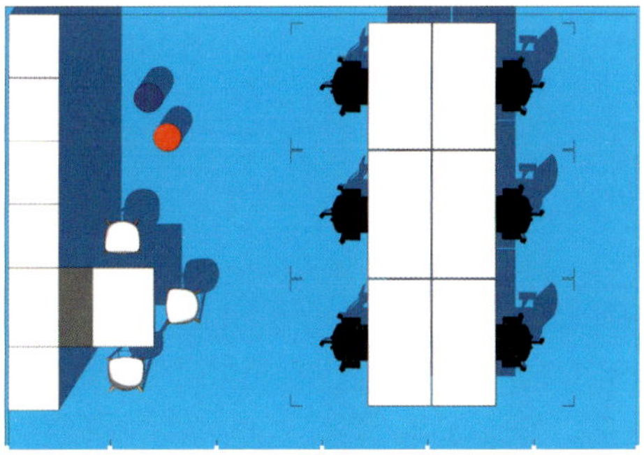

ARBEITSMODUS: DIALOG

DIALOGSPACE

AUCH GEEIGNET FÜR:

●●○ Einzel

●●○ Team

NUTZUNG:

- Für vorrangig teaminternes Arbeiten
- Schneller Wechsel zwischen Dialog und Einzelarbeit
- Interne Meetings: Dailys/Jours fixes/Brainstormings und so weiter

AUSSTATTUNG:

- 6–8 vollwertige Arbeitsplätze
- Persönlicher Stauraum in Nähe
- Besprechungstisch mit Schalterstühlen, auch als temporäre Arbeitsplätze geeignet
- Eigener Whiteboard-Bereich
- Platz für kurze Besprechungen

ASPEKTE FÜR DIE PLANUNG:

- Keine Trennung zwischen Schreibtischen vorsehen
- Alle Mitarbeiter sind in Sicht- und Rufweite
- Tools für Teamarbeit direkt in die Fläche integrieren
- Stillarbeits-Möglichkeiten als Ausgleich schaffen

Der Dialogspace ist eine Schreibtischzone mit integriertem Teamraum. Er funktioniert für Teams, die quasi ausschließlich zusammenarbeiten oder eine sehr hohe Frequenz zwischen spontanen Dialogen und Einzelarbeit haben. Hier finden wir eine minimale Trennung zwischen den Schreibtischen, jeder hat jeden immer in Sicht- und Rufweite. Tools für eine schnelle Diskussion und spontanen Gedankenaustausch wie Whiteboards oder alternative Sitzmöglichkeiten sind direkt in die Schreibtischzone integriert. Bei der Nutzung eines solchen Konzeptes ist das parallele Bereitstellen von Stillarbeits-Möglichkeiten oft sinnvoll.

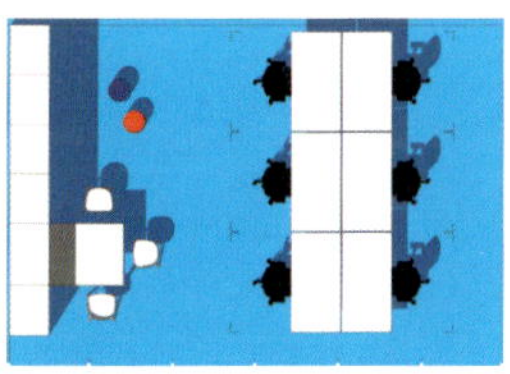

45 m^2

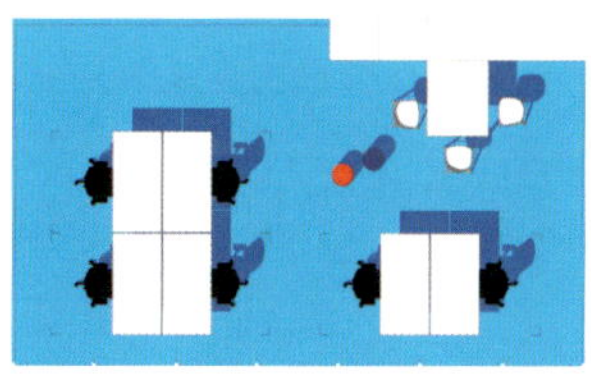

52 m^2

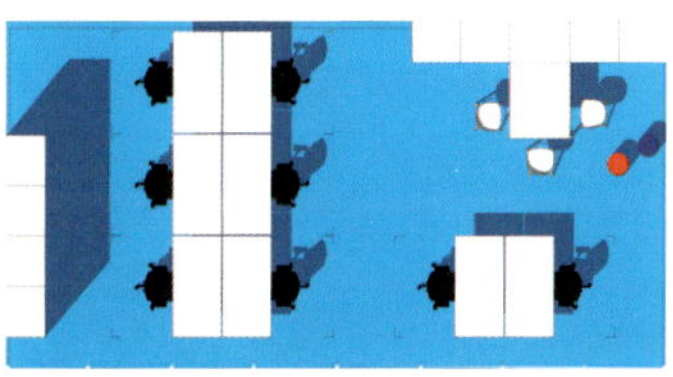

59 m^2

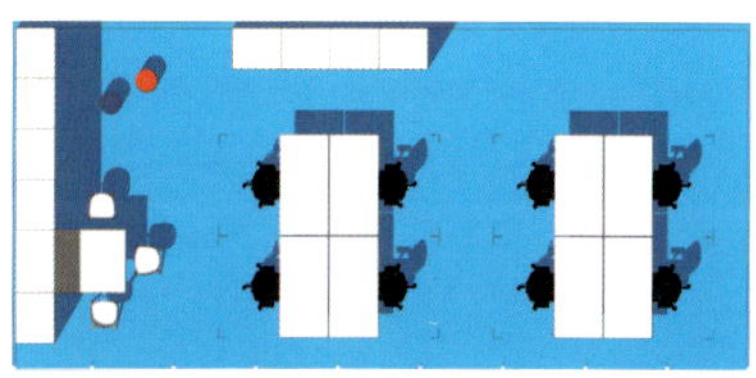

67 m^2

ARBEITSMODUS: TEAM

DIGITAL LAB

NUTZUNG:

- Projekte oder Sessions, in denen Hardware oder Software mitgedacht werden soll
- App-Prototyping
- Ausprobieren und Nutzen neuer Technologien

AUSSTATTUNG:

- Ständig aktualisierte Auswahl an Endgeräten
- Bereitgestellter Content für alle Geräte
- Gegebenenfalls Betreuung durch »Werkstattmeister«

ASPEKTE FÜR DIE PLANUNG:

- Das Digital Lab kann eventuell auch von mehreren Teams genutzt werden und zentraler liegen
- Betreuung des Labs oder Diebstahlschutz vorsehen

Das Digital Lab ist der digitale Kreativraum. Hier finden wir alles, was wir brauchen, wenn wir App- oder Software-Prototypen konzipieren, bauen und testen wollen. Alle Endgeräte und Geräte mit prototypingrelevanter Software können hier von allen genutzt werden. Auch wenn wir gerade nicht an einem konkreten Projekt arbeiten, können wir hier viele technische Errungenschaften der letzten Jahre entdecken, ausprobieren und nutzen: Smartboards, Virtual Reality, Augmented Reality oder 3-D-Druck. Wichtig hierbei: Gerade wenn viele weniger technikaffine Kollegen das Lab nutzen wollen, ist ein »Werkstattmeister«, also eine Betreuung im Lab, sinnvoll. Zudem sollte für all die hier genutzten Geräte auch entsprechender Content bereitliegen. Und: Die Technik und die Ausstattung des Labs sollten regelmäßig aktualisiert werden.

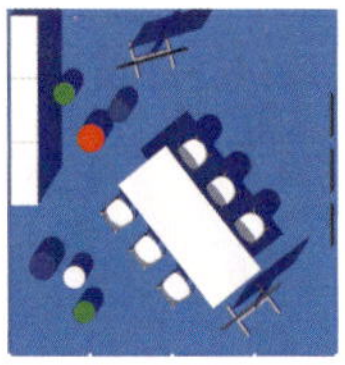

30 m^2

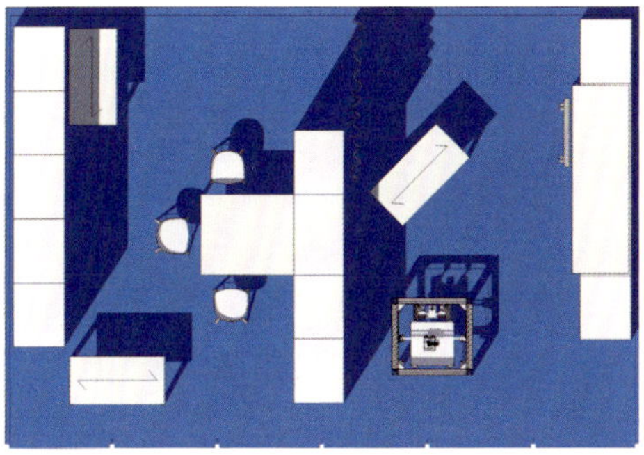

ARBEITSMODUS: TEAM

GARAGE

NUTZUNG:

- Prototypisches Arbeiten
- Lagern eigener Produkte
- Bauen, Basteln, Ausprobieren
- Inspiration in kreativen Phasen

AUSSTATTUNG:

- Viel Stauraum für Prototyping-Material (klein und groß) und (eigene) Produkte
- Solide, leicht zu reinigende Werkbänke und Stehstühle
- Werkzeuge und Geräte wie 3-D-Drucker, Schneidplotter und so weiter

ASPEKTE FÜR DIE PLANUNG:

- Nicht zu weit abseits legen, sonst sinkt die Nutzung
- Als Raum evtl. mit solideren Türen ausführen, es könnte laut werden
- Evtl. Rauchabzug vorsehen, zum Beispiel wenn gelötet wird
- Evtl. Betreuung vorsehen

Physisches Arbeiten ist in unserem Büroalltag oft in Vergessenheit geraten. Und das, obwohl viele unserer Produkte oder Dienstleistungen physische Komponenten haben. Die Garage ist der ideale Ort, um in unseren Diskussionen und Ideenfindungen wieder konkreter zu werden, was unserer Kreativität ungemein hilft. Hier können wir Dinge direkt prototypisch umsetzen, unsere und Konkurrenzprodukte in die Hand nehmen oder auseinandernehmen. Auch weniger technische Dinge, wie zum Beispiel Pappaufsteller für interne Kampagnen, können wir hier bauen. Der Fokus der Garage liegt auf ihrer Nutzbarkeit. Sie sollte nicht im Keller, sondern schnell zugänglich sein und unterschiedlichstes Material, Komponenten und Werkzeug bereithalten. Auch ein 3-D-Drucker kann wertvoll sein, wenn wir ihn bedienen können. Falls nicht, gilt wie im Digital Lab auch hier: Ein nebenberuflicher »Werkstattmeister« kann die Nutzbarkeit der Garage wesentlich erhöhen.

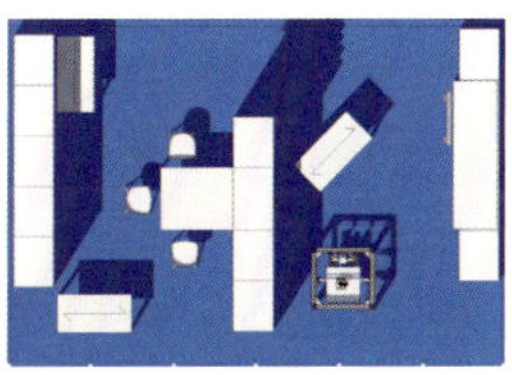

45 m^2

ARBEITSMODUS: TEAM

TEAMRAUM AGIL

AUCH GEEIGNET FÜR:

●●○ Meeting

●○○ Dialog

NUTZUNG:

- Teamwork: Brainstormings, Konzept- und Kreativarbeit
- Arbeiten mit viel Material und Dokumenten
- Kurze, kleine Workshops
- Videokonferenzen

AUSSTATTUNG:

- Stehtisch und Stehhocker
- Komplette Whiteboardwand und Utensilien
- Screen, Telefonspinne/Freisprechanlage, je nach Bedarf
- Möglichkeit zur Personalisierung

ASPEKTE FÜR DIE PLANUNG:

- Auf informelle Atmosphäre achten
- In direkter Nähe der eigenen Homebase vorsehen
- Im geschlossenen Raum planen oder die Fläche mittels Raumtrennern von den Schreibtischen separieren
- Teamräume sollten jeweils nur von einem Team genutzt werden

Der Teamraum »Agil« ist ein 14 bis 20 Quadratmeter großer Ort, der als Raum oder als Fläche geplant werden kann. Das ist der Ort für die »wirkliche« Teamarbeit. Hier können wir gemeinsam am Whiteboard Dinge durchdenken, Konzepte schmieden oder brainstormen ... auch in längeren Runden. Ausgestattet ist der Teamraum mit viel beschreibbarer Oberfläche, idealerweise mit mehreren Whiteboards. Gearbeitet wird generell im Stehen, weswegen der Raum mit Stehtischen und Stehhockern versehen ist. Der Teamraum sollte auf der Homebase, in direkter Nähe zu unseren Schreibtischen sein. Und er sollte dem Team exklusiv zur Verfügung stehen, sodass hier auch Arbeitsmaterial hängen bleiben darf.

15 m^2

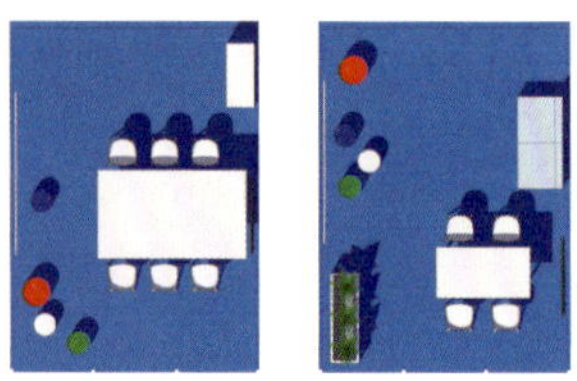

22 m^2

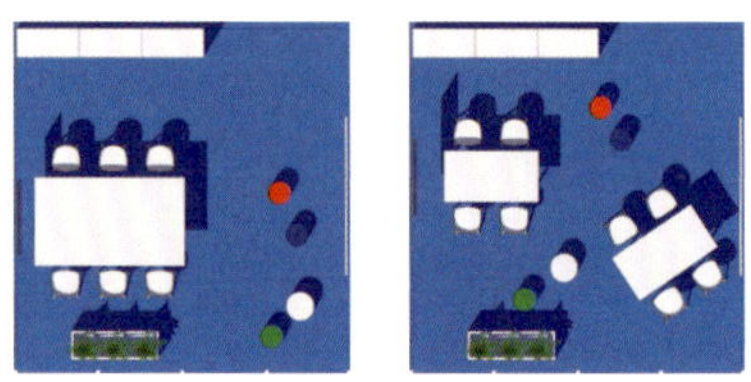

30 m^2

ARBEITSMODUS: TEAM

TEAMRAUM COUCH

Der Teamraum »Couch« ist das entspannte Gegenstück zum Teamraum »Agil«. Statt Stehtischen und Stehhockern finden wir hier Couches, Sessel und flache Hocker. Die Atmosphäre ist nochmals gemütlicher. Denn: Hier wird weniger agil und aktiv gearbeitet als vielmehr in Ruhe miteinander gesprochen und diskutiert. Auch als teameigener Ort zum Pausemachen oder Gedanken schweifenlassen eignet sich dieses Modul. Dieser Teamraum muss nicht unbedingt ein geschlossener Raum sein und kann auch als Ecke auf einer Fläche geplant werden. Aber dann sollte eine gewisse Raumtrennung zu den Schreibtischen hergestellt werden, damit wir uns nicht gegenseitig stören.

AUCH GEEIGNET FÜR:

●●○ Dialog

●○○ Meeting

NUTZUNG:

- Gespräche, Besprechungen, Diskussionen in ruhiger Atmosphäre
- Rückzug/Entspannung

AUSSTATTUNG:

- Gemütliche Sessel und Sitzelemente
- Komplette Whiteboardwand und Utensilien
- Bücher und Magazine
- Teppich
- Punktuelle Beleuchtung

ASPEKTE FÜR DIE PLANUNG:

- Auf informelle Atmosphäre achten
- In direkter Nähe der eigenen Homebase vorsehen
- Im geschlossenen Raum planen oder die Fläche mittels Raumtrennern von den Schreibtischen separieren
- Teamräume sollten jeweils nur von einem Team genutzt werden

22 m²

30 m²

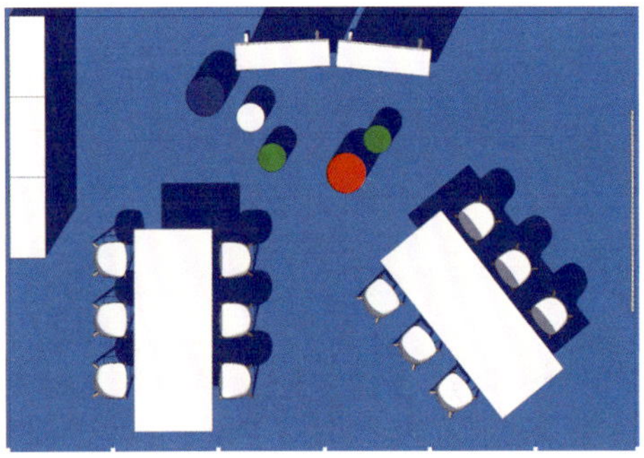

ARBEITSMODUS: TEAM

WORKSHOP-SPACE

AUCH GEEIGNET FÜR:

●●○ Meeting

NUTZUNG:

- Mehrtägige Workshops mit mehr als 10 Personen
- Wochenlange Projektarbeit im Team (buchbar)

AUSSTATTUNG:

- Kombination aus Agil- und Couch-Setting
- 2–3 Stehtische und flexible Raumtrennung für Arbeit in Kleingruppen
- Zusätzlich Stauraum für Material und Arbeitsergebnisse
- Persönlicher Stauraum für Workshop-Teilnehmer

ASPEKTE FÜR DIE PLANUNG:

- Der Workshop-Space wird oft von vielen Teams geteilt und kann daher zentral liegen

Als großer, buchbarer Raum ist der Workshop-Space eine gute Umgebung für das Arbeiten in größeren Gruppen. Hier können zum Beispiel Projektteams in mehrwöchigen Sprints arbeiten oder mehrtägige Workshops mit Externen oder User-Testings stattfinden. Aber auch kürzere Formate in größeren Gruppen wie Weekly-Standup-Meetings, Sprint-Demos oder Learning Sessions passen hier hinein. Der Workshop-Space sollte daher sehr flexibel umrüstbar sein und verschiedene Zonen herstellen können. Dazu gehört ein Präsentationsbereich mit bequemen Sitzgelegenheiten (auch für Pausen und Gespräche geeignet) und ein teilbarer Arbeitsbereich mit Tischen in Stehhöhe. Zudem ist eine Fläche für Snacks, Getränke und Catering notwendig sowie ein umfangreiches Materiallager mit Platz für das Lagern oder Ausstellen von Arbeitsergebnissen, Prototypen und so weiter.

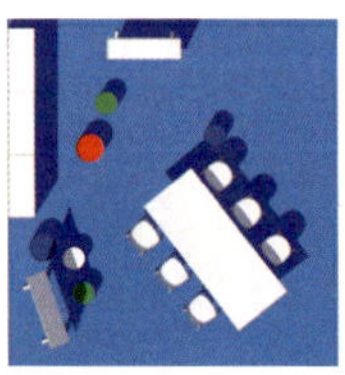

30 m^2

45 m^2

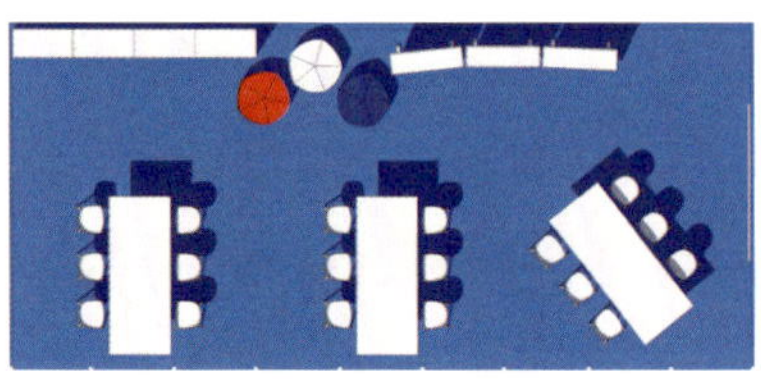

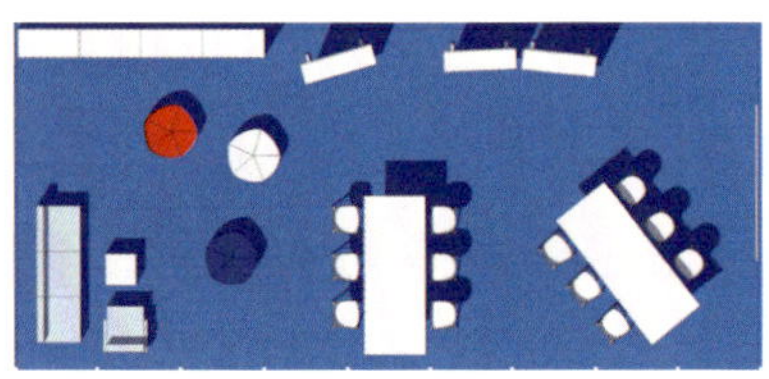

67 m^2

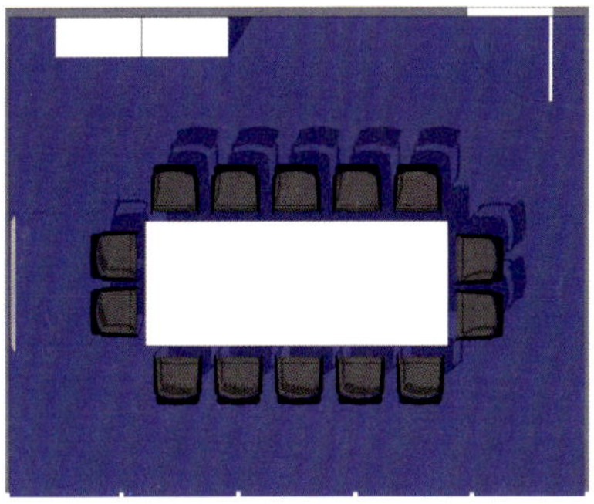

ARBEITSMODUS: MEETING

MEETINGRAUM

Auch der klassische Meetingraum für formellere Besprechungen darf in den meisten Büros nicht fehlen. Abgeschirmt durch vier Wände, können wir hier auch vertrauliche Themen besprechen. Und die nüchterne Ausstattung mit großem Monitor, großem Tisch und Konferenzstühlen ist für Externe oder Kunden oft noch ein gewohntes Umfeld für solche Gespräche. Vielleicht reichen aber einige wenige dieser Räume pro Etage und dann wenigstens einen mit dem »Fireplace Setting« (vgl. Kapitel Virtuality) bestückt – damit sich hybride Meetings trotzdem »einander nah« anfühlen.

AUCH GEEIGNET FÜR:

●○○ Teamarbeit

NUTZUNG:

- Kunden-Meetings
- Team-Meetings
- Präsentationen
- Videokonferenzen

AUSSTATTUNG:

- Formellere Konferenztische und Stühle für 6–12 Personen
- alternativ: Fire-Place (Sofa-Arrangement im Halbkreis)
- Telefonspinne/Freisprechanlage, Videokonferenzanlage
- Großer Screen und Whiteboard
- Vorhang für Privatsphäre

ASPEKTE FÜR DIE PLANUNG:

- Glasanteil zum Flur (erkennen, ob der Raum besetzt ist), alternativ digitale Anzeige draußen im Flur
- gutes Buchungssystem
- leicht zu handhabende Technik
- ggf. mobile Trennwand für große Meetingräume vorsehen zugunsten einer größeren Flexibilität

22 m^2

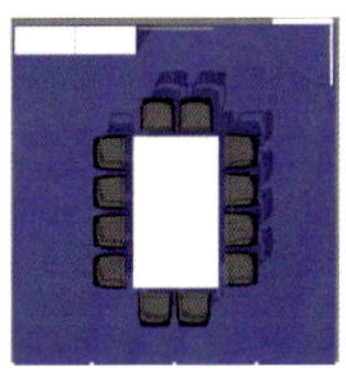

30 m^2

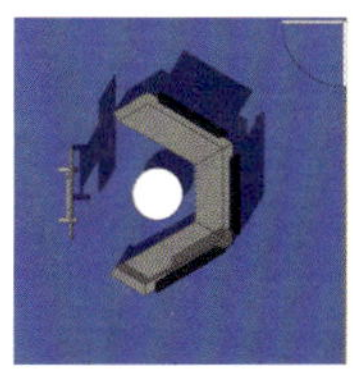

30 m^2

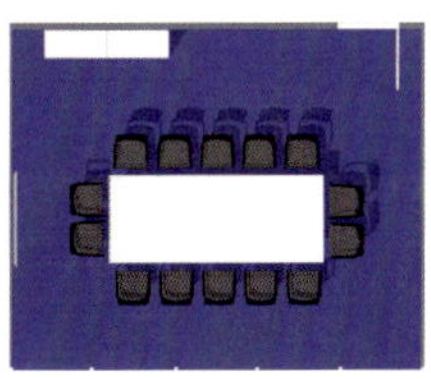

37 m^2

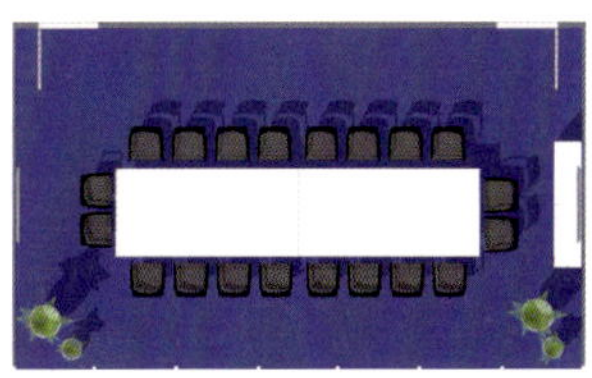

67 m^2

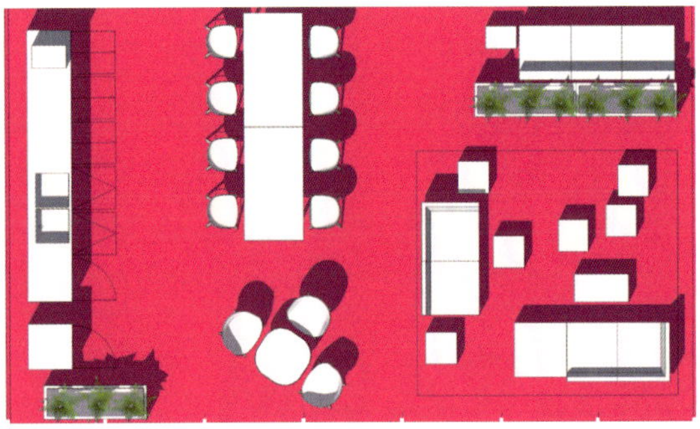

ARBEITSMODUS: SOCIAL

MARKTPLATZ

AUCH GEEIGNET FÜR:

●●● Dialog

●○○ Einzel

NUTZUNG:

- Ort des teamübergreifenden Austausches
- Multifunktional: Gespräche, Diskussionen, Calls
- Kaffee, Pause, gemeinsam essen, trinken

AUSSTATTUNG:

- Küchenzeile mit Kaffeemaschine und Getränkekühlschrank
- Verschiedene informelle Sitz- und Stehmöglichkeiten
- Lockere, gemütliche, »wohnliche« Atmosphäre

ASPEKTE FÜR DIE PLANUNG:

- Der Marktplatz sollte zentral liegen und stark frequentierte Laufwege säumen
- Eine Kaffeemaschine ist Pflicht, daher muss der Marktplatz über Anschlüsse für Zu- und Abwasser verfügen

Das Modul Marktplatz beschreibt einen großen, offenen und zentralen Ort der Begegnung und des Austausches, auch teamübergreifend. Hier erfahren wir, was passiert und was andere beschäftigt. Hier teilen wir Ideen, Input und Feedback. Spontan und zufällig. Das funktioniert am besten in einer attraktiven Café-Atmosphäre, in der wir uns gerne aufhalten. Dabei ist der Marktplatz vorrangig kein Pausenort, sondern ein Ort zum Arbeiten. Der Marktplatz eignet sich hervorragend zum Führen von Zweier- oder Teamgesprächen, zur entspannten Einzelarbeit am Laptop und sogar für Calls in einer der vielen Ecken und Nischen.

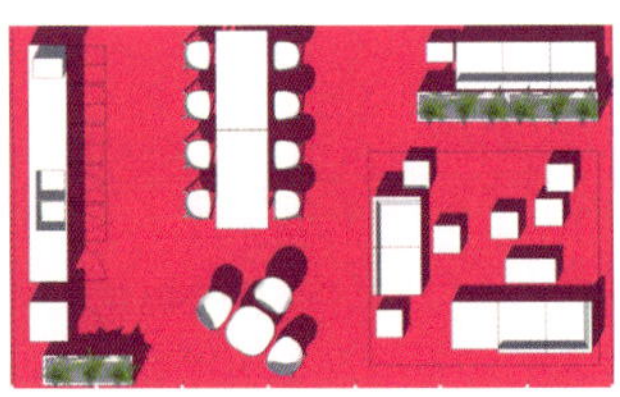

52 m²

114 m²

ARBEITSMODUS: SOCIAL

PLAYGROUND

NUTZUNG:

- »Den Kopf frei kriegen«
- Kollegen kennenlernen
- Für die Mittagspause, zwischendurch und den Feierabend

AUSSTATTUNG:

- Tischkicker oder Tischtennis mit genug Platz
- Playstation & Co., wenn passend
- Bequeme Sitzmöglichkeit für Pausen
- Musikanlage und evtl. ein Kühlschrank für den Feierabend

ASPEKTE FÜR DIE PLANUNG:

- Abgeschlossenen Raum vorsehen (Lautstärke)
- Playstation & Co. brauchen eine separate Ecke, ohne zum Beispiel Tischtennis im Rücken

Wenn es ein Symbol für ein kreatives Unternehmen gibt, dann ist es der Tischkicker. Kreative Arbeit ist mental anstrengend und lebt vom freien Denken. Spielen hilft uns, »den Kopf frei zu kriegen«, um uns danach mit neuer Frische einem Thema widmen zu können. Spiele, die einen Ehrgeiz wecken, Adrenalin ausschütten und dazu noch körperlich fordern, sind dazu ideal. Ob Tischkicker, Tischtennis, Billard oder eine Playstation, vieles kann hier funktionieren, muss aber zu den Kollegen passen. Neben dem Aspekt der Ablenkung bietet der Playground auch die Möglichkeit, andere Kollegen kennenzulernen. Grundsätzlich wichtig ist, dass die Lautstärke im Raum niemanden außerhalb stört und dass auch innen etwas gegen die Lautstärke unternommen wird (zum Beispiel durch den Einsatz von schallschluckenden Materialien). Sonst wird der Raum aus Rücksichtnahme nur selten genutzt.

$15\ \text{m}^2$

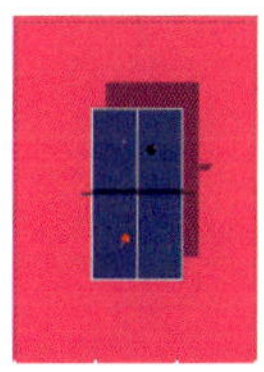

$22\ \text{m}^2$

$30\ \text{m}^2$

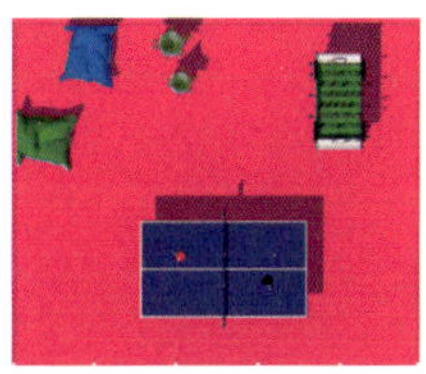

$37\ \text{m}^2$

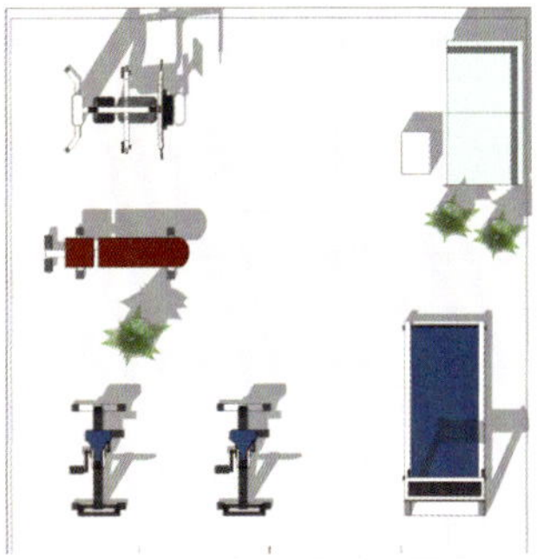

ARBEITSMODUS: SONDER

GYM

NUTZUNG:

- Ort für Sportkurse
- Yoga, Gymnastik, Meditation
- Für mäßig intensive Betätigung

AUSSTATTUNG:

- Leicht zu reinigender Bodenbelag
- Gymnastik-Ausstattung wie Yogamatten, Kissen, Bälle und so weiter
- Vorhänge oder Paravents als Sichtschutz beim Umkleiden

ASPEKTE FÜR DIE PLANUNG:

- Auf gemütliche Atmosphäre achten
- In großen Unternehmen genügt meist ein großes Gym für den ganzen Standort

Sport ist für viele ein Ausgleich zum Sitzen am Schreibtisch. Sportangebote und Fitnessräume werden in großen Unternehmen meist, ähnlich zu Kantinen, für den gesamten Standort geschaffen. Das Gym-Modul als kleine Fitnessraum-Version kann für kleine Unternehmen interessant sein, die ein solches Angebot trotz beschränkter Fläche vorsehen wollen. Solche Angebote funktionieren besonders gut, wenn sie durch Kurse bespielt werden. Eine mittägliche Yoga-Session oder ein abendlicher Meditationskurs, geleitet von einem externen Coach, könnten hier erste Schritte sein. Viel braucht es hierfür nicht: Matten, Kissen, etwas Gymnastik-Ausstattung und angenehmes Licht reichen fürs Erste. Intensive Aktivitäten wie Hanteltraining und so weiter sind ohnehin schwieriger abzudecken, da hier auch Duschen und Umkleiden notwendig werden.

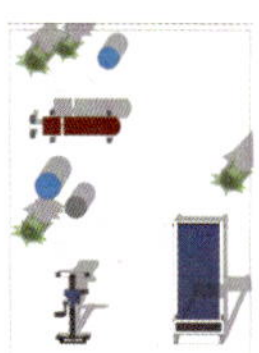

22 m^2

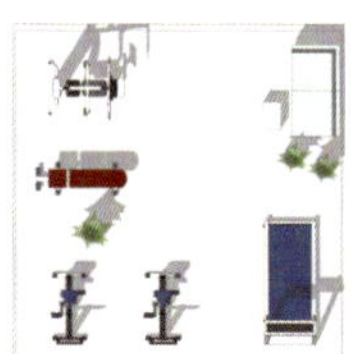

30 m^2

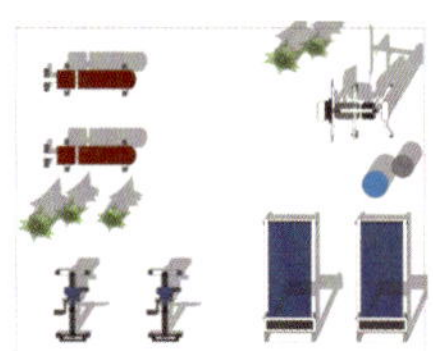

37 m^2

ARBEITSMODUS: SONDER

FREI

NUTZUNG:

- ▶ ____________________
- ▶ ____________________
- ▶ ____________________

AUSSTATTUNG:

- ▶ ____________________
- ▶ ____________________
- ▶ ____________________

ASPEKTE FÜR DIE PLANUNG:

- ▶ ____________________
- ▶ ____________________
- ▶ ____________________

Jedes Unternehmen ist anders, hat andere Anforderungen und manchmal den Bedarf nach ganz speziellen Räumlichkeiten.
Was ist unser Spezial-Modul?
Oder haben wir eine bessere Idee, wie zum Beispiel unser Teamraum oder Marktplatz aussehen kann?

Dann können wir hierfür eigene Modulkarten anlegen!
Hierbei sollten wir uns zuerst um die Nutzung Gedanken machen, bevor wir uns eine Ausstattung überlegen.

15 m^2 22 m^2

30 m^2 37 m^2 45 m^2

ÜBERSICHT BÜRO-BAUKASTEN

MODULE	EIGNUNG FÜR ARBEITSMODUS		
	FOKUS	EINZEL	DIALOG
Fokusbox	●●●	●○○	●○○
Einzelbüro	●●●	●●●	●●○
Zellenbüro	●○○	●●○	●●○
Deskspace	○○○	●●●	●○○
Workbench	○○○	●●●	○○○
Dialogbox	○○○	○○○	●●●
Dialogspace	○○○	●●○	●●●
Digital Lab	○○○	○○○	○○○
Garage	○○○	○○○	○○○
Teamraum Agil	○○○	○○○	●○○
Teamraum Couch	○○○	○○○	●●○
Workshop-Space	○○○	○○○	○○○
Meetingraum	○○○	○○○	○○○
Marktplatz	○○○	●○○	●●●
Playground	○○○	○○○	○○○
Gym	○○○	○○○	○○○

TEAM	MEETING	SOCIAL	SONDER
○○○	○○○	○○○	○○○
○○○	○○○	○○○	○○○
○○○	○○○	○○○	○○○
○○○	○○○	○○○	○○○
○○○	○○○	○○○	○○○
●○○	○○○	○○○	○○○
●●○	○○○	○○○	○○○
●●●	○○○	○○○	○○○
●●●	○○○	○○○	○○○
●●●	●●○	○○○	○○○
●●●	●○○	○○○	○○○
●●●	●●○	○○○	○○○
●○○	●●●	○○○	○○○
○○○	○○○	●●●	○○○
○○○	○○○	●●●	○○○
○○○	○○○	○○○	●●●

SPIEL- UND GESTALTUNGS-STRATEGIEN

Später im Workshop, beim Einsatz der Modulkarten, werden wir diverse Entscheidungen treffen müssen, wie zum Beispiel die zwischen Fixed Desks oder Shared Desks oder die Entscheidung, welche Module wir am besten nebeneinander platzieren. Um diese Entscheidungen zu erleichtern, wollen wir nun ein paar Hinweise und Entscheidungshilfen geben.

1_ RAUMTRENNUNG GENERELL

Viele Module des Baukastens lassen sich offen, also ohne angrenzende Wände, oder geschlossen einsetzen. Oft neigen wir dazu, alle Module abgeschlossen zu planen. Das macht für das gute Funktionieren des einzelnen Moduls auch meistens Sinn. So können wir in »lauten« Modulen laut sein, ohne andere zu stören, und in »leisen« Modulen ruhig arbeiten, ohne von außen gestört zu werden.
Allerdings hat das exzessive Setzen von Wänden ein paar große Nachteile für das Funktionieren der gesamten Fläche. Das augenscheinlichste Problem ist: Je mehr Wände, desto kleiner, verschachtelter, dunkler und unschöner wird das Gesamtbild. Das Raumgefühl leidet. Wände sind eben mit Abstand das Massivste, was wir zwischen uns setzen können. Außerdem trennen uns Wände von unseren (Team-)Kollegen. Wir verlieren Übersicht, Transparenz und auch »Wir-Gefühl«. Und wir machen zufällige Begegnungen und Entdeckungen unwahrscheinlicher. Dazu kommt, dass das Setzen von Wänden Geld kostet und Wände damit zu den immobilsten Elementen einer Fläche werden. Welche Wand wird denn versetzt, nur weil gerade der zweite Teil unseres Teams aus Südafrika zu Besuch ist?

Somit sprechen funktionale Aspekte des einzelnen Moduls für und viele Aspekte von New Work gegen Wände. Es muss also wieder ein Kompromiss gefunden werden. Hierzu sollten wir das Thema Raumtrennung etwas differenzierter betrachten. Differenziert nach den drei Funktionen, welche Raumtrennung übernehmen kann: akustische, visuelle und gefühlte Trennung. Solide Wände bieten alle drei Funktionen, aber selten benötigen wir wirklich das komplette Paket. Manchmal reicht eine gefühlte und vielleicht leicht visuelle Trennung. Es muss oder sollte gar nicht mucksmäuschenstill sein. In diesem Fall würde ein halboffenes Raumteiler-Regal vollkommen ausreichen, neben der trennenden Funktion würde es gleichzeitig Licht, lange Sichtachsen und Flexibilität wahren.
Glaswände lassen sich hervorragend nutzen, um lediglich eine akustische Trennung zu realisieren, zum Beispiel, um laute Teamräume von Arbeitsflächen zu trennen. Aber selbst wenn diese Wände als leicht zu montierende Systemwände ausgeführt sind, ist ein zum Beispiel quartalsweises Anpassen an Arbeitssituationen unwahrscheinlich. Es lohnt sich also, beim späteren Platzieren der Module genau zu hinterfragen, ob wir eine Raumtrennung wirklich benötigen, und falls ja, welche. Je weniger massiv diese ausfällt, desto weniger der genannten Nachteile handeln wir uns damit ein. In der Tabelle sind zur Übersicht einige Möglichkeiten der Raumtrennung aufgeführt. → GRAFIK C01

Eine weitere Strategie zur Raumtrennung ist der Ansatz, nur Wände um »extreme« Orte herum einzusetzen, also Orte, in denen es sehr laut oder sehr leise zugeht. Diese Räume können dann gleichzeitig auch genutzt werden, um offene Flächen voneinander zu separieren (siehe auch Punkt 2).

	AKUSTISCH	VISUELL	GEFÜHLT	ANPASSBAR	UMBAUBAR
solide Wand	●●●	●●●	●●●	●○○	●○○
Glaswand	●●●	●○○	●○○	●○○	●○○
Schiebewand	●●○	●●●	●●●	●●●	●○○
Vorhang	●○○	●●●	●○○	●●●	●○○
Raumteiler/Möbel	●○○	●●○	●●○	●●○	●●●

GRAFIK C01: *Möglichkeiten der Raumtrennung und ihre Qualitäten*

2_ ARBEITSRAUM ODER OFFENE ARBEITSFLÄCHEN?

Schreibtischbereiche machen seit jeher einen großen Teil einer Bürofläche aus. Dieser wird zwar in aktuellen Bürokonzepten immer kleiner, liegt aber oft immer noch bei über 50 Prozent der Fläche. Damit sind Schreibtische der größte Platzfresser, und es macht einen großen Unterschied, wie wir diese auf unserem Grundriss platzieren.

Grundsätzlich unterscheiden wir zwischen Zellenbüros und offenen Arbeitsflächen, Teambüros stellen einen Mittelweg zwischen beiden dar.

Zellenbüros waren lange die in Deutschland noch sehr häufig anzutreffenden kleinen Einzel-, Zweier- oder manchmal Dreierbüros, mit einer Wand außen herum sowie einer Tür zum Flur und manchmal zum Nachbarbüro. Und nach wie vor wird diese Variante von vielen Kollegen sehr geschätzt, insbesondere von solchen, die andere Formen noch nicht kennenlernen konnten. Doch der Trend, Flächen zu öffnen und sich von den Zellenbüros zu verabschieden, zog letzten Endes auch in Deutschland ein.

Somit ist die inzwischen bei fast allen Büro-, Neu- und Umbauten geplante Variante der Einzelarbeitsplätze die offene Arbeitsfläche, auch Open-Space- oder Open-Plan-Konzept genannt. Hier existieren kaum Flurwände, woraus sich eine von Fassade zu Fassade offene Fläche ergibt, die mit Zweier-, Vierer- oder Sechser-Schreibtischblöcken ausgestattet wird. Dabei sind die Blöcke manchmal durch Sideboards, Raumteiler oder verschiebbare Leichtbauwände voneinander getrennt.

Das Teambüro, die Mischform aus Zellenbüro und offener Arbeitsfläche, ist ein Büro mit Wänden und Türen, das aber vier bis zwölf Schreibtische beherbergt, die ähnlich wie in der offenen Arbeitsfläche angeordnet sein können.

Welche Form des Einzelarbeitsplatzes (AP) ist besser? Das kommt auf die Perspektive und den Anwendungsfall an. Zunächst lässt sich sagen, dass das Teambüro und insbesondere die offene Arbeitsfläche wesentlich flächeneffizienter sind als das Zellenbüro. → GRAFIK C02 Zumindest

28 ARBEITSPLÄTZE / ZELLENBÜRO

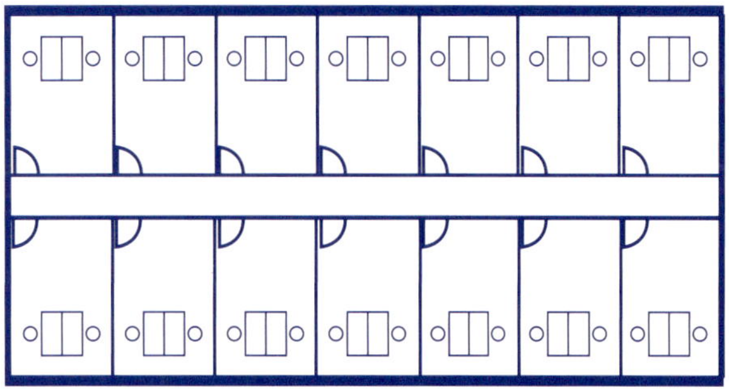

28 ARBEITSPLÄTZE / OFFENE FLÄCHE

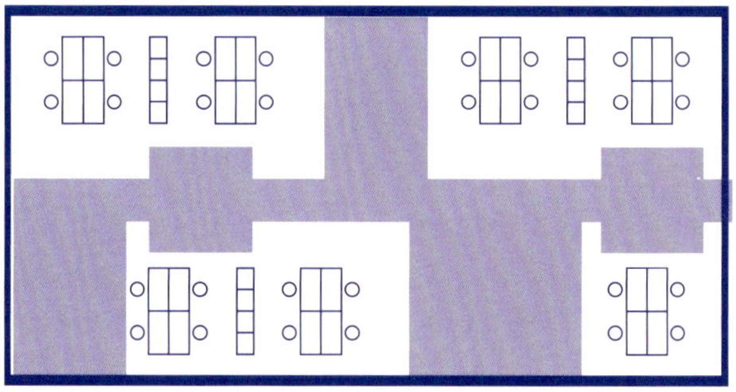

GRAFIK C02: *Im Zellenbüro und auf der offenen Fläche herrschen unterschiedliche Qualitäten von Lärm.*

wenn wir sie wirklich Schreibtisch an Schreibtisch legen. Auf 400 Quadratmetern können wir zum Beispiel nicht viel mehr als 28 Arbeitsplätze als Zweier-Zellenbüros realisieren. Wenn wir eine offene Fläche vollstellen, kommen wir schnell auf 40 bis 50 Arbeitsplätze. Aber darum geht es nicht. Vielmehr sollten wir die Flächeneffizienz von offenen Flächen nutzen, um uns alternative Angebote zum (Neuen) Arbeiten zu schaffen. Und das können wir großzügig tun, wenn wir 28 Arbeitsplätze auf 400 Quadratmetern offen planen, statt diese zu »verzimmern«.
Auf der anderen Seite wird von Mitarbeitern die Privatsphäre und die Ruhe von Zellenbüros geschätzt. Denn das sind in der Tat die unbestrittenen Vorteile der Zellenbüros. Wir machen einfach die Tür zu, wenn wir in Ruhe videocallen wollen und vielleicht auch niemand mitbekommen soll, dass wir gerade privat telefonieren. Auch einfach mal kurz abschalten oder den Social Media-Account checken geht besser mit einer Wand im Rücken und einer geschlossenen Tür – solange wir alleine sind. Aber: Beide Vorteile, insbesondere die Ruhe, lösen sich in Luft auf, sobald auch nur ein Kollege anwesend ist. Die Ruhe von Zellenbüros ist in der Praxis daher fast schon ein Mythos. Es stimmt, dass die über die Zeit gemittelte Lautstärke im Zellenbüro oft etwas niedriger liegt als in typischen offenen Arbeitsflächen. Was dabei oft vergessen wird, ist aber die unterschiedliche Art und Qualität des Lärms, der jeweils herrscht. So wechselt sich im Zellenbüro ständig absolute Stille mit Lautstärkespitzen ab, zum Beispiel im weit verbreiteten Zweierbüro: Stille, das Telefon klingelt, der Kollege telefoniert, Stille, die Kollegin schimpft, Stille. Und auch im Einzelbüro bedeutet das unvermittelte Klingeln des Telefons eine krasse Unterbrechung der Ruhe.
In der offenen Arbeitsfläche hingegen haben wir einen eher gleichmäßigen Lärmpegel, der einzelne Impulse maskiert, vergleichbar mit einem größeren Café oder einer Kantine. An diesen Geräuschteppich können wir uns schnell gewöhnen, viele empfinden ihn sogar als angenehm. Nicht umsonst ist das Café der beliebteste Arbeitsort vieler Schriftsteller. An die Lautstärkepeaks eines Zellenbüros gewöhnen wir uns hingegen kaum, denn sie treten zu ungleichmäßig auf. Eine plötzliche Änderung in der Geräuschkulisse bekommt immer unsere Aufmerksamkeit, so sind wir genetisch programmiert. Dazu kommt, dass diese Lautstärkespitzen in Zellenbüros noch direkter von den Wänden reflektiert und somit auch noch intensiver als in wandfreien Arbeitsflächen wahrgenommen werden. → GRAFIK C03
Das Teambüro mit vier bis zwölf Arbeitsplätzen verbindet leider die Nachteile der anderen beiden Konzepte. Hier haben wir reflektierende Wände, eine noch größere Menge an Impulsen,

aber meist noch nicht in der Menge, dass sich hieraus ein Klangteppich bilden würde. Man hört einfach eine größere Menge an Kollegen. Dieser Nachteil kann für bestimmte Anwendungsfälle aber zu einem großen Vorteil werden, nämlich bei der Teamarbeit. Wenn wir ein Team sind, in dem grundsätzlich viele vieles mitbekommen sollen, dann kann das Teambüro das Mittel der Wahl sein.

Ein dritter Aspekt ist das Raumgefühl. Auch hier ist es wieder Geschmackssache, ob wir offenere oder geschlossene Räume mit Fluren präferieren. Objektiv können wir aber festhalten, dass offene Flächen einfacher schön und ästhetisch ansprechend gestaltet werden können. Und dass lange Sichtachsen von vielen Menschen als angenehm empfunden werden. Keine Diskussion sollte es bei unserem letzten Aspekt geben. Jedem muss klar sein, dass das Zellenbüro allen im Kapitel »Network« beschriebenen Aspekten wie Austausch, Wir-Gefühl, Kommunikation, zufällige Begegnung und so weiter entgegensteht. Denn Wände sind eben Wände, und einen Raum zu betreten ist immer eine größere Hürde, als von vornherein im selben Raum zu sein. Und doch ist das Einzelbüro – das kleinste unter den Zellenbüros –, die wiederentdeckte ideale Lösung für den Arbeitsmodus »Fokus«. Allerdings mit dem Unterschied, dass das Einzelbüro nun bei Bedarf als Ausweichfläche für alle dient, wie wir im Kapitel »Virtuality« bereits beschrieben haben.

Bei der Wahl des Konzepts für Einzelarbeitsplätze sollten wir diese Überlegungen unbedingt anstellen. Die letztliche Entscheidung hängt aber auch von der nächsten Frage ab.

3_ FIXED DESKS ODER SHARED DESKS?

Ähnlich prägend wie die Frage nach Zellenbüros oder offener Fläche ist diese Frage: Wie viele Schreibtische benötigen wir überhaupt? Das ist scheinbar einfach zu beantworten, aber es lohnt sich, genauer darüber nachzudenken. Denn die benötigte Anzahl hängt von vier Faktoren ab, die wir auf unserem Understand-Board festgehalten haben: unserer Teamstruktur, unserer Art der Teamarbeit, unserer Arbeitsmodi-Verteilung und unserer Anwesenheit im Office.

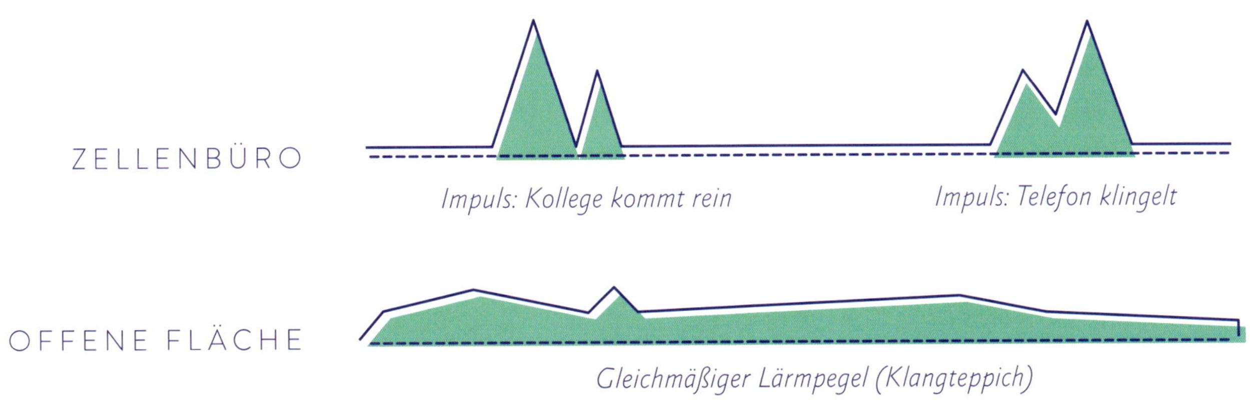

GRAFIK C03: *Im Zellenbüro und auf der offenen Fläche herrschen unterschiedliche Qualitäten von Lärm.*

Die maximal benötigte Anzahl der Schreibtische ist schnell errechnet. Sie entspricht unserer Teamgröße – dann haben alle einen eigenen Schreibtisch. Die minimale Anzahl hingegen ließe sich mit einer Formel errechnen (s. u.).
Mit dieser Formel wären alle Schreibtische jederzeit belegt. Es dürfte aber kein Kollege auf die Idee kommen, den ihm zustehenden Zeitraum für Einzelarbeit auch nur um ein paar Minuten nach vorn oder hinten zu schieben, denn dann wird der Schreibtisch von einem anderen Kollegen benutzt. Wir sehen also, dass dieser Wert praktisch gesehen zu klein ist, da er keine Schwankungen ausgleichen kann. Ein realistischer minimaler Wert liegt bei der Hälfte der Teamgröße. Nur sehr ungewöhnlich arbeitende Teams benötigen weniger Schreibtische.
Die Spannweite der Zahl an Schreibtischen, die wir aufstellen können, ist also groß, und die Entscheidung, ob Fixed Desk oder Shared Desk, nicht ganz trivial. Grundsätzlich sollte hier jedes Team für sich selbst entscheiden. Wenn einzelne Kollegen den ganzen Tag an einem Platz sitzen, hat es nur Vorteile, wenn dieser Platz ihr Platz ist: Alles ist eingerichtet, alles zum Arbeiten ist da. Für alle diejenigen, bei denen der Arbeitsmodus Einzel weniger als die Hälfte des Tages ausmacht oder an mehreren Tagen im Home Office gearbeitet wird, ist hingegen das Shared-Desk-Modell meist sehr sinnvoll: Es steht dann einfach mehr Platz für Angebote zur Verfügung, die den anderen Modi entsprechen und für die der Schreibtisch nicht die optimale Umgebung wäre.

Natürlich bedeutet das Shared-Desk-Modell den Verlust des persönlichen Schreibtisches, wir verlieren ein Stück eigenen Gestaltungsspielraum und eigene Identität. Den »sicheren Hafen«, den wir jeden Morgen ansteuern können und wo uns unsere Liebsten von Fotos entgegenlachen, gibt es dann so nicht mehr. Der Mensch ist ein Gewohnheitstier, und es macht uns den Start in den Tag einfacher, zu wissen, wo er beginnt.
Aber den sicheren Hafen, unseren Start- und Bezugspunkt, kann es auch in einem Shared-Desk-Modell geben. Entscheidend ist, wie groß wir den Kreis an Kollegen machen, mit denen wir den Schreibtisch teilen. Muss es der gesamte Standort sein, ist es die gesamte Etage, ist es unsere Abteilung, ist es unser Team oder vielleicht nur ein Teil unseres Teams? Je kleiner der Kreis ist, desto einfacher wird es, eine gewisse Individualität und ein Heimatgefühl zu erfahren. Und das ist die Stärke unseres Homebase-Konzepts. Hier können wir mit zum Beispiel zwölf Kollegen Fotos, Kalender und vieles, was wir als Team und einzelne Mitglieder des Teams in unserer Nähe haben wollen, um uns herum versammeln. Ob wir den Tisch vorne links oder hinten rechts nehmen, ist dann vielleicht gar nicht mehr so wichtig.
Je kleiner wir diesen Kreis ziehen, desto schwieriger wird aber auch das Abfedern von Belegungsspitzen. Wenn alle Kollegen anwesend sind und auch noch gleichzeitig am Schreibtisch arbeiten wollen, wird es natürlich eng. Würden wir hingegen unsere Schreibtische mit allen Kollegen im Gebäude teilen, könnte sich das durch eine

$$\text{ANZAHL MIND.} = \frac{\textit{Teamgröße} \times \textit{Anteil Arbeitsmodus Einzel}^{1} \times \textit{Anwesenheit Büro}^{2}}{8\,h}$$

1 »Anteil Arbeitsmodus Einzel« bemisst sich in Stunden täglich, gemeint ist hier der Durchschnittswert des gesamten Teams.

2 »Anwesenheit Büro« ist eine Zahl zwischen 0 und 1, mit 0 = dauernde Abwesenheit und 1 = tägliche Anwesenheit in der Arbeitswoche, ebenfalls als Durchschnittswert des gesamten Teams.

Unterbesetzung einer anderen Abteilung wieder ausgleichen – das Gesetz der großen Zahlen eben. Ein guter Mittelweg ist hier, neben den Homebases Pufferzonen zu schaffen, zum Beispiel lange Workbenches mit Sichtkontakt zum Team. Auch der Marktplatz eignet sich als Pufferzone. → **GRAFIK C04**

Letztendlich sollten wir hierüber aber weniger theoretisch diskutieren, sondern eher später anhand unseres konkreten Grundrisses überlegen, wo und wie ein Shared-Desk-Prinzip Sinn macht. Bei dieser Überlegung ist auch die Abstimmung mit dem Betriebsrat wichtig, der hin und wieder ein Problem mit dem Verknappen von Schreibtischplätzen hat. Hier können wir aber argumentieren, dass die Wahl zwischen Schreibtischarbeitsplatz und alternativem Angebot ja bei den Nutzerteams liegt. Und auch das Argument der Flächeneffizienz und der Nachhaltigkeit sollte mittlerweile jeden Betriebsrat überzeugen.

4_ WO WIRD TELEFONIERT?

Telefonate und Videocalls sind im Büro immer ein großes Thema, vor allem wenn ein Umzug auf offene Arbeitsflächen erfolgen soll. Und ja, es ist ein Problem, inmitten von Kollegen zu telefonieren, die versuchen, konzentriert zu arbeiten – laut trifft leise. Auch andere Arbeitsmodi sind laut, jedoch kann man hierfür oft auf andere Flächen ausweichen. Beim Telefonieren sind wir häufig an unseren Schreibtisch gebunden. Gar nicht so sehr durch verkabelte Telefone – die ja seltener werden –, sondern durch Laptops, Monitore oder Unterlagen, die wir während des Telefonats benötigen. Oder weil uns hier spontane Anrufe überraschen.

Natürlich können wir anstreben, Calls außerhalb der Schreibtischzonen zu tätigen. Aber in der Praxis wird das aus den genannten Gründen nicht immer funktionieren. Und das ist vielleicht auch gut so. Denn wirklich ruhige, konzentrierte Arbeit muss in der Schreibtischzone nicht stattfinden. Diese können wir viel einfacher an andere Orte unserer neuen Arbeitsumgebung verlegen als die weniger planbaren Calls.

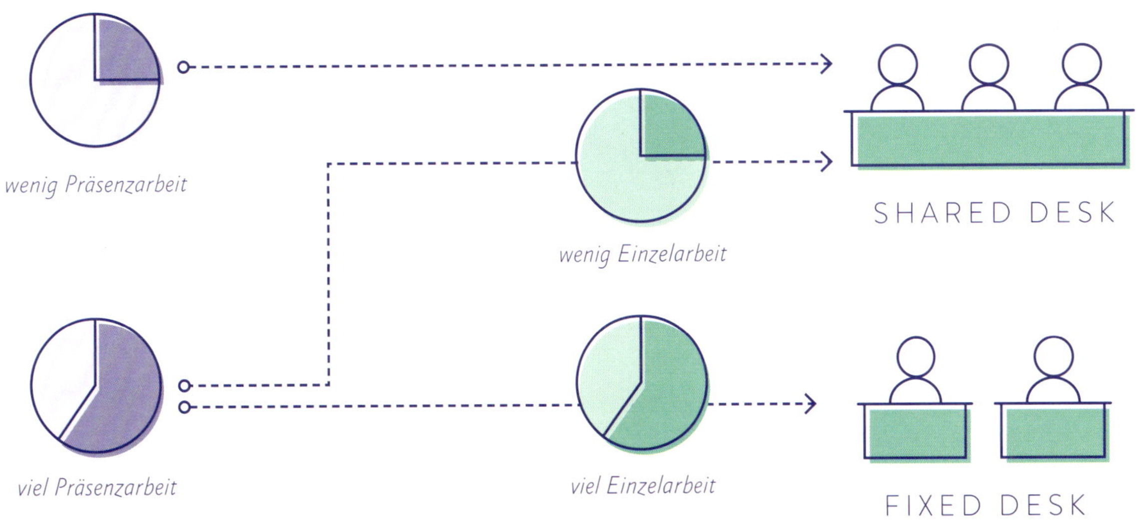

GRAFIK C04: *Shared Desks sind perfekte Lösungen für Mitarbeitende, die nur ab und zu im Büro arbeiten und / oder wenig Einzelarbeitszeit haben. Fixed Desks sind vor allem für die Kollegen eine valide Lösung, die viel im Büro sind und vor allem alleine arbeiten.*

Trotzdem gibt es Strategien, wie wir dieses Problem ein klein wenig entschärfen können. Der triviale und bereits erwähnte Ansatz wäre, das Telefonieren mobiler zu machen. Dazu gehören Mobiltelefone statt Festnetztelefone, Laptops statt Desktop-Rechner, die flächendeckende Verfügbarkeit von WLAN sowie ein Angebot von Ecken und Nischen, um Rückzugsräume für Calls zu finden. Außerdem können Headsets den Lärmpegel weiter senken, denn damit sprechen wir einfach nicht so laut. Lautere und längere Calls sowie insbesondere Telefonkonferenzen oder Videocalls sollten unbedingt außerhalb der Arbeitsflächen und idealerweise in geschlossenen Räumen, wie zum Beispiel Fokusboxen, stattfinden. Um die Nutzung dieser Räumlichkeiten zu erhöhen, sollten diese nicht zu prominent platziert und bestensfalls mit einer Art Sichtschutz (Vorhang, Lamellen o.ä.) versehen werden. Denn niemand sitzt gerne als Showobjekt in einem für alle einsehbaren Glaskäfig.

5_ VERORTUNGSSTRATEGIEN

In unserem Concept-Workshop wird es nicht nur um die Auswahl der richtigen Module, sondern auch um deren richtige Verortung gehen, also um die Frage, wie wir die ausgewählten Module auf der Fläche verteilen. Hierzu können wir einige Strategien verwenden, die wir im Folgenden vorstellen. Je nach Anwendungsfall und Gebäudestruktur sind sie besser oder schlechter geeignet.[1]

Strategie »Raum – Fläche – Raum«

Dies ist eine häufig anzutreffende Strategie, um Arbeitsflächen zu strukturieren. Die Grundidee besteht darin, sich eine große Fläche mit einem imaginären Flur zu denken und an diesem Flur abwechselnd und versetzt zueinander kleine Räume mit soliden Wänden und größere Teilflächen zu schaffen.

Dadurch erzeugen wir relativ stark voneinander getrennte Arbeitsflächen, ohne diese aber durch eine Flurwand mit Tür von der restlichen Fläche abtrennen zu müssen. Wir erhalten also alle Vorteile eines offenen Flurs wie offenes Raumgefühl, zufällige Begegnungen und so weiter. Trotzdem bleiben Teams unter sich, und es gibt wenig optische und akustische Beeinträchtigung aus den anderen Teambereichen.

Das ist gleichzeitig auch der Nachteil dieser Strategie: Wir bekommen nicht viel von den anderen mit – das Gefühl, Teil eines großen Ganzen zu sein, verschwindet leicht, und die ganze Fläche wirkt etwas verschachtelt. Auch auf sich ändernde Teamgrößen kann mit diesem Konzept schlechter reagiert werden, da die Trennung zwischen den Zonen eben massiv ist. Natürlich können wir statt massiver Wände auch Raumteiler oder Ähnliches einsetzen, wobei wir dann vor allem die akustische Trennung verlieren.

Strategie »Von laut nach leise«

Eine andere Strategie ist es, grundsätzlich Flächen und Räume für laute Aktivitäten von den ruhigeren Orten zu trennen, also beide Extreme möglichst weit weg voneinander zu platzieren. Damit geht oft auch eine Trennung der unter-

1 Zuvor noch eine Anmerkung: Wir sprechen hier zunächst über das Zonieren von einzelnen »Etagen-Riegeln«, also abgeschlossenen Etagen mit meist nicht mehr als 500 Quadratmetern, die jeweils ihren eigenen Zugang zu Treppenhäusern haben. Bei der Gestaltung größerer, aus mehreren Brandabschnitten bestehenden Etagen mit über 1000 Quadratmetern werden noch weitere Strategien interessant, auf die wir hier aber nicht eingehen wollen.

schiedlichen Grade von Geschäftigkeit einher. Wir schaffen auf einer Seite sehr lebendige Zonen – und damit auch viel Ruhe und Privatsphäre in den Zonen der anderen Seite.
Diese Strategie kann interessant sein, wenn die Unterschiede zwischen lauten und leisen Aktivitäten bei uns sehr groß sind und beide auf einer eher kleinen Fläche stattfinden. Kollegen, die am Nachmittag am Tischkicker stehen, während andere Kollegen konzentriert einer Deadline am Abend entgegenarbeiten, wären hierfür ein klassisches Beispiel. Wenn das eine in der einen Gebäudehälfte und das andere in der gegenüberliegenden stattfindet, ist zumindest ein Anfang gemacht. Nicht nur mit Blick auf den Lärm, sondern auch emotional gesehen.

Strategie »Mittelzonen«

Die meisten Bürogebäude, zumindest in Deutschland, sind mindestens 12 bis 13 Meter breit. Dies stammt aus der Zeit der Zellenbüros, wo eine solche Breite zwei außen liegende Büroriegel und einen mittigen Flur erlaubte, und es ändert sich auch nach dem langsamen Verschwinden der Zellenbüros kaum. Wenn wir im Inneren eines solchen Gebäudes die Flurwände entfernen, schaffen wir eine Fläche, die wir nun nicht nur an den Außenseiten, sondern auch in der Mitte bespielen können. Vor allem bei breiteren Gebäuden bietet sich das an. Es ist eine Möglichkeit, eintönige lange Flure zu vermeiden. Zudem können wir bei cleverer Verzahnung mit den Flächen an den Außenseiten zusätzlichen Platz gewinnen. Aber Achtung: Die Nutzung dieses zusätzlichen Platzes führt auch schnell zur Überladung einer Fläche. Deswegen sollten wir hier entweder nur lückenhaft Objekte platzieren oder diese eher flach halten. Wenn wir massive und höhere Einbauten vornehmen, leidet das Raumgefühl schnell. Außerdem sollten wir die möblierten Mittelzonen nicht über die ganze Länge der Fläche ziehen, denn das führt zu doppelten Fluren und viel Verkehr direkt an den Schreibtischen.

Strategie »Lange Wand«

Wenn wir auf unserer Fläche viele Räume schaffen wollen, bietet sich die Strategie der langen Wand an. Die Grundidee ist hier, alle Räume auf eine Flurseite unserer Etage zu ziehen. So haben wir beim Betreten der Fläche auf der einen Seite eine lange Wand, hinter der sich alle Räume befinden, und auf der anderen Seite viel Platz. Auch speziellere Probleme eines Gebäudes lassen sich mit dieser Strategie lösen. Zum Beispiel eine einseitige unschöne Aussicht oder ein Verbot, beidseitig Flurwände zu entfernen. Zudem bietet eine lange durchgehende Wand interessante gestalterische Möglichkeiten. Es gibt Beispiele, wo diese Wand als durchgehendes, sehr rege genutztes Whiteboard ausgeführt wurde. Das sind gleichzeitig Möglichkeiten, um auch den Flur aktiv zu nutzen.
Natürlich lassen sich alle vorgestellten Strategien auch kombinieren, was aber erst ab einer gewissen Größe der Arbeitsfläche sinnvoll ist und die Gefahr birgt, die Fläche weniger navigierbar zu machen. Welche dieser Strategien sollen wir nun nutzen? Das sollten wir zuerst davon abhängig machen, welche Strategie uns in unserem Gebäudetyp vom Real-Estate-Management oder Architekten als machbar bescheinigt wurde. Haben wir hier mehrere zur Auswahl, sollten wir die Entscheidung davon abhängig machen, welche Vorteile und Nachteile uns relevanter erscheinen. Falls uns die Entscheidung schwerfällt, beginnen wir im Workshop einfach einmal mit einer Strategie, probieren danach andere aus und schauen, welche sich am besten mit unseren Anforderungen und Ideen vereinbaren lässt.

4.3 HAUSAUFGABEN

In dem kommenden Workshop stellen wir uns den realen Rahmenbedingungen, vor allem den baulichen. Unsere Spielräume sollten wir bereits mit die Ermöglichern geklärt haben, ansonsten wäre jetzt ein guter Zeitpunkt dafür. Auch die Grundrisse sollten wir nun parat haben.

Unsere Aufgabe als Raum-Team ist in dieser Phase das Zuteilen von sogenannten »Homebases«. Wir müssen also die Frage klären, welches Nutzerteam wo und auf wie viel Fläche sitzt. Außerdem gilt es, gemäß dieser Homebase-Verteilung die Nutzerteams oder die Nutzervertreter in der richtigen Reihenfolge einzuladen.

HOMEBASE-TREFFEN

Ziel des Treffens ist, jedem Nutzerteam eine Fläche auf dem Grundriss zuzuweisen – eine Homebase, die es selbst gestalten kann. Dabei müssen wir definieren, wo sich diese Homebases befinden und wie groß sie jeweils sein sollen. Das können wir als Raum-Team auf Grundlage der Vorarbeiten alleine entscheiden, oder wir beziehen in diese Entscheidung die Team- oder Bereichsleiter mit ein. Wenn wir Team- und Bereichsleiter einbeziehen wollen, sollten wir diese zu diesem Treffen einladen. Uns liegen hier die groß ausgedruckten, zu bespielenden Grundrisse vor. Sie sollten die Größe der einzelnen Bereiche in Quadratmetern ausweisen. Zudem haben wir alle Understand-Boards mit den erarbeiteten Teamstrukturen, dem Kommunikationsfeld und, falls vorhanden, einem Flächenschlüssel vorliegen.

Größe

Grundsätzlich sollten wir mindestens die von den Arbeitsstätten-Richtlinien vorgesehenen 8 bis 10 Quadratmeter pro Mitarbeiter vorsehen. In offenen Arbeitsflächen sind sogar eher 12 Quadratmeter ratsam, da wir hier auch »Flurfläche« hinzuzählen. Für ein Nutzerteam mit 20 Personen wären das also 200 bis 240 Quadratmeter. Dies sollten wir aber eher als die minimale Größe einer Homebase für 20 Mitarbeiter ansehen.
Wenn wir hier 15 bis 20 Schreibtische unterbringen wollen, wird es schon eng. Angenehmer wird es ab 12 bis 15 Quadratmeter pro Mitarbeiter. Hier ist dann auch Platz für Teamräume, Austauschflächen und so weiter. Beachten sollten wir dabei unbedingt einen möglicherweise vorhandenen unternehmenseigenen Flächenschlüssel, der die Größe der Flächen pro Mitarbeiter mehr oder weniger verbindlich regelt oder aber einer vertraglich vereinbarten Quote zu mobilem

Arbeiten, um eventuell die Fläche pro Arbeitsplatz anstatt pro Mitarbeiter vorzusehen.
Meist wurde diese Betrachtung bei der Auswahl der Fläche durch Ermöglicher bereits vorgenommen, und wir haben zu diesem Zeitpunkt somit ohnehin eine feste Quadratmeterzahl für alle Mitarbeiter zur Verfügung.
Trotzdem bleibt die Frage, wie wir diese aufteilen. Hier können wir zwei Wege gehen: Entweder wir verteilen die gesamte uns zur Verfügung stehende Fläche gleichmäßig an die Teams. Dann gestalten wir später die gemeinsamen Bereiche und entscheiden, wie viel Fläche jedes Team hierfür abtritt. Oder wir verteilen nur einen Teil unserer Fläche über den existierenden Flächenschlüssel (8 bis 15 Quadratmeter pro Mitarbeiter) an die Teams und definieren so vorab die gemeinschaftlich genutzte Fläche.
Auch diese können wir dann – analog zu den teameigenen Homebases – im Concept-Workshop gemeinsam gestalten. Für gemeinschaftlich genutzte Bereiche wie Orte für sozialen Austausch, Meetingräume, Bereiche für Fokusarbeit und so weiter wird in Unternehmensbereichen mit einem hohen Anteil an teamübergreifender Zusammenarbeit auch oft mehr als die Hälfte der Fläche vorgesehen.
Einen solch hohen Anteil sollten wir aber nicht von vornherein einplanen, und den Nutzerteams aufzwingen. Eher sollten wir mit einem kleineren Anteil (zum Beispiel ein Viertel gemeinsame Fläche) starten und diesen gemeinsam im Workshop erweitern.

Lage

Grundsätzlich sollten wir bei der Zuordnung der Homebases auch berücksichtigen, welche Teams zusammensitzen sollten. Hier gilt: Wer zusammenarbeitet, sollte zusammensitzen. Wir wollen die Laufwege kurz halten. Hierfür können wir auf die Top-3-Kollaborationspartner eines jeden Teams auf den Understand-Boards blicken.

Damit wir im Concept-Workshop keine Zeit mit Diskussionen verbringen müssen, sollten wir als Raum-Team die finale Zuordnung, die wir gegebenenfalls mit den Team- oder Bereichsleitern erarbeitet haben, auf den genutzten Grundrissen kenntlich machen.

EINLADEN DER NUTZERTEAMS/ NUTZERVERTRETER

Wenn wir lediglich eine kleine Fläche mit bis zu 20 Mitarbeitern planen, benötigt dieser Schritt keine außergewöhnliche Aufmerksamkeit. Wenn wir mit mehreren Nutzerteams arbeiten wollen, könnten wir diese, wie in den letzten Phasen auch, getrennt voneinander in einzelne, hintereinander stattfindende Workshops einladen. Jedoch verlieren wir dann die Möglichkeit, von allen Teams geteilte Flächen gemeinsam zu gestalten.

Wenn wir also gemeinsame Flächen erzeugen wollen – und das ist im Normalfall zu empfehlen – können wir grundsätzlich zwei Wege einschlagen. Entweder wir teilen den Concept-Workshop auf. Dann erarbeiten wir mit jedem Team zunächst einzeln die Homebases. In einem abschließenden Workshop entwickeln wir schließlich mit allen Teams die gemeinsamen Flächen. Falls diese Runde zu groß wird, sollten wir hierzu nur die Nutzervertreter einladen. Oder, und das ist insbesondere in großen Projekten sinnvoll, wir arbeiten in der gesamten Concept-Phase nur mit Nutzervertretern, damit die Workshops nicht zu aufwendig werden.

SONSTIGE VORBEREITUNGEN

Um einen reibungslosen Workshop-Ablauf zu ermöglichen, sollten wir einige Tage vor Beginn des Workshops Vorbereitungen treffen, die wir in der folgenden Checkliste aufgeführt haben.

▶ **1. Teilnehmer einladen**

- ☐ Nutzerteams/Nutzervertreter einladen, max. 20 Teilnehmer

▶ **2. Materialien vorbereiten**

- ☐ Grundrisse mit den markierten Homebases im Maßstab 1:50 ausdrucken, mindestens drei pro Nutzerteam
- ☐ Modulkarten ausdrucken und ausschneiden, drei Sets pro Nutzerteam
- ☐ Ausstattungstemplate ausdrucken, 10 pro Nutzerteam

▶ **3. Raum vorbereiten**

- ☐ Tisch bereitstellen, Größe 2 × 1 Meter
- ☐ Benötigtes Material bereitstellen: Klebeband, Klebestift, Pinnadeln, Klebepunkte, transparente Folie, Folienstifte, Lineale, Scheren
- ☐ Marker oder schmales Klebeband in Schwarz, Rot, Blau, Gelb und Grün
- ☐ Essen und Trinken organisieren
- ☐ Drucker für Fotos bereitstellen

4.4 DER CONCEPT-WORKSHOP

Im Concept-Workshop geht es endlich ans Bauen. Jedes Nutzerteam (oder deren Vertreter) konzipiert auf dem Grundriss mithilfe der Modulkarten seine eigene Umgebung, seine zugeordnete Homebase, unterstützt durch das Raum-Team. Dabei drehen wir verschiedene Runden, immer mit dem Ziel, ganz bestimmte Aspekte herauszuarbeiten. Am Ende verbinden wir alle Aspekte und schaffen gemeinsam mit anderen Teams gemeinschaftliche Flächen. Bis dann unser gesamter selbst geplanter Grundriss vor uns liegt.

Bevor wir damit beginnen, benötigen wir ein gutes Starter-Set an Modulen für unsere Homebase. Dies ist unser erster Arbeitsschritt. Wir werden uns hierbei unter Rückgriff auf das Understand-Board fragen, wie viel Zeit wir gemeinsam in den einzelnen Arbeitsmodi verbringen. Daraus ergibt sich der Flächenbedarf für jeden Modus, und hieraus können wir die für uns passenden Module ableiten.
Im Anschluss werden wir dann die Grundrisse gestalten. Hierbei haben wir es mit einer besonderen Herausforderung zu tun. Einerseits ist es für viele schwierig oder gar unangenehm, vor einem leeren, blanken Grundriss zu stehen und »from scratch« einen Plan zu entwickeln. Auf der anderen Seite besteht die Gefahr, einen Plan zu sehr nach Schema F zu entwickeln und die eigenen Ideen und Anforderungen in den Hintergrund geraten zu lassen. Um das zu vermeiden, wollen wir möglichst viele Varianten durchspielen. Denn dann verlassen wir irgendwann das Schema F und haben plötzlich eine Reihe an Möglichkeiten, die wir dann gemäß unseren Anforderungen überprüfen können. Und wir können uns über mehrere Runden immer mehr unseren Anforderungen annähern.
Wir bauen dabei die verschiedenen Varianten mit verschiedenen Ansätzen und inspiriert durch unsere Vorarbeiten. Regelmäßig überprüfen und diskutieren wir anhand unserer Boards, ob wir uns in die richtige Richtung entwickeln. Niemand schafft eine gute Lösung im ersten Wurf. Auch kein geübter Innenarchitekt. Jeder nähert sich dem besten Ergebnis durch ständiges Ausprobieren, Verwerfen und Verbessern. Manchmal werden wir in Sackgassen geraten, die nicht weiterführen, zum Beispiel wenn wir tolle Entwürfe haben, die dann aber doch keinen Platz für den notwendigen Flur bieten. Aber am Ende werden wir es vor uns haben: unser Konzept für unsere Homebase. Falls wir zusammen mit anderen Nutzerteams unsere neue Fläche beziehen werden, verbinden wir am Ende des Workshops alle Homebases zu einem großen Grundriss und entscheiden, welche Flächen wir auch gemeinsam nutzen können.

FLÄCHENPROGRAMM – PASSENDE MODULE ZUSAMMENSTELLEN

In unserem ersten Arbeitsschritt in diesem Workshop geht es darum, das zu uns passende »Baumaterial«, also unsere oben beschriebenen Module (Räume, Flächen und Möbel), in einer für uns sinnvollen Quantität zusammenzustellen. Die Anordnung der Module interessiert uns zunächst einmal nicht.
Diese Auswahl können wir auch intuitiv treffen und diesen Schritt überspringen. Wir empfehlen aber, etwas Zeit zu investieren, um ein solches Starter-Set mithilfe des Templates »Flächenprogramm« zu entwickeln. → TEMPLATE CO2
Das macht insbesondere Sinn, wenn wir viel Fläche zur Verfügung haben und nicht so recht wissen, wie wir anfangen sollen. Hierzu nutzen wir das Template, in das wir zunächst die Verteilung der Arbeitsmodi für das gesamte Team aus dem Understand-Board übertragen.

1

Arbeitsmodus	*Flächenbedarf Faktor*		*Anteil Arbeitsmodus (in Std.)*		*Flächenanteil*
FOKUS	2	×	2	=	4
EINZEL	6	×	1,5	=	9
DIALOG	5	×	1	=	5
TEAM	3	×	1	=	3
MEETING	2	×	1,5	=	3
SOCIAL	4	×	1	=	4

3

2

Vorhandene Fläche in m²		*Flächenanteil Summe*		*Flächenanteil Koeffizent*
400	÷	28	=	14,286

TEMPLATE CO2: Flächenprogramm *darkhorseworkspaces.de/buch/downloads*

Diese Verteilung zeigt uns, welchen Anteil des Tages welcher Arbeitsmodus in unserem Team einnimmt. Diesen so beschriebenen Arbeitsalltag wollen wir mit unserer neuen Arbeitsumgebung möglichst gut abdecken.

▶ Schritt 1:

Als Erstes berechnen wir den Flächenanteil jedes Arbeitsmodus. Dafür nutzen wir den Flächenbedarf-Faktor. Dieser beschreibt grob, wie flächenintensiv das Arbeiten in einem bestimmten Modus ist. Diesen multiplizieren wir mit dem Anteil des jeweiligen Arbeitsmodus.

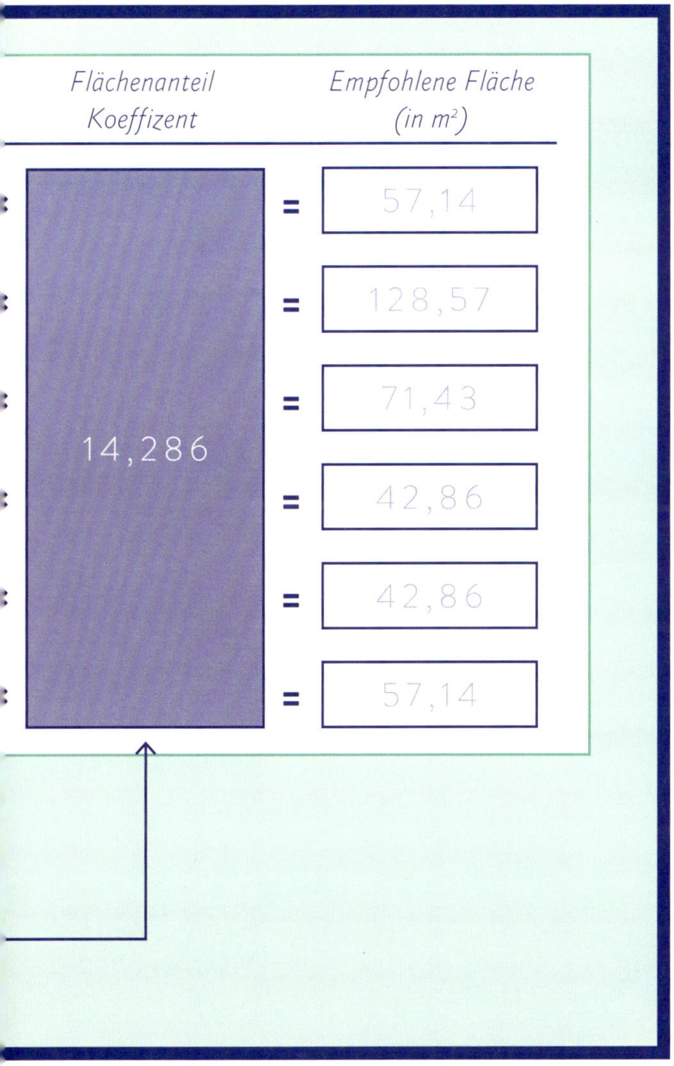

▶ Schritt 2:

Wir addieren alle Flächenanteile zu einer »Flächenanteil-Summe«. Die Quadratmeter der uns zur Verfügung stehenden Fläche, die wir verplanen können, teilen wir durch ebendiese »Flächenanteil-Summe«. Wir erhalten den »Flächenanteil-Koeffizienten«.

▶ Schritt 3:

Nun können wir jeweils den Flächenanteil eines Arbeitsmodus mit dem »Flächenanteil-Koeffizienten« multiplizieren und erhalten so die empfohlene Fläche für jeden Arbeitsmodus auf unserer Gesamtfläche. Hier können wir sehen, wie viel Meetingfläche wir zum Beispiel bräuchten, um unsere gesamte Meetingzeit pro Tag abzudecken. Natürlich arbeiten wir hier nur mit Daumenwerten, aber das reicht, um loszulegen.

Nun können wir schrittweise von Modus zu Modus gehen und diskutieren, mit welchen Modulen in welchen Größen wir die empfohlene Fläche jeweils herstellen können. Wenn wir zum Beispiel 60 Quadratmeter Fläche für Teamarbeit benötigen, können wir diskutieren, ob für uns drei mittlere oder zwei große Teamräume besser passen. Auch die Art des Teamraums können wir diskutieren. Bei diesen Entscheidungen helfen uns die im Kapitel »Wichtige Werkzeuge« vorgestellten Spiel- und Gestaltungsstrategien sowie die Informationen unseres Understand-Boards. Haben wir hier eine Idee für ein Modul, welches wir nicht im Baukasten finden, skizzieren wir eine eigene Karte.

Wie gesagt, hier geht es nur um Näherungswerte und ein erstes Starter-Set. Später, beim Platzieren der Modulkarten auf dem Grundriss, werden wir noch diverse Entscheidungen treffen müssen.

1_ FOKUS

Das Betrachten des Arbeitsmodus Fokus spielt vor allem in Teams eine wichtige Rolle, in denen eine größere Lautstärke herrscht und ein Bedarf an Fokusarbeit besteht. Außerdem stellt uns dieser Modus in offenen Flächen vor besondere Herausforderungen, da er dort schwer zu praktizieren ist. Siehe hierzu auch die zweite Spiel- und Gestaltungsstrategie, »Arbeitsraum oder offene Arbeitsflächen?«.

Modulauswahl: Die Fokusarbeit braucht eine speziellere Umgebung. Denn Stille, Ruhe und Abgeschiedenheit sind Dinge, die nicht an jeder Ecke des Office zu finden sein werden. Hierfür benötigen wir insbesondere geschlossene Räume. Die finden sich natürlich auch in Form von Meeting- oder Teamräumen, allerdings werden wir dort ständig durch Kollegen gestört, die darin eigentlich arbeiten wollen und sollen.
Es sollten also eigene Räume für die Fokusarbeit geschaffen werden. Fokusboxen, Dialogboxen oder Bibliotheken bieten sich an.
Fokusboxen und Dialogboxen als Glaskästen haben den Vorteil, dass sie kleiner und recht frei platzierbar sind und dadurch näher an unserer Homebase liegen können. Und sie sind multifunktional, hier kann man sogar telefonieren oder an einer Videokonferenz teilnehmen, ohne zu stören. Der Nachteil, wie ihr Name schon sagt, besteht darin, dass es Boxen sind. Wer hält sich schon gerne in einer Box auf, jedenfalls für längere Zeit? Bibliotheken sind angenehmer, aber dafür nicht multifunktional und meist weiter entfernt. Weitere Aspekte zur Eignung finden wir auf den Modulkarten.
Eine Option für »jugendlichere« Teams besteht darin, Fokusarbeit unter dem Kopfhörer zu betreiben. Hier müssen wir lediglich noch für etwas visuelle Ruhe sorgen, aber das können jede Ecke und Nische oder sehr gut auch Hochlehner-Sofas im Modul Marktplatz leisten.

Benötigte Fläche: Bei der Frage, welche und wie viele Angebote wir für die Fokusarbeit brauchen, ist Folgendes zu bedenken: Sollten wir im Team eher autark und einzeln arbeiten, wird in der Realität ein Teil der Fokusarbeit auch in der Schreibtischzone erledigt werden. Hier gilt es, unseren Bedarf an dezidierten Fokusarbeitsmöglichkeiten noch einmal genauer zu hinterfragen.
Bei sehr interdependenten Teams mit konstantem Austausch ist Ruhe in der Schreibtischzone oft nicht gegeben. Auch ein sehr unterschiedliches Kommunikationsverhalten der Teammitglieder führt zu Unruhe. Der aus dem Flächenprogramm resultierende Bedarf an Modulen und Flächen für die Fokusarbeit ist hier wirklich gegeben.
Wichtiger Input aus dem Understand-Board:

- ❑ *Arbeitsmodi*
- ❑ *Kommunikation*
- ❑ *Teamstil*
- ❑ *Info: Strategie 2*

2_ EINZEL, DIALOG UND TEAM

Unser wichtigster Arbeitsmodus ist meist einer aus diesem Trio. Wir betrachten aber alle drei gemeinsam, da sie eng verknüpft sind (wir wechseln ständig zwischen ihnen) und auch durch die gleichen Module abgedeckt werden können. Denn Einzelarbeit, Dialog und Teamarbeit finden meist im Zentrum unserer Homebase statt, das meist den Schreibtischbereich bildet. Trotzdem sollten wir uns nach dem für uns wichtigsten Modus von diesen dreien richten und die Homebase dementsprechend konfigurieren.

Modulauswahl: Unser Baukasten bietet verschiedene Module, um uns eine erste Basis für diese Arbeitsmodi zu schaffen: Deskspaces, Dialogspaces, Teamräume. Für die Auswahl sollten wir die Verteilung unserer Arbeitsmodi und unseren Teamstil beachten. Die jeweilige Eignung der Module finden wir in der Beschreibung der Modulkarten.
Über diese Basis hinaus sollten wir uns überlegen, ob wir zusätzliche Module für diese drei Arbeitsmodi benötigen. Ein wichtiges Thema sind hier das Telefonieren und Videocalls, welche wir auf dem Understand-Board unter »Kommunikation« diskutiert hatten. Wenn wir eher spontan telefonieren, werden wir dies kaum auslagern können. Wir werden am Schreibtisch von einem Anruf »erwischt« und bleiben hier sitzen. Wenn wir eher geplant telefonieren oder zu einem Videocall eingeladen sind, können wir zusätzliche Fokusboxen auf unserer Homebase bereitstellen. Siehe hierzu auch die vierte Spiel- und Gestaltungsstrategie, »Wo wird telefoniert?«.

Benötigte Fläche: Nun widmen wir uns der spannenden Frage, wie viele Schreibtische wir auf unserer Homebase vorsehen müssen. Die Maximalzahl ist natürlich unsere auf dem Understand-Board im Feld »Teamstruktur« festgehaltene Teamgröße. Dann hat jeder seinen Schreibtisch. Aber ist das wirklich nötig?
Schauen wir auf das Understand-Board: Wenn unsere durchschnittliche Anwesenheit unter 80 Prozent liegt, lohnt es sich, über Shared Desks zu diskutieren. Ob ein Shared-Desk-Prinzip sinnvoll ist, hängt aber auch von unserem Teamstil und den Arbeitsmodi ab, die wir ebenfalls auf dem Understand-Board festgehalten haben. Shared Desks passen zu Teams, die Platz für Teamarbeit, Meeting und andere kollaborative Modi brauchen und seltener der Einzelarbeit nachgehen. Insbesondere Teams, die eher blockweise zusammenarbeiten, können einen höheren Bedarf an Teamräumen haben und den nötigen Platz hierfür durch das Shared-Desk-Prinzip schaffen.
Die Formel für das Errechnen der benötigten Menge an Schreibtischen steht hier:

ANZAHL DER DESKS = TEAMGRÖSSE x FAKTOR

- **»Faktor«**
  ist eine Zahl zwischen 0 und 1. Beträgt der Faktor 0, ist kein Schreibtisch vorhanden. Im Regelfall werden Teams aber zumindest einige Schreibtische benötigen. Beträgt der Faktor 1, hat jedes Teammitglied einen Schreibtisch. Ein üblicher Faktor für ein Shared-Desk-Prinzip liegt zwischen 0,6 und 0,7.

Falls wir nur sehr wenige Schreibtische (zum Beispiel mit dem Faktor 0,5) planen, sollten wir gegebenenfalls über einen Puffer nachdenken und zum Beispiel das Modul Workbench einplanen – oder einen Marktplatz hierfür nutzen. (Siehe hierzu auch die dritte Spiel- und Gestaltungsstrategie, »Fixed Desks oder Shared Desks?«.)

Was die Anzahl der notwendigen Teamräume betrifft, so können wir hier mit dem Template »Flächenprogramm« einen guten Näherungswert errechnen. Ein bis zwei zusätzliche Teamräume oder Dialogboxen können wir aber vorsehen, wenn wir viel mit anderen Teams zusammenarbeiten und hierfür zum Beispiel nicht das Modul Marktplatz nutzen wollen.
Wichtiger Input aus dem Understand-Board:

- ❏ *Arbeitsmodi*
- ❏ *Teamstruktur*
- ❏ *Teamstil*
- ❏ *Anwesenheit*
- ❏ *Info: Strategie 3 + 4*

3_ MEETING

In unserem Ansatz betrachten wir Meetings nicht mehr einfach nur als Meetings. Der Austausch mit Kollegen kann auch als Dialog oder Teamarbeit stattfinden. Als Meeting wollen wir hier ausschließlich das herkömmliche formellere Abstimmen ansehen. Dafür kann es auch herkömmliche Meetingräume geben.

Modulauswahl: Beim Arbeitsmodus Meeting lohnt es sich, nochmals zu reflektieren, ob wir wirklich ein formelles klassisches Meetingmodul benötigen. Treffen wir uns häufig mit Externen oder Kollegen, die ein formelleres Setting vorziehen würden? Oder treffen wir uns eher mit eigenen Kollegen, wofür zum Beispiel auch die Teamraum-Module funktionieren würden? Falls ja, sollten wir diese wählen, da Teamräume immer platzsparender, multifunktionaler, angenehmer und »cooler« sind.
Meetingräume lassen sich jedoch besser für große Gruppen nutzen. Vielleicht wollen wir regelmäßig ganze Abteilungen zu einem wöchentlichen Treffen zusammenbringen, was in Teams mit autarkem Teamstil oft der Koordination dient. Wenn uns hierzu zum Beispiel das Modul Marktplatz zu unkonventionell ist, ist der große Meetingraum die bessere Wahl. Die Größe der Meetingräume sollten wir von der Teilnehmerzahl unserer größten Treffen abhängig machen. Jedoch lohnt sich auch immer ein Blick, ob wir für seltene große Meetings nicht auch andere Meetingräume im Gebäude oder auf dem Standort nutzen könnten. Denn große, meist leere Meetingräume sind Platzverschwendung.

Benötigte Fläche: Die Anzahl der benötigten Meetingräume zeigt uns grundsätzlich das Flächenprogramm. Diese Zahl sollten wir aber anhand der oben angestellten Überlegungen noch einmal kritisch hinterfragen. Insbesondere wenn wir große Meetingräume schaffen, sollten wir später im Workshop immer schauen, ob wir »unseren« Meetingraum mit anderen Teams teilen und so insgesamt wieder mehr Platz schaffen können.

Wichtiger Input aus dem Understand-Board:

- ❏ *Arbeitsmodi*
- ❏ *Teamstruktur*
- ❏ *Teamstil*

4_ SOCIAL

Dieser Arbeitsmodus steht für den spontanen, zufälligen sozialen Austausch untereinander. In der Fachsprache auch Serendipity genannt. Das klingt sehr weich und unwichtig, zum Beispiel im Vergleich zum Arbeitsmodus Meeting. Aber hier entsteht die neue Form des Wissensaustauschs und der Vernetzung, die wir im Kapitel »Network« beschrieben haben. Diese wird wichtiger oder ist manchmal schon die wichtigste Aufgabe einer Arbeitsumgebung. Die Bedeutung dieses Modus zeigt sich zwar nur selten im Anteil der Zeit, den er an unserer gesamten Arbeitszeit hat. Aber wir sollten ihm einen Platz geben. Am besten einen großen.

Modulauswahl: Sozialer Austausch kann natürlich überall stattfinden. Auf jedem Laufweg, in jedem Türrahmen. Aber er wird häufiger und wertvoller, wenn wir für ihn eine eigene Fläche schaffen, auf der alle zusammenkommen. Das Modul Marktplatz ist hier eine Lösung, die viele Vorteile in sich vereint. Als Ergänzungsfläche kann er in von Schreibtischen dominierten Homebases eher autarker Teams viel besser funktionieren als die klassische Teeküche. Diese ist zwar manchmal ohnehin vorhanden, weil sie baulich eben vorgesehen ist, doch das sollte uns nie von der zusätzlichen Einrichtung eines Marktplatzes abhalten.
Neben dem Marktplatz fördern auch räumlich näher beieinander liegende Homebases den teamübergreifenden sozialen und zufälligen Austausch. Siehe hierzu auch die erste und die zweite Spiel- und Gestaltungsstrategie, »Raumtrennung generell« und »Arbeitsraum oder offene Arbeitsflächen?«.
Den sozialen Austausch innerhalb des Teams fördern wir durch Homebases, die eher offen gestaltet sind. Zusätzliche Sofaecken zum Beispiel im Modul Teamraum Couch können für noch mehr Austausch sorgen.

Benötigte Fläche: Der Marktplatz ist ein großes Modul, das von vielen Kollegen gemeinsam genutzt werden sollte. Deswegen sollten wir hierfür einen großen zentralen Bereich und nicht etwa unsere eigene Homebase vorsehen. Aber wir müssen unseren Bedarf formulieren und diesen mit den anderen Teams in Runde 4 abstimmen. Dann müssen wir gemeinsam entscheiden, ob wir einen großen Marktplatz wollen. Dieser ist dann idealerweise der einzige auf der Etage (denn das ist ja die Grundidee) und reicht für bis zu 200 Kollegen.
Wichtiger Input aus dem Understand-Board:

- ❏ *Arbeitsmodi*
- ❏ *Teamstil*
- ❏ *Info: Strategie 1 + 2*

5_ SONDER

Wir wollen nun die möglichen Sonderfälle unserer Arbeit betrachten und überlegen, mit welchen Modulen wir diese adressieren können. Hierbei kann es durchaus sein, dass wir im Baukasten nicht fündig werden und eigene Modulkarten skizzieren müssen.
Erstens sollten wir prüfen, ob wir für unser Team eine Sonderkategorie als Arbeitsmodus definiert haben. Falls ja, sollten wir auch ein entsprechendes Modul vorsehen, sofern wir für diesen Modus Sonderräume benötigen. Zweitens sollten wir auf dem Understand-Board das Feld Sonderausstattung anschauen. Finden sich hier raumfüllende Objekte oder ganze Räume (zum Beispiel Serverräume, Testlabore und so weiter), die wir

realisieren wollen? Dann sollten wir diese Flächen in der adäquaten Größe als Modul ins Set aufnehmen. Drittens sollten wir schauen, ob wir auf unserem Understand-Board Sonderrollen wie zum Beispiel eine Teamassistenz oder einen Geschäftsführer definiert haben. Auch hier könnte es Bedarf nach einem besonderen Modul geben.

6_ PRIORISIERUNG

Da es bei knappen Flächen nicht unwahrscheinlich ist, dass wir später nicht alle Module komplett platzieren können, sollten wir eine Priorisierung vornehmen. Hierzu markieren wir in absteigender Reihenfolge die für uns wichtigsten Module. Für diese Diskussion hilfreiche Fragen sind: »Welches Modul wird uns am meisten fehlen, wenn es nicht da ist?« und »Welcher Arbeitsmodus ließe sich notfalls auch in einem anderen Modul durchführen?« Zudem sollten wir zum Beispiel mit farbigen Klebepunkten markieren, ob ein – und wenn ja, welches – Teilteam ein bestimmtes Modul in unmittelbarer Nähe benötigt.

Übrigens: Das Zusammenstellen der Module ist zusammen mit dem Understand-Board schon ein sehr gutes Briefing für die ausführendie Ermöglicher, also das Real-Estate-Management oder den Architekten. Auf dieser Grundlage kann eine recht passgenaue Arbeitsumgebung geplant werden. Trotzdem lohnt es sich für uns, auch den nächsten Schritt – das Übersetzen in den Grundriss – noch selbst zu gehen. Denn hier treffen wir auf die realen Randbedingungen der neuen Arbeitsumgebung und werden zum weiteren Priorisieren angehalten. Dadurch haben wir die Chance, selbst eine machbare Auswahl an Modulen zu treffen, statt dies dann doch dem Real-Estate-Management oder dem Architekten zu überlassen.

Und noch etwas: Natürlich ist das Flächenprogramm kein exaktes mathematisches Modell, mit dem wir auf die Nachkommastelle genau vorhersagen können, wie viele Fokusboxen wir in unserer neuen Fläche brauchen. Aber es ermöglicht eine gute Näherung und verschafft einen guten Ausgangspunkt sowie eine sehr nutzer- und nutzungszentrierte Perspektive auf die Flächengestaltung, die uns hilft, unsere räumlich manchmal festgefahrenen Vorstellungen zu überwinden.

GRUNDRISSE BAUEN

Hier können wir nun endlich mit dem Bauen loslegen. Unser Flächenprogramm ist eine sehr gute Grundlage für das Entwickeln von Grundrissvarianten. Trotzdem wollen wir unser Starter-Set am Anfang zur Seite legen – für eine erste Aufwärmrunde, in der wir die im Flächenprogramm festgehaltenen nüchternen Sachzwänge vergessen und uns den freieren, inspirierenderen Ideen des Inspiration-Boards widmen. Grundsätzlich können wir das Flächenprogramm – oder auch das gesamte Understand-Board – und das Inspiration-Board mit unseren beiden Gehirnhälften vergleichen. Wir schalten also für die erste Runde die linke, analytische und faktische Seite ab und arbeiten mit der rechten, intuitiven und gesamtheitlicheren Hälfte. Dafür greifen wir auf das Inspiration-Board zurück.

1_ RUNDE: »ARBEITEN MORGEN«

In unserer Aufwärmrunde starten wir spielerisch. Wir bauen uns unser »Traumoffice«, radikal in die Zukunft gedacht, und versuchen, unsere priorisierten Ideen des Inspiration-Boards zu einer Arbeitsumgebung zusammenzufügen. Hierfür ordnen wir nach und nach die vorhandenen oder selbst gezeichneten Modulkarten auf dem Grundriss an, den wir zuvor mit Krepp-Klebeband auf einem Tisch befestigen.

▶ Schritt 1:

Wir gehen nach und nach durch alle sieben Prinzipien von New Work und widmen uns dabei zunächst nur den größeren, raumübergreifenden Ideen. Es mag natürlich die eine oder andere raumübergreifende Idee geben, die wir räumlich nicht verwirklichen können, weil sie zwar unser zukünftiges Arbeiten betrifft, aber keine räumliche Komponente hat. Ein Beispiel wäre »Carsharing« (vielleicht fehlt uns im Moment aber auch nur die Fantasie hierfür!). Dennoch wollen wir in diesem Schritt versuchen, möglichst alle raumübergreifenden Ideen in Raumkonzepte zu übersetzen. Zuerst schauen wir, ob sich die Ideen mit dem Material aus dem Baukasten, unseren Modulkarten, verwirklichen lassen. Vielleicht decken die Modulkarten bereits sehr genau ab, was uns vorschwebt. Spannend sind natürlich raumübergreifende Ideen, die mit dem vorhandenen Material nicht optimal zu verwirklichen sind. Einen Indoor-Garten finden wir im Baukasten beispielsweise nicht. Dieser ist aber schnell hinzugefügt. Hierfür legen wir eigene Modulkarten an, die sich später wie die schon vorhandenen Modulkarten auf dem Grundriss verschieben und kombinieren lassen. Dafür können wir die leeren Karten aus dem Baukasten oder transparente Folie verwenden und darauf mit einer Skizze unsere Idee andeuten (dabei müssen wir, so gut es geht, den Maßstab 1:50 beachten). Ein schmissiger Titel für unser neues Modul hilft uns später bei der Kommunikation.

▶ Schritt 2:

Erneut gehen wir durch alle sieben New-Work-Prinzipien und betrachten nun kleinere Ideen. Dinge wie einzelne Räume oder Objekte wie zum Beispiel Welcome-Boards am Eingang oder die Massagestühle sind hier interessant. Auch diese zeichnen wir – wenn nicht im Baukasten vorhanden – auf leere Karten oder Folie, sodass wir sie später einfach platzieren und verschieben können.

▶ Schritt 3:

Nun platzieren wir die ausgewählten und selbst gestalteten Modulkarten auf dem Grundriss. Dort ordnen wir sie an, probieren und diskutieren verschiedene Varianten und schieben die

Modulkarten zu diesem Zweck auf dem Grundriss hin und her, bis wir für alle Ideen einen guten Ort gefunden haben. Es ist gut möglich, dass uns während des Kombinierens von Ideen und Modulen neue oder noch bessere Varianten von schon vorhandenen Modulen einfallen. Dann fertigen wir auch hier neue Modulkarten an. Jetzt können wir um unsere bestehenden Ideen auch weitere Module aus dem Baukasten anordnen, die wir in unserem Traumbüro haben wollen. In diesem Schritt soll es uns nicht stören, wenn der Grundriss zu klein wird. Wir bauen einfach über die Außenwände hinweg. In diesem Schritt heißt es immerzu: kombinieren, ergänzen, verwerfen, neu kombinieren. Irgendwann liegt dann unser Traumbüro für das Arbeiten von morgen vor uns. Wenn wir diesen Stand erreicht haben, machen wir ein Foto des Entwurfs und halten auf dem Template »Concept-Sheet« fest, welche wichtigsten Merkmale dieses Entwurfs uns besonders gut gefallen haben und warum. Diese Concept-Sheets werden wir für jeden Zwischenstand ausfüllen, sodass wir später leichter die Vorteile der verschiedenen Zwischenstände miteinander verbinden können.
→ **TEMPLATE CO3**

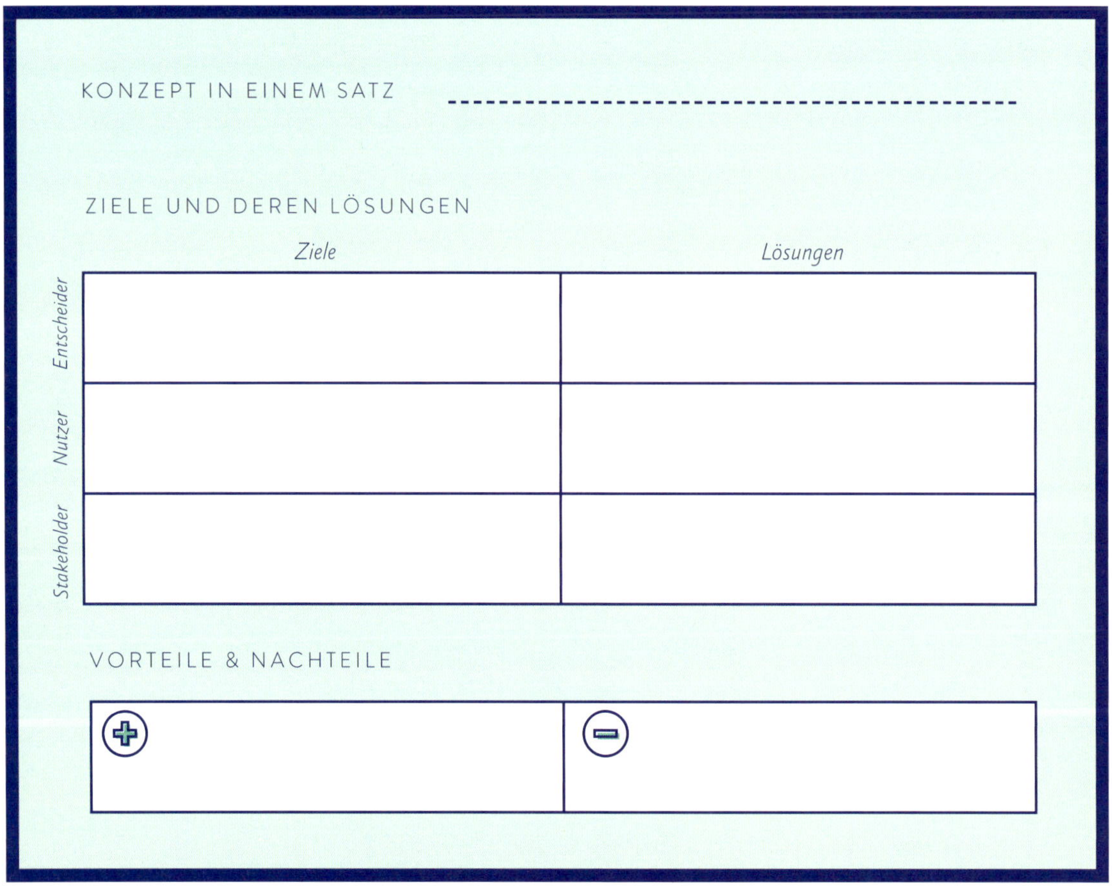

TEMPLATE CO3: Concept-Sheet *darkhorseworkspaces.de/buch/downloads*

2_ RUNDE: »ARBEITEN HEUTE«

Die zweite Runde dreht sich um das Flächenprogramm und das Understand-Board. Ziel dieser Runde ist es, einen sehr realistischen, auf das wirkliche Arbeiten bezogenen Grundriss zu entwickeln.
Wir beginnen also mit unserem Starter-Set an Modulkarten und füllen damit einen neuen Grundriss (der auch in dieser Runde am besten mit Krepp-Klebeband am Tisch fixiert ist). Dabei platzieren wir die Modulkarten mit absteigender Priorität, bis unsere Fläche gefüllt ist.

▶ Schritt 1:

Die zweite Runde ist zunächst eher eine Priorisierungsaufgabe. Wir müssen die Modulkarten auf einer begrenzten Fläche verteilen, die Wichtigkeit von Modulkarten gegeneinander abwägen und manches verwerfen. Spannend ist hier insbesondere die Frage, welche Bedeutung den relativ flächenintensiven Schreibtischarbeitsplätzen eingeräumt wird. Schaffen wir für jeden einzelnen unserer Kollegen einen eigenen Schreibtisch, oder probieren wir das Shared-Desk-Prinzip aus und erzeugen so zusätzlich Platz für andere Angebote? Grundlegende Gedanken zu dieser Entscheidung haben wir uns schon im ersten Arbeitsschritt des Concept-Workshops gemacht.

▶ Schritt 2:

Wenn alles Wichtige eingeplant ist und wir eine erste annehmbare Variante gefunden haben, sollten wir gegebenenfalls die genaue Verortung der Module noch optimieren. Die Leitfragen lauten: »Was platzieren wir neben was?« und »Wie verteilen wir diese Module am sinnvollsten in der uns zur Verfügung stehenden Fläche?« Dazu können wir auch die oben beschriebenen Spiel- und Gestaltungsstrategien nutzen. Es lohnt sich definitiv, verschiedene Varianten auszuprobieren. Oft ergibt sich durch eine glückliche Kombination noch etwas zusätzlicher Platz, der sinnvoll genutzt werden kann.

▶ Schritt 3:

Erst jetzt sollten wir uns der Frage der Raumtrennung widmen und überlegen, welche Zonen oder Module voneinander getrennt werden müssten. Manche Modulkarten haben schon eingezeichnete Wände (zum Beispiel Bibliotheken oder Meetingräume), die für ihre Funktion wichtig sind. Andere Modulkarten (zum Beispiel Deskspaces) können mit oder ohne Raumtrennung vorgesehen werden. Dabei sollten wir uns jeweils auch überlegen, auf welcher Ebene (visuell, akustisch, gefühlt) wir diese Trennung benötigen, und die dementsprechende Art der Raumtrennung auf der jeweiligen Modulkarte mit Markern einzeichnen. Wir wollen unterscheiden zwischen Wand (schwarz), Glas (blau), Vorhang (rot), Schiebewand (grün) und Raumteiler (gelb). Falls wir ein sehr unterschiedliches Kommunikationsverhalten im Team haben, kann eine stärkere akustische Trennung zwischen zwei Schreibtischzonen helfen. So können wir eine ruhige und eine lautere Zone schaffen. Auch hier helfen die Spiel- und Gestaltungsstrategien.
In diesem Schritt sollten wir außerdem überlegen, wie flexibel unsere Umgebung sein soll. Falls wir eine wandelbare Grundrissgestaltung für sinnvoll halten, sollten wir weniger Wände und mehr flexible Raumteiler nutzen.

▶ Schritt 4:

Während dieser »Bauphase« sollten wir ab und zu einen Blick auf unser Understand-Board werfen und uns folgende Fragen stellen:

Wird unser Entwurf den erklärten Zielen unserer Kollegen und den Zielen unseres Managements und weiterer Stakeholder gerecht, und können wir das begründen? Und was können wir gegebenenfalls tun, damit unser Entwurf diesen Wünschen und Zielen noch besser entspricht? Erst wenn wir keine Möglichkeiten der Verbesserung mehr sehen, beenden wir die Arbeit am Entwurf.

Als Ergebnis der zweiten Runde haben wir eine Zonierung gefunden, die zumindest gut zu unserem aktuellen Arbeiten passt – und das ist schon einmal mehr, als die meisten aktuellen Büros von sich behaupten können. Wir dokumentieren den Stand, indem wir ein Foto machen und auf dem Template »Concept-Sheet« festhalten, welche wesentlichen Merkmale dieses Entwurfs uns besonders gut gefallen und warum sie das tun.

3_ RUNDE: »DAS BESTE AUS BEIDEN WELTEN«

Jetzt müssten wir zwei sehr unterschiedliche Grundrisse auf dem Tisch vor uns liegen haben. Einen, der sehr zukunftsorientiert, sehr ganzheitlich, eher unkonventionell und wahrscheinlich viel zu groß ist – unsere »rechte Gehirnhälfte«. Und einen anderen, der sehr analytisch auf das aktuelle Arbeiten bezogen ist und wahrscheinlich zu 90 Prozent direkt so umgesetzt werden kann. Leider können wir später nur einen Grundriss realisieren. Ziel ist aber, dass dieser Grundriss das Beste aus beiden Extremen intelligent verbindet. Er soll für unser Arbeiten heute funktionieren, aber auch das Arbeiten von morgen ermöglichen und fördern.
Um diesen Grundriss zu entwickeln, rollen wir neben unseren beiden Ausgangsvarianten einen dritten leeren Grundriss aus, fixieren ihn und füllen ihn gemäß der unten beschriebenen Schritte. Auch hier wird sich das Durchspielen vieler Varianten positiv auf das Ergebnis auswirken. Hierbei müssen wir uns nun an unseren realen Grundriss halten und dürfen nur unsere tatsächlich zur Verfügung stehende Fläche verplanen.

▶ Schritt 1:
Der schnellste Weg zum Kompromiss ist das Priorisieren. Darum werden wir, vor allem bei knapperen Flächen, nicht herumkommen. Wir priorisieren zunächst jeden Grundriss einzeln und fragen uns, welche Modulkarten uns jeweils am wichtigsten sind. Die wichtigsten Modulkarten beider Grundrisse platzieren wir nun auf dem neuen Grundriss. Mit etwas Verschieben und Kombinieren sollten wir einen Weg finden, der ermöglicht, dass das Wichtigste Platz hat. Wenn hierbei zu viele Ideen verloren gegangen sein sollten, gehen wir zum zweiten Schritt.

▶ Schritt 2:
Wir nähern uns auf einem anderen Weg der Verbindung beider Entwürfe. Denn nicht alle Objekte und Module unserer Grundrisse stehen zueinander in Konkurrenz. Es gibt sicherlich Ideen auf unserem Grundriss »Arbeiten morgen«, die sich in abgewandelter Form auch auf dem Grundriss »Arbeiten heute« finden. Vielleicht haben wir auf dem einen eine Bastelecke in der Art eines Maker-Space, die dem Garagen-Modul auf dem anderen Grundriss gar nicht so unähnlich ist.
Falls wir eine Übereinstimmung haben und sofern unsere Ermöglicher nur Standard-Baukasten-Module zulassen, platzieren wir die Modulkarte aus dem Baukasten auf unserem neuen Grundriss. Andernfalls wählen wir im Falle einer Übereinstimmung das Modul, welches uns eher

80

zusagt. Außerdem können wir für das ausgewählte Modul eine neue Karte anlegen, auf der wir Aspekte des aussortierten Moduls übernehmen können. So schaffen wir Schritt für Schritt eine Symbiose aus beiden Grundrissen.

▶ **Schritt 3:**
Sollten wir mit unserem Grundriss immer noch nicht zufrieden sein, weil wir zu viele wichtige Module verloren haben, können wir über eine Auslagerung in allgemeine Flächen (zum Beispiel Flurbereiche, Erdgeschosse und so weiter) oder das geteilte Nutzen mit anderen Teams nachdenken (siehe die vierte Runde).

▶ **Schritt 4:**
Nun werfen wir noch einen finalen Blick auf unser Understand- und Inspiration-Board und stellen uns erneut folgende Fragen: Wird unser Entwurf den erklärten Wünschen unserer Kollegen und den Zielen unseres Managements gerecht, und können wir das begründen? Und was können wir gegebenenfalls tun, damit unser Entwurf diesen Wünschen und Zielen noch besser entspricht? Erst wenn wir keine Möglichkeiten der Verbesserung mehr sehen, beenden wir die Arbeit am Entwurf.

Nach Abschluss der dritten Runde haben wir im Regelfall bereits den bestmöglichen Kompromiss aus den Grundrissen »Arbeiten heute« und »Arbeiten morgen« vorliegen. Wieder halten wir unseren finalen Grundriss fotografisch und mittels des Templates »Concept-Sheet« fest. Wir könnten es nun bei den erreichten 80 Prozent belassen. Oder (unsere Empfehlung) wir gehen auch noch die letzten 20 Prozent, verbinden gegebenenfalls unsere Homebases mit denen der anderen Teams und kümmern uns um die Details!

20

4_ RUNDE (OPTIONAL): »SHARING«

Falls die Fläche, die wir gerade planen, nicht unsere einzige ist und parallel zu unserem Team auch andere Teams ihre Homebases entwerfen, können wir noch eine andere Strategie nutzen, um möglichst viel Gutes aus den Grundrissen »Arbeiten heute« und »Arbeiten morgen« zusammenzubringen: das Sharing. Nicht jede Fläche und nicht jedes Modul brauchen wir als Team exklusiv. Je mehr Angebote wir mit anderen teilen, desto mehr Platz ergibt sich für alle. Wenn vier Teams ihren eigenen und jeweils wichtigen, aber selten benötigten Meetingraum durch einen gemeinsamen Raum ersetzen, haben wir schnell 20 bis 30 Quadratmeter Fläche pro Team gewonnen, die wir wieder mit interessanten Modulen füllen können.
Wie gehen wir in dieser Runde des Workshops konkret vor?

▶ Schritt 1:
Da hier eventuell zum ersten Mal alle Teams zusammenkommen, die gerade ihre Fläche planen, machen als Einstieg eine kurze Vorstellungsrunde und ein Ablaufplan Sinn, moderiert durch das Raum-Team.

▶ Schritt 2:
Danach trifft sich noch mal jedes Team für sich, markiert sein »Angebot« und legt Flächen, von denen es hofft, sie von anderen Teams angeboten zu bekommen, als »Nachfrage« zur Seite.

▶ Schritt 3:
Sharing im kleinen Kreis: Wir treffen uns zunächst mit unseren ein bis drei direkten Homebase-Nachbarn. Nun geht es ans Teilen: Was kann von wem mitbenutzt werden? Wir legen

alle Grundrisse der Homebases zusammen und versuchen, möglichst viele Nachfragen über Angebote zu erfüllen. Das geht anfangs oft etwas drunter und drüber, aber schon bald tut sich ein gemeinsamer großer Grundriss auf.

▶ Schritt 4:
Sharing im großen Kreis: Wenn wir mehr als vier Teams sind, können wir in einer nächsten Runde alle Grundrisse zusammenlegen. Denn je größer wir den Kreis der untereinander teilenden Teams ziehen können, desto besser. So lässt sich zum Beispiel ein Marktplatz nicht nur unter vier auf 400 Quadratmetern sitzenden Teams teilen, sondern auch mit allen Teams einer 2000 Quadratmeter großen Etage. Flächen, die wir für den Modus Social nutzen wollen, steigen damit sogar in ihrer Qualität, denn der »Network-Faktor« wird höher.
Das Sharing funktioniert natürlich nur für Module, die wir nicht in unmittelbarer Nähe brauchen. Ein Fokusboxen-Zentrum irgendwo auf der Etage wird wohl den meisten zu weit weg sein, um Einzelarbeitsplätze signifikant von Calls zu entlasten, und wäre damit unbrauchbar. Hierauf sollten wir achten. Außerdem sollten wir bedenken, dass ein zu hoher Anteil an geteilten Flächen dazu führt, dass die Mitglieder des Teams mit großem Abstand voneinander arbeiten. Das kann das Teamgefühl schwächen. Hier gilt es, eine Balance zu finden.
Zuletzt noch eine organisatorische Anmerkung: Wenn wir mit mehr als vier Teams arbeiten und in dieser Runde des Workshops alle Mitglieder der einzelnen Teams anwesend sind, können der dritte und vierte Schritt leicht ins Chaos führen. Hier sollten wir gegebenenfalls die Mitglieder »entlassen« und die letzten Verhandlungen über das Teilen nur noch mit den Nutzervertretern führen. Dies kann, wie eingangs erwähnt, auch in einem separaten Termin stattfinden. Insgesamt gesehen lohnt sich diese etwas turbulente Workshop-Runde aber sehr. In ihr entsteht ein großer gemeinsamer Grundriss, der – wie sagt man so schön – mehr ist als die Summe seiner Teile.

5_ RUNDE (OPTIONAL): »DETAILS«

Der Teufel steckt im Detail, und das trifft auch auf Arbeitsumgebungen zu. Jeder kennt das: Wir stehen in grundsätzlich schönen Etagen und tollen, offenen, hellen Räumen, und doch stellt sich nicht das »Hier würde ich gerne arbeiten«-Gefühl ein. Auch beim Durchblättern von Architekturmagazinen denken wir oft: »Ja, sehr schick, aber wohnen wollen würde ich da nicht.« Tatsächlich rührt das oft von einem Mangel oder einer zu wenig oder gar nicht individuellen Auswahl an Details her. Individuelle Details stören oft einen geplanten Look. Ein rot-weiß-blauer Fußball-Kalender macht einer cleanen Wandkombination aus Sichtbeton und Glas den Garaus. Allerdings vorrangig aus Sicht von Architekten, Designern und deren Hobby-Counterparts. Viele »normale« Menschen hingegen mögen einen lebendigen, weniger perfekten Look. Insbesondere natürlich diejenigen, die den Kalender an die Wand gehängt haben.
Und genau darum soll es in dieser letzten Runde gehen. Es wird Zeit für die Details und Individualisierung. Hierbei wollen wir sowohl gestalterische Details als auch funktionale Details angehen, die uns unsere Arbeit noch erheblich vereinfachen oder sie überhaupt erst möglich machen.

Unsere Ideen zu den Details für unsere Module halten wir schriftlich auf Ausstattungstemplates fest, die wir diesen Modulen zuordnen.
→ TEMPLATE CO4 Wenn wir zum Beispiel unser

Modul »Teamraum« um einen Kühlschrank ergänzen wollen, legen wir ein Ausstattungstemplate an, welches sich auf alle Module »Teamraum« bezieht. Wenn wir nur einzelne Teamräume speziell ausstatten wollen, müssen wir hierfür auch spezielle Ausstattungstemplates anlegen und diese zum Beispiel über eine Nummer mit dem entsprechenden Modul verbinden. Ziel ist es, alle wichtigen Details für unseren Grundriss mittels dieses Ausstattungstemplates festzuhalten.
Alle Templates pinnen oder heften wir in das entsprechende Feld auf dem Concept–Board.

Gegebenenfalls können wir auf den Modulkarten auch noch Details einzeichnen, jedoch wird das schnell unübersichtlich.
Auch hier gehen wir in Schritten vor:

▶ Schritt 1 – Atmosphäre:
Als Start in das Thema Details wollen wir uns der Atmosphäre unserer neuen Arbeitsumgebung widmen. Da diese von Raum zu Raum oder Fläche zu Fläche unterschiedlich sein kann, wollen wir hierbei auch modulweise vorgehen. Wir nehmen uns erneut unser Inspiration-Board mit den vielen Fotos vor und finden darauf für jedes Modul mindestens ein Foto, das die Atmosphäre, die wir hier wünschen, widerspiegelt. Entweder pinnen wir dieses Foto zu der entsprechenden Modulkarte, oder wir markieren Karte und Bild mit einem nummerierten Klebepunkt.
Später in der Realität wird unser Raum natürlich nicht genauso aussehen wie auf den Bildern, vor allem, wenn das Real-Estate-Management oder auch der Head of CI/CD hierzu schon Vorstellungen hat. Sollte das jedoch nicht der Fall sein, ist das Festhalten atmosphärischer Details wertvoller Input für die Entwurfsplanung. Und falls doch, so üben wir hier schon einmal für das Finden interessanter Details zu Aspekten wie Funktionales oder Dekoration, die wir in den nächsten Schritten noch behandeln werden.
Wenn wir eine eher einheitliche Atmosphäre beschreiben wollen, sollten wir auch diese auf einem Ausstattungstemplate mit Fotos und/oder Stichworten beschreiben und als übergreifendes, für alle Module geltendes Ausstattungsmerkmal markieren.

▶ Schritt 2 – Stauraum:
Unseren Bedarf an Stauraum haben wir bereits auf dem Understand-Board festgehalten, unterteilt in »persönlich«, »gemeinschaftlich«, »vertraulich« und »Archiv«. Nun gilt es, diesen Bedarf in unserem Grundriss unterzubringen. Wir überlegen uns also, welche Art von Stauraum wir wo benötigen, und halten diesen auf

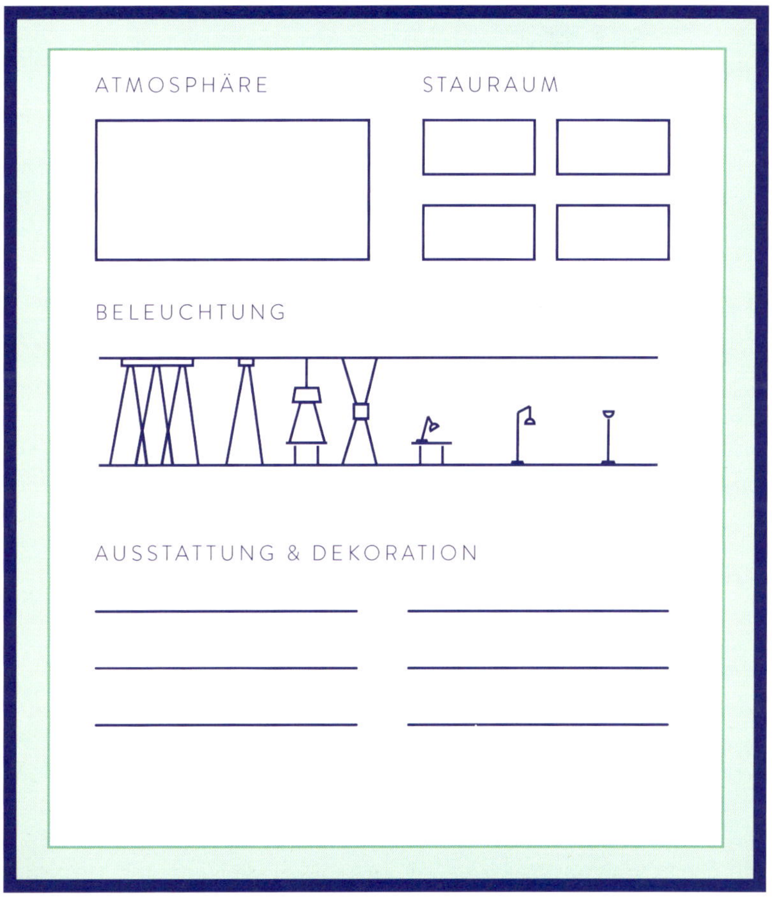

TEMPLATE C04: Ausstattung. *darkhorseworkspaces.de/buch/downloads*

dem jeweiligen Ausstattungstemplate fest. Dabei nutzen wir wieder die Einheit »Regalmeter«, wie im Kapitel »Understand« beschrieben. Einzeichnen auf den Modulkarten müssen wir diesen Bedarf nicht, hier sind ja bereits »Platzhalter« für Stauraum vorgesehen. Das konkrete Verteilen der Regalmeter in dem jeweiligen Modul überlassen wir lieber dem Real-Estate-Management oder dem Architekten. Falls wir dieses Thema aber doch selbst übernehmen wollen, können wir unsere jeweils benötigten Regalmeter pro Modul auf »Ordnerhöhen (OH)« verteilen, was für Büroschränke immer angegeben ist. Es zeigt an, wie viele Regalböden mit einem jeweiligen Höhenabstand von in der Regel 33 Zentimetern in einem Möbel vorhanden sind. So hat ein flaches Sideboard 2 OH, ein hohes Sideboard 4 OH und ein Aktenschrank oft 6 OH. Wenn wir also zum Beispiel sechs Regalmeter Stauraum schaffen wollen, brauchen wir dafür einen ein Meter breiten Aktenschrank oder zwei eineinhalb Meter breite flache Sideboards. Wir überprüfen, wo wir diesen zusätzlichen Platz haben, und zeichnen dann unseren benötigten Stauraum direkt auf der Modulkarte des entsprechenden Ortes ein, wobei wir die Anzahl der benötigten Elemente notieren sowie deren Breite und die Ordnerhöhe. Aber, wie gesagt, in der Regel sollten wir das den Experten überlassen.

Was wir allerdings tun sollten: Wir gehen schrittweise durch die verschiedenen Stauraum-Arten »persönlich«, »gemeinschaftlich«, »vertraulich« und »Archiv« und überlegen, wo wir wie viele Regalmeter vorsehen wollen. Diesen Bedarf halten wir auf den entsprechenden Ausstattungstemplates fest. Beachten sollten wir hierbei, dass »vertraulicher« Stauraum in der Nähe der Personen geschaffen werden sollte, die Zugang zu ihm haben müssen.

»Archiv«-Stauraum hingegen muss sich nicht auf unserer Fläche befinden und kann zum Beispiel in Flure (Achtung, Fluchtwege und Brandlasten beachten!), zu Druckerstationen oder in den Keller ausgelagert werden. Es gilt zu beachten, dass bei Shared-Desk-Konzepten persönlicher Stauraum zentral und nicht in einzelnen Büroräumen platziert wird und auch Teamstauraum zentral in der Homebase untergebracht wird.

▶ Schritt 3 – Funktionales:

Welche Details machen das Arbeiten angenehmer, einfacher, effizienter? Beschreibbare Oberflächen und dazu passendes Material, Task-, Kanban- oder Scrumboards sowie Schreibtischlampen sind offensichtliche Antworten. Aber gibt es weniger naheliegende Dinge, die ganz speziell unser Arbeiten besser machen? Ideen hierzu finden wir in der Tool-Abteilung unseres Inspiration-Boards oder in den Feldern für Sonderausstattung auf dem Understand-Board. Außerdem können wir hier kurz unseren bisherigen Arbeitsalltag durchspielen und die größten »Probleme« durchdenken. Zum Beispiel haben wir vielleicht Kollegen, die für ihre Fokusarbeit ständig den Ort wechseln. Derzeit schleppen sie – sehr nervig – ständig Kopfhörer mit sich herum. Wie wären in diesem Fall überall herumliegende formschöne Kopfhörer als kleines Detail, um hier Abhilfe zu schaffen? Oder gibt es kleine Dinge, die wir in unserem derzeitigen Büro ständig benutzen? Vielleicht wären sie auch in der neuen Arbeitsumgebung nützliche Details. Auch hier sollten wir wieder prüfen, wo unsere Ideen ihren Platz finden sollen, und diese dann auf dem jeweiligen Ausstattungstemplate notieren.

▶ Schritt 4 – Dekoration:

Zugegeben, das Wort »Dekoration« klingt ein wenig nach unnützem Zeug – und es lässt manchem Ästheten, der Puristisches mag, die Haare zu Berge stehen. Aber Verschönerung, auch ohne jeden funktionalen Nutzen, ist ein nicht unwichtiger Aspekt von New Work – Stichwort »Wellbeing«. Allerdings ist Verschönerung insbesondere in größeren Unternehmen ein brisantes Thema. Dort existieren Richtlinien, sogenannte Corporate-Identity- oder Corporate-Design-Manuals, welche die Auswahl von Farbe, Material oder »Dekorationsgegenständen« oft sehr beschränken. Glücklicherweise lässt sich beobachten, dass es durch den Einfluss einschlägiger Hipster-Büros des Silicon Valley sowie die auch in Deutschland starke Tradition der individuellen Gestaltung von Einzelbüros (zum Beispiel mit Fotokalendern) eine Bewegung hin zu einem lockereren Umgang mit diesen Regeln gibt (siehe auch das Kapitel »Identity«).

Ein dieser Entwicklung entgegenstehender Trend ist die sogenannte »Clean-Desk-Policy«. Vor allem in Umgebungen mit Shared-Desk-Einzelarbeitsplätzen ist diese Regelung öfter anzutreffen. Sie fordert, dass Arbeitsflächen abends von persönlichen Gegenständen komplett freigeräumt werden. Das ermöglicht zwar das problemlose Wechseln von Arbeitsplätzen, geht aber sehr auf Kosten einer individuellen Arbeitsumgebung. In diesem Fall kann das individuelle Gestalten auch abseits der Arbeitsflächen passieren. Wände, Türen, Sideboards und vor allem offene Raumteiler bieten hierfür durchaus Fläche. So können wir in unserem Teambereich Atmosphäre schaffen und trotzdem sicherstellen, dass jeder morgens einen blanken Schreibtisch vorfindet.

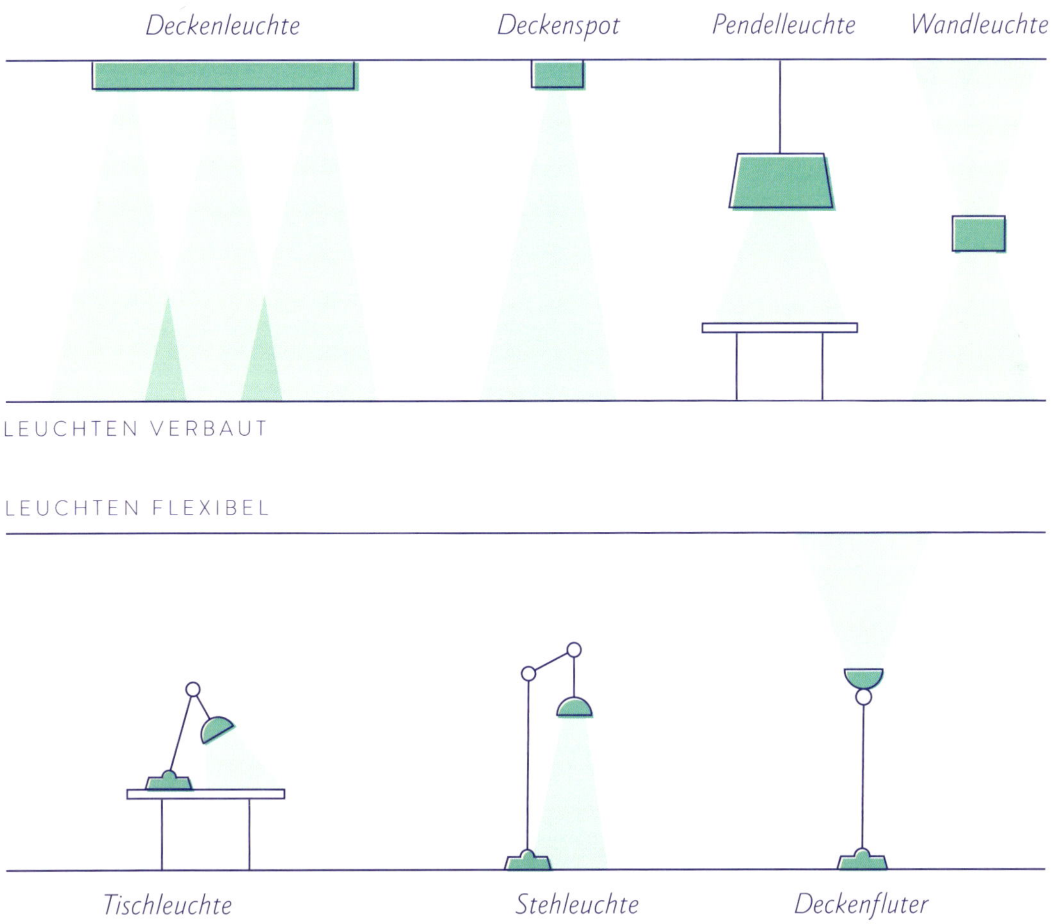

GRAFIK C05: *Die unterschiedlichen Möglichkeiten der Beleuchtung. Vielfalt lohnt sich!*

Ein weiterer Stolperstein beim Thema Dekoration sind die anderen Kollegen. Geschmäcker sind bekanntlich verschieden. Und was bei Einzelbüros noch leicht zu dulden war, kann in offeneren Umgebungen schnell zu Meinungsverschiedenheiten führen. Deswegen ist hier die gemeinsame Gestaltung im Team sehr hilfreich. Gemeinsam diskutieren, was schön und für das Team repräsentativ sein könnte, kann Spaß machen und zu tollen Ergebnissen führen. In solchen Gesprächen ist es für uns auch viel einfacher, Werbung für unsere Ideen zu machen, sodass wir am Ende vielleicht doch den Kalender unseres Lieblingsvereins aufhängen dürfen.

Da in unserem Workshop vielleicht nicht alle Kollegen anwesend sind, sollten wir hier nur den Grundstock legen und ein Budget vorhalten, um später nach dem Einzug in die neue Fläche mit allen Kollegen noch einmal eine Verschönerungsrunde drehen zu können (siehe auch das Kapitel »Work«). Es ist außerdem viel einfacher, eine schon bestehende Fläche zu dekorieren, als das vorab im Kopf durchzuspielen. Und viel mehr Spaß macht es dann natürlich auch. Deshalb empfehlen wir, nur die Basics auf den Ausstattungstemplates festzuhalten und die großen Würfe lieber später gemeinsam zu gestalten.

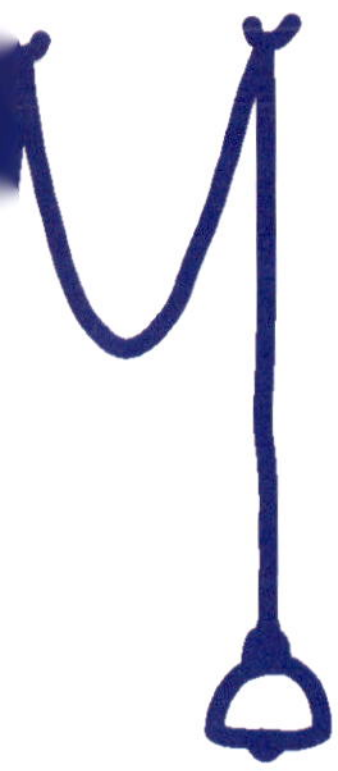

▸ Schritt 5 – Beleuchtung:

Im Bürokontext wird das Thema Licht chronisch unterschätzt. Zwar ist, verordnet durch die Arbeitsstätten-Richtlinien, für eine immer ausreichende Menge gesorgt, aber die besondere Qualität des Lichts, die eine Raumatmosphäre prägt, wird selten genutzt. Und so finden wir häufig einheitlich verteilte und in die Decke eingelassene Deckenleuchten. Oder alternativ hierzu Tageslichtlampen, die jeweils an den Schreibtischblocks positioniert sind, inklusive einer zuschaltbaren Putzbeleuchtung. Fertig. Hier ist mehr möglich. Und wenn wir grünes Licht von unserem Real-Estate-Management haben, dann sollten wir das nutzen. Zur Auswahl stehen an Decken und Wänden zu montierende Leuchten wie Deckenleuchten, Spots und Pendelleuchten. Dazu kommen mobile Stehleuchten und Tischleuchten. → GRAFIK C05

Hier können wir wieder einen Blick auf unser Inspiration-Board werfen und schauen, welche Lichtsituationen in unserer Fotoauswahl geschaffen wurden. Gefällt uns davon etwas? Wenn ja, warum? Wo könnten wir das auf unserer Fläche realisieren?

Wir können auch mit folgender Daumenregel arbeiten: *Situationen, in denen sich Menschen um einen Punkt herum versammeln und sich diesem zuwenden (zum Beispiel um Tische herum oder in Couchecken), können wir atmosphärisch unterstützen, indem wir diesen Punkt mit Licht hervorheben.* Am einfachsten gelingt das über Pendelleuchten, die von der Decke bis auf Augenhöhe über diesem Punkt herunterhängen. Je nach Größe der Fläche können das auch mehrere Pendelleuchten sein.

Flächen oder Räume, die keinen solchen Fokuspunkt haben, funktionieren besser mit einem breit gestreuten und über den Raum verteilten Licht, wie es zum Beispiel von Deckenleuchten oder Deckenflutern abgegeben wird. Hier können einzelne Blickfänge zusätzlich über Spots in Szene gesetzt werden. In größeren Flächen lassen sich diese Strategien auch kombinieren.

Falls das Real-Estate-Management das Montieren von Leuchten an die Decke nicht zu unserem Spielraum erklärt, lassen sich – bei gegebener Standardbeleuchtung – die oben genannten Ideen auch mit mobilen Leuchten realisieren. Das ist dann etwas weniger schön, aber wesentlich günstiger und flexibler – und hier kann uns

niemand hineinreden. Unsere Extrawünsche zur Beleuchtung halten wir wieder in den Ausstattungstemplates fest.
Mit Abschluss dieser Runde sollten wir nun ein sehr gut durchdachtes und gut zu uns passendes sowie überdurchschnittlich nach vorne schauendes Office-Konzept vor uns liegen haben: einen Grundriss mit Zonierungen und Raumtrennungen und zusätzlich Ausstattungstemplates, die jede Zone mit allen für uns wichtigen Details beschreiben.
Wir kleben, heften oder pinnen nun die einzelnen Homebases oder die zusammengelegten Flügel mit zwei bis drei Homebases auf einzelne Concept-Boards. Auch wenn wir am Ende der Sharing-Runde gemeinsam einen großen Grundriss auf dem Tisch liegen hatten, trennen wir diesen wieder auf, um ihn transportabel zu machen. Trotzdem sollten wir vorab ein Foto des gesamten Grundrisses machen und auch dieses als DIN-A3-Druck auf einem »übergreifenden« Concept-Board platzieren.
Dieser Aufwand des detaillierten Beschreibens mit Ausstattungstemplates und des Wiederaufteilens des Grundrisses und so weiter mag uns als Team überflüssig vorkommen.
Aber: Uns als Team ist dieses Konzept natürlich in allen Details geläufig, und wir kennen jede Argumentation für jede außergewöhnliche Lösung. Alle anderen, die uns nun helfen müssen, diese Idee noch besser zu machen und sie dann zu verwirklichen, kennen sie noch nicht. Das ändern wir in der Phase »Communicate«. Und dafür brauchen wir eine solide Grundlage. Nur noch eine kurze Reflexion, und dann geht es an das Kommunizieren, Iterieren und letztlich das Übergeben unseres Konzepts an die Ermöglicher.

4.5 REFLEXION

Womöglich haben wir nun ein ähnliches Gefühl, wie wir es nach dem Understand-Workshop haben konnten: »Ja, das macht alles Sinn, aber wir sind hier ganz schön hindurchgerast.« Und nun fragen wir uns: Sind wir mit unserem Konzept wirklich bei 100 Prozent, oder haben wir Dinge vergessen oder nicht reiflich genug überlegt?
Wahrscheinlich sind wir noch nicht bei 100 Prozent. Aber das ist aus zwei Gründen gar kein Problem: Zum einen sind Arbeitsumgebungen ein Thema, das für endlose Diskussionsrunden prädestiniert ist. Vieles lässt sich ewig diskutieren, ohne dass dadurch das Ergebnis signifikant besser wird. Deswegen sind eine gewisse Geschwindigkeit und ein pragmatisches »So machen wir das jetzt einfach mal!« durchaus sinnvoll. Zum anderen lohnt sich der Mehraufwand für die 100-Prozent-Lösung derzeit gar nicht, weil wir in der Phase »Communicate« noch mindestens eine Iterationsrunde vor uns haben, die sicherlich noch für die eine oder andere Änderung sorgen wird.
Auch wenn wir jetzt noch sehr unsicher sind, ob unser Ergebnis gut ist, sollten wir zunächst diese Iterationsrunde abwarten und dann mit frischem Feedback an die Überarbeitung gehen.

5 COMMUNICATE

5.1 EINFÜHRUNG

Unsere Idee für unsere neue Arbeitsumgebung hat nun einen sehr konkreten Stand erreicht. Aber so gut unsere Idee auch sein mag, wir sollten sie noch nicht als fertig begreifen. Auch jetzt, wo wir schon viel Zeit und Liebe in unser Konzept investiert haben, sollten wir offen für Veränderungen bleiben und unsere Lösung als Prototyp ansehen, der vor allem dafür gedacht ist, darüber zu diskutieren und Dinge daran zu verändern. Diese Offenheit brauchen wir aus zwei Gründen. Erstens: Wir brauchen Feedback! Denn egal wie gut unser Sammeln von Anforderungen und unser Übersetzen in Lösungen war – wir werden durch das Feedback von anderen noch weiteres Verbesserungspotenzial finden. Vor allem, weil wir mit diesem konkreten Stand noch viel präziser mit weiteren Stakeholdern diskutieren können.

Zweitens: Je flexibler und offener wir bezüglich unserer Lösung sind, desto einfacher wird diese akzeptiert. Oder, um es mit den Worten der einschlägigen Change-Management-Literatur zu sagen: Unsere Empfänglichkeit für Feedback ist ein Schlüssel, um Akzeptanz für unsere Vorschläge zu erzeugen. Es geht also um bidirektionale Kommunikation statt um eine einseitige Verkaufsveranstaltung. Und je offener diese bidirektionale Kommunikation ist, je mehr Beteiligung sie ermöglicht, desto wirkungsvoller wird sie – desto eher bringt sie uns an den Punkt, an dem alle Beteiligten sagen: »Ja, so ist es gut, so machen wir es!« Ziel dieser Phase ist es also, unser Konzept zu kommunizieren, Feedback einzuholen, unser Konzept zu überarbeiten und dieses schlussendlich an die ausführende Partei zu übergeben. Die Nutzerteams sind in dieser Phase nicht gefor-

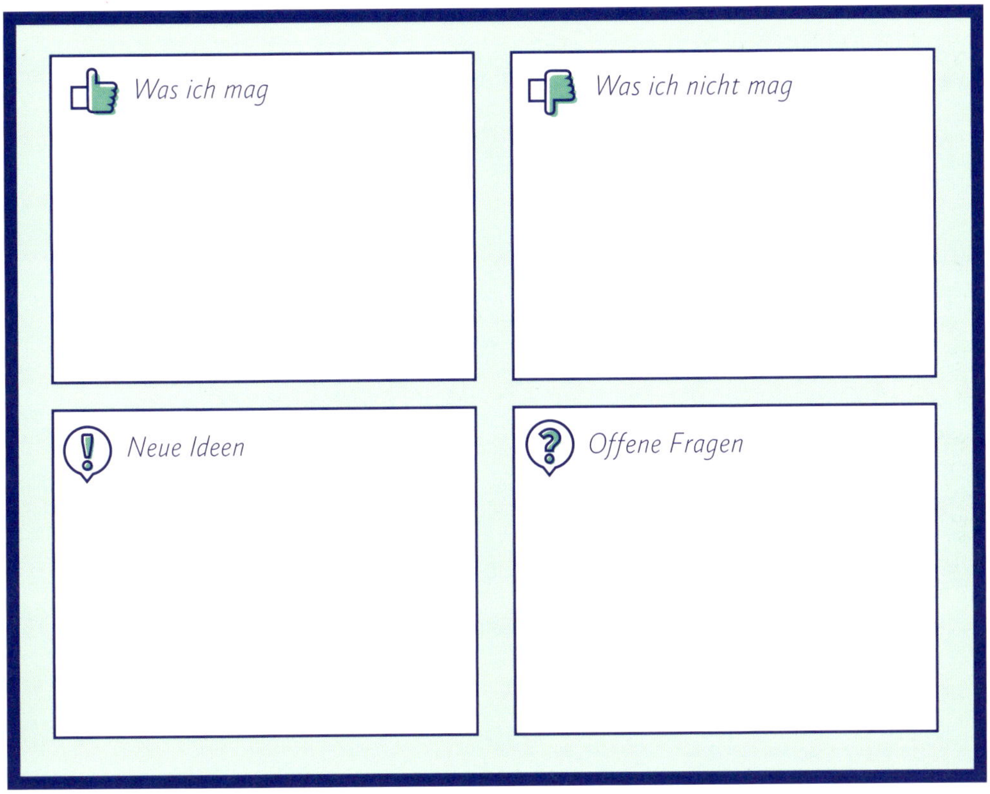

TEMPLATE CM1: Feedback. *darkhorseworkspaces.de/buch/downloads*

dert, denn das Raum-Team übernimmt ab hier. Nur beim Testen im eigenen kleinen Kreis durch die Nutzervertreter fällt noch einmal eine Aufgabe für die Nutzerteams an.

Im Idealfall reicht uns eine Runde des Sammelns von Feedback und des Überarbeitens unseres Konzepts. Meist sind die Änderungen auch gar nicht mehr so umfangreich. Es geht eben eher um das Gefühl, dass jeder noch einmal sein persönliches Einverständnis gegeben hat. Manchmal kommt es jedoch vor, dass wir die im Folgenden beschriebenen Runden zwei- oder sogar dreimal gehen müssen.

Perfektionismus sollte uns dabei aber nicht antreiben. Klar ist, dass es eine hundertprozentig ideale Lösung nicht geben kann. Oft begrenzt auch die durch einen Um- oder Einzugstermin determinierte Deadline die Anzahl der Schleifen, die wir drehen können, sodass wir gar nicht mehr die Möglichkeit haben, von 90 Prozent Ideallösung auf 92 Prozent und dann auf 95 Prozent zu kommen. Last, but not least muss naturgegeben immer die ausführende Instanz, nämlich die Ermöglicher (also meist das Real-Estate-Management), das letzte Wort haben. Denn es kann nur gebaut werden, was gebaut werden kann.

Das Finale dieser Phase wird wie immer als Workshop durchgeführt. Hier wollen wir auf Grundlage des Feedbacks der verschiedenen Stakeholder unser Concept-Board überarbeiten und dieses danach an die ausführende Instanz übergeben. Das Feedback sammeln wir in der Vorbereitungsphase des Workshops ein. Alle Veränderungen halten wir im bestehenden Concept-Board fest und schaffen somit eine neue Version des Konzepts.

5.2 WICHTIGE WERKZEUGE: DAS PROTOTYPING

Um die Feedback-Runde möglichst produktiv zu machen und für uns gut verwertbare Rückmeldungen zu erhalten, wollen wir unser Konzept als Prototyp aufbereiten. Denn wir brauchen eine gute visuelle Repräsentation unserer Idee, also einen echten Prototyp.
Zeigen ist viel besser als Erklären. Bilder sagen mehr als tausend Worte. Erklärungen erzeugen Fragezeichen, Prototypen erzeugen Fantasie und im besten Fall Vorfreude. Und auf Prototypen kann man Feedback geben.

Je nach Zeitschiene, Projektgröße und Anzahl der Feedback gebenden Kollegen haben wir verschiedene Möglichkeiten für die Herstellung eines Prototyps. Diese sind unterschiedlich aufwendig, teilweise müssen wir für die Erstellung einen halben bis ganzen Tag einplanen. Für die technisch anspruchsvolleren Varianten ist es oft sinnvoll, entsprechende Abteilungen oder externe Agenturen hinzuzuziehen.

PAPIERMODELL

Ein erstes 2-D-Modell unserer Idee haben wir bereits in der Concept-Phase entwickelt, nämlich unseren Grundriss. Er eignet sich grundsätzlich gut für kleinere Feedback-Runden, in denen wir selbst anwesend sind und die damit verknüpften Ideen erläutern können (denn für Außenstehende ist dieses Modell nicht selbsterklärend).
Dieses Erläutern kann in Form eines »Testing Days« stattfinden. Hierzu laden wir alle mit uns umziehenden Kollegen ein und öffnen für einen halben Tag unsere Türen. Das funktioniert gut mit bis zu circa 100 Kollegen. Sind es mehr, sollten wir zwei halbe Tage planen. Jeder, der Lust hat, kann vorbeikommen und sich das Konzept von uns erklären lassen. Das Gute an dieser Testvariante ist, dass so viele Eins-zu-eins-Gesprächssituationen entstehen, die uns das Aufnehmen von Feedback und das genauere Nachfragen sehr einfach machen. Hier bekommen wir einen echten Eindruck davon, was die späteren Raumnutzer wirklich gut finden und was nicht.
Sammeln können wir das Feedback zum Beispiel mit einem groß ausgedruckten Template.
→ TEMPLATE CM1 Wir unterteilen das Feedback in folgende Kategorien: positiv, negativ, neu auftauchende Fragen und neue Ideen. Wenn sich Feedback auf einzelne Module bezieht, können wir deren Nummer nutzen, um das Feedback zuzuordnen.

Vielleicht wollen wir das Modell aber auch mit einem größeren Kreis an Kollegen testen, weil wir das Konzept zum Beispiel für ein gesamtes Gebäude einführen wollen. Auch hier wären Eins-zu-eins-Gespräche aus den oben genannten Gründen vorteilhaft, sind aber leider kaum praktikabel. Daher müssen wir eine andere Route einschlagen: Wir brauchen hier einen Prototyp, der sich selbst erklärt und Feedback ermöglicht, ohne dass wir als Raum-Team selbst anwesend sind. Unseren Prototyp selbsterklärend zu machen heißt vor allem, ihn zu bereinigen und knackig zu erläutern. Idealerweise unterstützt uns hier eine entsprechende Abteilung im Unternehmen oder eine externe Agentur. Ansonsten plotten wir unseren Grundriss im Maßstab 1:50 und kleben alle Module sauber ein. Auf die Module können wir uns dann mit kleinen Erläuterungstexten beziehen: Warum gibt es dieses Modul, und was sind seine Eigenschaften? Diese Beschreibung können wir zum Beispiel gut lesbar auf einem Poster präsentieren. Zusätzlich können wir auch Auszüge der Inspire-Boards zeigen, mit denen wir die Atmosphären hinter einzelnen Bereichen verdeutlichen können. Details wie Stauraum, Beleuchtung und so weiter sollten wir hier nicht berücksichtigen.
Etwas spannender, aber auch etwas aufwendiger ist das Darstellen bestimmter Bereiche in 3-D. So könnten wir zum Beispiel einen besonders außergewöhnlichen Bereich mithilfe von Legosteinen nachbilden, wodurch der Protoyp noch aussagekräftiger wird. Ein komplettes 3-D-Modell der Etage wäre komplizierter. Hier müssten wir auch Wände, Türen und Fenster vorsehen – zum Beispiel aus Foamcore –, was professionelle Fertigkeiten im Modellbau erfordert und nur einen begrenzten Mehrwert bringt.
Die gebauten Prototypen sollten wir dann prominent platzieren, zum Beispiel im Eingangsbereich unserer Etage oder im Foyer. Feedback können wir über kleine Templates sammeln, die jeder ausfüllen und zum Beispiel an eine vorbereitete Kork-Pinnwand heften kann. Hierbei muss uns bewusst sein, dass wir dieses Feedback nur stichprobenhaft auswerten können und dass auf Templates geschriebenes Feedback weniger präzise und wertvoll ist als solches aus Eins-zu-eins-Gesprächen. Daher sollten wir auch über eine Mischung aus beiden Formaten nachdenken.

DIGITALE VISUALISIERUNGEN

Als Ergänzung zu sich selbst erklärenden 2-D-Modellen eignen sich digitale Visualisierungen gut. Sie machen, zum Beispiel als Poster ausgedruckt oder auf Screens gezeigt, unsere Ausstellung sofort attraktiver. Wenn sie gut sind, können wir damit mehr Begeisterung auslösen als mit einem bloßen Papiermodell.
Hier haben wir aber eine Gratwanderung vor uns: Je fotorealistischer unsere Visualisierungen werden, desto mehr Begeisterung können wir damit erzeugen. Gleichzeitig werden sie, je realistischer sie werden, zunehmend als genaues Abbild der zukünftigen Lösung empfunden und bewertet. Unsere sogenannten Renderings müssen dann wirklich etwas hermachen. Sonst bekommen wir als Feedback nur: »Das sieht aber dunkel aus!« oder »Wird das wirklich so trist?«
→ GRAFIK CM1

Und es gibt noch eine zweite Gefahr: Ein Prototyp provoziert immer Feedback auf der Ebene, die er selbst darstellt. Mit einem Rendering als detailliertem und realitätsnahem Prototyp werden wir viel Feedback auf der Detailebene erzeugen. Es wird um Farben, Licht, Raumeindrücke und Design von Stuhlbeinen gehen. Das sind aber Geschmacksfragen, um die

es uns bei diesem Test gar nicht geht. Aus diesem Grund sollten wir Visualisierungen nie alleine zeigen. Sie dürfen immer nur die erläuterten Grundrisse ergänzen und als beispielhafte Ansichten dienen.
Ein drittes Problem der digitalen Visualisierung besteht darin, dass sie den Eindruck einer fertigen Lösung erzeugt – denn wir können sie ja bis ins Detail mit eigenen Augen sehen.

Das erschwert es uns, die Offenheit, Flexibilität und gewisse »Unfertigkeit« unserer Lösung zu vermitteln, die wir benötigen, um Mitarbeiter nicht mit »Fertigem« zu überrumpeln. Auch deswegen tun wir gut daran, digitale Visualisierungen sehr dezidiert immer nur als Beispiele zu zeigen und sehr deutlich darauf hinzuweisen: »So könnte es aussehen«. Entscheidend sind die Fakten auf dem Plan und nicht die digitalen Visualisierungen.

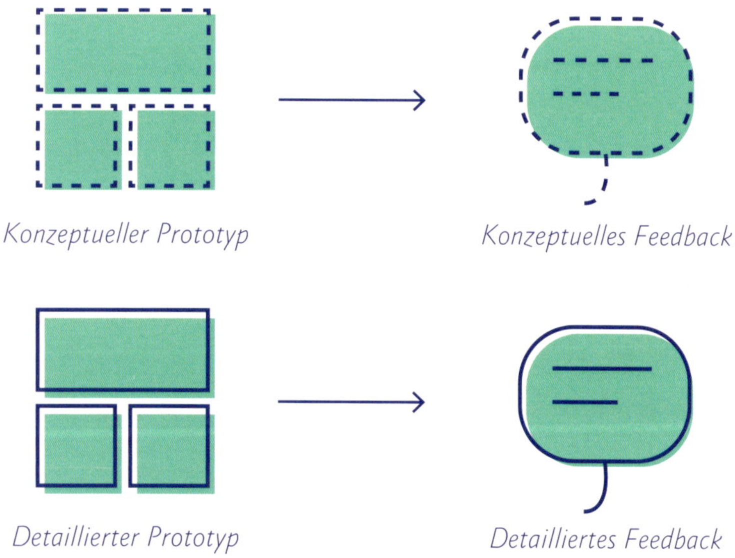

GRAFIK CM1: *Wollen wir Feedback auf Details oder das Konzept an sich? Der Detailgrad unseres Prototyps bestimmt den Detailgrad des Feedbacks.*

Digitale Visualisierungen sollten also immer mit Bedacht genutzt werden. Allerdings haben sie einen Vorteil gegenüber einem Modell: Sie lassen sich ins Intranet stellen. Nicht, dass wir dadurch eine größere Reichweite hätten (eine solche Seite muss sich die Aufmerksamkeit mit vielen anderen Seiten teilen). Aber im Intranet können wir eine Darstellung unseres Konzepts mit einer größer angelegten Umfrage verbinden: »Hier eine Idee, wie unsere Offices aussehen könnten. Was haltet ihr davon?« Diese Umfragen lassen sich einfach mit Webtools, wie zum Beispiel surveymonkey.com, aufbauen. Besonders interessant kann so etwas sein, wenn wir mehrere Varianten unseres Konzepts zur Abstimmung stellen wollen.

Richtig begeisternd kann unser Konzept übrigens werden, wenn Kollegen es in der virtuellen Realität (VR) erleben können: Mittels einer VR-Brille oder auch des eigenen Smartphones können wir dann virtuell durch unsere zukünftige Arbeitsumgebung laufen und uns darin umschauen. Die entsprechende Technik ist inzwischen so gut, dass man wirklich kurz vergessen kann, dass das alles noch gar nicht existiert. Interessanterweise können wir in VR-Modellen Größenverhältnisse viel besser einschätzen. Umgebungen, die uns auf Fotos eng und gestückelt vorkommen, zeigen hier ihre »wahre Größe«. Und in der VR kommt es weniger auf Fotorealismus an. Mit VR-Modellen bekommen wir Feedback für die Dinge, die uns wichtig sind: Modulauswahl, Grundrisse und Raumgefühl.
Auch hier gilt: Bilder sind immer nur Beispiele. Darauf müssen wir auch hier sehr deutlich hinweisen, denn wir wollen ja kein Feedback auf die Beispiele, sondern auf unseren Plan und unser Konzept erhalten.

SHOW ODER TESTFLÄCHE

Noch spannender als die virtuelle Realität ist die wirkliche Realität. Die beste Variante eines Prototyps ist die Testfläche – unser neues Konzept als echte, gebaute, 100 bis 400 Quadratmeter große Arbeitsumgebung. Platziert in einer freien Ecke oder Etage unseres Gebäudes, kann hier unser Kollegenkreis oder die gesamte Belegschaft kommen, staunen, ausprobieren und Feedback geben.

Falls es keine freie Ecke oder Etage gibt, ist das umso besser. Eventuell finden wir ein Team, welches sich für einen Test zur Verfügung stellt und dessen Fläche wir über ein paar Feiertage umgestalten lassen können. Nichts verschafft uns mehr Erkenntnisse und Einsicht in Verbesserungspotenzial als ein echtes Team, welches echte Arbeit in einer echten Umgebung macht. Dieses Testarbeiten kann zeitlich begrenzt oder, wenn es gefällt, auch unbegrenzt stattfinden. Wir werden auf jeden Fall viel lernen. Und auch als Kommunikationsmittel in den großen Kollegenkreis hinein funktioniert die Testfläche mit dem Testteam. Hier muss nur abgesprochen werden, dass die Fläche nicht jederzeit offen für alle ist, sondern zum Beispiel jeden Tag ab 16 Uhr eine »Testing Hour« stattfindet, während der die Kollegen vom Testteam den Besuchern gerne Rede und Antwort stehen.

Auch auf der Testfläche können wertvolle Eins-zu-eins-Feedback-Gespräche stattfinden.

Deswegen sollten wir uns auch hier Gedanken machen, wie wir dieses Feedback sammeln (zum Beispiel mit einem großen öffentlichen Board und Templates), und als für das Konzept verantwortliches Raum-Team auch öfter vor Ort sein. Diese Variante eines Prototyps ist die aufwendigste und nur für größere Projekte mit entsprechender Fläche realistisch. In einem gewissen Rahmen lässt sich der Aufwand darüber steuern, wie umfassend der Testaufbau ausgeführt wird. Der Aufwand für die Ausstattung einer Testfläche mit neuen Möbeln, Accessoires und Teppichen ist meist noch überschaubar. Richtig interessant – und aufwendig – wird der Testaufbau aber erst, wenn wir ein später angestrebtes Raumgefühl nachempfinden wollen. Hierfür brauchen wir zumindest zwei bis drei Räume oder Flächen in den richtigen Dimensionen und idealerweise auch der geplanten Beleuchtung. Denn auch hier müssen wir uns wieder mit der Realität messen – ein geplantes Büro, das nach der Realisierung schön sein soll, muss eben auch im Test bereits schön wirken.

Aufgrund dieser Aufwände sollten wir zu diesem Thema möglichst frühzeitig das Gespräch mit dem Real-Estate-Management suchen.

Größere Konzepte, die sich auf ganze Etagen beziehen, können so natürlich nicht komplett getestet werden. Dafür sollten wir in der Testfläche auch einen Papier-Prototyp vorsehen, über den wir Feedback zur Grundrissgestaltung sammeln können.

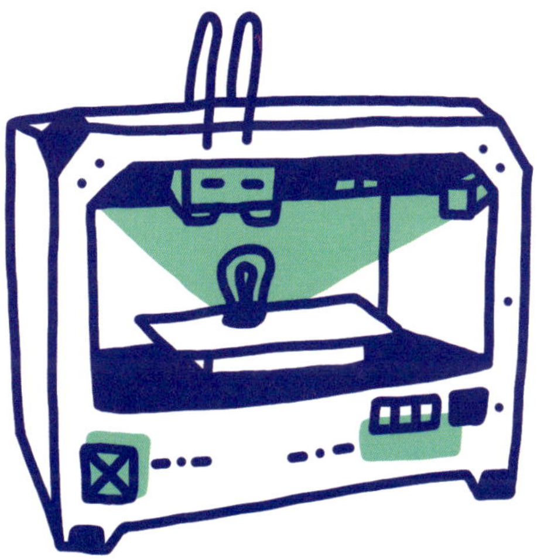

5.3 HAUSAUFGABEN

Nun heißt es, mit einem der genannten Ansätze Feedback zu sammeln, welches wir dann für unseren abschließenden Communicate-Workshop nutzen können.

Das Sammeln des Feedbacks ist Aufgabe des Raum-Teams. Nach der abgeschlossenen Erstellung des Prototyps müssen wir hierfür zwei bis vier Wochen einplanen. Die ersten Testrunden sollten wir dabei mit den Ermöglichern, Entscheidern und wichtigen Stakeholdern absolvieren, bevor die große Kommunikationswelle in Richtung der Nutzer beginnt. Denn ein breit kommuniziertes und beliebtes Konzept zurückzunehmen, weil sich zum Beispiel der Betriebsrat dagegen ausgesprochen hat, führt zu viel Verwirrung und doppelter Arbeit. Wir beschreiben die Testrunden nun in der Reihenfolge, die sich anbietet.

TESTS MIT HAUPTROLLEN UND WEITEREN STAKEHOLDERN

Der Test mit weiteren Stakeholdern ist vor allem in größeren Unternehmen mit ausgeprägter Verwaltung wichtig. Aber auch Raum-Teams aus kleinen Unternehmen, Start-ups oder Agenturen sollten sich in dieser Phase mit »ihren« weiteren Stakeholdern, zum Beispiel den Vermietern und Architekten, zusammensetzen und die Machbarkeit des Konzepts durchsprechen.

In großen Unternehmen sind Tests mit allen Instanzen und Institutionen wichtig, die ein Interesse an dem Thema Arbeitsumgebungen haben und über ein Mitspracherecht verfügen. Das umfasst im Groben alle diejenigen, die später ein Problem mit unserem Ergebnis haben könnten oder sich darüber besonders freuen. In großen Unternehmen sind das alle unsere Hauptrollen: Entscheider und Ermöglicher sowie in einem späteren Test auch Nutzer. Dazu gehören aber auch Instanzen wie der Betriebsrat und gegebenenfalls Personalmarketing, Marketing und Unternehmenskommunikation. Gerne auch Gleichstellungs- und Schwerbehindertenbeauftragte, oder die Arbeitssicherheit.

Mit allen Hauptrollen und weiteren Stakeholdern sollten wir zunächst in Einzelgespräche gehen. Hierzu eignet sich wieder das »Testing Day«-Format, das wir im Absatz zu dem Papiermodell vorgestellt haben. Wir können zum Beispiel nach einer ersten Tageshälfte mit den Hauptrollen die zweite Tageshälfte nutzen, um die weiteren Stakeholder nacheinander einzuladen. Grundsätzlich bietet sich in den Feedback-Gesprächen folgendes Vorgehen an: Wir starten anhand des Understand-Boards mit einer kurzen Erläuterung der Ziele, die wir mit dem vorliegenden Konzept verfolgen. Anschließend wenden wir uns dem Grundriss zu und beschreiben zunächst die grobe Idee: unsere Zonierung (also welche Module wir wo platziert haben) und unsere geplante Raumtrennung. Dann können wir gemeinsam am Modell und den umherstehenden Boards diskutieren, wie wir die Ziele der Hauptrollen und der weiteren Stakeholder in unserem Konzept umgesetzt haben. Auch hier können wir das Feedback in einem großen, an die

Wand gehängten Feedback-Grid festhalten.
Im Gegensatz zum Test mit den Mitarbeitern kann im Test mit Hauptrollen und weiteren Stakeholdern Feedback erfolgen, das kein Wunsch oder Vorschlag, sondern ein Muss ist und eine Veränderung erzwingt. Beispielsweise könnte das Real-Estate-Management eine Tür bemängeln, die sich in der Realität nicht an dieser Stelle befinden kann. In diesem Fall können wir im Anschluss an das Gespräch sofort eine erste Iteration durchführen und die ursprüngliche Planung auf unserem Concept-Board anpassen. Wenn wir – zum Beispiel wegen mangelnder Absprachemöglichkeit in der Understand-Phase – absehen können, dass dieser Test größere Überarbeitungen zur Folge haben wird, und wir zumindest im Groben bereits wissen, welche das sein werden, sollten wir diese Überarbeitungen noch vor dem Erstellen des Prototyps vornehmen. So vermeiden wir, dass der Prototyp einen Stand zeigt, der zu großen Teilen nicht machbar ist.

TEST MIT ALLEN NUTZERN

Eine der Grundideen hinter unserem Fahrplan war es, die Raumnutzer, also unsere Mitarbeiter, so intensiv wie möglich am Gestaltungsprozess zu beteiligen. Hier wollten wir besonderen Aufwand betreiben, denn diese Gruppe von Stakeholdern ist zahlenmäßig die größte und bezogen auf die Zielerreichung die wahrscheinlich wichtigste.

Die Beteiligung der Nutzer begann so früh wie möglich. Den Aufwand, den wir hier am Anfang investiert haben, sparen wir am Ende, in der Kommunikation wieder ein. Denn wenn jeder schon an der Konzeptentwicklung beteiligt war, haben wir nun weniger Änderungswünsche und Beschwerden. Alle Beteiligten haben das Do-it-yourself-Gefühl. Zum Vergleich: Wir alle sind mit einem selbst gebauten Gartenhaus zufriedener als mit einem fertig gekauften. Und wenn wir beim Bauen merken, dass wir uns irgendwo vertan haben, ändern wir das, soweit noch möglich – aber kommen nicht auf die Idee, uns beim Baumarkt zu beschweren.
Alle zuvor genannten Prototypen kommen für den Test mit den Nutzern infrage. Je nachdem, welches Testformat wir verwenden, erzeugen wir unterschiedliche Mengen an Feedback-Templates, die wir im nachfolgenden Workshop vollständig oder stichprobenhaft auswerten können.

TEST MIT NUTZERTEAMS

Eine wichtige Sache müssen wir noch bedenken, ehe wir den Test mit allen Nutzern durchführen: Falls wir in unserem Prozess lediglich mit Nutzervertretern gearbeitet haben, sollten wir, bevor es in den oben beschriebenen Test mit allen Nutzern geht, noch eine kleinere Runde drehen. In dieser trifft sich jeder Nutzervertreter mit seinem Team und präsentiert dort die jeweilige Homebase. Ziel ist, dass hier jedes Mitglied der Nutzerteams noch einmal die Möglichkeit hat, Feedback zu geben. Hierzu füllt das Team gemeinsam ein Feedback-Template für seine Homebase aus, das der Nutzervertreter dann zum Communicate-Workshop mitbringt.

SONSTIGE VORBEREITUNGEN

Um einen reibungslosen Workshop-Ablauf zu ermöglichen, sollten wir einige Tage vor Beginn des Workshops Vorbereitungen treffen, die wir in der folgenden Checkliste aufgeführt haben:

▶ **1. Teilnehmer einladen**

- ☐ Ermöglicher und gegebenenfalls Nutzervertreter (siehe hierzu die Beschreibung des Workshops)

▶ **2. Materialien vorbereiten**

- ☐ Benötigtes Material bereitstellen: Post-its und Stifte
- ☐ Zwei Feedback-Templates im Format DIN A1 ausdrucken
- ☐ 30 bis 50 der gesammelten Feedback-Templates oder Kommentare ausdrucken
- ☐ Alle Feedback-Templates oder Kommentare der Hauptrollen sowie weiterer Stakeholder ausdrucken
- ☐ Drei Grundrisse im Maßstab 1:50 ausdrucken
- ☐ Baukasten-Module und Modulkarten ausdrucken
- ☐ Bei digitalen Terminen alternativ alle Templates auf Online-Whiteboards vorbereiten und verteilen (nur bei Grundriss-Prototypen empfehlenswert)

▶ **3. Raum vorbereiten**

- ☐ Tisch bereitstellen, Größe 2 × 1 Meter, am besten in Stehhöhe
- ☐ Essen und Trinken organisieren

5.4 DER COMMUNICATE-WORKSHOP

Nach Abschluss des Communicate-Workshops werden wir höchstwahrscheinlich am Ziel unserer Reise angelangt sein. Höchstwahrscheinlich, weil es noch eine sehr kleine Wahrscheinlichkeit gibt, dass wir, trotz all der Vorgespräche, dann noch keinen finalen Stand erreicht haben werden, mit dem alle Stakeholder glücklich sind.
Wenn wir diesen finalen Stand aber erreichen, ist unsere Arbeit abgeschlossen. Danach wird gebaut – und dann eingezogen! Ziel dieses Workshops ist es also, unser Konzept auf Grundlage des Feedbacks zu überarbeiten und übergabefertig zu machen, um es danach in die Hände des ausführenden Ermöglichers, also des Real-Estate-Managements oder des Architekten, zu geben.
Im Communicate-Workshop arbeitet das Raum-Team zunächst alleine. Nur wenn Nutzervertreter noch kleine Feedback-Runden mit ihren Teams durchgeführt haben, sollten sie auch teilnehmen und die Feedback-Templates mitbringen. Erst in der letzten Runde, wenn wir das Feedback der Hauptrollen, der weiteren Stakeholder und der Mitarbeiter konsolidiert und eingearbeitet haben, kommen die Ermöglicher, also Real-Estate--Management oder Architekt, hinzu.
Wir wollen in diesem Workshop in drei Runden vorgehen: Zuerst gilt es, unsere Mengen an Feedback zu konsolidieren. In einer zweiten Runde nehmen wir uns wieder das Concept-Board vor und überarbeiten Grundrisse sowie Modulkarten, bis wir unsere konsolidierten Feedback-Templates abgearbeitet haben. Die dritte Runde drehen wir dann gemeinsam mit den Ermöglichern. Hier schauen wir uns die iterierte Version des Konzepts an, modifizieren

diese gegebenenfalls noch einmal, klären letzte Fragen und geben uns abschließend die Hände.
Da dieser Workshop je nach Umfang und Aussage der Feedbacks noch eine gute Portion Arbeit bedeuten kann, können wir ihn auch über mehrere einzelne Tage strecken. Die Ermöglicher wären dann nur am letzten Tag anwesend. Für den Fall, dass wir wirklich große Änderungen vornehmen, auf die wir gerne nochmals Feedback hätten, können wir die neuerlichen Feedback-Runden auch zwischen die Workshop-Tage legen.
Der Communicate-Workshop folgt einem geregelten Ablauf, den wir nun vorstellen.

1_ RUNDE: KONSOLIDIEREN

In der ersten Runde stellen wir zwei handliche, konsolidierte Feedback-Grids zusammen, welche die wichtigsten Informationen aller eingesammelten Feedback-Templates vereinen. Eines davon widmen wir dem Feedback der Hauptrollen und weiteren Stakeholder, das andere dem der Mitarbeiter.
Dafür hängen wir zunächst die beiden zuvor im Format DIN A1 ausgedruckten Feedback-Grids auf oder zeichnen deren Äquivalente zum Beispiel auf zwei Whiteboards. Daneben hängen wir die 30 bis 50 ausgedruckten Feedback-Templates oder Kommentare der Mitarbeiter sowie alle Templates und Kommentare der Hauptrollen und weiteren Stakeholder. Wesentlich mehr als 30 bis 50 dieser Templates zu verarbeiten ist kaum möglich. Zum einen müssen wir mit mindestens fünf bis zehn Minuten Zeitaufwand für die Bearbeitung jedes Feedback-Templates rechnen, zum anderen werden wir schnell Redundanzen bemerken – der Lerneffekt aus den Feedbacks sinkt stetig.
Wir starten mit den Mitarbeitern und gehen Template für Template durch. Dabei notieren wir gemeinsam die Aussagen in Stichpunkten, am besten auf Post-its, und sammeln diese in dem großen Mitarbeiter-Template. Wenn uns eine Aussage erneut begegnet, füllen wir hierfür kein weiteres Post-it aus, sondern zählen die Nennung über einen Strich auf dem Post-it mit der ursprünglichen Aussage einfach mit. So füllt sich nach und nach unser großes Grid. Abschließend ordnen wir darauf die Aussagen nach der Häufigkeit ihrer Nennung an.
Das Gleiche machen wir nun mit unseren Stakeholder-Templates oder Kommentaren, wobei wir hier die Häufigkeit von Aussagen nicht zählen. Jede Aussage wird nur einmal notiert. Allerdings sollten wir hierbei unbedingt markieren, welche »Änderungswünsche« Pflicht sind und dementsprechend umgesetzt werden müssen.
Das Übertragen der Feedbacks auf das große Grid hat nicht nur kosmetische Zwecke, sondern zwingt uns als Team, uns noch einmal jedes einzelnen Feedbacks gewahr zu werden.

2_ RUNDE: ITERIEREN

Auf Grundlage der beiden Grids überarbeiten wir nun unser Konzept. Wir beginnen wieder mit den Mitarbeitern. So gehen wir sicher, dass die Pflichtänderungen der Stakeholder nicht durch Mitarbeiterwünsche überschrieben werden. Nach dem Motto »Erst die Arbeit, dann das Vergnügen« beginnen wir mit den hoch priorisierten Aussagen aus dem Feld der Kritik und Änderungswünsche. Für jede Kritik nehmen wir uns eine kurze Zeit, zum Beispiel fünf Minuten, und brainstormen Möglichkeiten, der Kritik zu begegnen. Dabei können wir wieder in unseren drei aus der Inspire-Phase bekannten Lösungsebenen »raumübergreifend«, »Raum/Fläche« und »Tools & Tricks« denken und diese Ideen neben die Kritik kleben. Auch mit den Fragezeichen, hinter denen sich oft eine Kritik versteckt, gehen wir so um.
Falls nicht schon parallel geschehen, wenden wir uns nun unseren Concept-Boards zu. Wenn wir ein auf mehrere Boards verteiltes Grundrissmodell haben, können wir dieses gegebenenfalls von den Boards nehmen und zusammenlegen, oder wir bauen es auf

einem frisch geplotteten Grundriss einfach nach. Dann haben wir eine bessere Übersicht. Und dann geht es los: Wir arbeiten jeweils die besten Ideen auf dem Grundrissmodell ein.

Vielleicht zeichnen wir hierbei kleine Dinge, wie zum Beispiel zusätzliche Wände, auf die Modulkarten, oder wir tauschen zum Beispiel einen Teamraum Agil gegen einen Teamraum Couch und tauschen dementsprechend Modulkarten aus. Oder, falls es detailliertere Aspekte sind, wir tragen diese auf den Ausstattungstemplates ein oder schreiben ein neues.

Dieser Schritt ist nicht immer ganz unproblematisch. Wir haben zum Beispiel für den Wunsch, mehr Raum für spontane Teambesprechungen zu schaffen, womöglich schlichtweg keinen Platz.

Hier müssen wir also jeweils realistisch abwägen, welche Änderungen die Erreichung unserer ursprünglichen Ziele auf dem Understand-Board gefährden und welche unser Konzept tatsächlich in diese Richtung verbessern. Zur Not haben wir ja auch kleinere, kompaktere Ideen auf dem Inspire-Board gesammelt. Diese lassen sich oft ohne große Komplikationen dem Bestehenden hinzufügen. Im genannten Beispiel könnte das eine flexible Sitzecke mit Whiteboard im Flur sein, die Teams zusätzliche Möglichkeiten für Treffen bietet.

Als Nächstes betrachten wir die neuen Ideen in unserem Mitarbeiter-Grid, priorisieren sie und übernehmen sie gegebenenfalls in der beschriebenen Weise in unser Konzept. Als schönen Abschluss schauen wir uns das Feld für Lob und Positives an und fragen uns: Können wir Dinge an unserem Konzept verändern, um das gelobte Feature noch zu stärken?

Analog gehen wir mit dem Stakeholder-Grid vor. Hierbei sollten wir sichergehen, dass wir alle Pflichtänderungen realisieren.

Diese »Umbauarbeiten« kosten Kraft und Konzentration. Es gilt, viel Information zu bearbeiten, schwierige Entscheidungen zu treffen und viele »Bälle in der Luft« zu halten. Wir sollten uns als Raumteam hier nicht zu sehr unter Druck setzen. Das heißt: Wir nehmen uns Zeit, keine Hektik. Wir sind uns bewusst, dass es keine 100-Prozent Lösung gibt und dass wir mit vielleicht 90 Prozent schon sehr viel erreicht haben. Und wir sollten uns die Freude am Gestalten bewahren. Wir haben schließlich die Gestaltung unserer eigenen Umgebung bis hierher gebracht! Und die letzte Runde schaffen wir auch noch!

3_ RUNDE: FINALISIERUNG UND ÜBERGABE

Am Ende der finalen Runde unserer Workshops steht die Übergabe unseres Konzepts an das Real-Estate-Management oder den Architekten an. Da unser Konzept keine fertige, bemaßte Entwurfszeichnung nach gültigen Normen ist, müssen wir für diese Übergabe etwas Zeit einplanen – mindestens einen halben Tag. Denn es gilt, viele Informationen zu übergeben und gegebenenfalls auch noch Änderungen zu diskutieren.

Beginnen sollten wir mit einer gemeinsamen Besprechung des Vorgehens. Hier sollten wir die Vorschläge und Ideen unserer Gäste sehr ernst nehmen, denn sie haben viel Erfahrung mit solchen Übergaben. Oft haben Architekten einen eigenen Weg, Anforderungen und Konzepte aufzunehmen. Zur Klärung des Vorgehens gehört auch, dass wir uns darüber verständigen, in welchem Format das Ergebnis dieser Phase festgehalten werden soll. Es sollte ein Format sein, das die Ausführenden direkt nutzen können. Das können auch einfach Fotos des Grundrissmodells und der einzelnen Ausstattungstemplates sein, die später vom Architekten in seine Arbeitsformate wie Excel-Tabellen und . dwg-Dateien übersetzt werden.

Zum Vorgehen: Auch wenn wir in den Hausaufgaben-Gesprächen schon über unsere Ziele gesprochen hatten, sollten wir wieder mit diesen beginnen: Was ist der Hintergrund, was sind die Beweggründe hinter unserem Konzept? Zumindest kurz sollten wir hierüber noch mal sprechen.

Anschließend wenden wir uns dem iterierten Grundrissmodell zu, beschreiben nochmals die Idee und gehen durch die Änderungen, die wir in der letzten Runde gemacht haben. Bevor wir auf die Details der Ausstattungstemplates eingehen, sollten wir klären, ob es auf der Ebene der Zonierung noch Anpassungsbedarf gibt. Dieser wird nach der bereits vorangegangenen Feedback-Runde wahrscheinlich klein ausfallen.

Wenn auf dem Grundriss alles passt, können wir die Details angehen und die Ausstattungstemplates vorstellen. Auch hier könnte es allenfalls noch geringfügige Überarbeitungen geben.

Nachdem alle Fragen gestellt und alle Notizen und Fotos angefertigt wurden, sollten wir noch über die von den Ermöglichern geplante Zeitschiene sprechen und klären, wer die Kontaktpersonen für zwischenzeitliche Fragen sind.

Und damit ist unsere Arbeit getan! Zumindest fast. Die Ermöglicher gehen nun in die Feinplanung, und üblicherweise tauchen hier noch einzelne Fragen oder Änderungsvorschläge auf, mit denen wir uns noch beschäftigen müssen. Manchmal, vor allem bei sehr großen Planungen, lohnt sich ein regelmäßiger Jour fixe, bei dem solche Fragen und Vorschläge gebündelt diskutiert werden können. Ansonsten ist die Neugestaltung unserer Arbeitsumgebung für uns nun vorerst abgeschlossen – bis es irgendwann heißt: »Kisten packen!«

5.5 REFLEXION

Eine Arbeitsumgebung zu konzipieren ist ein bisschen wie Kuchenbacken. Wir haben unser Rezept gewählt, sind strukturiert vorgegangen, haben alle Zutaten sorgfältig abgewogen und wohlüberlegte Verfeinerungen nach unserem Geschmack hinzugefügt.

Bald kommt der Kuchen aus dem Backofen, und das ist die Stunde der Wahrheit. Ob die Extraportion Kirschen funktioniert? Auch bei einem Office-Konzept haben wir diese Unsicherheit. Bevor wir nicht in unserem neuen Office gearbeitet haben, können wir nicht sicher sagen, dass es so funktioniert wie geplant. Insbesondere, wenn wir uns stark abseits eines Standardrezeptes bewegt haben. Diese Unsicherheit ist normal und rührt auch daher, dass wir uns so intensiv mit den Tausenden möglichen Optionen sowie deren Vor- und Nachteilen beschäftigt haben, dass wir nun beinahe zweifeln müssen, ob unsere Auswahl die richtige war.

Aber die Wahrscheinlichkeit, dass wir zumindest eine zu 90 Prozent ideale Lösung realisiert haben, ist groß. Nicht zuletzt, weil wir eine komplette Iterationsschleife mit allen Beteiligten gedreht haben – und für das gesamte Projekt eine dicke Backanleitung als Grundlage hatten (nämlich dieses Buch). Und, ganz wichtig: Im Kontext von Arbeitsumgebungen ist im wahrsten Sinne des Wortes nur wenig in Stein gemeißelt. Die Dinge ändern sich laufend und immer schneller, da sollte auch die nächste Veränderung unserer Umgebung nicht allzu lange auf sich warten lassen. Damit wollen wir uns im letzten Kapitel noch beschäftigen. Aber nun sollten wir uns erst einmal zur gelungenen Übergabe unseres Konzepts gratulieren!

6 WORK

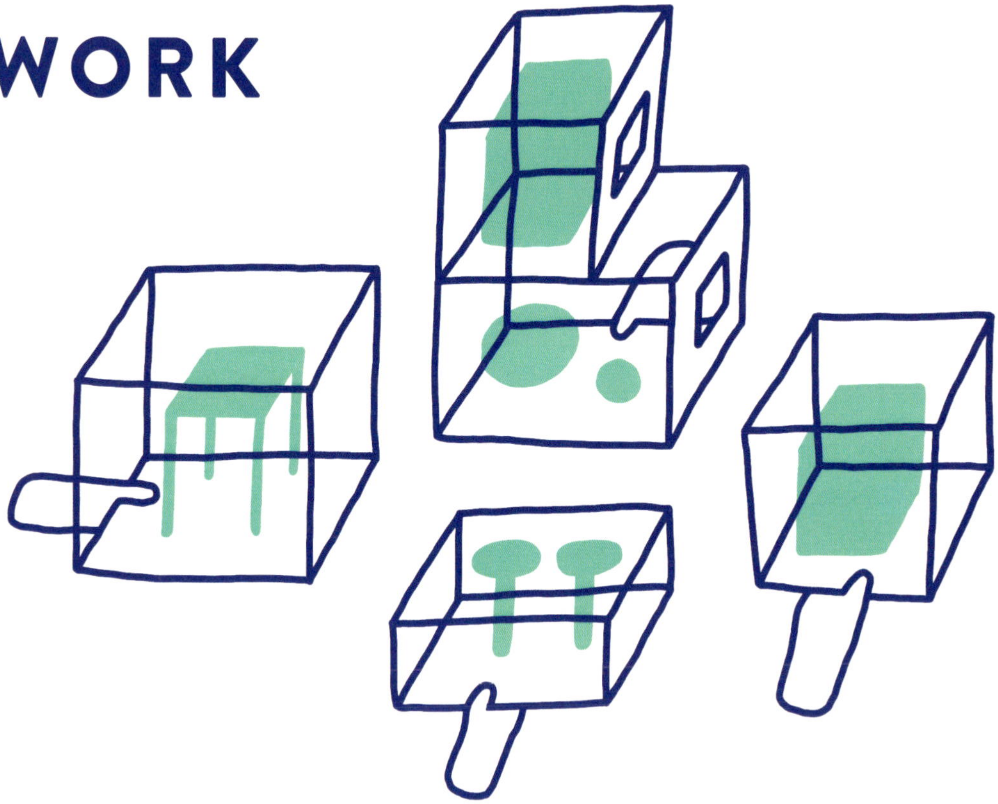

6.1 EINFÜHRUNG

Moment! Jetzt folgt noch ein Kapitel, obwohl wir uns auf der Seite zuvor dafür gratuliert haben, dass unsere Fläche fertig geplant ist und nun fertiggestellt wird? Ja, weil Arbeitsumgebungen nie fertig sind. Wir haben unsere nur gerade auf ein neues Level gehoben. Das gilt es jetzt zu bespielen, zu pflegen und zu verbessern, bis es in fünf Jahren vielleicht auf ein nächstes Level geht. Arbeit entwickelt sich schneller weiter denn je. Was heute noch New Work heißt, wird morgen von New New Work abgelöst. Und wenn wir in fünf Jahren auch im Metaverse arbeiten, werden unsere Arbeitsumgebungen wieder ganz anders aussehen müssen. Unsere gerade geplante neue Umgebung wird dann für uns genauso mittelmäßig funktionieren, wie für viele heute das Großraumbüro.

Um am Ball zu bleiben und unsere Anforderungen an das Arbeiten und die Arbeitsumgebung so weit wie möglich im gleichen Takt zu entwickeln, brauchen wir weiterhin das Raum-Team – zumindest so lange, bis sich vielleicht das Real-Estate-Management irgendwann der Aufgabe annimmt, die Arbeitsumgebung im halbjährlichen Takt zu überdenken und anzupassen. Agile Raumentwicklung par excellence.

Wir wollen uns deswegen in diesem abschließenden New-Space-Kapitel anschauen, was wir tun können, um unserer nun fertigen Arbeitsumgebung einen guten Start zu bescheren und sie auch in Zukunft gut funktionieren zu lassen.

6.2 DIE ERSTEN WOCHEN

EINWEIHUNGSFEIER

Der Einzug in eine neue Arbeitsumgebung ist in vielerlei Hinsicht ein Neuanfang und kann für echte Aufbruchstimmung sorgen. Deswegen sollten wir uns die Gelegenheit für eine Einweihungsfeier nicht entgehen lassen und diesem Neuanfang einen positiven Spin geben. Die Einweihungsfeier sorgt auch für einen guten Rahmen, wenn wir und unsere Kollegen zum ersten Mal unsere fertige neue Fläche betreten. Solche ersten Momente sind immer besonders – in ihnen wird unsere dauerhafte Bewertung sehr geprägt. Ob uns etwas gefällt oder nicht, wird oft vom ersten Eindruck maßgeblich beeinflusst.

Die Einweihungsfeier ist auch die Gelegenheit, allen Mitarbeitenden zu danken – für ihre Mithilfe, eine wirklich eigene und für das Team oder jedes Team passende Arbeitsumgebung auf die Beine zu stellen.

Eine sehr schöne Geste, die es gleichzeitig schafft, dem etwas sterilen und wenig lebendigen Look eines gerade eröffneten Büros entgegenzuwirken, ist das Überreichen von Einrichtungsgutscheinen an die einzelnen Teams. Oder an alle Mitarbeitenden, wenn wir mit einem kleineren Kollegenkreis einziehen. Mit diesem Gutschein von zum Beispiel 50 bis 100 Euro pro Person können sie nun in den ersten Wochen – am besten gemeinsam nach Feierabend – noch Kleinigkeiten organisieren, um die neue Umgebung schöner und individueller zu gestalten.

UNSEREN PLATZ FINDEN

Die ersten Tage in einem neuen Büro sind wie die Tage nach dem Einzug in eine neue Wohnung. Alles riecht noch frisch, viele Kabel sind noch nicht angeschlossen, überall stehen noch Kisten verstreut. Und wie sich manchmal bei einer Wohnung erst am Einzugstag klärt, wer wo schläft, entstehen im Büro am Anfang noch Verteilungsdiskussionen. Weniger, wenn wir uns für ein Shared-Desk-Prinzip entschieden haben. Hier räumen alle ihre Umzugskiste in eines der Schließfächer, und wer wo sitzt, wird tage- oder stundenweise entschieden.

Bei zugeteilten Schreibtischen steht diese genaue Verteilung aber eventuell noch aus.

So kann es zum Beispiel sein, dass wir als Zwölferteam lediglich wissen, wo sich unsere zwölf Arbeitsplätze befinden. Doch diese sind hinsichtlich ihrer Qualitäten nicht unbedingt identisch. Es gibt Fensterplätze, Plätze in der Ecke, Plätze »am Gang« und so weiter – und manche Plätze sind beliebter als andere. Um dieses Problem zu lösen und Fairness herzustellen, können wir die Plätze zum Beispiel monatlich rotieren lassen. So haben alle nach einem Jahr einmal auf jedem Platz gesessen. Alle haben andere Blickwinkel kennengelernt, saßen vielleicht auch mal neben anderen Nachbarn, und es bleibt lebendig. Wir können das Rotieren aber zum Beispiel auch nur auf einzelne Vierer-Schreibtischblocks anwenden. Bei alledem sollten wir nicht vergessen: Wenn wir unser Office nach der Verteilung unserer Arbeitsmodi geplant haben, sitzen wir ohnehin nicht mehr so oft am Schreibtisch – Stichwort »New Work«!

NEW NEW WORK

Die ersten Tage in unserer neuen Arbeitsumgebung sind interessant, und es zeigt sich langsam, wie sie wirklich genutzt wird. Unser neues Office macht uns viele neue Angebote an Orten, an denen wir arbeiten können. Wir sollten daher nicht in die Falle tappen, unserer Gewohnheit nachzugeben und zu versuchen, alle unsere Aktivitäten irgendwie am Schreibtisch durchzuführen. Eher sollten wir probieren, ein paar Tage lang gar nichts am Schreibtisch zu machen! Wir können einfach alle Dinge einmal an den dafür gedachten Orten tun oder etwa ausprobieren, ob sich der lebendige Marktplatz nicht doch auch gut für Fokusarbeit eignet. Vom Sofa aus ein paar Mails zu schreiben und später mit Kolleginnen am Kaffeetresen eine Präsentation durchzugehen kann wirklich erfrischend, wenn nicht gar augenöffnend wirken. Und es kann unseren Office-Alltag angenehmer, kommunikativer und abwechslungsreicher als je zuvor machen.

6.3 SPIELREGELN DER ZUSAMMENARBEIT

Damit ein Neues Arbeiten und insbesondere Zusammenarbeiten in der neuen Fläche funktioniert, sollten wir uns ein paar Regeln geben, insbesondere weil der Umgang mit Hybridem Arbeiten noch nicht so etabliert ist. Dies kann auf der Ebene der kleineren Teams, aber auch für unsere gesamte Etage stattfinden. Wir können diese Regeln zum Beispiel nach Modulen gliedern und danach einen kleinen Guide erstellen, der die Regeln für jedes Modul zusammenfasst. Mit solchen Modulen und teambezogenen Guidelines haben wir gute Erfahrungen gemacht, da innerhalb des eigenen Bereichs viel klarer ist, wie dort gearbeitet wird. Die Leitungsebene weiß es oft nicht so genau.
Beim Erarbeiten der Regeln können wir individuell auf Bedürfnisse eingehen: Gewisse Mitarbeitende etwa benötigen Sonderlösungen. Diese müssen wahrscheinlich mit Vorgesetzten persönlich besprochen werden, um eine diskrete

und inklusive Regelung zu finden. Das gleiche gilt auch für Mitarbeitende, die trotz einhundertprozentigem Desksharing einen eigenen Schreibtisch bekommen möchten, weil sie wirklich jeden Tag vor Ort arbeiten. Es ergibt einfach keinen Sinn, alle über den gleichen Kamm zu scheren. Einige Aspekte, die hier interessant sein könnten, stellen wir nun kurz vor.

HYBRID WORK GUIDELINES

Getreu dem Motto »Die Zukunft ist digital, das Leben bleibt analog« haben wir alle gespürt, dass wir Anfang 2020 etwas überstürzt in die digitale Zukunft gerutscht sind. Daher gilt es jetzt, ein wenig Ordnung und Struktur in diese immer noch neue Arbeitsform zu bringen! Über die Frage, wie Hybrides Arbeiten im Raum funktionieren kann, haben wir in den vorherigen Kapiteln bereits geschrieben, darum wollen wir hier den Fokus auf das Organisatorische richten und auf zwei Komponenten schauen, die die Arbeitsumgebung sehr beeinflussen: die Zeit und der Ort! Wenn wir kurz reflektieren, was sich wirklich tiefgründig durch Corona-Pandemie, Videocalls, Remote Work, Workations etc. geändert hat, sehen wir die Veränderung insbesondere in jenen zwei Faktoren.

Gemeinsam mit unseren Kundinnen und Kunden haben wir schon einige kleine, aber feine Hybrid Work Guidelines entwickelt, um eine passende Route durch diese unbekannten Gewässer zu finden. Klein, weil wir keinen Ordner voll mit Regeln erstellen wollen, und fein, weil wir es jetzt gezielt und feinfühlig angehen möchten. Die Bulldozer-Variante haben wir bereits hinter uns! Die Frage ist also, wie können wir das »Wo und wann arbeiten wir« für alle bestmöglich strukturieren?

Die Zeit

Die Selbstverständlichkeit, die Kollegen von 9-to-5 am Schreibtisch zu finden, ist vorbei. Der große Wunsch des personalisierten Arbeitsalltags ist für Führungskräfte eine neue Herausforderung. Es gibt so viele unterschiedliche Zeitmodelle: Teilzeit, Gleitzeit, Vertrauensarbeitszeit, 4-Tage-Woche, 3-Tage-Woche, 40-Stunden-Woche, halbtags angestellte Freelancer, die parallel noch drei weitere Kunden begleiten und so weiter. Wenn diese Modelle dann auch noch in einem Team oder einer Abteilung aufeinander prallen, gilt es, alles bestmöglich zu organisieren und die Räume daran anzupassen.

Auch hier helfen uns wieder die Spielregeln fürs Hybride Arbeiten: Die Zeiten werden am besten in den jeweiligen Unterabteilungen oder Teams verhandelt. Schließlich weiß man dort am besten, ob die Wunschvorstellungen eine Zusammenarbeit ermöglichen oder torpedieren. Zeitmodelle, die von ganz oben übergestülpt werden, können den einzelnen Mitarbeitenden sogar lächerlich vorkommen, weil sie der eigenen Arbeitswelt so fremd sind.

Der analoge Ort

Auch wenn uns die Workation der Kollegin auf Bali sehr fern vorkommt, sollten wir sie dennoch gedanklich mit einbeziehen. Denn der Arbeitsort ist wie die Arbeitszeit mittlerweile alles andere als selbstverständlich und bringt seine eigene Herausforderung mit sich: sowohl für die, die in der Ferne weilen, als auch für die, die zurückbleiben.

Betrachten wir die Methode der Core Days als die bevorzugte Art, sich gemeinsam im Büro zu treffen (mehr dazu unter »Protect the Organisation« im Kapitel »New Times«), so haben wir die Herausforderung, dass an ein, zwei Tagen viele

Leute im Büro sind und an den anderen fast niemand. Um diese organisatorische Jonglage zu meistern, kann zum Beispiel mit Pufferzonen gearbeitet werden. Dies sind Arbeitsbereiche, die zentral gelegen sind und für jedes Team zur Verfügung stehen. Die Handhabung der Pufferzonen kann in der Guideline festgehalten werden. Eine andere Möglichkeit, einen Core Day logistisch zu organisieren, ist es, räumliche Nachbarschaften mit Teams zu schaffen, die wenig miteinander zu tun haben müssen. Dann hat am Dienstag Team A den Core Day und kann die Fläche von Team B mit nutzen und umgekehrt.

Der digitale Ort

Beim Thema der Guidelines für Hybrides Arbeiten gibt es noch einen weiteren, nicht irrelevanten Aspekt – der digitale Raum. Unter dem etwas schwierig auszusprechenden Wort phygital (also physisch und digital in einem) wird genau dieser Aspekt betrachtet. Hierbei gilt es zu reflektieren, wie Räume optimal gestaltet werden können, um all diejenigen, die nicht vor Ort sind, trotzdem das Gefühl zu vermitteln, Teil der Bürogemeinschaft zu sein. Um die richtigen Grundbausteine für diese hybriden Räume zu legen, können wir uns an unseren Instinkte orientieren, denn diese geben klare Hinweise, ob etwas funktioniert oder nicht. Klingt etwas gut, ist es auch gut, wenn nicht, ist es falsch und muss geändert werden.

Das Allerwichtigste ist bei Hybridem Arbeiten im Phygital Space das Hören, also die Möglichkeit, sich gut zu verstehen, was die Person auf der anderen Seite des Bildschirms sagt. Bei aller Liebe zu Videocalls, wenn wir vor lauter Videostreaming die Kollegin auf Bali nur zerhackt hören können, sind sie nutzlos, denn Lippen lesen zu können, braucht seine Zeit. Der Fokus liegt auf den Positionen von Mikrofon und Lautsprecher, und darauf zu definieren, was an- oder ausgeschaltet ist. Mehr Informationen dazu gibt es im Kapitel »Virtuality«.

Die Tech-Riesen arbeiten gerade an Lösungen, mit KI alle Computer in einem Raum, die an derselben Videokonferenz teilnehmen, so zu synchronisieren, dass die Audioausgabe auch gleichzeitig funktioniert. Noch sind wir da nicht so weit, also müssen wir uns mit dem aushelfen, was wir haben: einen großen Monitor und gute Lautsprecher.

Wie wir anfangs erwähnt haben, ist das Thema Hybrides Arbeiten zwar präsent, aber noch nicht optimal gestaltet, und auch wenn wir mit Hybrid-Guidelines das ganze etwas strukturieren können, ist noch vieles unbekannt. Daher hier unser wichtigstes Credo im Human-Centered Design: Testflächen einrichten, Feedback einsammeln, ändern und weiter testen.

BÜROFLÄCHE

Wir haben bereits die Idee der monatlichen Rotation in den Raum geworfen. Falls wir uns darauf einigen, sollten wir diesen Rotationsmodus in unserem Guide festhalten. Wir sollten für das ganze nächste Jahr feste, verbindliche Tage, an denen rotiert wird, eintragen – zum Beispiel jeweils den ersten Montag im Monat. Außerdem sollten wir klar regeln, in welchen Gruppen wie rotiert wird, sodass alle wissen, was an diesen Montagen passiert. Falls wir ein Shared-Desk-Prinzip haben, sollten wir unsere Clean-Desk-Policy definieren. Wenn die Sharing-Gruppe klein ist und wir uns zum Beispiel zu fünft vier Schreibtische teilen, können hier gemeinsame Unterlagen und Accessoires durchaus liegen bleiben. Bei größeren Sharing-Gruppen funk-

tioniert das nicht mehr. Hier sollten wir diese Dinge woanders hin, etwa in Regale, verteilen und die Schreibtische frei halten.
Wichtig bei Regalen oder Ablageflächen ist, dass sie sich außerhalb der geschlossenen Büros befinden, ansonsten können diese nicht erreicht werden, wenn ein anderes Teammitglied den Raum gebucht hat und sich gerade in einer wichtigen Videokonferenz befindet. Außerdem benötigen wir unbedingt eine Regelung, ob Schreibtische tage-, halbtags- oder nur stundenweise blockiert werden können. Angezeigt werden könnte dies zum Beispiel über eine digitale oder physische »Parkscheibe«: »Bitte noch liegen lassen, bin um 14 Uhr wieder hier«.
Grundsätzlich sollten wir auch klären, welche Aktivitäten in den Arbeitsflächen erlaubt sind. So können wir zum Beispiel vereinbaren, dass längere Telefonate und alle Videokonferenzen abseits der Schreibtische stattfinden sollen.

TEAMRÄUME

Auch für Teamräume sollten wir die Nutzungsdauer bedenken. Ist es okay, wenn ein Team sich hier für mehrere Tage Projektarbeit »einnistet«? Oder gibt es bei uns sogar exklusive Räume für Teams, die von anderen Teams nur kurz genutzt werden können, wenn sie gerade frei sind? Das Problem entspannt sich etwas, wenn wir transportable Arbeitsstände haben, also zum Beispiel alle unsere Arbeitsmaterialien auf flexiblen oder digitalen Whiteboards unterbringen, die wir im ersteren Fall jeweils mit uns aus dem Raum nehmen.

Marktplatz

Der Marktplatz ist ein gemeinschaftlich genutzter Ort. Ohne Ansagen-Monopol wie zum Beispiel in der Eltern-Kind-Beziehung kommt dieser Ort eher einer Wohngemeinschaftsküche gleich. Mit dem entscheidenden Unterschied, dass es in der WG-Küche keine Unterstützung durch Putzkräfte gibt. Deshalb braucht es ein paar Regeln: Wo kommen die dreckigen Tassen hin? Wie dürfen die Kühlschränke genutzt werden? Und falls sie auch für private Snacks da sind: Wann werden diese spätestens entsorgt und gegebenenfalls von wem?
Geklärt werden sollte auch, für welche Art von Meetings der Marktplatz genutzt werden darf. Und ob er, zum Beispiel abends, für Events gebucht, also blockiert werden darf. Das alles soll aber keine Werbung für ein ordnerstarkes Regelwerk werden, insbesondere kein vorab erstelltes. Wir sollten nur Regeln aufstellen für Dinge, bei denen wir schon jetzt Konfliktpotenzial sehen. Der Rest ergibt sich später im laufenden Betrieb.
Übrigens können wir diese Regeln in einem Guide, den wir beim Einzug verteilen, auch als Angebote formulieren: »Die Telefonbox ist der perfekte Ort zum Zoomen!« klingt einladender und freundlicher als »In Arbeitsflächen wird nicht telefoniert!«.

6.4 NACH DEM UMBAU IST VOR DEM UMBAU

So wie wir während des Planungsprojektes unsere Kollegen beteiligt und angehört haben, sollten wir als Raum-Team auch nach dem Umzug ein offenes Ohr haben. Zum Beispiel können wir pro Tag zwei Stunden einplanen, in denen andere zu uns kommen können und wir deren Fragen zur Nutzung von Räumen oder auch neuer Technik klären. Falls wir zu bestimmten Themen, wie zum Beispiel der Nutzung neuer Smartboards, häufiger gefragt werden, lohnt sich manchmal ein dezidierter Frage- und Antwort-Termin mit allen Interessierten.
In einem »Space Day« – das ist ein angekündigter Termin, der zum Beispiel zwei Wochen nach dem Umzug stattfinden kann– können wir zum ersten Mal nach dem Umzug in größerer Runde Lob und Kritik zur neuen Arbeitsumgebung austauschen. Zum Sammeln im Vorfeld des Termins hilft auch ein prominent platziertes »I like, I wish«-Board, an dem Mitarbeitende jederzeit Lob und als Wünsche formulierte Kritik oder Verbesserungsideen notieren können. Im Termin können wir dann gemeinsam die Vorschläge sammeln und priorisieren sowie entscheiden, was kurzfristige und was eher langfristige Verbesserungen sein könnten. → **GRAFIK WO1**

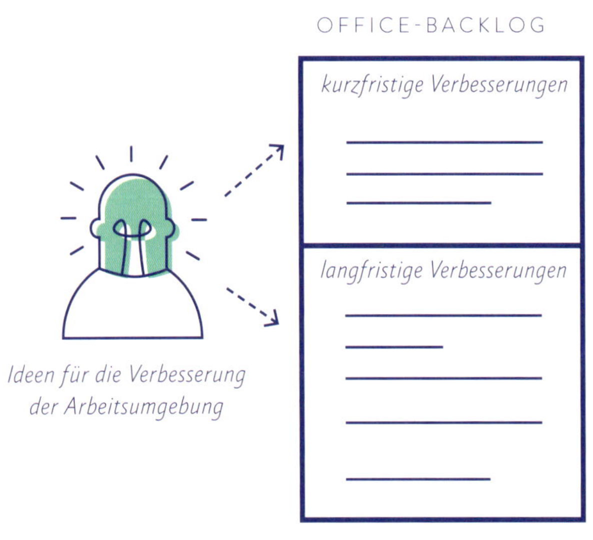

GRAFIK WO1: *Dieses Board sollte schon beim Einzug aushängen. Denn wir sind offen für Feedback.*

Solche Termine sollten wir regelmäßig durchführen, zum Beispiel halbjährlich. Hier reflektieren wir die gemachten Änderungen, sammeln alle neuen Verbesserungsvorschläge und entscheiden über die kurzfristige oder langfristige Machbarkeit. Außerdem können wir hier gemeinsam ein Office-Backlog führen, in welchem wir alle Dinge festhalten, die demnächst geändert und verbessert werden, kurzfristig und langfristig. Wenn unsere Anforderungen als Team schneller wechseln, weil wir zum Beispiel schnell wachsen, dann sind natürlich kürzere Intervalle für diese »Space Days« sinnvoll.
Es ist auch zu überlegen, ob das Raum-Team nicht halbjährlich rotieren sollte, denn es hat nicht nur das Koordinieren der Termine zu bewältigen, auch das Veranlassen der Verbesserungsmaßnahmen, gegebenenfalls das Absprechen mit dem Real- Estate-Management und die Aufgabe, für alle Mitarbeitenden ständig ansprechbar zu sein. All das kostet Zeit. Ist aber gut investierte Zeit! Denn in Zeiten, in denen sich Dinge immer schneller ändern, müssen wir auch bei der Anpassung unserer Arbeitsumgebungen einen Zahn zulegen. In Zukunft wird die Idee, dass es okay ist, in einem 20 Jahre alten Büro zu arbeiten, ein Relikt aus der Zeit der Leitz-Ordner sein.

ZU GUTER LETZT: »CULTURE IS KEY!«

Wie eingangs erwähnt, ist unsere Arbeitsumgebung ein sehr wichtiger Einflussfaktor für unser Arbeiten und ein sehr wichtiger Ermöglicher für Neues Arbeiten. Zum Beispiel kann Teamarbeit jetzt viel besser funktionieren, weil wir endlich dezidierte Flächen dafür haben.

Mindestens genauso wichtig wie die Umgebung ist aber die Kultur, also die Werte, die wir in unserem Arbeitsalltag pflegen. Wenn an unserem Kühlschrank der Aufkleber »TEAM = Toll, Ein Anderer Macht's« klebt und wir Teamarbeit eher als lästige Teambildungsmaßnahme begreifen, bringt uns auch ein perfekter Teamarbeitsraum keinen Schritt weiter. Und auch der beste Marktplatz wird leer bleiben, wenn wir den Wert von zufälliger Begegnung nicht erkennen oder sogar die Zeit, in der wir nicht am Schreibtisch sitzen, als unproduktiv abstempeln. Und wir werden unsere Kollegen und Kolleginnen dann weiterhin nicht alle beim Namen kennen.

Wenn wir also ein Neues Arbeiten bei uns etablieren wollen, brauchen wir eine Kultur, die dieses Neue Arbeiten zulässt. Und das hat viel damit zu tun, wie unsere Organisation dasteht. Wie wir Hierarchien begreifen, wie wir unsere Prozesse gestalten und ob es bei uns überhaupt echte Teams gibt, die in einem Teamraum arbeiten können. Doch das ist ein Thema für das **FUTURE ORGANIZATION PLAYBOOK**.

KULTURMASSNAHMEN

Wenn wir Räume als Katalysator für neue Formen des Arbeitens nutzen wollen, können wir zur Eröffnung der neuen Räume zusätzlich einige Inspirationen bereitstellen, wie sich die neu gestalteten Räume am besten nutzen lassen. Da die Mitarbeitenden an der Konzeption beteiligt waren, dürften sie in den meisten Fällen eine recht gute Idee davon haben, wie sie in den Räumen arbeiten wollen.

Gleichzeitig bietet der Umzug auch eine gute Gelegenheit, einige kulturverbessernde Maßnahmen und neue Formen der Zusammenarbeit zu initiieren. Dazu gibt es eine Reihe von Möglichkeiten, die am besten gemeinsam mit der internen Personal- und Organisationsentwicklung abgestimmt werden sollten.

Showrooms

Je nachdem wie umfangreich und zeitintensiv die Baumaßnahmen werden, können wir vorab schon einmal zwei bis drei prototypische Showrooms eröffnen und Teams einladen, diese einmal für einen halben oder ganzen Tag auszuprobieren. In einem Debrief mit den Teams lernen wir so auf unkomplizierte Weise, wo wir vielleicht noch anpassen oder nachbessern können, und in welchem Rahmen die Teams noch Unterstützung bei der sinnvollen Nutzung benötigen.

Gebrauchseinladungen

Darüber hinaus können wir die Räume mit Gebrauchseinladungen versehen. Wir sprechen hier ganz bewusst von Einladungen und nicht von Anweisungen, letztere passen nämlich besser in die eingangs beschriebene Gefängnisarchitektur. Die Gebrauchseinladungen können etwa in Form von auf Postern gedruckten Work Hacks in den Räumen platziert werden. Beispielsweise: »Handy-Parkplatz: Versucht mal ein Meeting ohne mobile Endgeräte durchzuführen und schaut, wie sich die Qualität des Treffens verändert!«.

Oder wir besorgen uns das Dark-Horse-Poster zur Meeting Sabotage und hängen es als humorvolle Mahnung an die gemeinsame Verantwortung für produktive Meetings auf. Hilfreich können auch auf mobile Whiteboard-Elemente gedruckte Templates für Retrospektiven sein, mit einer Beispiel-Agenda und Timingvorgaben. Darüber hinaus gibt es eine Vielzahl an Methodenbüchern, mit denen wir die Räume ausstatten und die, die sie nutzen, inspirieren können, einmal etwas Neues auszuprobieren.

New Work Messe

Ein etwas aufwändigeres Format ist die Durchführung einer New Work Messe zur Eröffnung der neuen Räume. Hier werden die Mitarbeitenden eingeladen, die neuen Räume zu besichtigen und ihre Ausstattungsmerkmale kennenzulernen. Angereichert werden kann dieses Format noch durch Kurz-Workshops, bei denen in den jeweils passenden Räumen kleine Methoden für eine verbesserte Zusammenarbeit vorgestellt und praktisch erlebbar gemacht werden. In diesem Rahmen eignen sich beispielsweise Methoden aus der Ideenfindung und dem Brainstorming sehr gut. Oder Formate, die die Entwicklung des Teams stärken. Hierzu gibt es Anregungen im **FUTURE ORGANIZATION PLAYBOOK**. Mit der Zeit werden die Mitarbeitenden noch viele für die eigenen Formen der Arbeit geeignete Work Hacks finden. Diese können wir als Inspiring Practices sammeln und immer wieder in Form der bereits genannten Impulse an die gesamte Organisation zurückspielen.

KEINE FURCHT!

Eine der beiden Grundvoraussetzungen für Neues Arbeiten haben wir nun immerhin bereits geschaffen, nämlich eine neue Arbeitsumgebung für Neues Arbeiten. Das heißt, zumindest in unserem Buch ist diese neue Arbeitsumgebung jetzt am Schluss bereits Realität.

In der wirklichen Realität fängt die Arbeit daran erst an, wenn wir das Buch schließen. Wir hoffen, dass unser Playbook diese Arbeit erleichtert, und dass es helfen wird, zahlreiche gute neue Arbeitsumgebungen zu entwickeln! Außerdem wünschen wir allen, die dieses Buch von Deckel zu Deckel durchgearbeitet haben, viel Mut, Spaß und am Ende eine Umgebung, die von allen geliebt wird!

Dark Horse Innovation
www.thedarkhorse.de

Dark Horse Workspaces
www.darkhorseworkspaces.de

Konzept & Text
Pascal Gemmer, Patrick Kenzler, Diemut Bartl, Gaja Amigoni, Erkan Karakoç, Karin Landowski, Leonie Meister, Sheila Emmenegger, Torben Lohmüller, Pätrick Steller

Autoren
Diemut Bartl, Christian Beinke, Sheila Emmenegger, Monika Frech, Fred Fröse, Christiane Frey, Pascal Gemmer, Jasper Hugo Grote, Nina Duda, Fried. Große-Dunker, Ludwig Kannicht, Erkan Karakoç, Daniela Keizer, Dominik Kenzler, Patrick Kenzler, Greta Konrad, Mia Konew, Lisa Kroll, Sascha Kubiak, Karin Landowski, Marie Claire Leidinger, Torben Lohmüller, Leonie Meister, Jeong Hong Oh, Manuel Ott, Ioana Petrescu, Pätrick Steller, Julian Thiel, Lisa Zoth

Art Direction & Design
Marie Claire Leidinger, www.marie.design

Design
Christian Münch, Anna Heib

Illustration
Henriette Rietz, www.herzette.de

Fotografie
Lydia Hersberger, www.instagram.com/lydiahersberger
Lucia Bartl, www.luciabartl.com
Lennart Wiedemuth, www.lennartwiedemuth.com

Contributors
Daniel Baule, Damian Diebelius, Joachim Müller, David Meyer, Raja Gumienny, Bettina Steineke, Kerstin Schneider, Stefan Mohren, Anna Allgaier, Jonas Sudendorf, Katrin Schmidt-Siebrecht, Peter Klaus, Michael Kleinert, Michael Bauer, Heiko Packwitz, Dirk Baehr, Markus Böhl, Lepel & Lepel Architekt Innenarchitektin PartGmbB, Mate Galic, Andreas Landowski, SCOPE Architekten GmbH

Danksagung
Wir möchten uns bei allen Gefährten und Unterstützern bedanken, die uns auch bei diesem Projekt mit Rat und Tat zur Seite standen. Auch möchten wir für die Einblicke in die verschiedenen Büros und Arbeitswelten danken und für die Offenheit, mit der wir empfangen wurden.

Klimaneutral
Druckprodukt
ClimatePartner.com/12752-1803-1001

Zum Ausgleich für die entstandene CO_2-Emission bei der Produktion dieses Buches, unterstützen wir die landesweite Bereitstellung von energieeffizienten Biomassekochöfen in Uganda. Die verbesserten Kochöfen verbrauchen erheblich weniger Brennmaterial und verringern so die Luftverschmutzung und die Umweltzerstörung, während gleichzeitig Treibhausgasemissionen eingespart werden.

Bibliografische Information der Deutschen Nationalbibliothek
Die Deutsche Nationalbibliothek verzeichnet diese Publikation in der Deutschen Nationalbibliografie; detaillierte bibliografische Daten sind im Internet über http://dnb.de abrufbar.

Aktualisierte und erweiterte Neuausgabe 2023

Druck und Bindung: DZS Grafik d.o.o., Ljubljana
Printed in Maribor

ISBN 978-3-86774-599-4

Besuchen Sie unseren Webshop: www.murmann-verlag.de
Ihre Meinung zu diesem Buch interessiert uns!
Zuschriften bitte an info@murmann-publishers.de
Den Newsletter des Murmann Verlages können Sie anfordern unter newsletter@murmann-publishers.de